普通高等教育“十二五”规划教材

灌溉排水工程学

主　编　王仰仁
副主编　段喜明　刘佩茹　邱苑梅
主　审　刘群昌

中国水利水电出版社
www.waterpub.com.cn

内 容 提 要

本书是普通高等教育“十二五”规划教材，是按照国家对工程应用型人才培养的要求及本科教学特点编写完成的。

全书分为十章，系统讲述了灌溉原理、灌溉制度与灌溉用水量、灌水方法、灌溉渠道工程、灌溉管道工程、灌溉水源工程、集雨灌溉工程、田间排水与盐碱土改良利用、排水沟道系统规划设计和灌溉排水管理等。

本书为本科水利工程专业的通用教材，也可供水利部门从事农业水利工程的技术人员参考。

图书在版编目（CIP）数据

灌溉排水工程学 / 王仰仁主编. -- 北京 : 中国水利水电出版社, 2014.8(2024.1重印)
普通高等教育“十二五”规划教材
ISBN 978-7-5170-1913-8

Ⅰ. ①灌… Ⅱ. ①王… Ⅲ. ①灌溉系统－高等学校－教材②排灌工程－高等学校－教材 Ⅳ. ①S274.2 ②S277

中国版本图书馆CIP数据核字(2014)第191915号

书　　名	普通高等教育“十二五”规划教材 **灌溉排水工程学**
作　　者	主编　王仰仁　副主编　段喜明　刘佩茹　邱苑梅　主审　刘群昌
出版发行	中国水利水电出版社 （北京市海淀区玉渊潭南路1号D座　100038） 网址：www.waterpub.com.cn E-mail：sales@mwr.gov.cn 电话：（010）68545888（营销中心）
经　　售	北京科水图书销售有限公司 电话：（010）68545874、63202643 全国各地新华书店和相关出版物销售网点
排　　版	中国水利水电出版社微机排版中心
印　　刷	清淞永业（天津）印刷有限公司
规　　格	184mm×260mm　16开本　19.75印张　468千字
版　　次	2014年8月第1版　2024年1月第4次印刷
印　　数	8001—10000册
定　　价	**55.00**元

凡购买我社图书，如有缺页、倒页、脱页的，本社营销中心负责调换

前言

本书是普通高等教育“十二五”规划教材，是根据国家大力发展应用型人才培养要求，以及教育部对普通高等教育“十二五”国家级规划教材建设的具体要求组织编写的。

本书紧扣当前应用型人才的培养需求，充分体现以学生为主体的教育理念，突出学生能力培养，注重教材的针对性和实用性，注重将新理论、新方法、新技术、新设备引入教材。本书在维持灌溉排水工程学教材系统性的基础上，适当减少了一些计算公式的推导过程，加大了技术与技能性内容的介绍，如微灌技术中施肥、灌水器、压力调节器、过滤器等设施设备的运行过程及工作原理内容，相应地增加了较多的图表，以便于学生更加直观地认识和理解；加大了灌溉排水工程效益计算评价及运行维护方面的内容；紧密结合国家高效节水灌溉工程建设及其现代化管理要求，加大了自动化、信息化和系统工程技术等内容。

全书分为十章，第一章和第二章主要讲解灌溉原理，包括农田土壤水分运动、作物需水量和灌溉用水量的计算；第三章介绍田间灌水技术，包括畦灌、沟灌、喷灌和微灌，第四章和第五章介绍灌溉输配水技术，包括渠道输配水技术和管道输配水技术；第六章为水源工程技术，包括地面水和地下水的开发利用方法与规划设计等；第七章简要介绍了用于灌溉的雨水集蓄利用工程及其规划设计和管理技术；第八章和第九章系统介绍了农田排水原理和沟道、暗管等排水工程规划设计方法；第十章较系统地介绍了灌溉排水工程运行和管理技术。全书以培养学生对灌溉排水工程的规划、设计能力为主线，系统介绍了灌溉排水工程的规划设计方法及管理技术。

本书编写人员如下：天津农学院王仰仁（绪论，第三章第四节，第六章第一节、第二节、第三节，第十章第四节、第五节和第六节），山西农业大学段喜明（第一章），山西农业大学郭晓宇（第二章），山西农业大学魏清顺（第七章），云南农业大学邱苑梅（第三章第一节、第二节、第三节），云南农业大学张刘东、邱苑梅（第四章），青岛农业大学陈明利、刘佩茹（第五章），刘佩茹、陈明利、张晓光（第八章和第九章），天津农学院叶澜涛（第三章第五节、第十章第一节和第二节），天津农学院王玉飞（第六章第四节），天津农学院韩娜娜（第十章第三节）。本书由王仰仁担任主编并负责全书统稿，由段喜明、刘佩茹和邱苑梅担任副主编，由中国水利水电科学研究院教授级高级工程师刘群昌担任主审。

本教材编写过程中参阅了多本教材和专著等文献，引用了其中的新成果、新方法。同时也得到了各位编审人员所在单位的大力支持，在此一并表示衷心的感谢。

由于编者水平有限，书中错误和不妥之处在所难免，恳请读者批评指正。

编者

2014年7月

目　录

绪　论

一、灌溉排水工程在农业生产中的地位和作用

灌溉与排水是用人工手段克服自然降水不足或过多而给农业生产带来不利影响的技术措施，包括调节区域水资源和土壤水分状况，防治旱、涝、渍、盐碱等灾害，以促进农业高产、优质、稳产。受季风气候影响，中国洪涝干旱灾害频繁，灌溉排水事业在促进农业和农村经济发展中发挥了重要作用。

我国地处亚洲大陆东部。受季风气候和地形条件影响，降水在地域空间和年际之间、年内季节之间分配极不均匀。多数地区农作物生长期都存在不同程度的因降水过分集中造成的洪涝灾害，或降水过少产生的干旱问题。从总体上说我国农业对灌溉有较强的依赖性。具体到东、中、西三个不同地带，它们对灌溉的依赖程度又有所不同。

年降水量低于400mm的西北内陆和黄河上中游等地区，地域辽阔，土地资源丰富。这里位于大陆腹地，降水稀少，最少的只有一二百毫米，甚至几十毫米，而蒸发量是降水量的几倍、十几倍。在该地区兴建灌溉设施进行常年灌溉或季节性补充灌溉，是保证农业生产正常进行，获取高产稳产的必要条件。除此之外，人工林地、饲草料地也需要灌溉，否则生长发育不良，严重时干枯死亡。西北地区建有大量的引水、蓄水、提水等灌溉工程，多数地方灌溉面积占耕地面积比例在30%～50%。新疆的比例高达98%，是我国灌溉事业发达的地区之一，其灌溉设施维护管理较好。该地区的灌溉水源主要来自高山降水和融雪形成的地表径流或地表水渗入地下转换而成的地下水。

年降水量在400～1000mm之间的黄淮海及东北等地区，人口密集，经济发达，是我国农业发达地区之一，受强烈季风气候影响，降水在年际、年内之间变化很大，造成农业对灌溉的需求很不稳定。黄淮海地区小麦生产必须有灌溉条件的保障，否则产量低而不稳，甚至无法种植。玉米、棉花、豆类等秋熟作物则只在干旱季节或干旱年份需要适当灌溉补水，一般年份对灌溉需求不大。东北地区水稻生产必须有灌溉条件保障，才能确保优质高产；玉米、大豆等作物，在春季播种和苗期容易遭受干旱，出苗率和幼苗存活率低导致减产，需要人工补水抗旱播种，当地称“坐水种”。但是多数年份的作物生长期靠天然降雨就可以基本满足需求，黄淮海地区是我国农田灌溉事业最发达的地区之一，灌溉面积占耕地面积的比例约在2/3左右。黄淮海地区和东北地区的灌溉水源，一部分来自山区水库蓄水、平原河道引水，一部分来自地下水。黄淮海地区是我国水资源最紧缺的地方之一，地下水开发利用成为发展农业活动的主要途径，建成了全国规模最大，集中连片的机井灌区。有些灌区采用井渠结合方式，实现地表水与地下水互相补充，联合调配运用。

年降水量超过1000mm的长江流域及以南广大地区，国土面积占全国总面积的36%。多数地方降水充沛，为水稻种植提供了良好的自然条件，成为我国主要稻谷产区。但是，在水稻栽插、抽穗扬花等生长关键期，经常出现季节性干旱，对水稻生长构成一定威胁。

连续几十天不下雨的大旱，也会给农业生产带来严重影响、甚至绝收的灾难性后果。灌溉、防洪、除涝和防渍是这一地区发展高产优质高效农业不可缺少的基础保障条件。长江、珠江等河流下游三角洲，洞庭湖、太湖等湖泊四周，山地丘陵之间的盆地，地势平坦，河网密布，水资源丰富，易于发展灌溉，大多数地区已建成比较完善的灌排体系。山地和丘陵冈地的农田，受地形和水源条件限制，发展灌溉难度较大。华东和湖南、湖北、广东等省灌溉面积占耕地面积比例多在80%～90%，上海高达96%。以山地丘陵为主的西南各省，水利化程度较低，灌溉面积只占耕地的40%～50%。南方地区灌溉水源主要取自河道、水库或塘坝。江河三角洲和河网湖区多依靠泵站和流动排灌机械进行排涝和灌溉，是我国机电排灌事业最发达的地区。

我国人口众多，耕地资源少，人均占有耕地面积只有0.1hm^2，为世界人均占有耕地的1/3，人均占有水资源量也少，只相当世界平均水平的1/4。要用有限的耕地和可用的淡水资源，生产出数量多、质量优的农产品，满足13亿人不断提高生活水平的需要，为经济社会持续、快速、协调、健康发展提供可靠的保障，有效的途径之一是发展灌溉排水，不断增强农业抗御自然灾害能力，改善农业生产的不利自然条件，提高单位面积产量和效益。

二、灌溉排水工程的性质和特点

建设灌溉排水工程是巩固农业基础地位、保障国家粮食安全的需要。为了统筹协调社会全体成员的利益关系，灌溉排水设施的建设必须由政府动员社会的力量，以集体的形式组织实施。政府在发展灌溉排水事业中起着主导的作用，农民是发展灌溉排水事业的主体。灌溉排水工程的管理机构是准公益性质的社会服务组织。

灌溉排水工程建设与管理有以下特点：

(1) 灌溉排水工程有较强的公益性。它承担着保障国家粮食安全的任务。它的服务对象是国民经济中的弱势产业——农业，社会中的弱势群体——农民。它所承担的防洪除涝抗旱减灾任务和改善生态环境等多种任务都属于满足社会存在与发展的共同需求。

(2) 灌溉排水工程具有一定的可经营性。灌溉能改善农业生产条件，促使农作物增加产量，提高农产品品质，增加农民收入。灌溉供水和灌溉服务具有商品属性，应当按照商品交换价值规律，由受益者向提供者付费，补偿灌溉供水和灌溉服务过程中的损耗。

(3) 灌溉排水工程服务具有天然垄断性。灌区所用的灌溉水源、引水枢纽和渠道线路的地理位置和走向布置等，在一定条件下都是唯一的，不可能在同一个地方建多个灌区相互竞争；灌溉排水工程的受益范围、服务对象相对固定，用水户对灌溉供水和灌溉服务没有选择余地。

(4) 灌溉排水事业具有很强的政策性。几乎世界上所有国家的政府都对灌溉排水事业发展给予强有力的资金扶持，实行保护政策。世界银行等国际金融机构把支持灌溉项目作为解决发展中国家粮食短缺、农村贫困的主要措施之一，实行免收利息、延长还贷款限期（还款期限长达30年）等优惠金融政策。

(5) 灌溉排水活动有较强的不确定性和一定的风险性。农作物栽培管理的季节相对固定，而灌溉用水的来源、灌水时间、灌水次数都与天然降水有密切关系，存在着很多不确定因素。

(6) 灌溉排水设施的维护管理困难。灌溉设施建在远离村镇的荒郊野外，渠道线路长，渠系建筑物多，田间灌溉设施覆盖面广，风吹、日晒、雨淋、冻融、水流冲刷，季节性间断使用，容易自然老化，雨季洪水、泥石流经常造成毁灭性破坏。

(7) 灌溉排水工程建设和管理跨多个学科专业，有较强的综合性。灌溉排水工程建设涉及水文、水资源、生态环境、工程地质与水文地质、水工建筑、机电设备、土壤、农作物栽培等许多学科领域和专业技术，其管理涉及法律、政策、企业经营、市场销售、社会、历史、心理等多个方面，需要采用系统工程的方法，综合治理，实现节水高效，促进农业的可持续发展。

三、灌溉排水工程的发展历程

(一) 国外灌溉排水工程的发展

灌溉排水这一古老工程技术可以远溯至新石器时代。从世界范围而言，有文字记载的最早的灌溉工程，是公元前3400年左右美尼斯王朝修建在埃及孟菲斯城附近截引尼罗河洪水的淤灌工程。约公元前2200年巴比伦在底格里斯和幼发拉底河河谷建造了当时世界上规模最大的奈赫赖万灌溉渠道。印度、古罗马、古波斯等国的灌溉，起源也都很早。公元前2500年左右，印度就有引洪淤灌，到20世纪30年代，印度开始应用现代工程技术修建大型自流灌溉工程，同时发展小型提水灌溉与井灌。伊朗、叙利亚、意大利等国的灌溉，也有几千年的历史，其中伊朗和亚美尼亚等国，以坎儿井众多闻名。19世纪中叶，在美国西部大盐湖河谷地带，开始了移民垦殖，发展灌溉。20世纪初，美国联邦政府开始在西部17个州进行以灌溉为主的水利综合开发，1985年全美喷灌面积达0.089亿hm^2，占其总灌溉面积（0.243亿hm^2）的37%。苏联的灌溉农业也有较长的历史，公元前6世纪阿姆河和锅尔河流域就开始了灌溉。十月革命后，灌溉事业有了较大的发展，主要灌区集中在中亚细亚。

全世界灌溉面积1950年为9600万hm^2，1985年为2.2亿hm^2，增加1.2倍，到2002年增加到了2.77亿hm^2。灌溉面积占耕地面积的比例由1950年的7%增加到1985年16%，2002年超过了20%；灌溉农田的农产品产值约占全部农产值的一半。世界上灌溉面积最多的国家为中国和印度，其次为美国和巴基斯坦（表0-1）。欧洲西部一些国家，因雨量较丰沛，且分布较均匀，灌溉设施一般较少。据预测，全世界人口到21世纪中叶，将增加47%，而耕地只能增加4%，为满足未来对粮食的需求，主要靠提高单位面积产量，因此，发展灌溉仍将是今后发展农业的重要措施之一。今后世界灌溉发展的趋势是：①灌溉方法仍将以地面灌溉为主，喷、微灌面积会有较大的发展；②为提高灌溉水的利用系数，缓解水资源紧缺程度，渠道防渗、管道输水和非充分灌溉等节水灌溉技术将日益发展；③改进灌溉管理，提高灌溉自动化程度。计算机、遥测、遥控和3S等新技术将得到广泛应用。

(二) 国内灌溉排水工程的发展

1. 新中国成立前的灌溉排水事业

我国有悠久的灌溉发展历史，在人类文明史上有着辉煌灿烂的成就。早在3000多年

表 0-1 世界灌溉面积（处于前 25 位的国家，2002 年，引用于 FAOSTAT 2005）

国家和地区	灌溉面积占耕地的比例 /%	灌溉面积 /$10^6 hm^2$	国家和地区	灌溉面积占耕地的比例 /%	灌溉面积 /$10^6 hm^2$
埃及	100	3.4	西班牙	28	3.8
乌兹别克斯坦	96	4.3	墨西哥	25	6.3
巴基斯坦	83	17.9	印度尼西亚	23	4.8
伊拉克	60	3.5	土耳其	20	5.2
日本	59	2.6	法国	14	2.6
孟加拉国	58	4.6	美国	13	22.5
伊朗	50	7.5	哈萨克斯坦	11	2.4
越南	45	3.0	乌克兰	7	2.3
中国	38	54.9	巴西	5	2.9
印度	35	57.2	澳大利亚	5	2.5
意大利	34	2.8	俄罗斯	4	4.6
罗马尼亚	33	3.1	前 25 位国家合计		232.1
泰国	31	5.0	全世界合计		276.7
阿富汗	30	2.4			

前的商周时期，就有了蓄水、输水、分水、灌水、排水不同功能的人工灌排系统，称为“井田沟洫”制度。公元前 591 年就建成了芍陂蓄水灌溉工程（位于今天的安徽省寿县，现在叫安丰塘），灌溉农田数十万亩（1 亩 $=1/15hm^2$），至今仍在发挥着效益。公元前 251 年建成的无坝引水工程都江堰，引岷江水灌溉川西平原沃野良田，使之成为“水旱从人，不知饥荒”的天府之国。在人们精心维护管理和改造扩建下，历经 2000 多年而不衰，并且灌溉面积扩大到目前的 1130 万亩，这在世界灌溉史上是绝无仅有的奇迹。公元前 246 年秦国在陕西泾水上修建了无坝引水的郑国渠，以后改建成今天的泾惠渠。古代灌溉事业的发展，提高了作物产量，发展了区域经济，使灌区成为当时的经济繁荣发达地区，促进了古代农耕文明和社会进步，也为封建王朝统一中国，扩大疆域，巩固政权创造了条件。但是受历史条件的局限，几千年来我国农田灌溉事业发展缓慢。20 世纪 30～40 年代，近代水利先驱李仪祉先生等，学习、引进、吸收西方先进水利科技，规划和兴建了如陕西关中泾惠渠、渭惠渠等一批著名灌溉工程，缩小了我国灌溉工程技术与西方工业发达国家的差距。到新中国成立的 1949 年，全国有标准不高的农田灌溉面积 2.4 亿亩，占耕地面积的 16.3%。利用近代工业和科技成果发展起来的机电排灌，起步于 20 世纪 20～30 年代的东南沿海地区，到 1949 年新中国成立前，动力设备保有量只有 7 万 kW，灌排面积 380 万亩，其中 2/3 集中于江苏南部。在漫长的封建社会和半封建半殖民地社会，我国农业基础设施十分脆弱，农业生产力水平低下，大部分地方的农业“靠天吃饭”，粮食不能自给，几亿农民长期处于缺吃少穿、不得温饱的贫困状态。农业基础的不稳，制约着整个经济社会的发展。

2. 新中国成立后灌溉排水事业的发展

新中国成立以后，国家提出了“农业是国民经济的基础”、“水利是农业的命脉”等方针，对兴建水利、发展灌溉排水给予高度重视，采取了一系列促进灌溉排水事业发展的政策和措施，组织广大农民坚持不懈地兴修水利，先后建成了上千万处多种类型的蓄水、引水、提水灌溉工程，几十年发展的灌溉面积超过了以往数千年的总和。截至2012年年底，全国灌溉面积10.16亿亩，其中节水灌溉面积4.68亿亩，包括渠道防渗节水灌溉面积1.92亿亩，占41.1%；低压管道输水灌溉面积1.13亿亩，占24%；喷微灌面积0.99亿亩，占21%；其他节水灌溉面积0.64亿亩，占16.5%。全国有大型灌区447处，控制有效灌溉面积2.51亿亩；大型灌溉排水泵站450处，装机功率563万kW，控制有效灌溉面积1.47亿亩、总有效排涝面积1.37亿亩；中型灌区约7300多处，控制有效灌溉面积2.31亿亩；全国拥有塘坝、小型泵站、机井、水池水窖等独立运行的小型农田水利工程2000多万处，包括塘坝600多万处，引水堰（闸）110多万处，小型排灌泵站47多万处，灌溉机电井430多万眼，水池、水窖（柜）等小型集雨工程600多万处。大中型灌区末级渠道、小型灌区固定渠道近300万km，固定灌溉管道约180万km，相应的配套建筑物近700万座。

2012年全国总供水量6131.2亿m^3，其中地表水源占80.8%，地下水源占18.5%，其他水源占0.7%。总供水量中：生活用水739.7亿m^3（其中城镇生活用水占74.3%），占总供水量的12.1%；工业用水1380.7亿m^3，占总供水量的22.5%；农业用水3902.5亿m^3，占总供水量的63.6%；生态环境补水108.3亿m^3，占总供水量的1.8%。中国以占全国耕地50%的灌溉面积生产了占全国总产量75%的粮食，80%的经济产品和90%的蔬菜。中国以占全世界9%的耕地，养活了占世界22%的人口，重要原因之一是有较发达的灌溉排水基础设施。

伴随着大规模的灌溉排水工程建设与改造，灌溉排水新技术的研究开发和应用推广也取得了很大成绩。如地表水与地下水互补、联合调配使用的井渠结合技术，丘陵山区蓄引提结合多水源综合开发、联合调度利用技术，灌区中低产田旱涝碱综合治理技术，渍害低产田改造技术，喷灌技术，微灌技术，沟畦地面灌溉改进技术，水稻控制灌溉技术，旱作物非充分灌溉技术，雨水集蓄利用技术，计划用水优化调配管理技术等。与此同时，在灌溉排水基础理论和应用技术基础研究方面也取得了一批有价值的成果，如节水灌溉条件下农作物需水规律、作物水分生产函数与节水机理，大气水、地表水、地下水、土壤水四水转化，饱和—非饱和土壤水和溶质运移规律，土壤—作物—大气连续体水分传输机理与计算模型等。

为了适应新形势、新任务、新要求，今后灌溉排水事业发展的工作重点将放在已有灌溉设施的改造和管理体制的改革上，使灌溉水利用率大幅度提高，达到60%以上。充分考虑水资源承载力和供水条件，以非充分灌溉、节水灌溉为主，既重视提高用水效率，同时更重视提高水分生产率、单位水量创造的价值和纯收益；既重视生产实践经验，更重视科学技术的应用。

四、灌溉排水工程学研究对象及主要内容

灌溉排水工程学的研究对象主要包括认识农田水旱灾害发生发展规律，采取适宜措

施，如调节农田水分状况以及改变和调节地区水情等，最大程度地减小水旱灾害造成的损失，实现区域光、热、水、土资源的高效利用。

1. 农田水旱灾害

农田水旱灾害主要包括涝、渍、干旱、洪水和盐碱化。不同区域，发生的水旱灾害类型不同，发生的程度也有所不同。要分类分区研究农田水旱灾害，以便针对不同情况采取相应的措施。

(1) 涝。降水过多、排水不畅，发生旱地积水，水田淹水过深，造成农作物歉收的现象。单纯由于当地雨水过多，久久不能外排而产生的涝灾，叫做内涝，也称沥涝。实际发生的涝灾，往往伴有来自上游的地面径流和河水漫溢，以至洪涝难分。有涝必有渍，合称渍涝，或统称为涝。涝的危害，在于恶化土壤通气条件，造成作物根部缺氧。

(2) 渍。地下水位过高或土壤上层滞水，因而土壤过湿，影响作物生长发育，导致作物减产的现象。渍水导致土壤中气体交换受阻，妨碍作物根系的呼吸作用。长期渍水的土壤，氧的供应不足，好气性细菌活动减弱，嫌气性细菌活动加强，有机物分解缓慢，养分供应失调，土壤中还原作用增强，产生沼气，一氧化碳、亚硝酸盐、硫化氢、低价铁等有毒物质，抑制种子发芽，阻碍根系正常发育。持续的通气不良，会导致根的死亡。

(3) 干旱。植物耗水大于根系吸水，体内水分不足，甚至过度亏缺而受害的现象。根据干旱发生的原因，可分为大气干旱、土壤干旱和生理干旱三种。大气干旱的主要特征是大气相对湿度低，阳光强，温度高，有时还伴随干热风。在这种情况下，植物的蒸腾作用加速，甚至气孔失去控制能力，不正常地持续张开，以致植物在短期内大量失水，造成蒸腾失水和根系吸水的极不平衡，严重危害植物的生长发育。土壤干旱是土壤水分不能满足植物需要的一种干旱现象。当土壤中速效水分丧失殆尽时，植物因水分不足而出现旱象。生理干旱是由于土壤温度过低或土壤溶液的浓度过高等原因，使植物根部生理机能受扰不能正常吸水出现的干旱现象。

(4) 洪水灾害。洪水泛指大水，通常是指超过江河湖库等容水体的承纳能力，造成水量剧增或水位急涨的水文现象。洪水会给人类的生存和社会发展造成损失与祸患，称为洪水灾害。由于用水与交通的要求，自古以来沿河、滨湖、近海地区，就是人民的聚居区，而附近平坦的沃土，又是主要的农业区，工业也多在这些地带布设、发展。这些地区是最易遭受洪水威胁和发生洪灾的地区。洪灾发生频率高、范围广，而且影响比较深远。洪水灾害的主要防治措施包括工程措施和非工程措施。工程措施有水土保持措施、分（蓄）洪工程措施、堤防工程措施、以及河道整治等。非工程措施主要有洪水灾害检测与预警、洪水灾害救济与社会捐助以及设立洪水灾害保险与基金等。

(5) 盐碱化。土壤中含有过多的盐碱成分，对农作物有危害。在土壤学中，把这类土壤称为盐渍土或盐碱土。土壤中的盐碱成分，主要由钾、钠、钙、镁等阳离子和氯、硫酸根、碳酸根、碳酸氢根等阴离子结合成多种盐组成。其中氯盐和硫酸盐类为中性盐，碳酸钠（苏打）和碳酸氢钠（小苏打）为碱性盐。盐分在土壤和地下水中大部分以溶液状态存在。溶液在蒸发作用下浓缩，当浓度超过饱和点时，则有一部分盐析出沉淀，变成固体状态。土壤盐碱化的主要原因是地下水埋深过浅、地下水矿化度（水中含盐量大小称为矿化度）高，气候干旱。

2. 调节农田水分状况

农田水分状况一般是指农田土壤水、地面水和地下水的状况及其相关的养分、通气、热状况。农田水分的不足或过多，都会影响作物的正常生长和作物的产量。调节农田水分状况的水利措施主要有灌溉和排水。灌溉措施是按照作物的需水要求，通过灌溉系统有计划地将水量输送和分配到田间，以补充农田水分的不足；排水措施包括控制水量和水质两个方面，一个是通过修建排水工程将农田内多余的水分排入容泄区，使农田土壤处于适宜的水分状况。一个是在易涝易碱地区，利用排水工程控制地下水位和排除土壤盐分。

调节农田水分状况方面需要研究如下几方面的问题。

(1) 研究农田水、盐运动规律，探求土壤、作物和水分、盐分之间的内在联系，以指导排灌和改造中、低产田，控制适宜的土壤水分和地下水位，促进农业高产、优质、高效。

(2) 研究节水灌溉的技术和理论。节水灌溉是充分利用水资源、提高灌溉效益，促进农业可持续发展的重要措施，在国内外均得到了普遍重视，已开展了多种节水灌溉技术的试验研究和示范推广，如渠道防渗、低压管道输水、喷灌、微灌、膜上灌、节水灌溉制度、井渠结合灌溉以及工程节水与农艺节水相结合的措施等。但是各种节水灌溉措施都有一定的适用条件，在不同地区和不同情况下应采取哪种或哪些措施，还需要进行深入研究；而且每一种节水灌溉技术和节水灌溉理论，例如非充分灌溉的节水理论、高产高效的作物需水规律和作物水分生产函数等，都有待进一步开展试验研究。

(3) 研究不同地区灌排工程的合理布置，做到山、水、湖、田、林、路综合治理，既便于灌排和控制地下水位，又适应机耕。目前国外灌排工程的发展趋势是地下管道化。暗管排水在我国有些地区也有一定的发展，但地下排灌面积还不到耕地面积的5%。因此如何进一步提高地下排灌理论，发展灌排新技术、寻求合适的管材和降低费用等，亟待研究。

(4) 研究灌排工程施工机械化。灌排工程是面广量大的水利工程，实现机械化施工，对加速灌排工程的兴建与配套具有重要的意义。目前我国主要依靠人力施工，与技术先进的国家相比，差距很大，今后应在发展运输、浇筑、凿岩和机电排灌等机械的同时，研究发展开沟、衬砌、铺管等各种专用机械，以逐步实现农田水利施工机械化。

(5) 研究灌排工程管理。加强灌排工程管理工作是当前首要任务之一，管理好坏直接影响灌排工程效益的发挥，因此必须针对当前灌排系统实际存在的问题，改革管理体制，研究切实的工程管理和用水管理措施，做到适时适量灌水，及时排水和控制地下水位，减少渠道渗漏，防止次生盐碱化，充分发挥工程效益。除少数试点外，我国目前尚无完善的自动化灌排系统。今后须加强遥测、遥控等自动化管理新技术的研究，实现灌排管理现代化。

(6) 研究系统工程和电子计算技术在灌排水方面的应用，提高灌排工程规划设计和运行管理的技术水平。

3. 改变和调节地区水情

随着农业生产的发展和需要，人类改造自然的范围越来越广，农田水利措施不仅限于改变和调节农田本身的水分状况，而且要求改变和调节更大范围的地区水情。

地区水情主要是指地区水资源的数量、分布情况及其动态。我国幅员辽阔，水资源在不同地区以及不同年份和季节分配不均，供水与需水在时间和空间上亦常不一致，时旱、时涝或涝旱交替出现。这是影响农业高产稳产的一个重要原因，因此，发展灌溉，首先要根据水土资源条件，通过各工程措施，改变和调节地区水情。

改变和调节地区水情的措施，一般可分为以下两种：

（1）蓄水保水措施。通过修建水库、河网和控制利用湖泊、地下水库以及大面积的水土保持和田间蓄水措施，拦蓄当地径流和河流来水，改变水量在时间上（季节或多年范围内）和地区上（河流上下游之间、高低地之间）的分布状况，通过蓄水措施可以减少汛期洪水流量，避免暴雨径流向低地汇集，可以增加枯水时期河水流量以及干旱年份地区水量贮备。

（2）调水排水措施。调水排水措施主要是通过引水渠道，使地区之间或流域之间的水量互相调剂，从而改变水量在地区上的分布状况。某一地区水源缺乏时，可借引水渠道及取水设备人工河道自水源（河流、水库、河网、地下含水层等）充足地区调配水量，我国已建成的引滦入津工程和引黄济青工程及在建的南水北调工程（东线、中线）等，都是调水工程的典型例子。汛期某一地区水量过多时，则可通过排水河道将多余水量调送至地区内部的蓄水设施存蓄，或调送至水量较少的其他地区。

随着我国社会经济的快速发展和城乡人民生活水平的提高，工业、农业、生活以及生态环境用水量日益增长，因此，研究最有效地利用水资源的科学理论，合理调配水资源，最大限度地保证各部门用水要求，同时解决好洪涝等灾害，便成为我国水资源工程现代化的一个重要内容。在这方面需要研究以下一些问题：

（1）在深入调查水量供、需情况的基础上，研究制定地区长远的水资源规划及水土资源平衡措施。

（2）研究当地地面水、地下水和外来水的统一开发及联合运用，应用系统工程的理论与方法，寻求水资源系统的最优规划和运行方案。

（3）研究洪涝规律，采取有效措施，解除洪涝威胁，并同水资源开发利用结合起来统一规划，做到洪涝旱碱综合治理。

（4）研究水资源开发、利用和保护等方面的经济效益、生态环境和社会福利问题，探求符合社会主义市场经济原则的水资源系统规划、管理的经济论证方法。

总之，无论是调节农田水分状况还是地区水情，都是要认识自然规律，总结农田水利建设的经验，坚持科学态度，讲究经济效益，并从理论和技术上解决农田水利现代化中出现的新问题，把农田水利科学技术不断推向前进。

第一章 灌 溉 原 理

第一节 农田土壤水分运动基本方程

在陆地水循环过程中，依地表下水分存储状况，将储存水分的区域分为非饱和带（或称为包气带）和饱和带。通常将存在于非饱和带的水分称为土壤水，储存于饱和带的水分称为地下水，土壤水是联系农田地表水和地下水的纽带。地面水和地下水只有通过一定的转化关系转化为土壤水分，才能为作物吸收利用。农田土壤水直接影响作物生长的水、气、热、养分等状况，与作物生长关系密切，是作物生长环境的核心要素之一。

一、田间土壤水分的表示

田间土壤水分的表示通常有土壤含水率和土壤水势两种方法，其中土壤含水率又有重量含水率和体积含水率之分。

1. 土壤含水率

土壤含水率（习惯上称为含水量）是指一定量的土壤中所含有水分数量的多少，又称土壤湿度。土壤含水率是土壤的一个重要物理性质指标，是分析土壤的各种物理和力学特性与土壤水分运动和保持的重要参数。

土壤含水率是土壤所含水分数量占干土重量的百分比，用以表示土壤的湿度，有以下两种表示方法。

（1）土壤重量含水率。

$$\theta_m=\frac{M_w}{M_s}\times 100\%=\frac{M-M_s}{M_s}\times 100\% \tag{1-1}$$

式中：θ_m 为土壤重量含水率；M_w 为水的质量；M_s 为干土质量；M 为原土样质量(湿土质量)。

由于 M_w 及 M_s 可利用称重法得到，因此利用质量的百分比来表示土壤的含水率容易求得。但它是相对指标，不能表示含水率的绝对值，难以对不同土壤质地含水率做比较。

（2）土壤容积含水率。

$$\theta_v=\frac{V_w}{V}\times 100\% \tag{1-2}$$

式中：θ_v 为土壤容积含水率；V_w 为水的容积；V 为土样总容积。

因土壤水分容积不易在现场直接测定，故先求土壤水分重量百分比，再转换为体积百分比：

$$\theta_v=\frac{V_w}{V}=\frac{\frac{M_w}{\gamma_w}}{V}=\frac{M_w M_s}{V\gamma_w M_s}=\gamma_0\theta_m \tag{1-3}$$

式中：γ_w 为水的容重，一般取 $\gamma_w=1.0$；γ_0 为土壤容重（M_s/V）（也称干容重）。θ_v 对砂性土壤，一般为 40%～50%，中等质地土壤为 50%，黏性土壤约为 60%。

如用土层中的水深表示土层含水总量，则用

$$h=Z\theta_v \tag{1-4}$$

式中：Z 为土层厚度，mm。

2. 土水势

根据国际土壤学会的定义，土壤水势为：在标准大气压下，将单位数量的水等温可逆地移动到相应点（标准参照状态）时所做的功。水分从土壤移动做功所需要的能量即为该系统的土壤水势能或简称土水势。在势的概念中，所谓相应点一般是指在大气压下具有相同温度的自由水表面。在自由水面的选定方面，常常是选择空旷的水池的自由水表面或是地下水的水表面作为自由水面。用这些水表面作为相应水位，其水势为零。

土水势在决定土壤中水的状态和运动上有着极为重要的作用。可应用于土壤中水分运动的所有过程，如渗透、排水以及毛管水上升等。土壤中两点间水的势能差造成水分在土壤中流动的趋势，土壤水分就是从势能较高的部位向势能较低的部位运动，并在这一移动过程中释放能量。这个运动一直持续到其总土水势在土壤中所有部分都相等为止。了解等温系统中势能的差，就可决定水流的方向，而且还能定量地计算出使水流动所必须做的功。这就是用势能观点来研究土壤水分的优点。

标准参照状态是指一定高度处、某一特定温度（常温或与土壤水相同温度）下，承受标准大气压（或当地大气压）的纯自由水（不含溶质、不受固相介质作用）。

土壤水势用公式表示如下：

$$\varphi=ah \tag{1-5}$$

式中：φ 为水势，J/kg；a 为加速度，m/s^2；h 为距相应水位处的高度，m。

从定义上来讲，土壤水受到若干力的作用，这些力都不同程度地改变了土壤水的能量状态。因此，总土水势是土壤中所有各种作用力产生的分势的总和，即

$$\varphi=\varphi_m+\varphi_s+\varphi_p+\varphi_g+\varphi_T \tag{1-6}$$

式中：φ 为总土水势；φ_m 为基质势；φ_s 为溶质势；φ_p 为压力势；φ_g 为重力势；φ_T 为温度势。

重力势是将单位数量的土壤水从某一点移动到标准参照状态（或参考状态）处，而其他各项维持不变时，土壤水所做的功。基质势是指土壤基质对水分的吸持作用，相对于大气压力所存在的势能差称为压力势。由于溶质对水分子具有吸引力，将水分移动到标准参照状态时，必须对土壤水做功，这种溶液与纯自由水之间的势能差称为溶质势，又可称为渗透势。温度势系由温度场的温差引起。

二、土壤水分常数

土壤中所保持的水分依其所受力的不同，可分为吸湿水、膜状水、毛管水和重力水。其中吸湿水和膜状水主要受土壤吸附力作用，毛管水是受土壤毛管力作用保持在土壤中的水分。重力水受重力支配，在重力作用下，重力水进一步向土壤剖面深层移动。其中，毛管水依其在土体中的分布又可分为毛管悬着水和毛管上升水。在地下水埋深较大情况下，降水或灌溉水等地面水进入土壤，借助毛管力保持在上层土壤毛管孔隙中的水分，称为毛管悬着水；借助毛管力的作用，由地下水上升进入上层土体的水，称为毛管上升水（图 1-1）。毛管水上升高

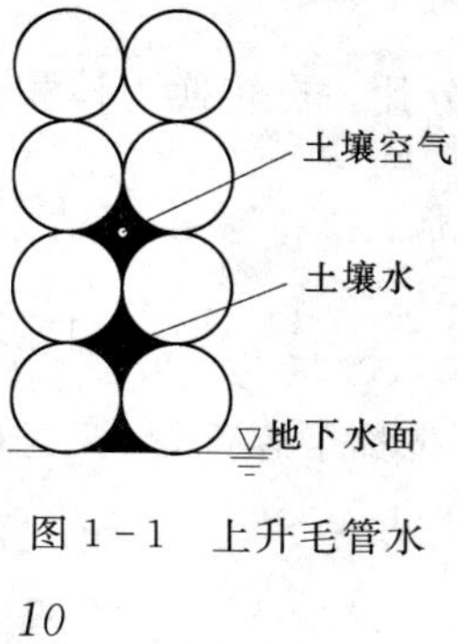

图 1-1 上升毛管水

度因土壤质地不同而异（图 1-2），一般的趋势是砂土最低，壤土最高，黏土居中。

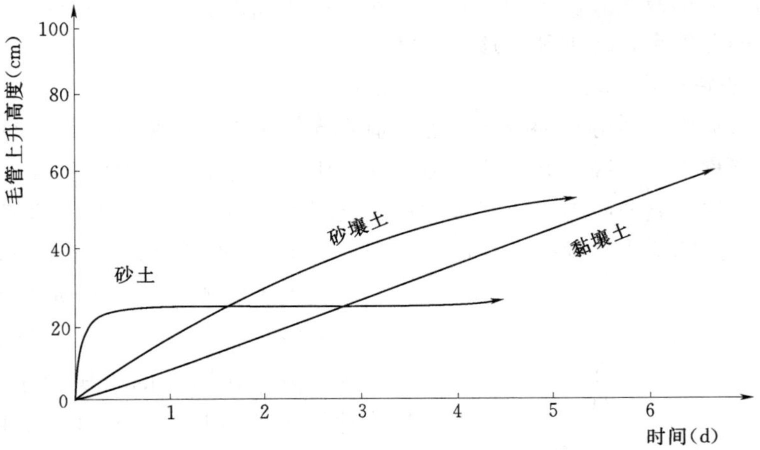

图 1-2 不同质地土壤自地下水位向上的水分运动

在一定条件下土壤各种类型水分的最大含量常保持相对稳定的数量。将各种类型土壤水分达到最大时的含水量称为土壤水分常数。农业灌溉中常用的土壤水分常数有凋萎点含水量、田间持水量、毛管断裂含水量、饱和含水量和土壤水分特征曲线等。

1. 凋萎点含水量

由于植物的吸水和散发，土壤水分不断消耗，当土壤水达到不能满足植物的需要时，叶子会卷缩下垂，这种现象称为凋萎。若补充水分或减少蒸发，植物的叶片又舒展起来，这种凋萎称为临时凋萎。如果补充水分和把植物置于饱和水汽的大气中，这种现象仍不消失，称为永久凋萎。出现永久凋萎时的土壤含水量称为凋萎点含水量，也称凋萎系数。

2. 田间持水量

在灌溉或降水条件下，田间一定深度的土层中所能保持的最大毛管悬着水量。当土壤含水率超过这一限度时，过剩的水分将以重力水的形式向下渗透。田间持水量包括吸湿水、薄膜水和毛管悬着水，其数量是三者数量的总和。田间持水量是划分土壤持水量与向下渗透量的重要指标，是指导灌溉的重要指标，对水文学也有重要意义。

在地下水埋藏较深和排水良好的土地上，当充分降水或灌溉之后，地表水完全入渗，并防止蒸发，经过几天时间（不同土壤的稳定时间有一定差异，一般为 1～3 天左右，砂土时间短，黏土时间长），土壤剖面所保持的含水量，即为田间持水量。

处于凋萎点含水量和田间持水量之间的土壤水可被植物根系吸收利用，称为土壤有效含水量。随土壤含水量大小不同，被植物根系吸收利用的难易程度有所差异，土壤含水量越大，越容易被植物吸收利用，反之，则不容易被植物吸收利用。

3. 毛管断裂含水量

当土壤含水量降低到一定程度时，较粗毛管中的悬着水的连续状态出现断裂，但细毛管中仍充满水，蒸发速率明显降低，此时的土壤含水量称为毛管断裂含水量。其数值因土壤质地、结构和空隙状况的不同而异，一般为田间持水量的 60%～70%，通常可将此作为灌水的下限指标。

4. 饱和含水量

土壤中孔隙全部被水充满时的土壤含水量，称为饱和含水量（又称全持水量），它的数值等于土壤的孔隙率，属饱和渗透水流特性。

5. 土壤水分特征曲线

上述土壤水势中基质势和溶质势均为负值，为使用方便，将基质势和溶质势的负值定义为吸力，分别称为基质吸力和溶质吸力。一般田间条件下，土壤溶质势可忽略不计，因此，土壤水吸力即指基质吸力。土壤基质势或土壤水吸力随土壤含水率的变化而变化，两者之间的关系曲线称为土壤水分特征曲线（图 1-3）。该曲线可通过实验确定。

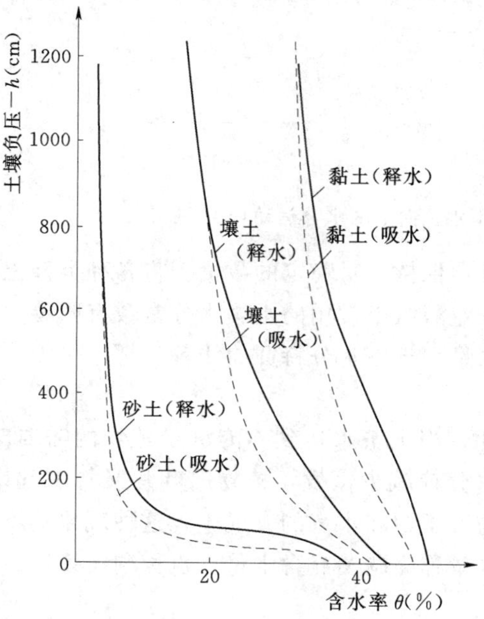

图 1-3　土壤水分特征曲线示意图

在土壤吸水和土壤脱水过程中取得的土壤水分特征曲线是不同的，这种现象常称为滞后现象。在同样的土壤含水率条件下，释水过程（脱湿曲线）的吸力较吸水过程（吸湿曲线）的吸力为大，如图 1-3 所示。在实际情况下，土壤常从部分湿润状态开始排水或从部分脱湿状态重新湿润，相应的吸力与含水率的关系曲线介于吸湿曲线和脱湿曲线之间。研究结果表明，与凋萎系数相对应的土壤水吸力变化于 $7\times10^5\sim40\times10^5$Pa（$10^5$Pa $=$ 1bar $=$ 0.987atm $=$ 10.2mH_2O）之间，一般取为 15×10^5Pa；与田间持水率对应的土壤水吸力变化于 $0.1\times10^5\sim0.3\times10^5$Pa。

三、土壤水分运动基本方程

1. 达西定律

由于土的孔隙通道很小且很曲折，所以在大多数情况下，水在土中的流速缓慢，属于层流。早在 1856 年，法国学者达西就根据对砂的实验结果，发现在层流状态时，水的渗透速度与水力坡降成正比（图 1-4），即

$$v=ki \tag{1-7}$$

或

$$q=kiA \tag{1-8}$$

式中：v 为渗透速度，cm/s；q 为渗透流量，cm^3/s；i 为水力坡降；A 为垂直于渗流方向土的截面积，cm^2；k 为比例常数，称为土的渗透系数。

当 $i=1$ 时，则 $v=k$，这表明渗透系数 k 是单位水力坡降时的渗透速度，它是表示土的渗透性强弱的指标，单位 cm/s，与水的渗透速度单位相同。

上述水的渗透速度与水力坡降成正比的关系，已为大量实验所证实，是水在土中渗透的基本规律，称为渗透定律或达西定律。

由于水在土中的渗透不是整个土的整个截面，而仅仅是通过该截面内土粒间的孔隙。因此，水在孔隙中的实际速度要比按式（1-7）的计算渗透速度大。为了简便，在工程设

计中，除特别指出外，常用计算渗透速度 v。

许多实验研究结果指出，在粗粒土中（如砾、卵石地基或填石坝体）渗透速度增大，达西定律就不适用，如图 1-4 所示，当渗透速度超过临界速度 v_{cr} 时，渗透速度 v 与坡降 i 的关系就表现为非线性的紊流规律，此时达西定律便不再适用。

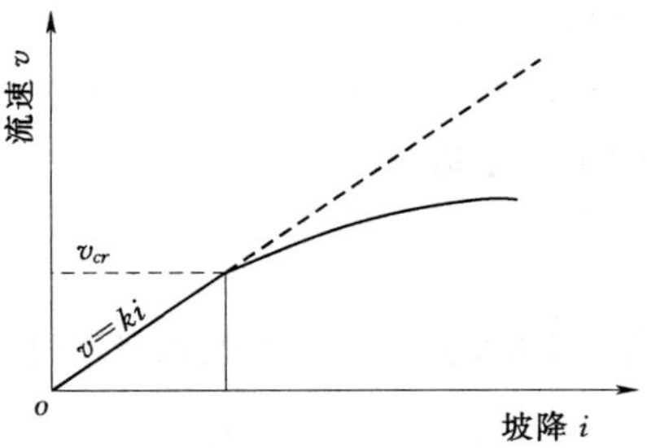

图 1-4　v—i 关系示意图

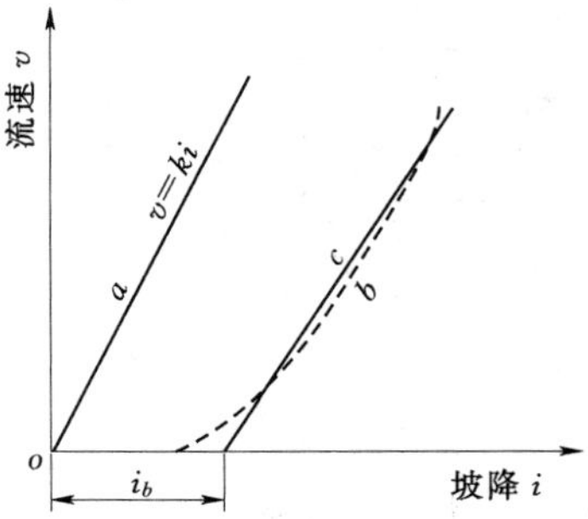

图 1-5　黏性土的渗透规律

另一方面，国内外研究者认为，密实黏土中的孔隙全部或大部分充满薄膜水时，黏土就具有特殊的渗透性能。对于砂性较重及密实度较低的黏土，其渗透规律与达西定律相符，如图 1-5 中通过原点的直线 a 所示。至于密实的黏土，由于受薄膜水的阻碍，其渗透规律偏离达西定律，如图 1-5 曲线 b 所示。当水力坡降较小时，渗透速度与水力坡降不成线性关系，甚至不发生渗流。只有当水力坡降达到某一定值，克服了薄膜水的阻力后，水才开始流动。一般可把黏土的这一渗流特性简化为图 1-5 中的直线 c 的线性关系，i_b 称为黏土的起始水力坡降。

2. 土壤水分运动基本方程的推导

在一般情况下，达西定律同样适用于非饱和土壤水分运动。在水平和垂直方向的渗透速度 v_x、v_z 可分别写成：

$$\left.\begin{aligned} v_x &= -K(\theta)\frac{\partial\varphi}{\partial x} \\ v_z &= -K(\theta)\frac{\partial\varphi}{\partial z} \end{aligned}\right\} \tag{1-9}$$

$$K(\theta)=K_s\left(\frac{\theta-\theta_0}{\theta_s-\theta_0}\right)^n \tag{1-10}$$

式中：φ 为土壤水总势能，$\varphi=h+z$（以总水头表示）；h 为压力水头，在饱和土壤（地下水）的情况下压力水头为正值，在非饱和土壤中 h 为毛管势（或基质势）水头，为负值；z 为位置水头（重力势水头），坐标 z 向上为正时，位置水头取正值，坐标 z 向下为正时，位置水头取负值；K 为水力传导度（或导水率），为土壤体积含水率 θ 的函数 $K(\theta)$ 或土壤负压水头 h 的函数 $K(h)$；K_s 为 θ 等于 θ_s（即饱和含水率）时的水力传导度；n 为经验指数，$n=3.5\sim4$；θ_0 为不易移动的土壤含水率，其值可取最大分子持水率。

水力传导度与土壤压力水头之间的关系式可写成：

$$K(h)=\frac{a}{|h|^n+b} \tag{1-11}$$

或

$$K(\theta)=K_s e^{ch} \tag{1-12}$$

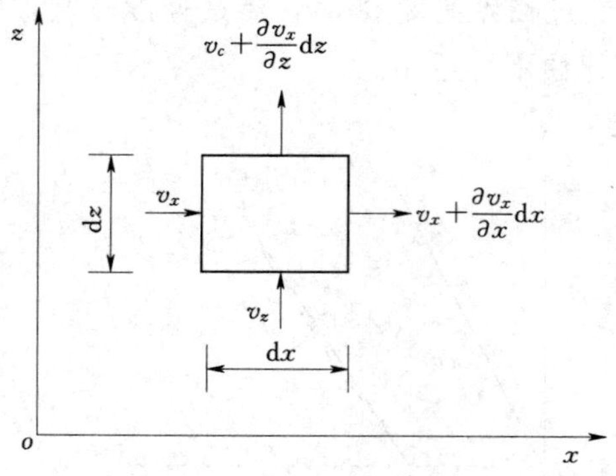

图 1-6　微小土体内土壤水运动示意图

式（1-11）中的 a 和 b，与式（1-12）中的 c 均为经验常数。

设土壤水在垂直平面上发生二维运动，取微小体积 $\Delta x\times\Delta z\times1$（垂直 xz 平面厚度为 1），如图 1-6 所示，则在 x、z 方向流入和流出此体积的水量差值为：

$$-\left(\frac{\partial v_x}{\partial x}+\frac{\partial v_z}{\partial z}\right)dxdz \tag{1-13}$$

单位时间土壤体积中贮水量的变化率为：

$$\frac{\partial\theta}{\partial t}dxdz \tag{1-14}$$

式中：θ 为体积含水率。

根据质量守恒的原则，式（1-13）、式（1-14）应相等，从而可得到土壤水流连续方程：

$$\frac{\partial\theta}{\partial t}=-\left(\frac{\partial v_x}{\partial x}+\frac{\partial v_z}{\partial z}\right) \tag{1-15}$$

将 v_x、v_z 代入水流连续方程（1-15）后，可得：

$$\frac{\partial\theta}{\partial t}=\frac{\partial}{\partial x}\left[K(\theta)\frac{\partial\varphi}{\partial x}\right]+\frac{\partial}{\partial z}\left[K(\theta)\frac{\partial\varphi}{\partial z}\right] \tag{1-16}$$

考虑到 $\varphi=h+z$，$\frac{\partial\varphi}{\partial x}=\frac{\partial h}{\partial x}$，$\frac{\partial\varphi}{\partial z}=\frac{\partial h}{\partial z}+1$，代入式（1-16），得：

$$\frac{\partial\theta}{\partial t}=\frac{\partial}{\partial x}\left[K(\theta)\frac{\partial h}{\partial x}\right]+\frac{\partial}{\partial z}\left[K(\theta)\frac{\partial h}{\partial z}\right]+\frac{\partial K(\theta)}{\partial z} \tag{1-17}$$

考虑到 $\frac{\partial h}{\partial x}=\frac{\partial h}{\partial\theta}\frac{\partial\theta}{\partial x}$，$\frac{\partial h}{\partial z}=\frac{\partial h}{\partial\theta}\frac{\partial\theta}{\partial z}$，并令 $D(\theta)=K(\theta)\frac{\partial h}{\partial\theta}$。

代入式（1-17）得

$$\frac{\partial\theta}{\partial t}=\frac{\partial}{\partial x}\left[D(\theta)\frac{\partial\theta}{\partial x}\right]+\frac{\partial}{\partial z}\left[D(\theta)\frac{\partial\theta}{\partial z}\right]+\frac{\partial K(\theta)}{\partial z} \tag{1-18}$$

式中：$D(\theta)$ 称为扩散度，表示单位含水率梯度下通过单位面积的土壤水流量，其值为土壤含水率的函数。由于土壤含水率与土壤压力水头 h 之间存在着函数关系，渗透系数 K 也可写成压力水头 h（非饱和土壤中 h 为负值）的函数，因此，土壤水运动基本方程也可写成另一种以 h 为变量的形式。

土壤水在 x、z 方向的渗透速度为：

$$\left.\begin{aligned}v_x&=-K(h)\frac{\partial\varphi}{\partial x}=-K(h)\frac{\partial h}{\partial x}\\ v_z&=-K(h)\frac{\partial\varphi}{\partial z}=-K(h)\left(\frac{\partial h}{\partial x}+1\right)\end{aligned}\right\} \tag{1-19}$$

将以上各式代入水流连续方程（1-15），得：

$$\frac{\partial\theta}{\partial t}=\frac{\partial}{\partial x}\left[K(h)\frac{\partial h}{\partial x}\right]+\frac{\partial}{\partial z}\left[K(h)\frac{\partial h}{\partial z}\right]+\frac{\partial K(h)}{\partial z} \tag{1-20}$$

考虑到$\frac{\partial\theta}{\partial t}=\frac{\partial\theta}{\partial h}\frac{\partial h}{\partial t}=C(h)\frac{\partial h}{\partial t}$。

将式（1-20）代入式（1-19），得：

$$C(h)\frac{\partial h}{\partial t}=\frac{\partial}{\partial x}\left[K(h)\frac{\partial h}{\partial x}\right]+\frac{\partial}{\partial z}\left[K(h)\frac{\partial h}{\partial z}\right]+\frac{\partial K(h)}{\partial z} \tag{1-21}$$

式中：$C(h)$ 表示压力水头减小一个单位时，自单位体积土壤中所能释放出来的水体积，其量纲是［L^{-1}］，$C(h)$称为土壤的容水度。

在初始条件和边界条件已知的情况下，可根据这些定解条件求解式（1-18）或式（1-21），求得各点土壤含水率或土壤负压和土壤水流量的计算公式，或用数值计算法直接计算各点土壤含水率（或负压）和土壤水的流量。

上述公式是针对裸地条件下建立的农田土壤水分运动基本方程。在种植作物条件下，只需在式（1-18）和式（1-21）的右边增加根系吸水项，如

$$\frac{\partial\theta}{\partial t}=\frac{\partial}{\partial x}\left[D(\theta)\frac{\partial\theta}{\partial x}\right]+\frac{\partial}{\partial z}\left[D(\theta)\frac{\partial\theta}{\partial z}\right]+\frac{\partial K(\theta)}{\partial z}-S'(x,z,t)$$

式中：$S'(x,z,t)$ 为单位时间单位土体内根系吸水量，称为根系吸水率，其量纲是［T^{-1}］。

第二节 入渗条件下土壤水分运动

一、入渗条件下土壤水分运动的半理论半经验公式

入渗条件下土壤水分运动的解析求解有多种方法，现仅对其中较为简单的拉普拉斯变换法、级数法和 Green—Ampt 模型三种方法进行介绍。

1. 拉普拉斯变换法

降雨和灌水入渗是补给农田水分的主要来源。入渗速度、总量和入渗后剖面上土壤含水率的分布，对确定农田水分状况的调节措施有重要意义。兹以地下水埋深较大，剖面土壤含水率均匀分布，地表形成薄水层情况为例，说明入渗条件下土壤水分运动的拉普拉斯变换解析法。

在垂直入渗的情况下，坐标轴 $z=0$ 取自地表，取 z 向下为正，位置水头 z 为负值，一维土壤水运动的基本方程可写成：

$$\frac{\partial\theta}{\partial t}=\frac{\partial}{\partial z}\left[D(\theta)\frac{\partial\theta}{\partial z}\right]-\frac{\partial K(\theta)}{\partial z} \tag{1-22}$$

如降雨或灌水前剖面上各点初始含水率为 θ_0，则初始条件为：

$$\theta(z,0)=\theta_0 \tag{1-23}$$

在地表有薄水层时，表层含水率等于饱和含水率 θ_s，在 z 相当大($z\to\infty$)时，含水率不变，即 $\theta=\theta_0$，则边界条件为：

$$\left.\begin{aligned}\theta(0,t)&=\theta_s\\ \theta(\infty,t)&=\theta_0\end{aligned}\right\} \tag{1-24}$$

式（1-22）为非线性方程，求解比较困难。为了简化计算，近似地以平均扩散度 $\overline{D}$ 代替 $D(\theta)$，由于 $\frac{\partial K}{\partial Z}=\frac{\mathrm{d}K}{\mathrm{d}\theta}\frac{\partial\theta}{\partial Z}$，以 $N=\frac{K(\theta_s)-K(\theta_0)}{\theta_s-\theta_0}$ 代替 $\frac{\mathrm{d}K}{\mathrm{d}\theta}$，则式（1-22）变为常系数线性微分方程：

$$\frac{\partial\theta}{\partial t}=\overline{D}\frac{\partial^2\theta}{\partial z^2}-N\frac{\partial\theta}{\partial Z} \tag{1-25}$$

采用拉氏变换求解。经变换后 θ 的象函数 $\bar{\theta}$ 为：

$$\bar{\theta}(z,p)=\int_0^{\infty}\theta(z,t)\mathrm{e}^{-pt}\mathrm{d}t$$

对式（1-25）中 $\frac{\partial\theta}{\partial t}$ 采用拉氏变换，即

$$\int_0^{\infty}\frac{\partial\theta}{\partial t}\mathrm{e}^{-pt}\mathrm{d}t$$

采用分部积分法，设 $\frac{\partial\theta}{\partial t}\mathrm{d}t=\mathrm{d}u$，$\mathrm{e}^{-pt}=v$，$u=\theta$，$\mathrm{d}v=-p\mathrm{e}^{-pt}\mathrm{d}t$

$$\int_0^{\infty}\frac{\partial\theta}{\partial t}\mathrm{e}^{-pt}\mathrm{d}t=\theta\mathrm{e}^{-pt}\Big|_0^{\infty}+p\int_0^{\infty}\theta\mathrm{e}^{-pt}\mathrm{d}t=p\bar{\theta}-\theta_0$$

对式（1-25）右侧进行变换，得：

$$\int_0^{\infty}\frac{\partial\theta}{\partial z}\mathrm{e}^{-pt}\mathrm{d}t=\frac{\partial}{\partial z}\int_0^{\infty}\theta\mathrm{e}^{-pt}\mathrm{d}t=\frac{\partial\bar{\theta}}{\partial z}$$

$$\int_0^{\infty}\frac{\partial^2\theta}{\partial z^2}\mathrm{e}^{-pt}\mathrm{d}t=\frac{\partial}{\partial z^2}\int_0^{\infty}\theta\mathrm{e}^{-pt}\mathrm{d}t=\frac{\partial^2\bar{\theta}}{\partial z^2}$$

式（1-25）经变换后，由于仅包含象函数对 z 的导数，可写成常微分形式：

$$p\bar{\theta}-\theta_0=\overline{D}\frac{\mathrm{d}^2\bar{\theta}}{\mathrm{d}z^2}-N\frac{\mathrm{d}\bar{\theta}}{\mathrm{d}z} \tag{1-25'}$$

式（1-24）经变换后，得

$$\left.\begin{aligned}\bar{\theta}(0,p)&=\frac{\theta_s}{p}\\ \bar{\theta}(\infty,p)&=\frac{\theta_0}{p}\end{aligned}\right\} \tag{1-24'}$$

式（1-25′）的通解为：

$$\bar{\theta}(z,p)=\frac{\theta_0}{p}+C_1\mathrm{e}^{\frac{N+\sqrt{N^2+4\overline{D}_p}}{2\overline{D}}z}+C_2\mathrm{e}^{\frac{N-\sqrt{N^2+4\overline{D}_p}}{2\overline{D}}z} \tag{1-26}$$

式（1-24′）由于在 $z\to\infty$ 时，$\bar{\theta}$ 为有限值 $\frac{\theta_0}{p}$，为使 $C_1\mathrm{e}^{\infty}$ 为有限值，C_1 必须为 0，则式（1-24′）可写为：

$$\bar{\theta}(0,p)=\frac{\theta_s}{p}=\frac{\theta_0}{p}+C_2$$

$$C_2=\frac{\theta_s-\theta_0}{p}$$

代入（1-26）式，得象函数 $\bar{\theta}$ 的解为：

$$\bar{\theta}(z,p)=\frac{\theta_0}{p}+\frac{\theta_s-\theta_0}{p}e^{\frac{Nz}{2\overline{D}}}e^{-\sqrt{\frac{z^2}{\overline{D}}\left(p+\frac{N^2}{4\overline{D}}\right)}}$$

由拉氏变换逆变换表：

$$\frac{1}{p}e^{-\sqrt{\alpha(p+\beta)}}\to\frac{1}{2}\left[e^{-\sqrt{\alpha\beta}}\operatorname{erfc}\left(\frac{1}{2}\sqrt{\frac{\alpha}{t}}-\sqrt{\beta t}\right)+e^{\sqrt{\alpha\beta}}\operatorname{erfc}\left(\frac{1}{2}\sqrt{\frac{\alpha}{t}}+\sqrt{\beta t}\right)\right]$$

经逆变换后，得

$$\theta(z,t)=\theta_0+\frac{\theta_s-\theta_0}{2}\left[\operatorname{erfc}\left(\frac{z-Nt}{2\sqrt{\overline{D}t}}\right)+e^{\frac{Nz}{\overline{D}}}\operatorname{erfc}\left(\frac{z+Nt}{2\sqrt{\overline{D}t}}\right)\right] \quad (1-26')$$

式中：$\operatorname{erfc}(z)=\frac{2}{\sqrt{\pi}}\int_z^{\infty}e^{-u^2}\,du$ 为补余误差函数。

$$\overline{D}=\frac{5/3}{(\theta_s-\theta_0)^{5/3}}\int_{\theta_0}^{\theta_s}D(\theta)(\theta-\theta_0)\,d\theta$$

剖面含水率分布可从式（1-26′）求得，如图1-7所示。

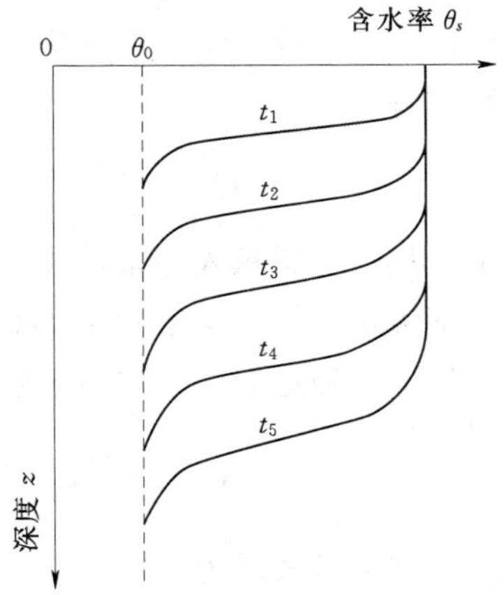

图1-7　入渗条件下土壤剖面含水率分布图

地表入渗速度的计算式为：

$$i=-K(\theta)\left(\frac{\partial h}{\partial z}-1\right)\bigg|_{z=0}$$

$$=-\left[D(\theta)\frac{\partial\theta}{\partial z}-K(\theta)\right]\bigg|_{z=0} \quad (1-27)$$

由于在有水层入渗时，地表处含水率达到饱和，$K(\theta)=K_s$ 等于土壤饱和时的水力传导度。$D(\theta)$ 仍采用平均值 $\overline{D}$，$\frac{\partial\theta}{\partial z}$ 可自象函数 $\frac{\partial\bar{\theta}}{\partial z}$ 推求，自式（1-26）

$$\frac{\partial\bar{\theta}}{\partial z}=\frac{\theta_s-\theta_0}{p}\frac{N-\sqrt{N^2+4\overline{D}_p}}{2\overline{D}}e^{\frac{N-\sqrt{N^2+4\overline{D}_p}}{2\overline{D}}z}$$

$$\frac{\partial\bar{\theta}}{\partial z}\bigg|_{z=0}=\frac{\theta_s-\theta_0}{p}\frac{N-\sqrt{N^2+4\overline{D}_p}}{2\overline{D}}$$

在入渗初期 $t\ll\frac{4\overline{D}}{N^2}$ 时，根据拉氏变换原理，相当于 $p\gg\frac{N^2}{4\overline{D}}$，则 $\frac{N-\sqrt{N^2+4\overline{D}_p}}{2\overline{D}}\approx-\sqrt{\frac{p}{\overline{D}}}$，$\frac{\partial\bar{\theta}}{\partial z}\bigg|_{z=0}=-(\theta_s-\theta_0)\frac{1}{\sqrt{p\overline{D}}}$。

查逆变换表：$\frac{1}{\sqrt{p}} \xrightarrow{\cdot} \frac{1}{\sqrt{\pi t}}$

$$\left.\frac{\partial \bar{\theta}}{\partial z}\right|_{z=0} \xrightarrow{\cdot} -(\theta_s - \theta_0)\frac{1}{\sqrt{\pi \overline{D} t}}$$

代入式（1－27），得：

$$i=(\theta_s-\theta_0)\sqrt{\frac{\overline{D}}{\pi}}t^{-\frac{1}{2}}+K_s \tag{1-28}$$

在入渗时间较久时，$t \gg \frac{4\overline{D}}{N^2}$，相当于 $p \ll \frac{N^2}{4\overline{D}}$，$N^2+4\overline{D}_p \approx N^2$，此时$\frac{\partial \bar{\theta}}{\partial z}=0$，$\frac{\partial \theta}{\partial z}=0$，$i=K_s$，因此，可将式（1－28）作为入渗速度的近似计算式。

在时间 t 内入渗的总水量 I 为：

$$I=2(\theta_s-\theta_0)\sqrt{\frac{\overline{D}t}{\pi}}+K_s t \tag{1-28'}$$

2. 级数法及 Philip 公式

Philip（1957 年）利用级数法对入渗问题式（1－22）进行了求解，求得了垂直入渗的级数解：

$$I(t)=\int_{\theta_i}^{\theta_0}\left[\eta_1(\theta)t^{\frac{1}{2}}+\eta_2(\theta)t+\eta_3(\theta)t^{\frac{3}{2}}+\cdots\right]\mathrm{d}\theta+K(\theta_i)t \tag{1-29}$$

式中：$I(t)$为累积入渗量，右端第一项为土壤剖面中土壤水的增加量，第二项为下边界的重力下渗量；$K(\theta_i)$为初始含水率 θ_i 相应的导水率。

作为一种近似，只取级数解中的前两项，即

$$I(t)=\int_{\theta_i}^{\theta_0}\left[\eta_1(\theta)t^{\frac{1}{2}}+\eta_2(\theta)t\right]\mathrm{d}\theta+K(\theta_i)t$$

上式又可表示为

$$I(t)=St^{\frac{1}{2}}+At \tag{1-30}$$

入渗率 $i(t)$相应地为

$$i(t)=I(t)'=\frac{1}{2}St^{-\frac{1}{2}}+A \tag{1-31}$$

式（1－30）和式（1－31）便是 Philip 的入渗公式。习惯上称 Philip 入渗公式的参数 S 为吸渗率，称 A 为稳定入渗率［$A=i(\infty)$］。S 和 A 分别为

$$S=\int_{\theta_i}^{\theta_0}\eta_1(\theta)\,\mathrm{d}\theta \text{ 或 } S=\int_{\theta_i}^{\theta_0}\lambda(\theta)\,\mathrm{d}\theta \tag{1-32}$$

$$A=\int_{\theta_i}^{\theta_0}\eta_2(\theta)\mathrm{d}\theta+K(\theta_i) \tag{1-33}$$

在入渗初期，参数 S 起主要作用，相当于水平吸渗的情况。随着入渗时间的增长，参数 A 则成为影响入渗的主要因素。

当应用 Philip 公式解决实际问题时，参数 S 和 A 常由现场入渗试验确定。

3. Green—Ampt 模型

Green—Ampt 模型研究的是初始干燥的土壤在薄层积水时的入渗问题。基本假定是，入渗时存在着明确的水平湿润锋面，将湿润的和未湿润的区域截然分开。也可以说含水率 θ 的分布呈阶梯状，湿润区为饱和含水率 θ_s，湿润锋前即为初始含水率 θ_i。这种模型又称活塞模型。在上述假定的基础上，利用达西定律，经过适当的简化与推导，可得出 Green—Ampt（1911 年）入渗公式：

$$i=i_c+b/I \tag{1-34a}$$

$$K_s t=I-s_f(\theta_s-\theta_i)\ln\left[1+\frac{I}{s_f(\theta_s-\theta_i)}\right] \tag{1-34b}$$

式中：$i_c=K_s$；$b=K_s(\theta_s-\theta_i)s_f$；$K_s$ 为饱和导水率；θ_s 为饱和含水率；θ_i 为初始含水率；s_f 为土壤水吸力。

当入渗时间 t 达到一定时间以后，I 值足够大，则 $i\to i_c$，故 i_c 也称为稳渗率。当 $t\to 0$ 时，$I\to 0$，则 $i\to\infty$。

该公式简单且有一定的物理模型基础，故长期以来受到重视。此公式虽是按均质土壤导出的，但将其应用到非均质土壤，或用于初始含水率分布不均匀的情况，也都获得了较好的结果。Green—Ampt 入渗模型应用的首要问题是如何正确地确定参数 K_s 和 s_f。

（1）参数 K_s 的确定。入渗时，地表至湿润锋面之间含水率分布均一的假定，一般不会引起较大的误差，但地表含水率 θ_0 值是较饱和含水率 θ_s 为小的某个值。因而入渗公式中 $(\theta_s-\theta_i)$ 应换为 $(\theta_0-\theta_i)$，K_s 应换为 K_0，显然 $K_0<K_s$。Bouwer（1966 年）建议取 $K_0=0.5K_s$，K_0 即为稳定入渗率 i_c，其值可由田间入渗试验测定。

（2）湿润锋面处平均的或有效的基质吸力 s_f 的确定。可采用土壤水吸力 s 的加权平均值作为 s_f，即 $s_f=\int_{0.01}^{1} s\mathrm{d}K_r$。式中：$K_r=K(s)/K_s$ 为相对导水率。

对于 Green—Ampt 模型，$I=(\theta_s-\theta_i)z_f$，式中 z_f 为地表至湿润锋面的距离，故还可采用 Green—Ampt 模型推求入渗过程中湿润锋面的位置。

二、入渗条件下土壤水分运动的经验公式

考斯加可夫（А. Н. КОСТЯКОВ）公式、霍顿（Horton）公式和概念模型均为经验公式，形式简单，应用广泛。

1. 考斯加可夫公式

考斯加可夫（1932 年）入渗公式为：

$$i(t)=Bt^{-\alpha} \tag{1-35}$$

$$I(t)=\int_0^t i(t)\mathrm{d}t=\frac{B}{1-\alpha}t^{1-\alpha} \tag{1-36}$$

式中：B 和 α 为取决于土壤及入渗初始条件的经验常数，由试验或实测资料拟合得出，本身无理论意义。此式表示当 $t\to 0$ 时，$i\to\infty$。而当 $t\to\infty$ 时，$i\to 0$ 的情况，只在水平吸渗条件下才可能，垂直入渗的条件显然是不符合的。

2. 霍顿（Horton）公式

Horton（1940 年）提出的入渗公式是：

$$i(t)=i_c+(i_0-i_c)\mathrm{e}^{-\beta t} \tag{1-37}$$

式中：i_0、i_c 和 β 为经验参数。当 $t \to 0$ 时，i 不是趋于无穷大，而是一有限值 i_0，可称为初渗率；当 $t \to \infty$ 时，$i = i_c$，故 i_c 为稳渗率。β 值决定了入渗率由 i_0 减小为 i_c 的速度。

上述各种入渗公式，无论是半理论半经验型的，还是纯经验性的，在一定程度上都反映了入渗规律，因而都有其实用价值。因此，根据实际问题的需要，可选用其中一种公式计算或选用几种公式进行比较。无论采用哪种入渗公式，均应通过现场试验或实测资料分析取得入渗参数。所选用的入渗模型均应得到实践的验证。

第三节 蒸发条件下土壤水分运动

一、土壤水蒸发及其特点

土壤水的蒸发，发生在土壤的表层，其强度一般取决于两个因素：一是外界蒸发能力，即气象条件所限定的最大可能蒸发强度；二是土壤自下部土层向上的输水能力，其数值随含水率的降低而减小。据此，常将土壤蒸发分为三个阶段，如图 1-8 所示。蒸发开始时，由于土壤水较丰富，导水率大，在大气蒸发力作用下，表层土壤源源不断地从土体内部得到水分补给。这时土壤蒸发主要受大气蒸发力（常以水面蒸发量表示）的控制（Ⅰ）；随着土壤含水量的降低，地表与下面湿润土层的土壤水吸力梯度逐渐加大，以致蒸发速率愈来愈小，这时土壤蒸发进入第二个阶段（Ⅱ），其蒸发速率主要由土壤导水率控制；当表土含水率很低，土壤输水能力很弱，不能补充表土蒸发损失的水分，地表形成干土层。土壤水分蒸发发生在干土层底部，然后以水汽扩散的方式穿过干土层而进入大气。在此阶段内，蒸发面不是在地表，而是在土壤内部。其蒸发强度的大小受干土层内水汽扩散能力控制，主要取决于干土层的厚度。该过程可持续数周或数月，是蒸发过程的最后阶段（Ⅲ）。

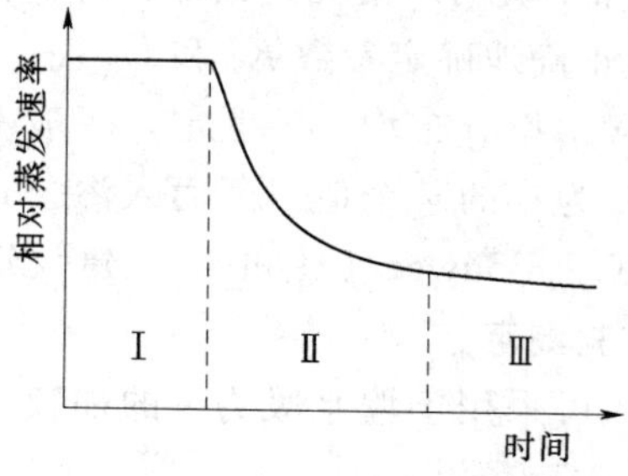

图 1-8 蒸发三阶段示意图

二、蒸发条件下土壤水分运动的定解问题

地表土壤蒸发属于垂直一维土壤水分运动，可用式（1-22）描述，并与初始条件和边界条件一起构成了定解问题。常见的初始条件和边界条件如下。

1. 初始条件

有两种情况：

（1）土壤含水量沿剖面均匀分布，$\theta(z,0)=\theta_i$。

（2）土壤含水量沿剖面非均匀分布，$\theta(z,0)=\theta(z)$。

2. 上边界条件

有四种情况：

（1）表土蒸发速率 E_0。已知，且为常数。

$$-K(\theta)\left(\frac{\partial \psi}{\partial z}-1\right)\bigg|_{z=0}=E_0 \qquad (1-38)$$

（2）表土蒸发速率 E 已知，且考虑日变化，如按正弦周期变化。

$$-K(\theta)\left(\frac{\partial\psi}{\partial z}-1\right)\bigg|_{z=0}=E(t) \tag{1-39}$$

$$E(t)=E_{\max}\sin(2\pi t/86400)$$

式中：$E_{\max}$为白天中午发生的最大蒸发率；t是以日出为起始的时间，s。

（3）表土蒸发率E随表土含水量的改变发生变化。

$$-K(\theta)\left(\frac{\partial\psi}{\partial z}-1\right)\bigg|_{z=0}=E(t) \tag{1-40}$$

$$E(t)=\begin{cases}0 & \theta(0,t)\leqslant\theta_a \\ a\theta(0,t)+b & \theta_a<\theta(0,t)\leqslant\theta_k \\ 1 & \theta(0,t)\geqslant\theta_k\end{cases} \tag{1-41}$$

式中：θ_a、θ_k 分别为风干含水率和临界含水率，cm^3/cm^3；a、b 为待定系数。

（4）表土含水量一定。如在强烈蒸发作用下，表土很快降低到风干含水率 θ_a，即

$$\theta(0,t)=\theta_a \tag{1-42}$$

3. 下边界条件

（1）对于半无限蒸发土柱，表土的蒸发不能影响到无穷深处的含水量，其下边界含水量不变，为初始含水量 θ_i。

$$\theta(0,t)=\theta_i \tag{1-43}$$

（2）若为有限土柱，如，底部为不透水层，即下边界处水分通量为零。

$$-K(\theta)\left(\frac{\partial\psi}{\partial z}-1\right)\bigg|_{z=0}=0 \tag{1-44}$$

再如，底部为浅层地下水，地下水面处土壤基质势为0：

$$\psi(L,t)=0 \tag{1-45}$$

以上定解问题需用解析法或数值法求解，由于土壤水分运动的复杂性，实用中常采用数值法，但解析法有助于土壤水分运动机理的认识。以下对几种常见的解析法做介绍。

三、潜水稳定蒸发

在潜水埋深较浅，且相对稳定的条件下，潜水蒸发可看作是稳定蒸发，即地表处的蒸发强度与任一断面处的土壤水分通量相等，此通量即为潜水蒸发强度，如图1-9所示。其中 z 坐标原点在潜水面处，向上为正。

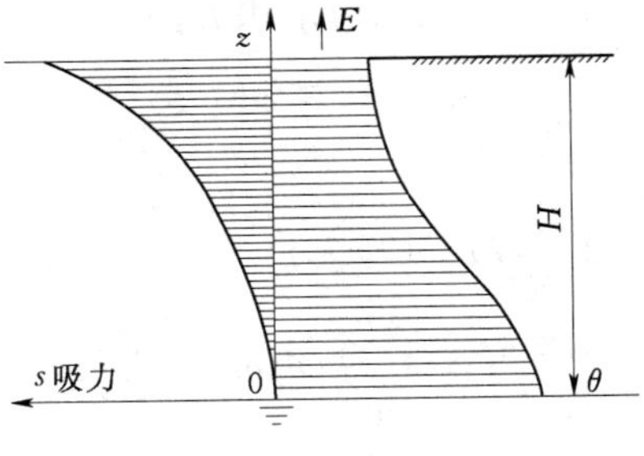

图1-9　均质土壤稳定蒸发时含水率和吸力分布图

潜水蒸发定解问题可写为

$$-D(\theta)\frac{d\theta}{dz}-K(\theta)=E \tag{1-46a}$$

$$\theta=\theta_c, z=0 \tag{1-46b}$$

对式（1-46a）积分，并利用条件式（1-46b），可得出

$$z=\int_{\theta_H}^{\theta_s}\frac{D(\theta)}{K(\theta)+E}d\theta \tag{1-47}$$

式中：θ_s 为土壤饱和含水率，当非饱和土壤扩散率 $D(\theta)$ 和导水率 $K(\theta)$ 已知时，式（1-

47）给出了稳定蒸发强度为 E 时土壤含水率分布 $z \sim \theta$。

若用土壤水吸力 s 表示未知函数，则有

$$-K(s)\left(\frac{\mathrm{d}s}{\mathrm{d}z}-1\right)=E \tag{1-48a}$$

$$s=0, \ z=0 \tag{1-48b}$$

对式（1-48a）积分，并利用条件式（1-48b），可得出：

$$z=\int_s^0 \frac{\mathrm{d}s}{1+E/K(s)} \tag{1-49}$$

式中：当非饱和土壤导水率 $K(s)$ 已知时，式（1-49）给出了稳定蒸发强度为 E 时土壤含水率分布 $z \sim s$。

令式（1-47）中的 z 等于潜水埋深，即 $z=H$，可得到

$$H=\int_{\theta_H}^{\theta_s} \frac{D(\theta)}{K(\theta)+E}\mathrm{d}\theta \tag{1-50}$$

由式（1-50）可计算确定不同潜水埋深条件下的蒸发强度 E 和 θ_H，进而可给出以 H 为参数的 $E \sim \theta_H$ 关系。

如某重壤土，其饱和含水率 $\theta_s=0.48\mathrm{cm}^3/\mathrm{cm}^3$，非饱和土壤扩散率 $D(\theta)=92.16(\theta/\theta_s)^{2.391}(\mathrm{cm}^2/\mathrm{h})$，导水率 $K(\theta)=0.346(\theta/\theta_s)^{9.133}(\mathrm{cm/h})$。可采用数值积分的方法由式（1-50）确定 $E \sim \theta_H$ 关系，见图 1-10。其计算过程如下。

（1）针对某一潜水埋深（$H=50\mathrm{cm}$），可假定一表土含水率，如 $\theta_H=0.08$，见表 1-1，再假定一潜水蒸发速率 E。

（2）采用数值方法对式（1-50）右端做积分计算。将区间 $[\theta_H, \theta_s]$ 等分为 n 个小区间，相应的区间长度为，$\Delta\theta=(\theta_s-\theta_H)/n$。

（3）采用梯形求积方法。令

$$f(\theta)=\frac{D(\theta)}{K(\theta)+E} \tag{1-51}$$

式（1-47）可写为：

$$z=\int_{\theta_H}^{\theta_s} f(\theta)\mathrm{d}\theta=\sum_{i=1}^{n}\{f[\theta_H+(i-1)\Delta\theta]+f(\theta_H+i\Delta\theta)\}\frac{\Delta\theta}{2}=\sum_{i=1}^{n}\Delta z_i \tag{1-52}$$

由式（1-52）可求得 z，若 $z=H$，则假定的 E 即为所求值；若 $z \neq H$，则需改变 E，再做积分计算，直到 $z=H$。数值积分是一种近似计算，计算误差是不可避免的，只要 z 和 H 的绝对值 $|z-H|$ 小于给定误差 ε（如 $\varepsilon=0.0001$）即可。该计算过程实际上是一个优化计算问题，其决策变量为潜水蒸发强度 E，目标函数为 $\min|z-H|$。可采用一般的优化方法对该问题求解，如可以采用 Excel 软件中规划求解功能计算。n 的取值越大，计算结果越精确。对本例，取 $n=100$，其计算结果见表 1-1。如此进行可求得潜水埋深 $H=50\mathrm{cm}$ 时的潜水蒸发强度与表土含水率的关系曲线 $E \sim \theta_H$，见图 1-10。

表 1-1　潜水埋深 H=50cm 时不同表土含水率条件下的潜水蒸发强度

表土含水率/($cm^3 \cdot cm^{-3}$)	潜水蒸发强度/(mm/d)	$\Delta\theta$	$(\sum_{i=1}^{n}\Delta z_i)-50$	Δz_1/cm	Δz_2/cm	…	Δz_n/cm
0.00	19.28	0.0048	9.3731×10^{-8}	0.00005	0.00029	…	0.49244
0.02	19.27	0.0046	3.6111×10^{-7}	0.00358	0.00557	…	0.47195
0.04	19.25	0.0044	1.2578×10^{-5}	0.01542	0.01927	…	0.45152
0.06	19.19	0.0042	3.6721×10^{-8}	0.02973	0.03162	…	0.43123
0.08	19.10	0.004	2.8165×10^{-6}	0.03945	0.04308	…	0.41102
0.10	18.97	0.0038	1.7749×10^{-8}	0.05894	0.06404	…	0.39093
0.12	18.78	0.0036	6.1548×10^{-7}	0.08494	0.09093	…	0.37101
0.14	18.49	0.0034	7.8238×10^{-8}	0.11604	0.12271	…	0.35132
0.16	18.08	0.0032	2.9154×10^{-6}	0.15203	0.15924	…	0.33188
0.18	17.54	0.003	1.2993×10^{-6}	0.19311	0.20074	…	0.31269
0.20	16.83	0.0028	8.2070×10^{-8}	0.23989	0.24782	…	0.29378
0.22	15.91	0.0026	4.7782×10^{-6}	0.29352	0.30161	…	0.27513
0.24	14.74	0.0024	3.2577×10^{-7}	0.35596	0.36404	…	0.25676
0.26	13.28	0.0022	7.6364×10^{-7}	0.43046	0.43822	…	0.23866
0.28	11.46	0.002	2.0484×10^{-6}	0.52234	0.52918	…	0.22081
0.30	9.19	0.0018	5.9343×10^{-6}	0.64046	0.64511	…	0.20323
0.32	6.35	0.0016	2.2402×10^{-6}	0.80009	0.79961	…	0.18591
0.33	4.66	0.0015	3.2352×10^{-7}	0.90331	0.89801	…	0.17735
0.34	2.77	0.0014	1.4448×10^{-6}	1.02873	1.01585	…	0.16886
0.35	0.63	0.0013	1.2337×10^{-6}	1.18373	1.15872	…	0.16045
0.36	−1.80	0.0012	1.8890×10^{-6}	1.37876	1.33397	…	0.15213

由表 1-1 可以看出，当表土含水率较小时，如小于 0.22 时，潜水蒸发量较大，可以达到 16mm/d 以上，但这仅仅是该种土壤在这一潜水埋深条件下可能的潜水蒸发速率。潜水蒸发速率还受大气蒸发力的控制，当大气蒸发力小于可能的潜水蒸发速率时，表土含水率会相应地增大，这就是为什么潜水埋深较小时，地表面常常潮湿的缘故。

按照同样方法，可求得其他潜水埋深条件下，潜水蒸发强度与表土含水率的关系曲线 $E\sim\theta_H$，见图 1-10。

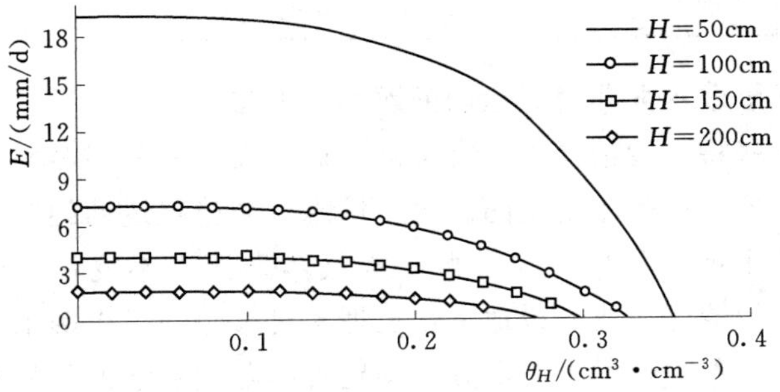

图 1-10　不同埋深 H 下，潜水蒸发强度 E 和地表含水率 θ_H 的关系

曲线与纵轴的交点，表示表土含水率 $\theta_H=0$ 时的潜水蒸发速率，称为该埋深下的潜水极限蒸发强度 E_{max}，与潜水埋深的关系可用式（1-53）表示：

$$E_{max}=AH^{-m} \tag{1-53}$$

式中：A、m 为随土壤而异的参数。

在分析潜水埋深 H、潜水蒸发强度 E 和地表含水率 θ_H 关系的基础上，雷志栋（1983年）提出了如下计算潜水蒸发速率的经验公式

$$E=E_{max}(1-e^{-\eta E_0/E_{max}}) \tag{1-54}$$

式中：E 为土壤蒸发强度，mm/d；E_0 为水面蒸发强度，mm/d；η 为经验常数，与土质和地下水位埋深 H 有关。由式（1-53）可知，式（1-54）隐含了潜水埋深 H，表示了表土蒸发量 E、潜水埋深 H 和大气蒸发力 E_0 之间的关系。

对于潜水蒸发强度与潜水埋深的关系，国内外广泛采用的经验公式还有式（1-55）：

$$E=E_0\left(1-\frac{H}{H_{max}}\right)^n \tag{1-55}$$

式中：H_{max}为极限蒸发深度，即当地下水位埋深 $H\geqslant H_{max}$时，潜水蒸发强度 $E=0$；n 为与土壤质地和植被情况有关的经验常数，一般为1～3。轻质地土壤或植物根系吸水深度大、蒸腾旺盛时，则 n 值较小；土质黏重或有黏土夹层时，n 值较大。

极限蒸发深度在理论上是不存在的，但当地下水位埋深较大（如大于3～4m）时，潜水蒸发已十分微弱，可近似为零。为了避免使用极限埋深 H_{max}，下列指数型公式也常会用到。其公式形式为：

$$E=E_0 e^{-\alpha H} \tag{1-56}$$

式中：参数 α 需由实测资料定出。如根据山西省汾河灌溉试验站资料分析得出类似模型 $E/E_0=ae^{-bH}$ 的参数 a 和 b，见表1-2。

表1-2　　裸地潜水蒸发模型经验参数值

系数	月份								
	10	11	12	1	2	3	7	8	9
a	0.394	0.665	0.974	0.937	0.456	0.253	0.764	0.501	0.660
b	0.485	0.634	0.493	0.632	0.552	0.515	1.229	1.248	1.760
相关系数	0.914	0.874	0.857	0.881	0.929	0.979	0.994	0.988	0.994

四、蒸发条件下土壤水分非稳定运动问题的解析法

稳定蒸发只在一些特定的情况下才有可能。通常发生的是因蒸发使土壤不断变干的情况，即蒸发时土壤水分运动是非稳定的。对土壤水分非稳定运动问题的求解包括解析法和数值法。采用解析法求解过程中，通常假定大气蒸发能力不变，并以水面蒸发量 E_0 表示；不考虑地下水位的情况，或者说地下水位埋藏足够深，对土壤水分运动没有影响。土壤蒸发分为三个阶段，不同阶段土壤水分运动定解问题的数学模型基本一致，只是边界条件略有差异，其求解方法也相应地有所不同。现以表土瞬时变干情况为例，简要介绍土壤

水分运动问题求解的解析法。

大气蒸发能力无限大时，可以认为地表迅速变干，含水率由初始值 θ_i 瞬时地降低为某一风干含水率 θ_c。此时可近似地认为蒸发不经过第一和第二阶段，而直接按第三阶段处理，地表为第一类边界。对此有多种解法，下面仅介绍 Gardner 的解法。研究范围属半无限均质土柱、初始含水率均匀分布的理想状况。

当忽略重力作用时，表土瞬时变干的土壤水分运动定解问题为：

$$\begin{cases}\dfrac{\partial\theta}{\partial t}=\dfrac{\partial}{\partial z}\left[D(\theta)\dfrac{\partial\theta}{\partial z}\right] & & & (1-57a)\\ \theta=\theta_i & t=0 & z\geqslant 0 & (1-57b)\\ \theta=\theta_c & z=0 & t>0 & (1-57c)\\ \theta=\theta_i & z=\infty & t>0 & (1-57d)\end{cases}$$

对此问题，Gardner（1959 年）提出了一种半解析求解方法。使用 Boltzmann 变换，即令：

$$\xi=\frac{z}{2\sqrt{D_c t}} \tag{1-58}$$

式中：D_c 为风干含水率 θ_c 相应的扩散率值，为一常量。此时，含水率 θ 可表示为 ξ 的函数

$$\theta=f(\xi)=f[\xi(z,t)]$$

由式（1－58）可知，$\dfrac{\partial\xi}{\partial t}=-\dfrac{\xi}{2t}$，$\dfrac{\partial\xi}{\partial z}=\dfrac{1}{2\sqrt{D_c t}}$。因此，定解问题式（1－57）经变换后为：

$$\begin{cases}-2\xi\dfrac{d\theta}{d\xi}=\dfrac{d}{d\xi}\left[\dfrac{D(\theta)}{D_c}\dfrac{d\theta}{d\xi}\right] & & (1-59a)\\ \xi=\infty & \theta=\theta_i & (1-59b)\\ \xi=0 & \theta=\theta_c & (1-59c)\end{cases}$$

为方便起见，设

$$\theta^*=\frac{\theta-\theta_c}{\theta_i-\theta_c} \tag{1-60}$$

将式（1－60）用于定解问题式（1－59），则转化为：

$$\begin{cases}-2\xi\dfrac{d\theta^*}{d\xi}=\dfrac{d}{d\xi}\left(\dfrac{D}{D_c}\dfrac{d\theta^*}{d\xi}\right) & & (1-61a)\\ \theta^*=1 & \xi=\infty & (1-61b)\\ \theta^*=0 & \xi=0 & (1-61c)\end{cases}$$

由方程式（1－61a）可得：

$$\frac{d}{d\xi}\left(D\frac{d\theta^*}{d\xi}\right)+2\xi\frac{D_c}{D}\left(D\frac{d\theta^*}{d\xi}\right)=0$$

上式是关于$D\dfrac{d\theta^*}{d\xi}$的一阶齐次微分方程，其通解为

$$D\frac{d\theta^*}{d\xi}=Ae^{-\int_0^{\xi}2\xi\frac{D_c}{D}d\xi}$$

其中：A 为任意常数。对上式积分，并应用式（1－61c）所示的条件，得

$$\theta^*=A\int_0^{\xi}\frac{1}{D}e^{-\int_0^{\xi}\frac{2\xi D_c}{D}d\xi}d\xi$$

由式（1－61b）的条件，可得

$$A=1/\int_0^{\infty}\frac{1}{D}e^{-\int_0^{\xi}\frac{2\xi D_c}{D}d\xi}d\xi$$

故，最后结果为：

$$\theta^*=\frac{\int_0^{\xi}\frac{1}{D}e^{-\int_0^{\xi}\frac{2\xi D_c}{D}d\xi}d\xi}{\int_0^{\infty}\frac{1}{D}e^{-\int_0^{\xi}\frac{2\xi D_c}{D}d\xi}d\xi}\tag{1-62}$$

式（1－62）只在理论上得出了 $\theta^*\sim\xi$ 的关系，但由于被积函数中包含 D，而 D 又是 θ 亦即 θ^* 的函数，因而还不能直接积分。为此，拟选用迭代解法。首先取 D 为 θ 的指数函数

$$D=D_c e^{\beta(\theta-\theta_c)}\tag{1-63}$$

迭代计算步骤如下：

(1) 取 $\theta^*=0$，即 $\theta=\theta_c$ 作为迭代初值。相应有 $D=D_c$，将其代入式（1－62），可求出第 1 次迭代结果

$$\theta^*=\frac{\int_0^{\xi}\frac{1}{D_c}e^{-\int_0^{\xi}\frac{2\xi D_c}{D_c}d\xi}d\xi}{\int_0^{\infty}\frac{1}{D_c}e^{-\int_0^{\xi}\frac{2\xi D_c}{D_c}d\xi}d\xi}=\frac{\int_0^{\xi}e^{-\xi^2}d\xi}{\int_0^{\infty}e^{-\xi^2}d\xi}$$

已知误差函数 $\mathrm{erfc}(u)=\frac{2}{\sqrt{\pi}}\int_0^u e^{-u^2}du$，且 $\mathrm{erfc}(\infty)=1$，故：

$$\theta^*=\mathrm{erfc}(\xi)\tag{1-64}$$

此即第 1 次迭代结果。由误差函数表或误差函数的级数表达式，可查得或算出 $\theta^*\sim\xi$ 关系。

(2) 已知 $\theta^*\sim\xi$ 的第 1 次迭代值，由式（1－62）可得出相应的 $D\sim\xi$ 关系，代入式（1－62），利用数值积分，则可求得 $\theta^*\sim\xi$ 的第 2 次迭代值。

(3) 重复上一步骤，直到前后两次 $\theta^*\sim\xi$ 迭代值之差小于所规定的误差要求为止。

求得 $\theta^*\sim\xi$ 的关系后，由式（1－60）可转化为 $\theta\sim\xi$ 的关系。利用式（1－58），对任一给定的时间 t，可求得土壤剖面的含水率分布 $\theta\sim z$。

表土的蒸发强度 E 是随表土的干燥逐渐减小的。表土蒸发强度 E 可表示为：

$$E=\left(D\frac{\partial\theta}{\partial z}\right)_{z=0}$$

而
$$\frac{\partial\theta}{\partial z}=\frac{d\theta}{d\theta^*}\frac{d\theta^*}{d\xi}\frac{\partial\xi}{\partial z}$$

在 $z=0$ 的地表处，$\theta=\theta_c$，$D=D_c$，$\xi=0$，所以

$$E=\frac{\theta_i-\theta_c}{2}\sqrt{\frac{D_c}{t}}\left(\frac{d\theta^*}{d\xi}\right)_{\xi=0} \tag{1-65}$$

由于 $\theta^*\sim\xi$ 的关系已经求得，$\left(\frac{d\theta^*}{d\xi}\right)_{\xi=0}$ 为已知，由式（1-65）可求得随时间变化的蒸发强度。

为了近似地分析蒸发强度 E 与时间 t 的关系，可将扩散率 $D(\theta)$ 简化为常数 $\overline{D}$。此时，由式（1-64）可知：

$$\theta^*=\frac{\theta-\theta_c}{\theta_i-\theta_c}=\mathrm{erfc}(\xi)$$

$$\theta=\theta_c+(\theta_i-\theta_c)\mathrm{erfc}(\xi)$$

因表土蒸发强度 $E=\overline{D}\left(\frac{\partial\theta}{\partial z}\right)_{z=0}$，从而得出其计算式为：

$$E=(\theta_i-\theta_c)\sqrt{\frac{\overline{D}}{\pi t}} \tag{1-66}$$

相应地累积蒸发量 W_E 为

$$W_E=2(\theta_i-\theta_c)\sqrt{\frac{\overline{D}t}{\pi}} \tag{1-67}$$

式（1-66）和式（1-67）表明蒸发强度 E 和 $\sqrt{t}$ 成反比，累积蒸发量 W_E 和 $\sqrt{t}$ 成正比。对于 $\overline{D}$，根据 Crank（1956 年）的研究，在蒸发脱水过程中，扩散率 $D(\theta)$ 的加权平均值 $\overline{D}$ 可表示为

$$\overline{D}=\frac{1.85}{(\theta_i-\theta_c)^{1.85}}\int_{\theta_c}^{\theta_i}D(\theta)\ (\theta_i-\theta)^{0.85}d\theta \tag{1-68}$$

五、蒸发条件下土壤水分非稳定运动问题的数值法求解

由上述求解过程可见，解析法均需要做一些简化，如忽略重力项、将 $D(\theta)$ 和 $\frac{\partial K(\theta)}{\partial\theta}$ 简化为常数等，由此会导致求解结果与实际情况不一致，有时其偏离程度达到无法接受的程度，因此实践中更多地倾向于采用数值法求解土壤水分运动问题。现以田间均质一维非饱和土壤水分运动为例，对数值法做简要介绍。其定解问题可表示如下：

$$\begin{cases}\frac{\partial\theta}{\partial t}=\frac{\partial}{\partial z}\left(D(\theta)\frac{\partial\theta}{\partial z}\right)-\frac{\partial K(\theta)}{\partial z}\\ \theta=\theta_a,t=0,z\geqslant 0\\ -D(\theta)\frac{\partial\theta}{\partial z}+K(\theta)=E,t>0,z=0\\ \theta=\theta_a,t>0,z=L\end{cases} \tag{1-69}$$

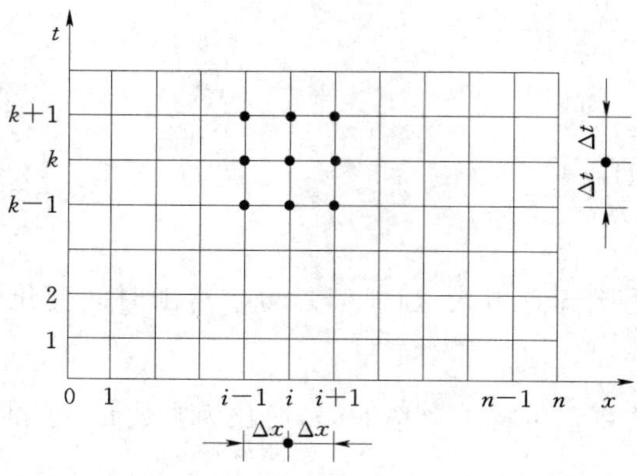

图 1-11　一维流动问题的差分网格

式中：θ_a 为均匀分布的初始含水率；L 为下边界深度；E 为地表蒸发强度；其余符号意义同前。

为了对问题求解，常将全部区域 $z=0\sim L$ 离散化为 n 个单元，共有 n 结点，编号为 $i=0, 1, 2, \cdots, n$，其中 $i=0$ 和 $i=n$ 为边界结点（图 1-11），距离长为 ΔZ，时间步长为 Δt，时间步长常采用变步长，开始时取小值，以后逐步加大。

对于任一内结点，按隐式差分格式写出式（1-69）的差分方程：

$$\frac{\theta_i^{k+1}-\theta_i^k}{\Delta t}=\frac{D_{i+\frac{1}{2}}^{k+1}(\theta_{i+1}^{k+1}-\theta_i^{k+1})-D_{i-\frac{1}{2}}^{k+1}(\theta_i^{k+1}-\theta_{i-1}^{k+1})}{\Delta z^2}-\frac{(K_{i+1}^{k+1}-K_i^{k+1})-(K_i^{k+1}-K_{i-1}^{k+1})}{2\Delta z}$$

令 $r_1=\dfrac{\Delta t}{\Delta z^2}$，$r_2=\dfrac{\Delta t}{2\Delta z}$，上式经整理后可写为：

$$a_i\theta_{i-1}^{k+1}+b_i\theta_i^{k+1}+c_i\theta_{i+1}^{k+1}=h_i \quad i=1,2,\cdots,n-2 \tag{1-70}$$

式中

$$\begin{cases} a_i=-r_1 D_{i-1/2}^{k+1} \\ b_i=-r_1(D_{i-1/2}^{k+1}+D_{i+1/2}^{k+1}) \\ c_i=-r_1 D_{i+1/2}^{k+1} \\ i=1,2,\cdots,n-1 \\ h_i=\theta_i^k-r_2(K_{i+1}^{k+1}-K_{i-1}^{k+1}) \quad i=1,2,\cdots,n-2 \end{cases} \tag{1-71}$$

当 $i=1$ 时，即上边界条件，由此可写出方程：

$$b_0\theta_0^{k+1}+c_0\theta_1^{k+1}=h_0 \tag{1-72}$$

其中

$$b_0=\frac{D_0^{k+1}}{\Delta z},\ c_0=-b_0,\ h_0=R^{k+1/2}-K_0^{k+1}$$

式（1-72）为方程组式（1-71）中的第一个方程。对于本定解问题式（1-69），上式中的 $R^{k+1/2}=E$。

当 $i=n-1$ 时，即下边界条件，由此可写出方程：

$$a_{n-1}\theta_{n-2}^{k+1}+b_{n-1}\theta_{n-1}^{k+1}=h_{n-1} \tag{1-73}$$

$$h_{n-1}=[\theta_{n-1}^k-r_2(K_n^{k+1}-K_{n-2}^{k+1})]-c_{n-1}\theta_a \tag{1-74}$$

式（1-70）、式（1-72）和式（1-73）形成了三对角方程组式（1-75），可按照追赶法求解。

$$\begin{bmatrix} b_1 & c_1 & & & 0 \\ a_2 & b_2 & c_2 & & \\ & \ddots & \ddots & \ddots & \\ & & a_{n-2} & b_{n-2} & c_{n-2} \\ 0 & & & a_{n-1} & b_{n-1} \end{bmatrix} \begin{Bmatrix} \theta_1^{k+1} \\ \theta_2^{k+1} \\ \vdots \\ \theta_{n-2}^{k+1} \\ \theta_{n-1}^{k+1} \end{Bmatrix} = \begin{Bmatrix} h_1 \\ h_2 \\ \vdots \\ h_{n-2} \\ h_{n-1} \end{Bmatrix} \tag{1-75}$$

由上可知，方程组式（1－75）中的系数包含了待求变量（θ_{i-1}^{k+1}、θ_i^{k+1}、θ_{i+1}^{k+1}），必须对方程组进行线性化，才能对方程组求解。线性化的方法有多种，如显式线性化、预报校正法、迭代法，包括参数取值方法等，可参见《土壤水动力学》（雷志栋等，1988 年）。

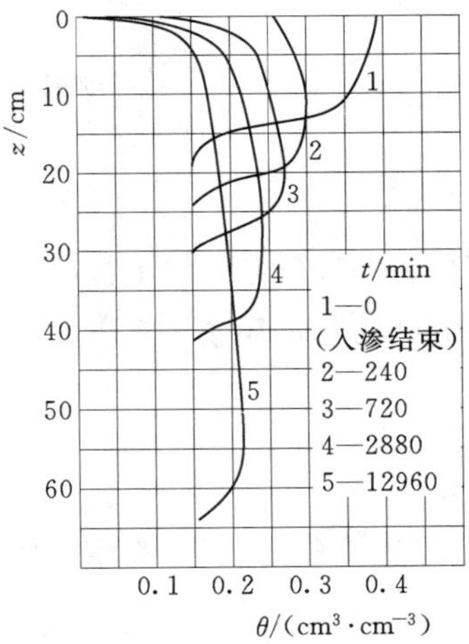

图 1－12　入渗—蒸发时土壤含水率分布的数值模拟

对本定解问题，雷志栋等（1988 年）以某一轻壤土的灌溉和蒸发过程为例进行了模拟，其初始土壤含水量为 $0.15cm^3/cm^3$，采用喷灌，喷灌强度为 20mm/h，喷灌 90min 后，以 5mm/d 的强度蒸发，当表土达风干含水率（0.02）后，表土含水率维持不变。其土壤剖面含水率动态模拟结果见图 1－12。

第四节　土壤—植物—大气连续体水分运动

SPAC 系统中的水流是十分复杂的。有液态水的运动，如水在土壤和植物体中的水流；有汽态水的扩散，如干土层和大气中的水汽扩散；还有由液态到汽态的相变，如土面蒸发和叶面蒸腾等。水势各组成分势，在土壤、植物和大气中所起的作用是各不相同的。再加上田间土壤的变异性、植物生长发育的阶段性和气象因素的非稳定性等，很难用数学模式精确地描述，故 SPAC 系统中水流运动过程的分析，目前还只能用半理论半经验的方法。

一、植物细胞水势及植物体中的水流

植物细胞的总水势 φ 可表示为三个分势——基质势 φ_m、溶质势 φ_s 和压力势 φ_p 之和，即

$$\varphi=\varphi_m+\varphi_s+\varphi_p \tag{1-76}$$

应该指出，植物细胞水势的各组成分势不是互相独立的，而是彼此关联的。对于溶质势 φ_s 和压力势 φ_p，其中之一的改变必然伴随另一分势的变化，这是有别于土壤水势的。

1. 细胞—细胞的渗流

Molz 等人（1974 年）提出了细胞—细胞和细胞壁的渗流模型。该模型除了考虑溶液由一个细胞向相邻的细胞渗透外，还考虑了细胞壁中的渗流以及细胞和细胞壁之间所存在的溶质运移。该模型有下列假定：细胞膜为完全半透膜，$\varphi_p=0$ 时，每个细胞的大小 V_0（V_0：$\varphi_p=0$ 时的细胞体积）及 φ_{s0}（φ_{s0}：$V=V_0$ 时细胞的溶质势）相等，各细胞的 E（E：弹性模量，Pa）、k［k：细胞膜的渗透系数，cm/(s·Pa)］均相同。经分析得出描述此种细胞渗流模型的基本方程：

$$\frac{\partial\varphi}{\partial t}=D_1\frac{\partial^2\varphi}{\partial x^2}-\frac{\varphi-\tau}{RC_1} \tag{1-77}$$

$$\frac{\partial\tau}{\partial t}=D_2\frac{\partial^2\tau}{\partial x^2}-\frac{\varphi-\tau}{RC_2} \tag{1-78}$$

其中：φ 为细胞中的水势，$\varphi=\varphi_p+\varphi_s$；$\tau$ 为细胞壁中压力势、亦即其水势；R 为细胞壁和细胞间渗透的阻抗（$Pa\cdot s/cm^3$）。

$$R=\frac{1}{6Ak} \tag{1-79}$$

C_1 和 C_2 分别为细胞—细胞流径中和细胞壁流径中每个细胞的容抗（cm^3/Pa），分别为：

$$C_1=\frac{V_0}{E-\varphi_{s0}} \tag{1-80a}$$

$$C_2=1.5a\Delta xS \tag{1-80b}$$

其中：a 为与 x 轴垂直方向上细胞壁的面积，cm^2；S 为细胞壁的弹性储水系数，1/Pa。方程式（1-77）和式（1-78）中的扩散系数 D_1 和 D_2 分别为：

$$D_1=\frac{kA(\Delta x^2)(E-\varphi_{s0})}{2V_0} \tag{1-81a}$$

$$D_2=\frac{k_h}{1.5S} \tag{1-81b}$$

式中：k_h 为细胞壁的水力传导度，$cm^2/(s\cdot Pa)$；A 为细胞渗透的有效过水断面积，cm^2；Δx 为一个细胞的长度，cm；其他符号同前。

2. 植物体中的水流

植物的根系从土壤中吸收水分，经根、茎运移到叶面，然后向大气蒸腾散失。这是一个连续的过程，如图 1-13 所示。

植物生长是缓慢的，一定时期植物体内本身所含有的水分较少，并可近似认为是不变的。如果大气蒸发条件近似认为不变，则植物体中的水流可假定为稳定流态，此时，可用下列方程近似表示

$$q=-\frac{\Delta\varphi_1}{R_1}=-\frac{\Delta\varphi_2}{R_2}=-\frac{\Delta\varphi_3}{R_3}=-\frac{\Delta\varphi_4}{R_4} \tag{1-82}$$

式中：q 为水分运动通量；$\Delta\varphi_1$、$\Delta\varphi_2$、$\Delta\varphi_3$、$\Delta\varphi_4$ 分别表示水分由土壤向根表面、由根表面向根导管、由根导管向叶面和由叶面向大气的水势差；R_1、R_2、R_3、R_4 相应为各流段的水力阻抗。当为稳定流时，阻抗愈大其水势降愈大。从土壤到大气，总水势差达数百 bar，在干燥条件下，甚至达 1000bar 左右。总水势差中，从叶面到大气的水势差最大，相应阻抗也大，次之为根内的水势差。

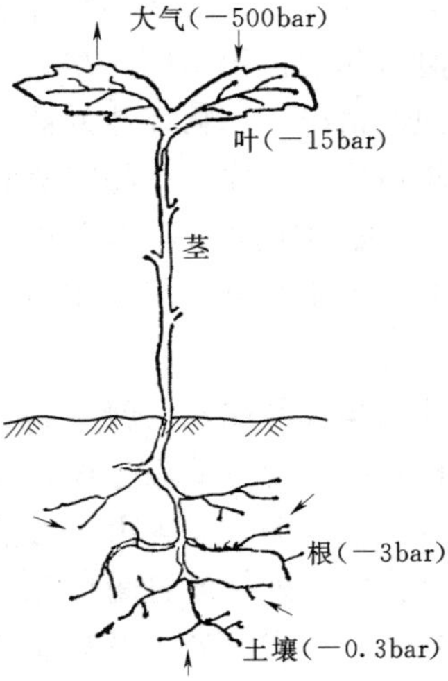

图 1－13　植物体中水流及其水势分布示意图

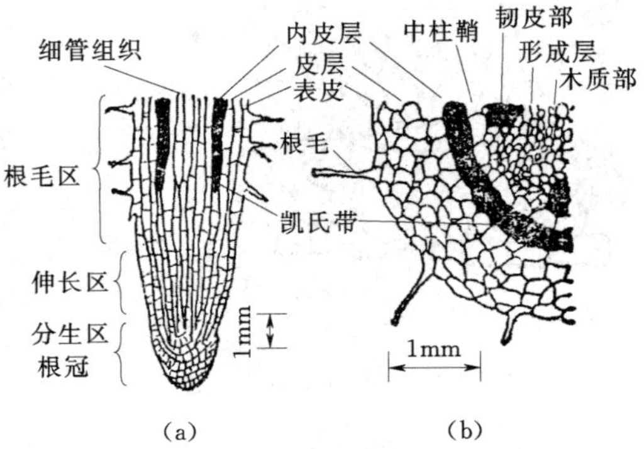

图 1－14　根的构造示意图

二、根系结构及其吸水机制

植物根系是生命活动最强的部分，是从根的顶端到生长着根毛的一段，称为根尖。根尖一般由根冠、分生区、伸长区和根毛区组成，如图 1－14（a）所示。吸水作用最强的部分是根毛区，其横截面如图 1－14（b）所示。根的表皮，是一层有生命活动的细胞，细胞的外壁突起而形成根毛。表皮以内为皮层，由许多排列疏松的薄壁细胞组成，细胞间多孔隙。皮层的最外一层细胞称为外皮层，最内一层称为内皮层。内皮层的细胞排列紧密，细胞壁部分加厚且木质化和栓质化，对水和溶质的渗透性很小，这种特殊结构称为凯氏带。皮层以内为根的维管组织。维管组织中，紧靠内皮层的是中柱鞘，内部主要是木质部和韧皮部，其间有形成层。木质部的导管与茎、叶的导管相通，能将根所吸收的水和养分向上输送。韧皮部的筛管和茎叶的筛管相连，其作用是将叶片所合成的有机物输送到植物体的各部分。

植物在蒸腾作用下，叶细胞由于失水造成细胞溶液浓度的增高和体积缩小，因而溶质势和压力势均减小。叶水势的降低，则形成从土壤→根→茎→叶逐渐减小的水势分布。在这种水势的梯度作用下，水分便由土壤进入植物体，沿根、茎导管上升到叶面，源源不断补充蒸腾所散失的水分。此时，植物根系吸水并非其本身生理活动的结果，植物体只是提供了水分运动的通道。只要蒸腾作用一停止，根系吸水随之减弱，以致停止。因此，一般称蒸腾作用下植物吸水为被动吸水。

植物在没有蒸腾作用下也会吸水，甚至能使水分沿植物体上升到几十米的高度，这种吸水作用称为主动吸水，以往称为根压。主动吸水可用离子的主动吸收和水势原理来解释。根的内皮层的外侧和外部环境相通，供氧充分呼吸代谢作用强，因而能提供足够的能量，使离子逆着浓度方向进入根的内部。这种作用称为离子的主动吸收。离子主动吸收的不断积累，使得内皮层两侧逐渐形成较大的外低内高的浓度差，也即造成较大的水势差。在此水势差作用下，外部自由空间的水溶液克服凯氏带形成的阻力，不断地渗入到内部自由空间，从而形成单向的主动流动。

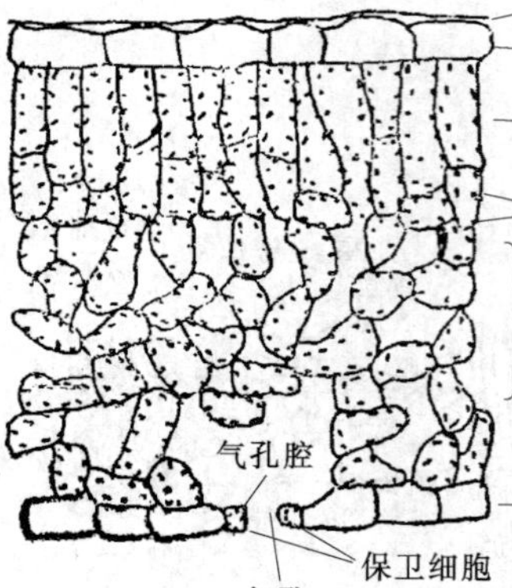

图 1-15 叶的构造示意图

一般认为，两种吸水机制都是存在的，只是情况不同时所起的作用不同。高大植物，或蒸腾作用强烈的情况下，物理性的被动吸水是主要的；幼小植物，或成年作物其蒸腾作用受到抑制时，生理性的主动吸收是主要的。SPAC 系统中的水流主要是蒸腾作用下的被动吸水。

三、叶片结构及其腾发机制

典型的植物叶片为一薄扁平体，其断面如图 1-15 所示。上、下表皮各由一层活细胞组成，相互嵌接紧密，外壁厚且角质化，有的还具有蜡质。在上、下表皮处，或只在某一表面处有许多气孔，它们是水、气出入植物体的门户。气孔由两个保卫细胞形成，有调节气孔开度的功能。叶片内靠近下表皮的是海绵组织，其细胞呈不规则的疏松排列。海绵组织的细胞间隙发达并和邻近表皮处的气孔腔相通，构成叶片内部的连通系统。

通过叶片角质层的蒸腾作用十分微弱，植物蒸腾失水主要通过叶片气孔。气孔蒸腾的第一步是水分在气孔腔和细胞间隙的叶肉表面蒸发（水面蒸发）。由于叶肉内部孔隙十分发达，内表面积很大，甚至可达叶片外表面积的 30 倍以上。在这样大的面积上蒸发，很容易使气孔腔和细胞间隙内的水汽达到饱和。气孔蒸腾的第二步是水汽由气孔腔经由气孔向叶面大气扩散。扩散通量取决于气孔扩散阻力，而影响阻力大小的因素是气孔大小。根据小孔定律（或边缘效应），气体通过多孔表面的扩散通量，不是和小孔的总面积成正比的，而是和小孔的总周长成正比。叶面积相同时，气孔数愈多，周长愈长，则扩散通量愈大。叶片上气孔很小，一侧表皮的 $1mm^2$ 面积上，约有气孔数数十至一百多个。因此，尽管气孔的面积不大，却能发生较大的扩散通量。蒸腾的最后一步是水汽从叶面向大气扩散。

无论是地面蒸发还是叶面蒸腾，首先必须发生由液态转化为汽态的水的相变，为此必然消耗汽化潜热。汽化潜热或简称潜热，定义为 1g 质量的水蒸发为同温度的水汽时，需由外界供给的热量，记为 L（J/g）。该值与温度有关，表达式为

$$L=2500-2.32T \tag{1-83}$$

式中：T 为温度，℃。因此，能量的供给是蒸发和蒸腾得以进行的第一个条件。

当蒸发面上的水汽达到饱和时，水的相变则随之停止。蒸发及蒸腾得以进行的第二个条件是水汽的输送，及蒸发面上水汽向大气扩散。对于植物蒸腾，先气孔扩散，而后是大气扩散。而气孔扩散阻抗对蒸腾是有影响的。

蒸发和蒸腾显然还和土壤水分及植物生长状况有关。土壤愈干燥，土壤导水能力愈低，则向地表和根表面输水愈困难；植物生长愈旺盛，根系及叶片愈发育，则同样条件下吸水及相应的蒸腾作用大。因此，土壤供水和植物吸收是影响蒸发和蒸腾的第三个条件。

通常情况下，把蒸发和蒸腾二者作为一个量计算，此即腾发量。腾发量是单位时间（d）单位地表面积上蒸发和蒸腾所散失的水量之和（常用 mm/d 计），有潜在腾发量、作

物最大腾发量和作物实际腾发量之分。潜在腾发量 ET_p 是指地表完全覆盖、作物高度均匀且供水充分的情况下，参考作物（如短率牧草）在田间的腾发量。潜在腾发量主要受气象因素的影响，是大气蒸发能力的度量。某一作物的最大腾发量 ET_m，是指供水充分且该作物生长良好的情况下所发生的最大可能腾发量。除受气象因素影响外，它还和作物种类及生育阶段有关。作物的实际腾发量 ET 是田间条件下的腾发量，除前述因素外，还受田间土壤水分状况的影响。

第五节　作物需水量

作物需水量是灌溉农业用水的主要组成部分，也是整个国民经济中消耗水分的最主要部分。因此，它是水资源开发利用时的必需资料，同时也是灌排工程规划、设计、管理的基本依据。目前全世界的用水量不断增长，水资源不足日益突出，为了更合理的利用水资源达到节水增产的目的，对作物需水量进行认真的分析研究，已经成为一个十分重要的研究课题。

一、作物需水量的概念

作物需水量从理论上说系指生长在大面积上的无病虫害，土壤水分和肥力适宜，能取得高产潜力条件下的作物植株蒸腾和棵间蒸发量，包括组成植株体所需的水量。

农田水分的消耗途径主要有五个部分：作物的植株蒸腾、棵间蒸发、深层渗漏（或田间渗漏）、地表径流和组成植株体。

植株蒸腾是作物根系从土壤中吸入体内的水分，通过叶片的气孔扩散到大气中去的现象。试验证明，植株蒸腾要消耗大量水分，作物根系吸入体内的水分有99%以上是消耗于叶面蒸腾，只有不足1%的水量留在植株体内，成为作物植株体的组成部分。

棵间蒸发是指植株间土壤或田面的水分蒸发，又称株间蒸发。旱作物农田棵间蒸发是指旱作物植株间的土壤蒸发，水稻田的棵间蒸发是指水稻田的水面蒸发。

深层渗漏是指灌溉水或降水水量太多，使土壤水分超过了作物根系层土壤田间持水量，下渗到不能为作物利用的深层土壤的现象。通常情况下，对于旱作农田，深层渗漏是无益的水分消耗，且会造成养分的流失，灌溉要避免产生深层渗漏。田间渗漏是指水稻田的渗漏。由于水稻田需要经常保持一定的水层，所以水稻田经常产生渗漏，且数量较大。在丘陵地区的梯田，稻田的日平均渗漏量一般为2～6mm，冲田0～1mm，畈田0.5～2.0mm。平原圩区稻田多为轻黏土，但地下水位高，日平均渗漏量一般为0.5～1.0mm。对土质黏重，地下水位高且排水不畅的地区，长期淹灌的稻田，由于土壤中氧气不足，容易产生硫化氢、氧化亚铁等有毒物质，影响作物的生长发育，造成减产。因此近年来，认为稻田应有适当的渗漏量，可以促进土壤通气，改善还原条件，消除有毒物质，有利于作物生长。但是渗漏量过大也会造成水量和养分的流失。

作物需水量包含生理和生态需水两个方面。作物生理需水是指作物生命过程中各种生理活动（如蒸腾作用、光合作用等）所需要的水分，植株蒸腾是作物生理需水的一部分。作物生态需水是指生育过程中，为给作物正常生长发育创造良好的生长环境所需要的水分，棵间蒸发即属于作物的生态需水部分。在整个作物的生育期内，植株蒸腾与棵间蒸发两者互为消长，一般在作物生育初期植株小，地面裸露大，以棵间蒸发为主；随着植株增大，植株蒸腾逐渐大于棵间蒸发，到作物生育后期，作物生理活动减弱，蒸腾耗水又逐渐减小。作物需水量大小及变化规律主要决定于作物种类、气象条件、土壤性质和农业技术措施等。

在一定供水条件下作物获得一定产量时实际所消耗的水量称为作物田间耗水量，简称耗水量。耗水量通常小于作物的需水量。作物需水量是一个理论值，又称为潜在蒸散量（或潜在腾发量），而作物耗水量是一个实际值，又称实际蒸散量或实际腾发量。需水量与耗水量的单位一样，常以 m^3/hm^2 或 mm 水深表示。

作物生产单位产量（如 1kg 玉米）的需水量称为作物需水系数。反之，作物每消耗单位水量（mm 或 m^3）所能生产的产量，称为作物水分生产率，又可称为作物水分利用效率，其单位通常为 kg/m^3。

二、作物需水量的计算

根据大量灌溉试验研究分析，作物需水量的大小与气象条件（温度、日照、湿度、风速）、土壤含水状况、作物种类及其生长发育阶段、农业技术措施、灌溉排水措施等有关。这些因素对需水量的影响是互相联系的，也是错综复杂的，目前尚难从理论上对作物需水量进行精确的计算。在生产实践中，一方面是通过田间试验的方法直接测定作物需水量；另一方面常采用某些计算方法确定作物需水量。

在生产实践中，计算作物需水量的方法，大致可归纳为两类，一类是直接计算出作物需水量，另一类是通过计算参照作物需水量来计算实际作物需水量。

（一）直接计算作物需水量的方法

一般是先从影响作物需水量的诸因素中，选择一个或几个主要因素（例如水面蒸发、气温、湿度、日照、辐射等），再根据试验观测资料分析这些主要因素与作物需水量之间存在的数量关系，最后归纳成某种形式的经验公式。当已知影响因素的参数值时，便可算出其需水量。目前，在我国采用较多的有蒸发皿法、产量法和多因素法等。下面以水面蒸发为参数的需水系数法（简称“α 值法”或称蒸发皿法）为例来介绍直接计算作物需水量的方法。

大量灌溉试验资料表明，日照、气温、湿度和风速等气象因素是影响作物需水量的重要因素，而水面蒸发量能综合反映上述各种气象因素的影响。因此，可以用水面蒸发量这一参数来衡量作物需水量的大小。这种方法的计算公式一般为：

$$ET=\alpha E_0 \tag{1-84}$$

或

$$ET=aE_0+b \tag{1-85}$$

式中：ET 为某时段内的作物需水量，以水层深度 mm 计；E_0 为与 ET 同时段的水面蒸发量，以水层深度 mm 计，一般采用 E601 型蒸发皿或 20cm 口径蒸发皿测定值；a、b 为经验常数；α 为需水系数，或称为蒸发系数，为作物需水量与水面蒸发量之比值。

需水系数 α 随作物生育阶段而改变，由实测资料确定，一般条件下 α 值，水稻为0.8～1.57，小麦为 0.3～0.9，棉花为 0.34～0.9，玉米为 0.33～1.0，谷糜为 0.5～0.72。

由于“α 值法”只需要水面蒸发量资料，易于获得且比较稳定，所以该法在我国水稻地区被广泛采用。多年来的实践表明，用 α 值法时除了必须注意使水面蒸发皿的规格、安设方式及观测场地规范化外，还必须注意非气象条件（如土壤、水文地质、农业技术措施、水利措施等）对 α 值的影响，否则将会给资料整理工作带来困难，并使计算结果产生较大误差。

（二）基于参照作物需水量的计算方法

参照作物需水量是指土壤水分充足、地面完全覆盖、生长正常、高矮整齐的开阔（地块的长度和宽度都大于 200m）矮草地（草高 8～15cm）上的蒸发量，也称为参照物腾发量，一般是指在这种条件下的苜蓿的需水量而言。因为这种参照作物需水量主要受气候条件的影响，所以都是根据当地的气候条件分（月和旬）计算。有了参照作物需水量，然后再根据作物系数对参照作物需水量进行修正，即可求出作物的实际需水量 ET。此概念最早是由英国气象学家彭曼 1946 年提出来的。它不受土壤含水量和作物种类的影响，故可以分为以下两步：

第一步，考虑气象因素对作物需水量的影响，用理论的、经验的或半经验的方法先算出参照作物需水量。

第二步，考虑土壤水分及作物条件的影响，对参照作物需水量进行修正，计算出实际作物需水量。

1. 参照作物需水量的计算

在国外，对于这一方法的研究较多，有多种理论和计算公式，如 Penman 法、Penman—Monteith 法、辐射法、布莱尼—克雷多法等。其中以能量平衡原理比较成熟、完整。其基本思想是：将作物腾发看作是能量消耗的过程，通过平衡计算求出腾发所消耗的能量，然后再将能量折算为水量，即作物需水量。其中 Penman—Monteith 法是在 Penman 法基础上加以修正提出的，并由联合国粮农组织（FAO，1998 年）推荐世界各地使用。

经国内外大量研究证明，该公式适用于不同地区估算参考作物需水量，该腾发量为一种假想的参照作物冠层的蒸发蒸腾速率，即，假设作物高度为 12cm，固定叶面阻力为 70s/m，反射率为 0.23，非常类似于表面开阔、高度一致、生长旺盛、完全覆盖地面且不缺水的绿色草地的蒸发蒸腾速率。与 20 世纪 70 年代应用的 Penman 公式比较，该公式统一了计算标准，无需进行地区率定和使用当地的风速函数，同时也不用改变任何参数即可适用于世界各个地区和各种气候，估算值精度高且具备良好的可比性。公式为：

$$ET_0=\frac{0.408\Delta(R_n-G)+\gamma\dfrac{900}{T+273}u_2(e_s-e_a)}{\Delta+\gamma(1+0.34u_2)} \tag{1-86}$$

式中：ET_0 为参照作物需水量，mm/d；R_n 为作物表面的净辐射量，MJ/(m^2·d)；G 为土壤热通量密度，MJ/(m^2·d)；T 为地面以上 2m 处的平均温度，℃；u_2 为地面以上 2m 处的风速，m/s；e_s 为饱和水汽压，kPa；e_a 为实际水汽压，kPa；e_s-e_a 为饱和气压亏缺量，kPa；Δ 为饱和水汽温度曲线斜率，kPa/℃；γ 为湿度计常数，kPa/℃。

（1）确定 e_a、e_s。

$$e^0(T)=0.6108\exp\left(\frac{17.27T}{T+237.3}\right) \tag{1-87}$$

$$e_s=\frac{e_0(T_{max})+e_0(T_{min})}{2} \tag{1-88}$$

$$e_a=\frac{e_0(T_{max})\frac{RH_{min}}{100}+e_0(T_{min})\frac{RH_{max}}{100}}{2} \tag{1-89}$$

式中：$e^0(T)$为气温为T时的饱和水汽，kPa；T_{max}、T_{min}为地面以上2m处最高、最低气温,℃；RH_{max}、RH_{min}为最大、最小相对湿度,%。

若缺乏RH_{max}、RH_{min}，可用RH_{mean}值按式（2－7）计算

$$e_a=\frac{RH_{mean}}{100}\left[\frac{e^0(T_{max})+e^0(T_{min})}{2}\right] \tag{1-90}$$

式中：RH_{mean}为平均相对湿度,%。

（2）确定γ。

$$\gamma=0.665\times10^{-3}P \tag{1-91}$$

$$P=101.3\left(\frac{293-0.0065Z}{293}\right)^{5.26} \tag{1-92}$$

式中：P为大气压强，kPa；Z为海拔高度，m。

（3）确定R_n。

$$R_n=0.77R_s-4.903\times10^{-9}\left(\frac{T_{max,k}^4+T_{min,k}^4}{2}\right)(0.34-0.14\sqrt{e_a})\left(1.35\frac{R_s}{R_{s0}}-0.35\right) \tag{1-93}$$

$$R_s=\left(a_s+b_s\frac{n}{N}\right)R_a \tag{1-94}$$

$$R_{s0}=(a_s+b_s)R_a \tag{1-95}$$

$$R_a=\frac{1440}{\pi}G_{SC}d_r(\omega_s\sin\varphi\sin\delta+\cos\varphi\cos\delta\sin\omega_s) \tag{1-96}$$

式中：R_s为太阳短波辐射，MJ/(m^2·d)；R_{s0}为晴空时太阳辐射，MJ/(m^2·d)；$T_{max,k}$、$T_{min,k}$分别为24h内最高、最低绝对温度；a_s、b_s为短波辐射比例系数，我国一些地点的a_s、b_s值可从表1－3查得，如无实际的太阳辐射数据，可取$a_s=0.25$，$b_s=0.50$；R_a为地球大气圈外的太阳辐射通量，MJ/(m^2·d)，也可以mm/d为单位的等效蒸发量表示，单位换算关系为1MJ/(m^2·d）＝0.408mm/d；G_{SC}为太阳辐射常数，为0.0820 MJ/(m^2·min)；d_r为日地相对距离，$d_r=1+0.033\cos\left(\frac{2\pi}{365}J\right)$；$J$为从1月1日算起的日序数，介于1和365（366）之间；φ为纬度，北半球为正值，南半球为负值；δ为太阳磁偏角，$\delta=0.409\sin\left(\frac{2\pi}{365}J-1.39\right)$；$\omega_s$为日落时相位角，$\omega_s=\arccos(-\tan\varphi\tan\delta)$；$n$、$N$分别为实际日照时数与最大可能日照时数，$N=\frac{24}{\pi}\omega_s$，h。

（4）确定 G。对于月计算：

$$G_{m,i}=0.07(T_{m,i+1}-T_{m,i-1}) \tag{1-97}$$

式中：$G_{m,i}$ 为第 i 月（计算月）土壤热通量密度；$T_{m,i+1}$、$T_{m,i-1}$ 为计算月下一个月和前一个月的月平均气温℃。

表 1-3　　我国一些城市的 a_s、b_s 值

城　市	夏半年（4～9月）		冬半年（10月～次年3月）	
	a_s	b_s	a_s	b_s
乌鲁木齐	0.15	0.60	0.23	0.48
西宁	0.26	0.48	0.26	0.52
银川	0.28	0.41	0.21	0.55
西安	0.12	0.60	0.14	0.60
成都	0.20	0.45	0.17	0.55
宜昌	0.13	0.54	0.14	0.54
长沙	0.14	0.59	0.13	0.62
南京	0.15	0.54	0.01	0.65
济南	0.05	0.67	0.07	0.67
太原	0.16	0.59	0.25	0.49
呼和浩特	0.13	0.65	0.19	0.60
北京	0.19	0.54	0.21	0.56
哈尔滨	0.13	0.60	0.20	0.52
长春	0.06	0.71	0.28	0.44
沈阳	0.05	0.73	0.22	0.47
郑州	0.17	0.45	0.14	0.45

如果 $T_{m,i+1}$ 未知，则可按式（1-98）计算。

$$G_{m,i}=0.14(T_{m,i}-T_{m,i-1}) \tag{1-98}$$

对于时计算或更短的时间，则以式（1-99）、或式（1-100）估算。

白天

$$G_h=0.1R_n \tag{1-99}$$

夜晚

$$G_h=0.5R_n \tag{1-100}$$

（5）确定 u_2。当实测风速距地面不是 2m 高时，用式（1-101）进行调整。

$$u_2=u_z\frac{4.87}{\ln(67.8z-5.42)} \tag{1-101}$$

式中：u_2 为地面以上 2m 处的风速，m/s；u_z 为实测地面以上 z（m）处的风速，m/s；z 为风速测定实际高度，m。

（6）确定Δ。

$$\Delta=\frac{4098\left(0.6108\exp\frac{17.27T}{T+237.3}\right)}{(T+237.3)^2} \tag{1-102}$$

Peman—Monteith方法使用一般气象资料（湿度、风速、温度和实际日照时数）即可计算日、旬、月的参照作物蒸发蒸腾量，因此我国在计算作物需水量时多采用此公式。

2. 实际作物需水量的计算

参照作物需水量只考虑了气象因素对作物需水量的影响，实际作物需水量还应考虑作物因素和土壤含水率进行修正。Wright（1982年）最早提出作物系数，用于计算实际作物需水量，并被联合国粮农组织（FAO）推荐采用。其计算公式为：

$$ET=K_sK_cET_0 \tag{1-103}$$

式中：ET 为实际作物需水量；ET_0 为参照作物需水量；K_c 为作物系数，与作物种类、品种、生育期和作物的群体叶面积指数等因素有关，是作物自身生物学特性的反映；K_s 为土壤水分修正系数，反映根区土壤水分不足对作物需水量的影响。

（1）作物系数。研究结果表明，作物系数取决于作物冠层的生长发育。作物冠层的发育状况通常用叶面积指数（LAI）描述。叶面积指数为叶面积数值与其覆盖下的土地面积的比率。随着作物的生长，LAI 逐步从零增加到最大值。玉米的 LAI 可高达5.0。作物系数的变化过程与生育期 LAI 的变化过程相近。作物系数 K_c 在作物全生育期内的变化规律是：在生育期初始，作物系数很小；随着作物生长，作物系数也随着冠层的发育而逐渐增大；在某一阶段，冠层得到充分发育，作物系数达到最大值；此后作物系数会在一定时期内保持稳定；随着作物成熟及叶片衰老，作物系数开始下降。对于那些衰老前就已经收获的作物，其作物系数直至收获都可以保持在峰值。由于实际作物需水量与参照作物蒸发蒸腾量两者受气象因素的影响是同步的，因此，在同一产量水平下，不同水文年份的作物系数相对较稳定。

作物系数受土壤、气候、作物生长状况和管理方式等诸多因素影响，因此确定作物系数的主要方法是通过田间试验，利用试验资料反求作物系数。在没有实测资料的情况下，也可采用计算的方法确定作物系数。FAO（1998年）给出了两种计算作物系数的方法：一种是分段单值平均法，这是一种比较简单实用的方法，可用于灌溉系统的规划设计和灌溉管理；另一种是双值作物系数法，该方法需逐日进行水量平衡计算，计算复杂，需要数据量大，一般只适用于灌溉制度制定和田间水量平衡分析。其中分段单值平均法把作物系数的变化过程概化为几个阶段，对于大多数一年生作物，依植被覆盖率的变化可概化为四个阶段。四个阶段的划分为：

初始生长期，从播种到作物覆盖率接近10%，此阶段内的作物系数为 K_{cini}。

快速发育期，从覆盖率10%到充分覆盖（大田作物覆盖率达到70%～80%），该阶段内作物系数从 K_{cini} 快速增加到 K_{cmid}。

生育中期，从充分覆盖到成熟期开始，叶片开始变黄，此阶段内作物系数为 K_{cmid}。

成熟期，从叶片开始变黄到生理成熟或收获，其作物系数从 K_{cmid}，下降到 K_{cend}。

段爱旺等（2004年）采用分段单值平均法分析计算给出了我国北方地区主要作物的作物系数，作为示例，表1-4给出了山西省介休市的作物系数。

表 1-4　山西介休市几种主要作物的作物系数值

作物	生育阶段					
冬小麦	初始生长期	冻融期	越冬期	快速发育期	生育中期	成熟期
	0.60	0.60～0.40	0.40	0.40～1.16	1.16	1.16～0.40

作物	生育阶段			
	初始生长期	快速发育期	生育中期	成熟期
春玉米	0.33	0.33～1.14	1.14	1.14～0.35
夏玉米	0.63	0.63～1.14	1.14	1.14～0.57
棉花	0.36	0.36～1.15	1.15	1.15～0.67
水稻	1.00	1.00～1.15	1.15	1.15～0.58
大豆	0.59	0.59～1.10	1.10	1.10～0.48
薯类	0.40	0.40～1.16	1.16	1.16～0.73
高粱	0.39	0.39～1.01	1.01	1.01～0.50
花生	0.30	0.30～1.10	1.10	1.10～0.58
芝麻	0.39	0.39～1.05	1.05	1.01～0.25
向日葵	0.40	0.40～1.13	1.13	1.13～0.35
胡麻	0.38	0.38～1.07	1.07	1.07～0.25
果树	0.41	0.41～0.89	0.89	0.89～0.67
葡萄	0.36	0.36～0.80	0.80	0.80～0.41
瓜类	0.38	0.38～1.00	1.00	1.00～0.72
甜菜	0.57	0.57～1.17	1.17	1.17～0.68

（2）土壤水分修正系数。若供水充足，没有水分胁迫时，土壤水分修正系数 $K_s=1$；若供水不足，作物遭受水分胁迫时，土壤水分修正系数 $K_s<1$。其值主要与土壤含水率或土壤水势有关，有多种计算方法，如，詹森（Jensen）模型（1970 年）：

$$K_s=\frac{\ln(AW+1)}{\ln(101)} \tag{1-104}$$

其中

$$AW=\begin{cases}1 & \theta>\theta_c\\ \dfrac{\theta-\theta_{wp}}{\theta_c-\theta_{wp}} & \theta_{wp}<\theta\leqslant\theta_c\\ 0 & \theta\leqslant\theta_{wp}\end{cases}$$

式中：AW 为土壤实际有效水分百分数；θ 为根系层土壤实际含水率，cm^3/cm^3；θ_c 为田间持水量，cm^3/cm^3；θ_{wp} 为永久凋萎点含水量，cm^3/cm^3。

雷志栋等建议的模型（1988 年）：

$$K_s=\begin{cases}1 & \theta\geqslant\theta_j\\ a+b\theta & \theta\leqslant\theta_j\\ 0 & \theta\leqslant\theta_{wp}\end{cases} \tag{1-105}$$

该式表示当含水率大于临界含水率 θ_j 时，作物蒸发蒸腾量达到最大值，且不受土壤水分限制，当含水率低于该临界值时，蒸发蒸腾量随含水率的降低而线性减小；a 和 b 为待定系数。

对于多数作物，当根区的土壤水分含量低于毛管断裂含水量点时，作物蒸发蒸腾过程受到土壤水分含量的限制，作物蒸发蒸腾量开始减少，也即水分胁迫开始发生。一般可取 θ_j 等于田间持水量的 65%～80%。

第六节 非充分灌溉原理与作物水分生产函数

一、非充分灌溉原理

大量研究表明，作物产量在一定范围内随着灌溉用水量的增加而增加。当灌溉水量达到一定程度（即灌溉水量达到充分灌溉的灌溉定额）后，增加灌溉水量，产量就不再继续增加。可用投入 W（灌水量）与产出的 Y（作物产量）的费用和效益函数来进行说明，见图 1-16。

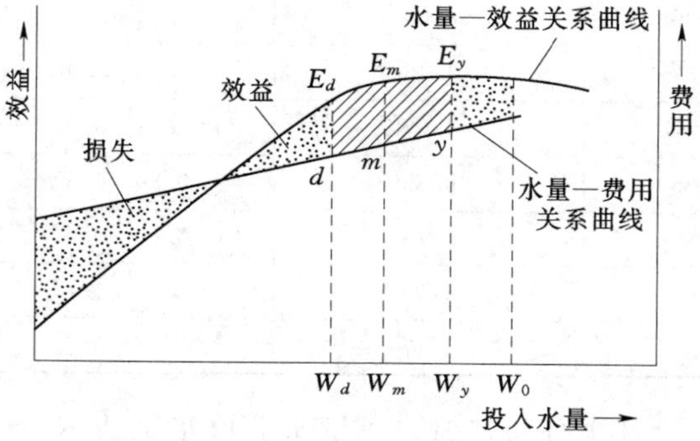

图 1-16 灌溉水量与效益、费用关系曲线

图中横坐标为投入的水量，纵坐标为效益或费用。倾斜的直线为灌溉工程的年运行费用，包括水费、动力费和管理费用等。一般来说，它是随着投入水量的增加而相应地按一定比例增加，称为可变生产费用。此直线在纵坐标上的截距代表这一灌溉工程的固定费用。曲线表示投入水量与灌溉效益的关系，一般的概念是，随着投入水量的增加，作物的产量也增加，相应地灌溉效益也增加。

但如果与年费用结合来考虑，就会引起上述概念的变化，这可以明显地从图 1-16 中看出。当投入水量达到 W_m 时，其净效益为最大，即 E_m 点，该点的曲线斜率恰好与生产费用直线的斜率相等。如果投入的水量继续增加到 W_y 点，这时的作物产量可能是最大，但由于生产费用的增加，E_y 点的净效益却不是最大。一般来说，W_y 就是最大供水量，也即到达充分灌溉的上限。

如果用水量继续增加到 W_0，就形成过量用水，产量和效益都要下降。所谓非充分灌溉，就是要让用水量适当减少，使其小于 W_y。如果用水量减少到 W_d，这时的净效益（E_d）恰好等于获得最高产量时的净效益（E_y）。如果灌溉面积用水量继续减少，则灌溉净效益就会降低。所以，非充分灌溉的用水范围是在 W_y 以下，具体范围需通过试验确定。在这个范围内进行灌溉，虽然所获得的作物产量不是最高，但其净效益却始终大于在最高产量时所获得的净效益 E_y。这也就是把非充分灌溉称之为经济灌溉的道理，即用水量虽然减少了，产量也相应减少了，但其经济效益仍较大或最大。

另外，当水源紧张时，也可采取减少灌溉面积上作物非关键需水时期的灌水定额或灌水次数，用节省下来的水量尽可能灌溉更多的作物。这样可使总灌水量所获得的效益最大，这也是推行非充分灌溉的重要原因。

二、作物水分生产函数

作物水分生产函数是指在农业生产水平基本一致的条件下，作物生长过程中，作物产量与投入水量（或作物蒸发蒸腾量）之间的函数关系。作物水分生产函数可用于研究不同程度缺水对作物产量的影响，是制定非充分灌溉制度的重要依据。作物水分生产函数随作物种类、地域、水文年份、灌溉与农业技术措施不同而变化，一般应根据当地的具体条件通过灌溉试验确定。

作物水分生产函数模型很多，主要分为两大类：一类是表示作物产量与作物整个生育期蒸发蒸腾量之间关系的模型；一类是表示作物产量与不同生育阶段蒸发蒸腾量关系的模型。

1. 作物产量与全生育期蒸发蒸腾量之间的关系

作物产量与全生育期蒸发蒸腾量的关系多用二次抛物线表示，即

$$Y=a+bET+cET^2 \tag{1-106}$$

式中：Y 为作物产量，kg/hm^2；ET 为蒸发蒸腾量，mm；a、b、c 为经验系数。

考虑到不同地区、不同年份、不同自然条件与不同作物的经验系数变化较大，可用相对产量和相对蒸发蒸腾量建立作物产量与全生育期耗水量之间的关系：

$$1-\frac{y}{y_m}=\beta\left(1-\frac{ET}{ET_m}\right) \tag{1-107}$$

式中：y_m、y 分别为充分供水时最高产量和缺水条件下的实际产量，kg/hm^2；ET_m、ET 分别为充分供水和缺水条件下全生育期总的蒸发蒸腾量，mm；β 为作物产量对水分亏缺反应的敏感系数，亦称减产系数。

生产实践和试验结果均表明，当作物产量达到较高程度时产量与缺水量的关系更符合非线性关系，如下式所示：

$$1-\frac{y}{y_m}=\beta'\left(1-\frac{ET}{ET_m}\right)^m \tag{1-108}$$

式中：β' 为作物产量对水分亏缺反应的敏感系数，亦称减产系数；m 为根据受旱试验资料分析求得的经验指数；其他符号意义同前。

2. 作物产量与不同生育阶段蒸发蒸腾量的关系

不同的生育阶段缺水对产量的影响很复杂，最简单的形式就是假定每一个生育阶段缺水对产量的影响是相互独立的，然后，假设几个阶段缺水对产量的组合影响是相加或相乘。由此提出了相加模型和相乘模型。

相加模型，如 Stewart 模型：

$$\frac{y}{y_m}=1-\sum_{i=1}^{n}\beta_i\left(1-\frac{ET_i}{ET_{mi}}\right) \tag{1-109}$$

Blank（1975 年）模型：

$$\frac{y}{y_m} = \sum_{i=1}^{n} \beta_i \left(\frac{ET_i}{ET_{mi}}\right) \tag{1-110}$$

式中：ET_{mi}、ET_i 分别为充分供水和缺水条件下第 i 个生育阶段蒸发蒸腾量，mm；β_i 为作物产量对第 i 生育阶段水分亏缺反应的敏感系数；i 为作物生育期编号（$i=1$，2，…，n）；n 为作物生育期总阶段数。

相乘模型，Jensen 模型（1968 年）：

$$\frac{y}{y_m} = \prod_{i=1}^{n} \left(\frac{ET_i}{ET_{mi}}\right)^{\lambda_i} \tag{1-111}$$

Minhas（1974 年）模型：

$$\frac{y}{y_m} = \prod_{i=1}^{n} \left[1 - \left(1 - \frac{ET_i}{ET_{mi}}\right)^2\right]^{\lambda_i} \tag{1-112}$$

式中：λ_i 为生育期 i（$i=1$，2，…，n）的缺水敏感指数；其余符号意义同前。

比较式（1-111）和式（1-112）可见，当 $ET_i > ET_{mi}$ 时，即实际作物耗水量大于作物潜在蒸发蒸腾量时，作物产量也会减小，可在一定程度上表示供水过量对作物生长的不利影响，如渍害。

作物水分生产函数的参数具有地区特性，在不同地区应合理确定其相应的参数值。

对于相乘模型和相加模型而言，一般认为相乘模型优于相加模型，主要原因有两个：一是认为各生育阶段缺水对产量的影响是相互独立的，这与实际不符，实际上作物某一生育期缺水不仅对本生育期生长有影响，而且还会影响后期的生长，进而导致总产量的降低；二是对实际中常出现 Y/Y_m 与 ET/ET_m 之间非线关系无法解释。鉴于此，Jensen 模型得到了更广泛的应用。

作物缺水敏感指数 λ_i 是 Jensen 模型的重要参数，依作物种类和作物生育期的变化而变化，耐旱作物的缺水敏感指数较小；对于某种作物来说，缺水敏感指数前期小，中间大，后期又减小。在全生育期内，敏感指数的大小反映了不同生育阶段作物对水分亏缺的敏感程度不同。通常情况下，作物关键需水期，如小麦的拔节抽穗和抽穗灌浆期，其敏感指数大于其他非关键需水期的敏感指数。表 1-5 和表 1-6 给出了我国几种作物不同生育阶段的作物缺水敏感指数值。

表 1-5　　小麦的缺水敏感指数

站 名	作物不同生育期缺水敏感指数 λ_i						资料年份
	λ_1	λ_2	λ_3	λ_4	λ_5	λ_6	
内蒙古凉城	出苗—分蘖	分蘖—拔节	拔节—抽穗	抽穗—乳熟	乳熟—成熟		1984
	0.0120	0.2309	0.4186	0.6460	0.3284		
山西潇河	播种—越冬	越冬—返青	返青—拔节	拔节—抽穗	抽穗—灌浆	灌浆—收获	1988～1995
	0.0469	0.0154	0.2800	0.3332	0.2470	0.1067	
安徽宿县	出苗—越冬	越冬—返青	返青—拔节	拔节—灌浆	乳熟—成熟		1981～1984
	0.2675	0.0613	0.3765	0.5951	0.2918		

表 1-6　　秋作物及水稻的缺水敏感指数

作　物	站　名	作物不同生育期缺水敏感指数 λ_i				资料年份
		λ_1	λ_2	λ_3	λ_4	
夏玉米	郑州郊区	定苗—拔节	拔节—抽雄	抽雄—灌浆	灌浆—收获	1984
		0.1849	0.2483	0.5879	0.2871	
春玉米	山西潇河	播种—拔节	拔节—抽穗	抽穗—灌浆	灌浆—收获	1991～1994
		0.0903	0.4873	0.2802	0.1548	
棉花	山西夹马口	播种—出蕾	现蕾—开花	开花—吐絮	吐絮—收获	1979～1983
		0.3126	0.1197	0.6495	0.3819	
	山西潇河	播种—现蕾	现蕾—开花	开花—吐絮	吐絮—拔杆	1987～1989
		0.0402	0.2906	0.475	0.0264	
	甘肃民勤	播种—现蕾	现蕾—开花	开花—吐絮	吐絮—收获	1991～1992
		0.245	0.172	0.469	0.063	
中稻	湖北障河	返青—分蘖末	拔节—孕穗	抽穗—开花		1988
		0.0358	1.3871	1.2754		
双季早稻	广西桂林	返青—分蘖	分蘖—孕穗	孕穗—抽穗	抽穗—乳熟	1992～1993
		0.0854	0.3137	0.6287	0.2977	
双季晚稻	广西桂林	返青—分蘖	分蘖—孕穗	孕穗—抽穗	抽穗—乳熟	1988～1993
		0.2092	0.4888	0.2061	0.0588	

第二章　灌溉制度与灌溉用水量

第一节　充分供水条件下灌溉制度的确定

灌溉制度是灌溉工程规划设计的基础，是已建成灌区编制合理用水计划和拟建灌区规划设计的重要依据，关系到灌区内作物产量（效益）和品质的提高，以及灌区水土资源的充分利用和灌溉工程设施效益的发挥。

一、灌溉制度的内涵

灌溉制度是指某一作物在一定的气候、土壤等自然条件和一定的农业技术措施下，为了获得稳定高产，所制定的一整套向农田灌水的方案，包括作物播种前（或水稻插秧前）及全生育期内的灌水次数、每次灌水的灌水时间、灌水定额以及灌溉定额等四项内容。

灌水定额是指一次灌水单位面积上的灌水量，作物全生育期内各次灌水定额之和称为灌溉定额，常以 m^3/hm^2 或 mm 水深表示。农作物在整个生育期中实施灌溉的次数即为灌水次数。每次灌水的日期即为灌水时间，灌水时间以作物生育期或年、月、日表示。

灌溉制度随作物种类、品种、自然条件及农业技术措施的不同而变化。制订灌溉制度的主要依据之一是降雨量，另一个基本依据是作物需水量。由于降雨量在年内、年际的分布不同，所以同一种作物在不同水文年有不同的灌溉制度。根据拟建灌区规划设计或已建灌区管理工作的需要，灌溉制度一般都需要在灌水季节之前加以确定，一定程度上带有估算性质。因此，必须以作物需水规律和气象条件（特别是降水）为主要依据，从当地具体条件出发，针对不同水文年份，拟定湿润年（频率为25%）、一般年（频率为50%）、干旱年（频率为75%）及特旱年（频率为95%）四种类型的灌溉制度。一般在灌溉工程规划、设计中多采用干旱年的灌溉制度作为设计标准。

二、充分供水条件下的灌溉制度

充分供水条件下的灌溉制度，是指灌溉供水能够充分满足作物各生育阶段的需水量要求而设计制定的灌溉制度。长期以来，人们都是按充分供水条件下的灌溉制度来规划设计灌溉工程。当灌溉水源充足时，也是按照这种灌溉制度来进行灌水。因此，研究制定充分供水条件下的灌溉制度有重要意义。常采用以下三种方法来确定。

（一）调查群众丰产灌水经验制定充分供水灌溉制度

长期以来，各地群众在多年的生产实践中积累了一套确定灌溉制度的经验和方法。如我国北方农民把土壤水分状况称为墒情，将土壤墒情分为：汪水、黑墒、黄墒、潮干土和干土等几类，常在耕种前或作物生长期间进行验墒，以确定灌水时间和灌溉水量。这些实践经验是制定灌溉制度最宝贵的资料。灌溉制度调查应根据设计要求的水文年份，仔细调查这些年份不同生育期的作物田间耗水强度（mm/d）及灌水次数、灌水时间、灌水定额以及灌溉定额，并由此确定这些年份的灌溉制度。一些实际调查的灌溉制度举例如表2-1、表2-2所示。

表2-1　我国北方地区几种主要旱作物的灌溉制度（中等干旱年）

作 物	生育期灌溉制度			备 注
	灌水次数	灌水定额/mm	灌溉定额/mm	
小麦	3～6	60～90	300～450	干旱年份
棉花	2～4	45～60	120～225	
玉米	3～4	60～90	225～375	

表2-2　湖北省水稻泡田定额及生育期灌溉定额调查成果表（中等干旱年）

项 目	早稻	中稻	一季晚稻	双季晚稻
泡田定额/mm	105～120	120～150	105～120	45～90
灌溉定额/mm	300～375	375～525	525～750	360～450
总灌溉定额/mm	405～495	495～675	630～870	405～540

（二）根据灌溉试验资料制定灌溉制度

我国许多灌区设置了灌溉试验站，至今已进行了多年灌溉试验工作。试验项目包括作物需水量、灌溉制度、灌水技术等，积累了一大批相关的试验观测资料，这些资料为制定合理的灌溉制度提供了可靠依据。

（三）按水量平衡原理分析制定作物灌溉制度

1. 原理

水量平衡法以作物各生育期内土壤水分变化为依据，从对作物充分供水的观点出发，一般要求在作物各生育期，计划湿润层内的土壤含水量（旱田）或水层变化（水田）维持在作物适宜含水量的上限和下限之间或适宜水层深度，若土壤储水量降至下限时，则应进行灌水，以保证作物充分供水。应用时要参考、结合前几种方法的结果，这样才能使得所制定的灌溉制度更为合理、完善。

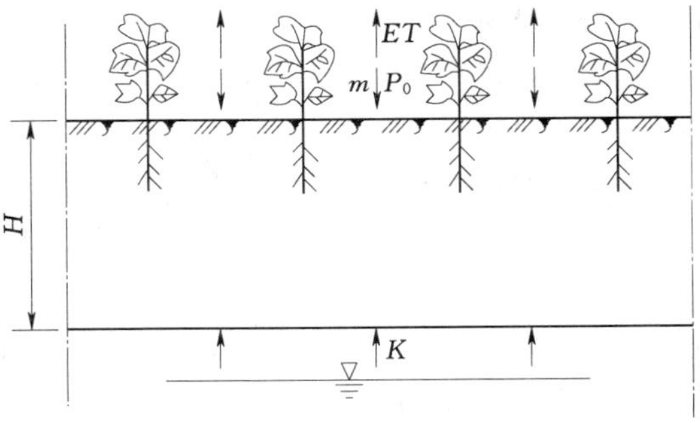

图2-1　土壤计划湿润层水量平衡示意图

下面分别介绍应用水量平衡原理确定旱作物和水稻灌溉制度的方法。

2. 旱作物的灌溉制度

（1）水量平衡方程。就旱作物的整个生育期而言，任一时段［0，t］中，土壤计划湿润层（根系层）H 内的水量平衡（图2-1）可表示为：

$$W_t - W_0 = W_T + P_0 + K + M - ET \tag{2-1}$$

或

$$1000(\theta_t-\theta_0)H=W_T+(p+k+m-e)t \tag{2-2}$$

式中：W_0、W_t 分别为时段始、末单位面积计划湿润层内的土体储水量，mm；θ_0、θ_t 分别为时段始、末计划湿润层土壤的平均含水量，cm^3/cm^3；H 为计划湿润层深度，m；W_T 为由于计划湿润层深度增加而在单位面积上增加的水量，mm，如时段内计划湿润层无变化则无此项，一般取时段内计划湿润层深度一致，即 $W_T=0$；P_0 为时段内单位面积上入渗的有效降水量，mm；p 为时段内的平均降水入渗强度，mm/d；K 为时段内单位面积上地下水（或下部土层）对计划湿润层的补给量，mm；k 为时段内地下水（或下部土层）对计划湿润层的平均补给强度，mm/d；M 为时段内单位面积上的灌水量，mm；m 为时段内的平均灌水强度，mm/d；ET 为时段内的作物需水量，mm；e 为时段内作物的平均需水强度，mm/d。

为了满足作物正常生长要求，任一时段内土壤计划湿润层内的含水量（或储水量）必须经常保持在一定的适宜范围以内，即通常要求不小于作物允许的最小含水量（或最小储水量）和不大于作物允许的最大含水量（或最大储水量）。在天然情况下，各时段内需水量是一种经常的消耗，而降雨则是时段的补给。因此，在某些时段内降雨很小或没有降雨量时，往往使土壤计划湿润层内的含水量降低到或接近于作物允许的最小含水量，此时即需进行灌溉，补充土层中消耗掉的水量。

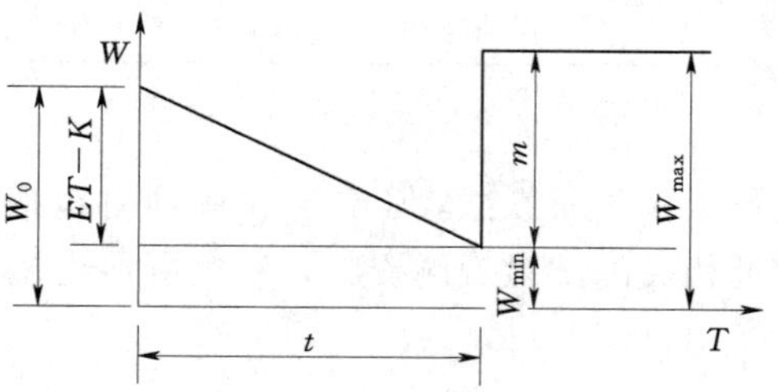

图 2-2　土壤计划湿润层内储水量变化

例如，某时段内没有灌溉也没有降雨，土壤计划湿润层也无变化，随着时间的推移，土壤储水量将降至下限，显然这一时段内的水量平衡方程可写为：

$$W_{min}=W_0-ET+K \tag{2-3}$$

式中：W_{min}为土壤计划湿润层内允许最小储水量；其余符号意义同前。

如图 2-2 所示，设时段初土壤储水量为 W_0，则由式（2-3）可推算出开始进行灌水时的时间间隔为：

$$t=\frac{W_0-W_{min}}{e-k} \tag{2-4}$$

而这一时段末灌水定额 m 为：

$$m=W_{max}-W_{min}=1000H(\theta_{max}-\theta_{min}) \tag{2-5}$$

或

$$m=W_{max}-W_{min}=10\gamma H(\theta'_{max}-\theta'_{min}) \tag{2-6}$$

式中：m 为灌水定额，m^3/hm^2；H 为该时段内土壤计划湿润层的厚度，m；θ_{max}、θ_{min} 分别为该时段内土壤允许的最大含水率和最小含水率 cm^3/cm^3；γ 为计划湿润层内土壤的干容重，t/m^3；θ'_{max}、θ'_{min}分别为该时段内土壤允许的最大含水率和最小含水率（以占干土重的%计）。

同理，可计算确定作物全生育期各阶段不同情况下的灌水时间和灌水定额。

（2）水量平衡法有关参数的确定。

1）有效降水量 P_0。首先需要确定设计降水量。对当地多年降水资料进行频率分析，按 25％ 、50％ 、75％的降水保证率选定三个降水典型年，根据典型年中的降水量、降水分布情况，设计不同保证率条件下的降水量及其出现的时间。

有效降水指降雨量减去地面径流损失和深层渗漏后的水量，且能被田间作物有效利用的水量。因此，有效降水量一般采用以下公式计算：

$$P_0 = P - P_{径} - P_{渗} \tag{2-7}$$

式中：P_0 为有效降水量，mm；P 为设计降水量，mm；$P_{径}$ 为地面径流量，mm；$P_{渗}$ 为深层渗漏量，mm。

生产实践中通常采用下列简化方法计算：

$$P_0 = \sigma P \tag{2-8}$$

式中：σ 为降水有效利用系数，其值与一次降雨量、降雨强度、降雨延续时间、土壤性质、地面覆盖及地形等因素有关，应根据具体条件通过实验确定。一般认为一次降雨量小于 5mm 时，$\sigma=0$；当一次降雨量为 5～50mm 时，$\sigma=1.0\sim0.8$；当次降雨量大于 50mm 时，$\sigma=0.7\sim0.8$。

2）土壤计划湿润层深度 H。土壤计划湿润层深度系指实施灌溉时，计划调节、控制土壤水分状况的土层深度，它随作物根系活动层厚度、土壤性质、地下水埋深等因素而变。在作物生长初期，根系虽然很浅，但为了维持土壤微生物活动，并为以后根系生长创造条件，需要在一定土层深度内有适当的含水量，一般采用 30～40cm；随着作物的成长和根系的发育，需水量增多，计划湿润层也应逐渐增加，至生长末期，由于作物根系停止发育，需水量减少，计划层深度不宜继续加大，一般不超过 0.8～1.0m。在地下水位较高的盐碱化地区，计划湿润层深度不宜大于 0.6m。计划湿润层深度应通过试验来确定，表 2－3 给出了冬小麦、玉米、棉花在不同生育阶段的计划湿润层深度，供参考。

表 2－3　冬小麦、棉花、玉米各生育期计划湿润层厚度　　单位：m

冬小麦	生育期	幼苗期	分蘖期	拔节期	抽穗期	灌浆期
	湿润层深度	0.3～0.4	0.4～0.5	0.5～0.6	0.6～0.8	0.8～1.0
棉花	生育期	幼苗期	现蕾期	开花结铃期	吐絮期	
	湿润层深度	0.3～0.4	0.4～0.6	0.6～0.8	0.6～0.8	
玉米	生育期	幼苗期	拔节期	孕穗期	抽穗期	灌浆期
	湿润层深度	0.3～0.4	0.4～0.5	0.5～0.6	0.6～0.8	0.8

3）土壤适宜含水量及上、下限的确定。土壤适宜含水量是指最适宜作物生长的土壤含水量。土壤适宜含水量介于 θ_{max} 与 θ_{min} 之间，随作物品种及其生育阶段、土壤性质等因素而变化。由于田间作物需水的持续性及农田灌水或降雨的间歇性，计划湿润层内的土壤含水量不可能经常维持在最适宜含水量水平，为了保证作物生长，应将土壤含水量控制在适宜的上限（θ_{max}）与下限（θ_{min}）之间。一般应通过试验或调查总结群众经验确定。

土壤含水量的上限应满足以下两个条件：既不产生深层渗漏，又要满足作物对土壤空气含量的要求，故一般取田间持水量。

土壤含水量的下限应以作物生长不受抑制为准，一般以占田间持水量的百分数计。对大多数作物，取 60％比较适宜。在土壤盐碱变化比较严重的地区，往往由于土壤溶液浓度过高，而妨碍作物吸取正常生长所需的水分，因此还要依据作物不同生育阶段允许的土壤溶液浓度作为控制条件来确定允许最小含水率，其值应高于60%。表2-4给出了冬小麦、棉花和玉米三种作物生育期的土壤适宜含水量。

表2-4　冬小麦、棉花、玉米各生育期要求的土壤适宜含水量

作物名称	项　目	不同生育期适宜土壤含水率（占田间持水量的百分比）/%				
冬小麦	生育期	出苗期	分蘖期	越冬期	返青—拔节期	拔节期后
	土壤适宜含水量	用水量>70	用水量>70	70左右	60～70	70～80
棉花	生育期	播种期	苗期	现蕾期	开花结铃期	成熟期
	土壤适宜含水量	>70	55～70	60～70	70～80	55～70
玉米	生育期	播种期	苗期	拔节孕穗期	抽穗开花期	灌浆成熟期
	土壤适宜含水量	60～80	55～60	60～70	70～75	70左右

4）地下水补给量K。地下水补给量是指地下水借毛管作用上升至作物根系活动层内而被作物利用的水量，其大小与地下水埋藏深度、土壤性质、作物种类、作物需水强度、气象条件和根系层土壤含水量等有关。地下水位越接近根系活动层，毛管作用越强，地下水补给量也越多。如内蒙古灌区春小麦地下水利用量，当地下水埋深为1.5～2.5m时利用量为60～120mm；河南省人民胜利渠观测资料证明，冬小麦生长期内地下水埋深1.0～2.0m时，地下水利用量可占耗水量的20%（中壤土）。生产实际中常采用经验数据或经验公式确定。地下水（或下部土层）对根系层的补给量可在实测两层间土壤含水量（或基质势）变化趋势的基础上，通过计算土壤水分通量获得。

5）由于计划湿润层增加而增加的水量W_T。在作物整个生育过程中作物根系是不断增加的，因此计划湿润层的深度也是不断变化的。由于计划湿润层增加，可利用一部分深层土壤的原有储水量。若计算时段内计划湿润层深度变化不大，则式（2-1）和式（2-2）中的W_T可设定为零；若时段内计划湿润层变化较大，由于计划湿润层的增加，将增加部分有效水量，此时，W_T可近似按下式计算：

$$W_T=1000(H_2-H_1)\bar{\theta} \tag{2-9}$$

式中：H_1、H_2为计算时段始、末计划湿润层的深度，m；$\bar{\theta}$为计算时段始、末（H_2-H_1）深度内土层中的平均体积含水率，cm^3/cm^3。

（3）旱作物灌溉制度的确定。

1）播前灌水定额的确定，旱作物播前灌水的目的在于保证作物种子发芽和出苗所必须的土壤含水量或储水于土壤中以供作物生育后期之用。播前灌水往往只进行一次。一般按下式计算：

$$M_1=1000H(\theta_{max}-\theta_0) \tag{2-10}$$

式中：M_1为播前灌水定额，mm；H为计划湿润层深度，m；θ_{max}为土壤允许最大体积含水率，一般为田间持水量，cm^3/cm^3；θ_0为灌前计划湿润层深度内土壤平均体积含水率，cm^3/cm^3。

2）生育期灌水定额的确定，利用水量平衡法拟定作物生育期灌溉制度的方法有两类：一类为图解法；另一类为列表法。以棉花灌溉制度制定为例，采用水量平衡图解法分析法拟定灌溉制度步骤如下：

a. 根据各旬的计划湿润层深度 H 和作物所要求的计划湿润层内土壤含水量的上限和下限，求出计划湿润层深度土层内允许储水量上限 W_{max} 及下限 W_{min}，绘于图 2-3 上。

b. 绘制作物田间需水量（ET）累积曲线，由于计划湿润层加大而获得的水量（W_T）累积曲线、地下水补给量（K）累积曲线以及净耗水量（$ET—W_T—K$）曲线。

c. 根据设计年雨量，求出渗入土壤的降雨量 P_0，逐时段绘于图上。

d. 自作物生长初期土壤计划湿润层储水量 W_0。逐旬减去（$ET—W_T—K$）值，即至 A 点引直线平行于（$ET—W_T—K$）曲线，当遇有降雨时再加上降雨入渗量 P_0，即得计划湿润土层实际储水量（W）曲线。

e. 当 W_t 曲线接近于 W_{min} 时，即进行灌水。灌水时期除考虑水量盈亏的因素外，还应考虑作物各阶段的生理要求，以及与灌水相关的农业技术措施和劳动组织等。灌水定额的大小要适当，不应使灌水后土壤储水量大于 W_{max}，也不宜给灌水技术的实施造成困难。灌水定额值也像降雨入渗量一样加在 W 曲线上。

f. 如此继续进行，即可得到全生育时期的各次灌水定额、灌水次数和灌水时间。

g. 生育期灌溉定额 $M_2=\sum m$，m 为各次灌水定额。

根据上述原理，也可列表法计算，计算时段采用一旬或五天，计算也十分简便。

旱作物的总灌溉定额 M 为播前灌水定额加上生育时期灌溉定额，即：

$$M=M_1+M_2 \tag{2-11}$$

按水量平衡方法估算灌溉制度，如果作物耗水量和降雨量资料比较精确，其计算结果比较接近实际情况。对于比较大的灌区，由于自然条件差别较大，应分区制定灌溉制度，并与前面调查法和试验法相互核对，以求切合实际。

3. 水稻的灌溉制度

水稻的耕作栽培方式与旱作物完全不同，但按水量平衡原理确定灌溉制度的方法与旱作物基本类似，不同之处在于：旱作物要求在各生育期内，计划湿润层内的土壤含水量维持在作物适宜含水量的上限和下限之间，而水稻要求在不同的生育阶段田面维持一定深度的水层。因此，确定水稻的灌溉制度时，不是以计划湿润层内土壤含水量的变化为依据，而是以淹灌水层深度的变化为依据。另外在制定水稻灌溉制度时，由于水稻根系层土壤多数时间均处于饱和状态，故应考虑稻田的深层渗漏问题；水稻一定的生育阶段还要进行晒田，故应考虑稻田排水问题。

水稻本田灌溉定额包括泡田定额 M_1 与生育期灌溉定额 M_2 两部分。

（1）泡田定额 M_1 的确定。泡田期的灌溉用水量称为泡田定额。其目的在于使稻田的土壤在一定深度的土层达到饱和并在田面建立水层的水量，其值可用下式确定：

$$M_1=(h_1+s_1+e_1t_1-P_1) \tag{2-12}$$

式中：M_1 为泡田期灌溉用水量，mm；h_1 为插秧时田面所需的水层深度，mm；s_1 为泡田期的渗漏量，即开始泡田到插秧期间的总渗漏量，mm；t_1 为泡田期的日数；e_1 为在 t_1 时段内水田的田面平均蒸发强度，mm/d，可用水面蒸发强度代替；P_1 为在 t_1 时段内的降雨量，mm。

泡田定额一般与当地的土壤、地势、地下水埋深等因素有密切关系，通常可由相类似

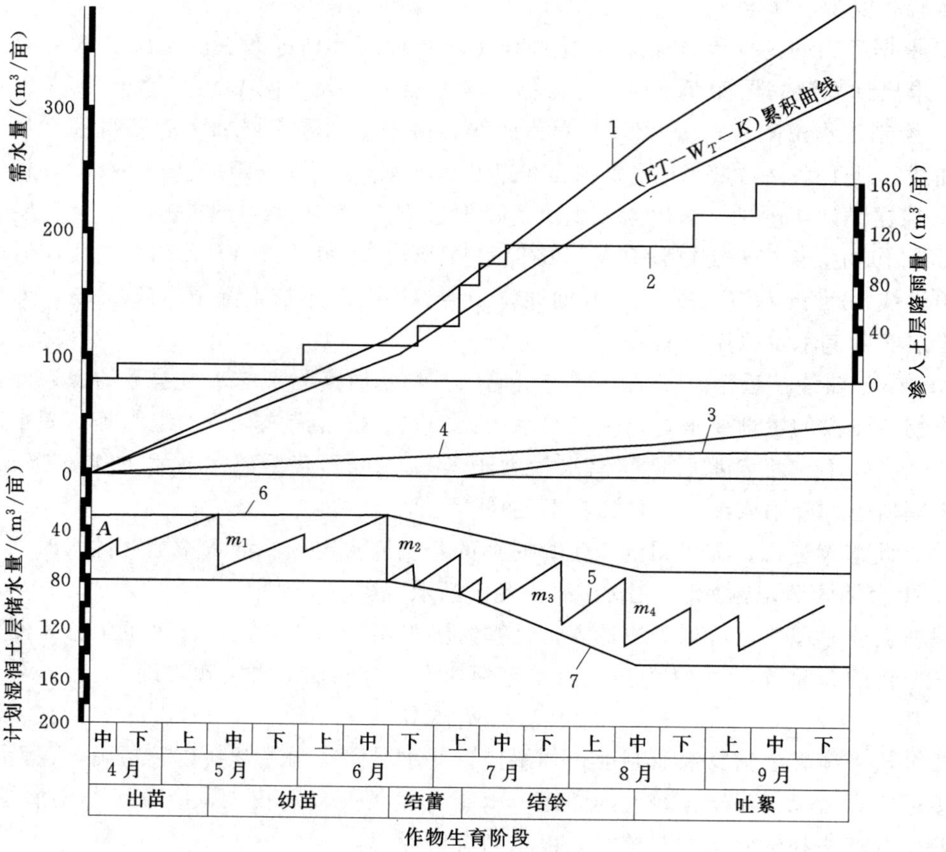

图 2-3 棉花灌溉制度设计图

1—作物需水量 E 累积曲线；2—渗入土壤内的降雨量累积曲线；3—W_T 累积曲线；4—K 值累积曲线；
5—计划湿润土层中的实际储水量 W 曲线；6—计划湿润土层允许最小储水量 W_{min} 曲线；
7—计划湿润土层允许最大储水量 W_{max} 曲线

田块上的实测资料确定。一般在 $h_1=3\sim5$cm 情况下，泡田定额的数值参见表 2-5。

表 2-5　不同土壤及地下水埋深的水稻泡田定额　　单位：mm

地下水埋深	黏土和黏壤土	中壤土和砂壤土	轻砂壤土
＜2m		105～150	120～195
＞2m	75～120	120～180	150～240

（2）生育期灌溉定额的确定。在水稻生育期任何一个时段［t_1，t_2］内，格田内水量的平衡关系可表示为：

$$h_1-h_2=-C+ET+P+M \tag{2-13}$$

或

$$h_1-h_2=(-c+e+p+m)t \tag{2-14}$$

式中：h_1、h_2 分别为时段始、末田面水层深度，mm；P 为时段内的降雨量，mm；C 为时段内的排水量，mm；ET 为时段内水稻的需水量，mm；M 为时段内的灌水量，mm；p 为时段内的平均降雨强度，mm/d；c 为时段内的平均排水强度，mm/d；e 为时段内水稻的平均耗水强度，mm/d；m 为时段内的平均灌水强度，mm/d。

如果时段初的农田水分处于格田的适宜水层上限（h_{max}），在经过一个时段的消耗后，田面的水层降到适宜水层的下限（h_{min}），此时如果没有降雨，则需要及时进行灌溉，此时的灌水定额为：

$$m=h_{max}-h_{min} \tag{2-15}$$

不同类型水稻各生育期要求的适宜水层上限和下限值见表 2-6。

表 2-6　水稻各生育阶段淹灌水层的深度　单位：mm

作物名称	生育阶段						
	返青	分蘖初	分蘖末	拔节孕穗	抽穗开花	乳熟	黄熟
早稻	5～30～50	20～50～70	20～50～80	30～60～90	10～30～80	10～30～60	10～20
中稻	10～30～50	20～40～70	20～60～90	30～60～120	10～30～100	10～30～60	落干
晚稻	20～40～70	10～20～70	10～30～80	20～50～90	10～30～50	10～30～60	落干

注　表中数字的含义依次为适宜水层下限（h_{min}）—适宜水层上限（h_{max}）—降雨后最大允许蓄水深度。

上述过程可用如图 2-4 所示的图解法表示。如在时段初的 A 点，水田应按 1 线耗水至 B 点，此时田面水层降至适宜水层下限，即需进行灌水，灌水定额为 m；如果时段 t_1 内有降雨 P，则降雨后使得田面水层回升高度为 P'，再按 2 线开始耗水至 C 点时再进行灌溉；如降雨 P 很大，通过允许最大蓄水深度 H_p，则多余的部分需要排除，其排水量为 d，然后按 3 线耗水至 D 点时进行灌溉。如此进行直至水稻成熟即可制定出其相应灌溉制度。

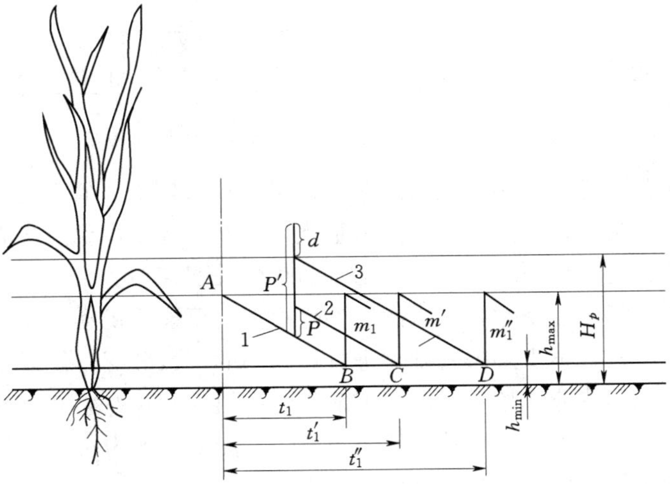

图 2-4　水稻生育期内任意时段农田水分变化图解法

根据上述原理可知，当确定水稻各生育阶段的适宜水层上下限以及各阶段需水强度后，便可用图解法或列表法推求水稻灌溉制度。

第二节 非充分供水条件下灌溉制度的优化

非充分灌溉制度，是在有限灌溉水量条件下，以获取最佳的产量（或收益）为目标，对作物灌水时间、灌水定额进行最优分配的优化灌溉制度。非充分灌溉作为一种新的灌溉策略，不追求传统单位面积上的产量最高，而允许作物遭受一定程度的缺水和减产，从而使灌溉增产效益最大。

对于某一作物而言，非充分灌溉制度优化的核心问题，是如何把有限水量在作物各生育阶段进行合理分配，目标是尽可能减少对作物产量和品质最敏感的生育阶段内的缺水量；对于区域内相同时段生长的不同作物，还包括优先对缺水最敏感的作物供水，以获得区域纯收益最大。通常可采用动态规划或大系统分解协调的方法确定有限供水量条件下灌区灌溉水量优化配置及其相应的作物优化灌溉制度。以下对灌区灌溉水量优化配置模型及其求解做简要介绍。

将所研究的灌溉区域分成若干个子区，每一个子区都种植有几种作物，每一种作物都要制定出优化的灌溉制度，这就构成了一个具有三层结构的大系统优化模型，如图 2-5 所示。其中第 1 层模型为单一作物灌溉制度优化模型，第 2 层模型为作物间优化配水模型，第 3 层为区域之间水量优化配置模型。

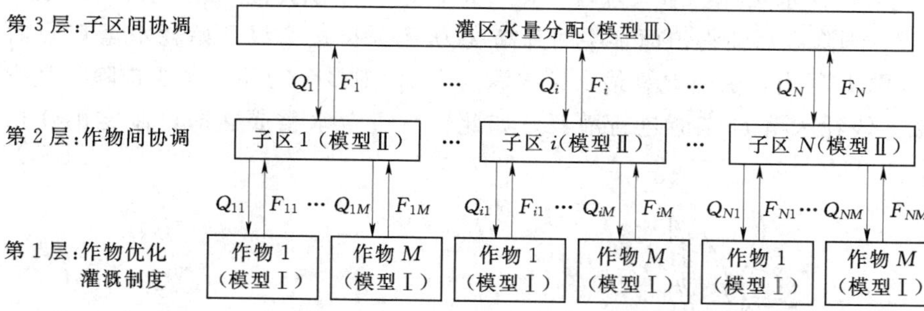

图 2-5 灌区水量优化分配的分解协调模型

灌区水量优化分配是一个多层次的问题，包括灌区内各子区的水量优化分配、区域内作物间的水量优化分配、作物生育期内的水量优化分配（作物优化灌溉制度）等层次，因此可以根据大系统分解协调原理建立灌区水量的优化分配模型。

在这一模型中，第 1 层是作物灌溉制度优化模型，可以采用动态规划等优化方法或模拟方法得到；第 2 层是在第 1 层的基础上进行作物间的水量分配，使得子区的灌溉效益最大，可以建立动态规划或非线性规划模型求解得到；第 3 层是在第 2 层的基础上进行各子区间的水量优化分配，使整个灌区的灌溉效益最大。如果灌区内自然、作物等条件比较接近，也可以不划分子区，建立 2 层分解协调模型即可。

对于这种多层模型的求解，首先将作物灌溉水量 Q_{ij}（$i=1, 2, \cdots, N$；$j=1, 2, \cdots, M$；N、M 分别为子区数和作物种类数）作为第 1 层和第 2 层间的协调变量，利用第 1 层的优化模型得出各子区各种作物在一定灌溉水量 Q_{ij} 下的优化灌溉制度，从而得到最大灌溉效益（或作物产量）F_{ij} 与作物灌溉水量 Q_{ij} 的关系；然后在以上关系的基础上

求解第 2 层模型，此时将各子区的分水量 Q_i（$i=1$，2，…，N）作为第 2 层和第 3 层间的协调变量，得到一定分水量 Q_i 下各子区的水量最优分配方案及最大灌溉效益 F_j 与子区灌溉水量 Q_i 的关系；最后进行全灌区的协调，得到总灌溉效益最大时的各子区分水量 Q_i，进而可以得到各子区内各种作物的分水量及最优灌溉制度。在灌区水量优化分配中，一定灌溉水量下的作物非充分灌溉制度优化是一个基础工作，可以为作物间、子区间水量的合理分配提供依据。以下对利用动态规划方法制定作物优化灌溉制度的模型作简要介绍。

利用动态规划方法制定作物优化灌溉制度，是一个多阶段的决策过程，其数学模型描述如下：

(1) 阶段变量，$i=1$，2，…，N，表示作物的第 i 个生育阶段，N 为作物生育阶段总数。

(2) 决策变量，第 i 阶段的灌水量 m_i。一般情况下，一个生育阶段最多灌水一次，其灌水定额 I 可根据灌水方法、农田及作物情况确定。因此某一阶段的允许决策集为 {0，I}，表示不灌水、灌水两种情况。

(3) 状态变量。阶段初的可用灌溉水量 q_i、作物根系层有效土壤水量 W_i。

(4) 状态转移方程。包括灌溉水量平衡方程、根系层水量平衡方程，即

$$q_{i-1}=q_i-m_i \tag{2-16}$$

$$W_{i+1}=W_i+P_i+m_i-ET_i-R_i-D_i \tag{2-17}$$

式中：P_i 为阶段降水量；ET_i 为田间腾发量；R_i 为径流量，在枯水期（如冬小麦生长期）一般可不予考虑，在汛期较大降水时可根据一定的产流模式计算；D_i 为深层渗漏量，当根系层土壤水量超过田间持水量 W_c 时，超出部分即为深层渗漏量。

(5) 指标函数。第 i 阶段的指标函数为该阶段的产量系数

$$r_i(W_i,m_i)=\left(\frac{ET_i}{ET_{mi}}\right)^{\lambda_i} \tag{2-18}$$

(6) 目标函数。以相对产量最大为目标函数，即

$$\max\frac{Y}{Y_m}=\prod_{i=1}^{n}\left(\frac{ET_i}{ET_{mi}}\right)^{\lambda_i} \tag{2-19}$$

(7) 约束条件。

$$m_i\in\{0,\mathrm{I}\},0\leqslant m_i\leqslant q_i,0\leqslant q_i\leqslant q_0,0\leqslant W_i\leqslant W_c,i=1,2,\cdots,N \tag{2-20}$$

建立模型后，可以采用逆序法进行求解，其基本方程为

$$F_i^*(W_i,q_i)=\max_{m_i}\{r_i(W_i,m_i)F_{i+1}^*(W_{i+1},q_{i+1})\} \tag{2-21}$$

在最终状态时，$F_{N+1}^*(W_{N+1},q_{N+1})=1$。

利用上述方法可求得 N 个阶段的灌溉决策表，然后再采用正向递推法，查灌溉决策表，可得到某一可用灌溉水量 q_0 条件下的最大产量和相应的优化灌溉制度。

第三节　灌溉用水量

灌溉用水量是指灌区需要从水源引取的水量，其大小及其在多年和年内的变化情况，与该灌区作物种植结构、各种作物的灌溉制度、灌溉面积、土壤、水文地质、气象条件以及渠系输水和田间灌水的水量损失等因素有关。因此，确定灌溉用水量，须先取得以上基本资料。

灌溉用水量的大小直接影响着灌溉工程的规模。若为已建灌区的运行管理，如制定水库调度计划、渠系配水计划等，则需要以该运行年份内各种作物灌溉基本资料，如灌溉制度、灌溉面积和水量损失等情况作为依据，确定灌溉用水量。若为新建灌区的规划设计，则需要多年系列或设计年份内的上述资料，来确定灌溉用水量。

一、灌溉设计保证率

灌溉设计保证率能综合反映水源供水和灌区需水两个方面的情况。灌溉设计保证率是指灌区灌溉用水量在多年期间能够得到充分满足的几率，一般用设计灌溉用水量全部获得满足的年数占计算总年数的百分率表示。即

$$\text{灌溉设计保证率}=\frac{\text{设计灌溉用水量全部获得满足的年数}}{\text{计算总年数}}\times 100\%$$

对于具体灌区，灌溉设计保证率采用式（2-22）计算得到。

$$P=\frac{m}{n+1}\times 100\% \tag{2-22}$$

式中：P 为灌溉设计保证率；m 为计算年数内水源供水大于或等于灌区需水的年数；n 为计算系列总年数，对于大中型灌区，时历年系列不应少于 30 年。

在灌区规划设计中，灌溉设计保证率的数值将直接影响工程规模（如坝高、库容、渠系建筑物的尺寸等）和灌溉面积大小。灌溉设计保证率取值太大或过低都是不经济的，应根据当地水源条件、灌区面积并结合经济效益综合确定。一般灌溉设计保证率是根据当地水文气象、水土资源、作物组成、灌区规模、灌水方法及经济效益等因素，按照表 2-7 确定。

表 2-7　　灌溉设计保证率标准参考表

灌水方法	地　　区	作物种类	灌溉设计保证率/%
地面灌溉	干旱地区或水资源紧缺地区	以旱作物为主	50～75
		以水稻为主	70～80
	半干旱、半湿润地区或水资源不稳定地区	以旱作物为主	70～80
		以水稻为主	75～85
	湿润地区或水资源丰富地区	以旱作物为主	75～85
		以水稻为主	80～95
喷灌、微灌	各类地区	各类作物	85～95

二、设计典型年的选择

农作物生长发育过程中消耗的水量主要来自于降雨、灌溉及地下水补给。由于降雨量年际及年内分布不同，各年灌溉用水量差异很大。在灌溉工程规划设计时，首先要确定一个特定的水文年份，作为规划设计的依据。通常把这个特定的水文年份称为设计典型年。根据设计典型年的气象资料计算出的灌溉制度被称为设计典型年的灌溉制度，相应的灌溉用水量称为设计灌溉用水量。

由于各年的气象条件不同（主要为降雨不同），要求的灌溉用水量不同。为了合理地确定灌溉工程的规模，首先需要正确地选择设计典型年。选择设计典型年的方法有3种：

（1）按年降水量的频率选择典型年。根据历年的降水量从大到小排序进行频率计算，选择2～3个降水量与灌溉设计保证率相同或相近的年份，以其中降雨分配过程最不利于作物生长的一年为典型年，以该年的气象资料作为计算灌溉用水量和用水过程线的依据。

（2）按作物生长期降水量的频率分析选择典型年。统计历年主要作物生长期的降水量，进行频率计算，选择降水量频率与设计灌溉保证率相同或相近，雨量分配不利于作物生长的年份作为设计典型年。

（3）按年降水的变化特征分阶段选择典型年。对历史上曾经出现过的、旱情较重的一些年份进行分析，选择对作物生长最不利的雨型分配作为设计雨型。然后根据历年的降水量进行频率计算，选择年降水量频率与灌溉设计保证率相同的降水量作为设计降水量。按照设计雨型把设计降雨加以分配，作为灌溉用水量计算的依据。

生产实际中一般选中等年（降雨频率50%）、中等干旱年（75%）和干旱年（90%）进行计算，而以中等干旱年作为设计标准。

三、典型年灌溉用水量及用水过程线

灌溉用水量推算有直接推算法和间接推算法两种。当已知各种作物种植面积及灌溉制度时，可采用直接推算法。当已知灌区总面积、作物种植比例及灌溉制度时，可采用间接计算。

（一）直接计算

直接利用各种作物的灌溉制度来计算。一般以旬为时段来计算。

对于所研究灌区而言，某种作物某次灌水的田间净灌溉用水量 $W_{净,i}$，可用下式计算：

$$W_{净,i}=A_i m_i \tag{2-23}$$

式中：A_i 为第 i 种作物的灌溉面积，hm^2；m_i 为第 i 种作物某次灌水的灌水定额，m^3/hm^2。

全灌区任何一个时段内的净灌溉用水量（$W_净$），是该时段内各种作物净灌溉用水量之和，即：

$$W_净=\sum W_{净i} \tag{2-24}$$

灌溉水由水源经各级渠道输送至田间，会产生水量损失（主要是渠道渗漏损失和水面蒸发损失）。故要求水源供给的灌溉水量（称毛灌溉用水量）为净灌溉用水量与损失量之和，这样才能满足田间得到净灌溉水量的要求。通常把净灌溉用水量 $W_净$ 与毛灌溉用水

量 $W_{毛}$ 之比称灌溉水利用系数，用 $\eta_{水}$ 表示。灌溉水利用系数是衡量灌溉水利用率或反映灌溉工程好坏及灌溉管理水平的重要指标。

全灌区任何一个时段内的毛灌溉用水量（$W_{毛}$），是该时段内各种作物净灌溉用水量与灌溉水利用系数之比，即：

$$W_{毛}=\frac{W_{净}}{\eta_{水}} \tag{2-25}$$

（二）间接计算

已知灌区总面积、作物种植比例及灌溉制度时，先确定灌区综合净灌水定额。灌区某时段综合净灌水定额，可用下式计算：

$$m_{综,净}=\sum \alpha_i m_i \tag{2-26}$$

式中：$m_{综,净}$ 为某时段内综合净灌水定额，m^3/hm^2；m_i 为第 i 种作物在该时段内灌水定额，m^3/hm^2；α_i 为第 i 种作物灌溉面积占全灌区灌溉面积的比值。

同理，计入水量损失情况，灌区某时段综合毛灌水定额为：

$$m_{综,毛}=\frac{m_{综,净}}{\eta_{水}} \tag{2-27}$$

式中：$m_{综,毛}$ 为某时段内综合毛灌水定额，m^3/hm^2；$m_{综,净}$ 为某时段内综合净灌水定额，m^3/hm^2。

全灌区任何一个时段内的净灌溉用水量（$W_{净}$），是该时段内综合净灌水定额与灌区总面积的乘积，即：

$$W_{毛}=m_{综,毛}A \tag{2-28}$$

式中：A 为灌区总面积，hm^2；其余符号意义同前。

间接推算法的优点：计算综合灌水定额 $m_{综,毛}$ 有利于与自然条件及作物种植比例类似灌区进行对比，便于发现 $m_{综,毛}$ 是否合理；可利用 $m_{综,毛}$ 推算自然条件及作物种植比例类似的局部灌区的灌溉用水量；新建灌区当已知水源供水量时可借助综合灌水定额 $m_{综,毛}$ 确定灌区面积。

当由以上两种方法得到典型年各个时段的灌溉用水量后，以横坐标表示时间，纵坐标表示灌溉用水量，即可绘出典型年灌溉用水过程线。

四、多年灌溉用水量及灌溉用水频率曲线

以上是某一具体年份（如典型年）灌溉用水量及年灌溉用水过程的计算方法。在用长系列法进行大、中型灌区灌溉水源工程规划设计或多年调节水库的控制运行时，必须求得多年灌溉用水量系列。多年灌溉用水量可按照以上方法逐年推求。

当多年灌溉用水量系列确定之后，可以应用数理统计原理求得年灌溉用水量的理论频率曲线。大量试验资料分析表明，灌溉用水量频率曲线也可采用皮Ⅲ型曲线，其统计参数亦有一定的规律性，一般 C_v 为 0.15～0.45，C_s 为 C_v 的 1～3 倍。

灌溉用水量频率曲线可以用于推求代表年灌溉用水量；在采用数理统计法进行多年调节计算时，可用它与来水频率曲线进行组合推求多年调节兴利库容或用于其他水文水利计算问题。

五、城镇生活及工业用水

随着国民经济的快速增长，城镇化速度的不断加快，城镇用水量越来越大，农业用水的比例逐渐降低，有条件的灌区向城镇提供一定的水量，已经成为一种趋势。为此，在新建灌区设计渠道和建筑物时，必须考虑城镇供水问题。对于已建灌区，过去一般都没有考虑城镇供水问题，或者是考虑不够，灌区渠道都是按灌溉用水量要求设计，为了满足城镇供水的要求，通常采用两种方式：一是在工程许可条件下，扩大渠道的供水能力；二是减小农业用水的比例，增加城镇供水量。如有的灌区是开展农业节水灌溉，或是调整作物结构，即减少需水量大的作物种植面积，改种需水量少的作物等，节约的水量供给城镇用水。

城镇用水主要包括农村生活用水和生产用水、乡镇企业和工业用水等。因此，在城镇需水预测中要高度重视现状用水情况和用水定额的调查。在科学制定用水定额的基础上，估算城镇供水总量。

1. 农村生活用水预测

农村生活用水预测采用如下公式计算：

$$W_C = P_0(1+\varepsilon)^n K \tag{2-29}$$

式中：W_C 为某一水平年年城镇生活需水总量；P_0 为现状人口数；ε 为城镇人口年增长率；K 为某一水平年拟定的城镇生活需水综合定额；n 为预测年数。

农村牲畜需水按大小牲畜的数量与需水定额进行计算或折算成标准羊后进行计算。

2. 乡镇企业和工业用水预测

乡镇企业和工业用水一般按行业万元产值用水量和重复利用率估算。

$$W_I = Xq_2 \tag{2-30}$$

$$q_2 = q_1(1-\alpha)(1-\eta_1)(1-\eta_2) \tag{2-31}$$

式中：W_I 为工业需水量；X 为工业产值；η_1、η_2 分别表示预测始末年份的重复利用率；q_1、q_2 分别表示预测始末年份的万元产值需水量；α 为工业技术进步系数（各行业不同，目前一般取值范围为 0.02～0.05）。

随着农村经济的快速发展和人民生活水平的不断提高，城镇供水内容也相应扩大，不仅包括生活用水和工业用水，而且还应考虑美化环境、娱乐和消防用水等。

六、生态用水

在我国干旱、半干旱地区，经过多年工农业建设和水资源开发利用的实践，充分认识到，在水资源的配置中仅仅考虑工农业生产本身的需水要求而忽略对环境的涵养时，就会造成河流断流、绿洲退化、沙漠发展等环境灾害。因此，在进行灌区的规划设计时，必须同时考虑生态环境的改善和保护，为维持地区生态平衡留置足够的水资源量。生态用水是指某一个特定区域内为维持生态环境处于良性状态所需用的水量，它包括为维持植被生态（含自然和人工生态建设）系统的稳定所消耗的水量和不以植被作为第一性生产力的系统，如河流冲砂、稀释污染物、控制地面沉降等所需的水，后者称为环境需水。以下仅介绍植被生态系统需水量的有关计算问题。

植被生态系统需水量的计算有多种方法，如直接计算法、间接计算法和基于遥感的生态需水量计算方法。这里仅介绍直接计算法和间接计算法两种方法。其中直接计算法是以计算区某一种类型植被的面积乘以其耗水定额，该法适用于对耗水规律研究有良好工作基础的植被和地区使用，如防风固沙林、人工绿洲等生态需水的计算。间接计算法适应于在自然条件下，植被生长依靠天然降雨和地下水补给的情况，在干旱、半干旱地区，降雨量很少，植被的生存主要依靠地下水的补给（潜水蒸发），因此，测得天然状态下的潜水蒸发量，就可以估算测定区域植被类型和该覆盖率状况下的生态耗水量。

第四节　灌　水　率

一、灌水率的概念

灌水率是指灌区单位面积（例如以 100hm² 计）上所需灌溉的净流量，又称为灌溉模数，以 $q_{净}$ 表示，单位为 $m^3/(s \cdot 100hm^2)$。利用灌水率可以确定灌区渠首的引水流量和灌溉渠道的设计流量。在全灌区各种作物的灌溉制度及其种植面积比例确定的情况下，可根据灌区各种作物的每次灌水定额，利用式（2-61）逐一进行计算。

$$q_{i,k}=\frac{\alpha_i m_{i,k}}{864T_{i,k}} \tag{2-32}$$

式中：$q_{i,k}$为第 i 种作物第 k 次灌水的灌水率，$m^3/(s \cdot 100hm^2)$；α_i 为第 i 种作物的种植比例，其值为该作物的种植面积与灌区总面积之比；$m_{i,k}$为第 i 种作物第 k 次灌水的灌水定额，m^3/hm^2；$T_{i,k}$为第 i 种作物第 k 次灌水的灌水延续时间，d。

由式（2-32）可以看出，灌水率的大小与灌水定额、作物种植面积比例和灌水延续时间有关。对于某一灌区而言，作物种植比例和灌水定额是确定的，灌水率大小主要由灌水延续时间决定。灌水延续时间应根据当地作物品种、灌水条件、灌区规模与水源条件以及前茬作物收割期及农业生产劳动计划等因素确定。灌水延续时间愈短，作物对水分的要求愈容易得到及时满足，但这将加大渠道的设计流量，并造成灌水时劳动力的过分紧张。不同作物允许的灌水延续时间也不同。对主要作物的关键性的灌水，灌水延续时间不宜过长；次要作物可以允许适当延长，但延长灌水时间应在农业技术条件许可和不降低作物产量的范围内进行。万亩以上灌区，主要作物灌水延续时间参见表 2-8。

表 2-8　　万亩以上灌区主要作物灌水延续时间　　单位：d

作　物	冬小麦	玉米	棉花	水稻
播前	10～20	7～15	10～20	5～15（泡田）
生育期	7～10	5～10	5～10	3～5

二、灌水率图的绘制及修正

设计灌水率是确定渠首引水流量和渠道设计流量的依据。对于灌区规划设计而言，为了确定设计灌水率，首先针对某一设计代表年，制定出此代表年内灌区所有作物的灌溉制度。根据全灌区各种作物的灌溉制度、种植面积占总面积的百分数及灌水延续时间，用式（2-32）即可算出各种作物各时段的灌水率，如表 2-9 所示。将所得灌水率值在坐标轴上绘成直方图，如图 2-6 所示，称为初步灌水率图。

表 2-9　　**某灌区灌水率计算表**

作物	作物所占面积/%	灌水次数	灌水定额/(m^3/hm^2)	灌水日期/(日/月)			灌水延续时间/d	灌水率/[$m^3/(s\cdot 100hm^2)$]
				始	终	中间日		
棉花	25	1	825	27/3	3/4	30/3	8	0.030
		2	675	1/5	8/5	5/5	8	0.024
		3	675	20/6	27/6	24/6	8	0.024
		4	675	26/7	2/8	30/7	8	0.024
小麦	50	1	975	16/9	27/9	22/9	12	0.047
		2	750	19/3	28/3	24/3	10	0.043
		3	825	16/4	25/4	21/4	10	0.048
		4	825	6/5	15/5	11/5	10	0.048
玉米	50	1	825	8/6	17/6	13/6	10	0.048
		2	750	2/7	11/7	7/7	10	0.043
		3	675	1/8	10/8	6/8	10	0.039
谷子	25	1	900	12/4	21/4	17/4	10	0.026
		2	825	3/5	12/5	8/5	10	0.024
		3	750	16/6	25/6	21/6	10	0.022
		4	750	11/7	19/7	15/7	10	0.022

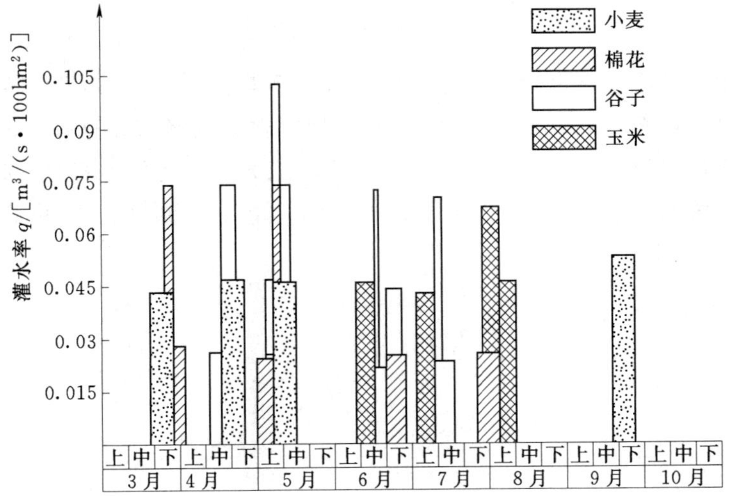

图 2-6　某灌区初步灌水率图

从图 2-6 中可见，由于各时期灌水率大小相差悬殊，将导致渠道输水流量变化很大且断断续续，不利于管理。如以其中最大的灌水率计算渠道设计流量，设计出的渠道断面尺寸偏大，实际渠道输水流量和水位变化较大，渠道利用不经济。因此，必须对初步算得的灌水率图进行必要的修正，尽可能消除灌水率高峰和短期停水现象。

灌水率图修正时，要以不影响作物需水要求为准则，且遵循以下原则。

(1) 尽量保持主要作物关键用水期的各次灌水时间不动或稍有移动(前后移动不应超过 3 天)。

(2) 在允许范围内适当调整各次灌水时间，延长或缩短，要使修正后的灌水率图比较均匀连续。

(3) 为了减少输水损失，应使渠道工作制度比较平稳，在调整时不应使流量相差过大，一般 $q_{min} \geqslant 40\% q_{max}$。

(4) 灌水时间上要分出次数，留出时间间隔为工程维修留出时间，应避免短期停水，特别应避免小于 5 天的短期停水现象。

修正后的灌水率图见图 2-7。

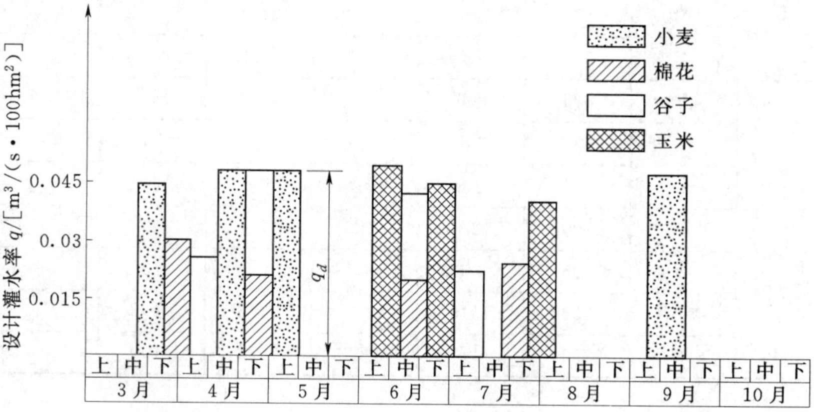

图 2-7 某灌区修正后灌水率图

一般从修正后的灌水率图中取延续时间较长(例如达到 20～30 天)的最大灌水率值作为设计灌水率，如图 2-7 中所示 q 值，而不是短暂的高峰值，这样不致使设计的渠道断面过大，而增加渠道工程量。但短期的高峰值不应大于设计灌水率的 120%。在渠道运用过程中，对短暂的大流量(大于设计灌水率的 120%)，可由渠堤超高部分的断面去满足。

第三章 灌 水 方 法

第一节 灌水方法的分类及适用条件

一、灌溉性能评价

灌水方法就是灌溉水进入田间并湿润根区土壤的方法与方式。其目的在于将集中的灌溉水流转化为分散的土壤水分，以满足作物对水、气、肥的需要。对灌水方法的要求是多方面的，先进而合理的灌水方法应满足以下几个方面的灌溉性能要求。

（1）灌水均匀。能保证将水按拟定的灌水定额灌到田间，而且使得每棵作物都可以得到相同的水量，常以均匀系数表示。

（2）灌溉水的利用率高。应使灌溉水都保持在作物可以吸收到的土壤里，能尽量减少发生地面流失和深层渗漏，提高田间水利用系数。

（3）少破坏或不破坏土壤团粒结构，灌水后能使土壤保持疏松状态，表土不形成结壳，以减少地表蒸发。

（4）便于和其他农业措施相结合。现代灌溉已发展到不仅应满足作物对水分的要求，而且还应满足作物对肥料及环境的要求。因此现代的灌水方法应当便于与施肥、施农药（杀虫剂、除莠剂等）、冲洗盐碱、调节田间小气候等相结合。此外，要有利于中耕、收获等农业操作，对田间交通的影响少。

（5）应有较高的劳动生产率。所采用的灌水方法应便于实现机械化和自动化，使得管理所需要的人力最少。

（6）对地形的适应性强。应能适应各种地形坡度以及田间不很平坦的田块的灌溉。从而不会对土地平整提出过高的要求。

（7）基本建设投资与管理费用低，也要求能量消耗最少，便于大面积推广。

（8）田间占地少。有利于提高土地利用率使得有更多的土地用于作物的栽培。

二、分类及适用条件

灌水方法一般按照是否全面湿润整个农田、水输送到田间的方法和湿润土壤的方式来分类，常见的灌水方法可分为全面灌溉与局部灌溉两大类。

（一）全面灌溉

全面灌溉是指灌溉时湿润整个农田根系活动层内的土壤，传统的常规灌水方法都属于这一类。比较适合于密植作物。主要有地面灌溉和喷灌两类。

（1）地面灌溉。地面灌溉是指水从地表面进入田间并借重力和毛细管作用浸润土壤的灌水方法，也称为重力灌水法。这种方法是最古老的也仍然是目前应用最广泛、最主要的一种灌水方法。按其湿润土壤方式的不同，又可分为畦灌、沟灌、淹灌和漫灌。

1）畦灌。畦灌是将田块用畦埂分隔成许多矩形条状地块，灌溉水以薄层水流形式输入田间并渗入土壤的灌水方法。灌水时，将水引入畦田，在畦田上形成很薄的水层，沿畦长方向流动，在流动过程中主要借重力作用逐渐湿润土壤。

2）沟灌。沟灌是在作物行间开挖灌水垄沟，将灌溉水引入田间垄沟，在流动的过程中借助重力作用和毛细管作用湿润土壤的灌水方法。和畦灌比较，其明显的优点是不会破坏作物根部附近的土壤结构，不导致田面板结，能减少土壤蒸发损失，适用于宽行距的中耕作物。

3）淹灌（又称格田灌溉）。淹灌是用田埂将灌溉土地划分成许多格田，灌水时，使格田内保持一定深度的水层，借重力作用湿润土壤，主要适用于水稻。

4）漫灌。漫灌是在田间不做任何沟埂，灌水时任其在地面漫流，借重力渗入土壤，是一种比较粗放的灌水方法。灌水均匀性差，水量浪费较大。

（2）喷灌。是利用专门设备将有压水送到灌溉地段，并喷射到空中散成细小的水滴，像天然降雨一样进行灌溉。其突出优点是对地形的适应性强，机械化程度高，灌水均匀，灌溉水利用系数高，尤其是适合于透水性强的土壤，并可调节空气湿度和温度。但基建投资较高，而且受风的影响大。

（二）局部灌溉

这类灌溉方法的特点是灌溉时只湿润作物周围的土壤，远离作物根部的行间或棵间的土壤仍保持干燥。为了要做到这一点，这类灌水方法都要通过一套管道系统将水和作物所需要的养分直接输送到作物根部附近。并且准确地按作物的需要，将水和养分缓慢地加到作物根区范围内的土壤中去，使作物根区的土壤经常保持适宜于作物生长的水分、通气和营养状况。一般灌溉流量都比全面灌溉小得多，因此又称为微量灌溉，简称微灌。这类灌水方法的主要优点是：灌水均匀，节约能量，灌水流量小；对土壤和地形的适应性强；能提高作物产量，增强耐盐能力；便于自动控制，明显节省劳力。比较适合于灌溉宽行作物、果树、葡萄、瓜类等。

（1）渗灌。渗灌是利用修筑在地下的专门设施（地下管道系统）将灌溉水引入田间耕作层借毛细管作用自下而上湿润土壤，所以又称为地下灌溉。近来也有在地表下埋设塑料管，由专门的渗头（渗灌管）向作物根区灌水。其优点是灌水质量好，蒸发损失少，少占耕地便于机耕，但地表湿润差，地下管道造价高，容易淤塞，检修困难。

（2）滴灌。滴灌是利用滴头、滴灌管（带）等设备，以滴水或细小水流的方式，湿润植物根区附近部分土壤的灌水方法。其突出优点是非常省水，自动化程度高，可以使土壤湿度始终保持在最优状态。但需要大量塑料管，投资较高，滴头极易堵塞。把滴灌毛管布置在地膜的下面，可基本上避免地面无效蒸发，称为膜下滴灌。

（3）微喷灌。微喷灌又称为微型喷灌或微喷灌溉。是用很小的喷头（微喷头）将水喷洒在土壤表面。微喷头的工作压力与滴头差不多，但是它是在空中消散水流的能量。由于同时湿润的面积大一些，这样流量可以大一些，喷洒的孔口也可以大一些，出流流速比滴头大得多，有效地减小了堵塞问题。

（4）涌泉灌。涌泉灌又称小管出流灌溉。是利用稳流器稳流和小管分散水流，将水灌到土壤表面的灌水方法。涌泉灌水流量较大（一般不大于220L/h），远远超过土壤的渗吸速度，因此通常需要在地表形成小水洼来控制水量的分布，适用于地形平坦的地区。其特点是工作压力很低，与低压管道输水的地面灌溉相近，出流孔口较大，不易堵塞。

（5）膜上灌。膜上灌是让灌溉水在地膜表面的凹形沟内借助重力流动，并从膜上的出苗孔流入土壤进行灌溉。这样，地膜减少了渗漏损失，又和膜下滴灌一样减少地面无效蒸发。更主要的是比膜下滴灌投资低。

上述灌水方法各有其优缺点，都有其一定的适用范围，在选择时主要应考虑到作物、地形、土壤和水源等条件。对于水源缺乏地区应优先采用滴灌、渗灌、微喷灌和喷灌；在地形坡度较陡而且地形复杂的地区及土壤透水性大的地区，应考虑采用喷灌；对于宽行作物可用沟灌；密植作物则以采用畦灌为宜；果树和瓜类等可用滴灌；水稻主要用淹灌；在地形平坦、土壤透水性不大的地方，为了节约投资，可考虑用畦灌、沟灌或淹灌。

第二节　地 面 灌 溉 技 术

地面灌溉是当今世界上采用最普遍的农田灌溉方法。据统计，全世界采用地面灌水方法的灌溉面积占总灌溉面积的90%左右，我国现有灌溉面积的92%也仍是采用这类方法。

地面灌水方法是使灌溉水通过田间渠沟或管道输入田间，水流在田面上呈连续水层或细小水流沿田面流动，主要借重力作用和毛细管作用湿润土壤的灌水方法，又称重力灌水方法或全面灌水方法。

一、畦灌

（一）畦灌的灌水技术

1. 畦灌的特点

畦灌是用临时修筑的土埂将灌溉土地分隔成一系列的长方形田块，即灌水畦，又称畦田如图3-1所示。灌溉水从输水垄沟或直接从田间毛渠引入畦田后，在畦田田面上形成很薄的水层，沿畦长坡度方向均匀流动，在流动的过程中主要借重力作用，以垂直下渗的方式逐渐湿润土壤的灌水方法。

畦灌主要适用于灌溉窄行距密植作物。各种作物的播前灌溉或储水灌溉也常用畦灌方法，以加大灌溉水向土壤中下渗的水量，使土壤中储存更多的水分。

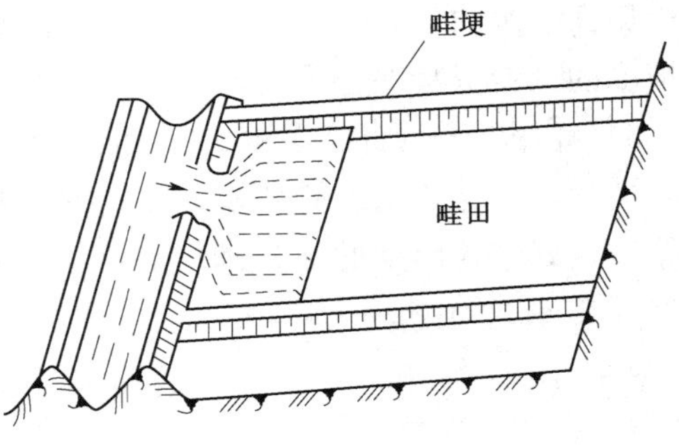

图3-1　畦灌示意图

2. 畦田布置及规格

（1）畦田布置。畦田布置应主要依据地形条件，考虑耕作方向，并保证畦田沿长边方向有一定的坡度，但田面坡度不宜过大，否则容易冲刷土壤而引发水土流失。适宜的田面坡度为0.001～0.005，最大不超过0.02。

根据地形坡度，畦田布置有两种形式：一种是畦田的长边方向与地面等高线垂直，如图3-2（a）所示。另一种是畦田的长边方向与地面等高线斜交或基本上与地面等高线方向平行，见图3-2（b），适用于地面较为平整的情况。

（2）畦田规格。畦田规格主要指畦田的长度、畦田的宽度和畦埂断面。畦田规格的大小对灌水质量、灌水效率、土地平整工作量以及对田间渠网的布置形式和密度等影响很大。必须合理确定畦长、畦宽和畦埂断面。

1）畦宽。畦宽主要取决于畦田的土壤性质和农业技术要求，以及农业机具的宽度。通常，畦宽多按当地农业机具宽度的整倍数确定，一般约2～4m。为了灌水均匀，一般要求畦田田面无横向坡度，以免水流集中，冲刷畦田田面土壤。

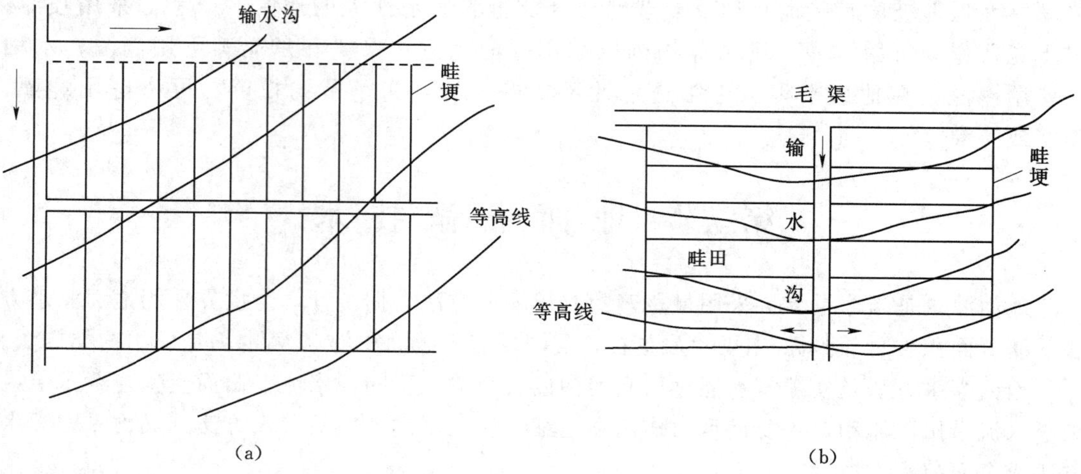

图3-2　畦田布置示意图

（a）畦田与地面等高线垂直布置；（b）畦田与地面等高线平行布置

2）畦长。畦长应根据畦田纵坡、土壤质地及土壤透水性能、土地平整情况和农业技术条件等合理确定。田面坡度大，畦长宜长，纵坡小，畦长宜短；砂质土壤，土壤透水性能强，畦田长度宜短；粉质土壤，土壤透水性能弱，畦长可以稍长。总之，畦田的长短，应以田面灌水均匀，省工，畦埂少占地，便于农业机具作业和田间管理为目标。可参考相近情况的试验资料综合确定，无资料时可参考表3-1确定。

3）畦埂。畦埂断面一般为三角形，畦埂高约0.2～0.25m，底宽0.3～0.4m。畦埂是临时性的，应与整地、播种相结合，最好采用筑埂器修筑。为防止畦埂跑水，在畦田地边和路边最好修筑固定的地边畦埂和路边畦埂，其埂高不应小于0.3m，底宽0.5～0.6m，顶宽0.2～0.3m。

表3-1　**不同土壤质地及地面坡度的畦长**　单位：m

土　质	坡　度			
	<0.002	0.002～0.005	0.005～0.01	0.01～0.02
轻砂壤土	20～30	50～60	60～70	70～80
砂壤土	30～40	60～70	70～90	80～100
黏壤土	40～50	70～80	80～100	90～120
黏土	50～60	70～80	80～100	100～150

3．畦灌灌水技术

理想的畦灌灌水技术应当是在一定的灌水定额情况下，薄层水流由畦首流到畦尾的同时，从畦田地表面向下的垂直入渗也将该定额水量全部渗完，并在整个畦田平面的纵横两个方向下渗水量分布均匀。而且不造成田面积水、畦田土层湿润不足、发生深层渗漏与泄水流失等。

畦灌灌水技术要素主要指畦田长度、畦宽、单宽流量和放水入畦时间。其影响因素主要有土壤渗透性、田面坡度及其粗糙率与平整程度，以及作物的种植情况等。

为使沿畦长任何断面处渗入土壤中的水量都能达到相等，湿润土层均匀，畦灌灌水技术要素之间应满足如下关系。

（1）渗入到畦田内土壤中的水量应该等于计划灌水定额，由此可确定畦田灌水入渗时间：

$$H_t = K_0 t^{1-a} \tag{3-1}$$

或

$$t = (m/K_0)^{1/(1-a)} \tag{3-2}$$

式中：H_t 为 t 时间渗入到土壤中的水量，cm；m 为计划的灌水定额，cm；K_0 为第一个单位时间内的平均入渗速度，cm/h；t 为畦田内各处入渗水量达到计划灌水定额所需要的下渗时间，h；a 为土壤入渗递减指数。

K_0 和 a 需通过土壤入渗试验得到，若无实测资料也可采用下述数值：对于弱透水性土壤，采用 $K_0 \leqslant 5$cm/h；强透水性土壤，$K_0 \geqslant 15$cm/h；中等透水性土壤，$K_0 = 5 \sim 15$cm/h。

土壤入渗速度的大小取决于土壤的孔隙、质地、结构，以及初始土壤含水量、表土状况和水温等因素。其中，土壤质地影响最大。砂土不仅初始入渗速度大，达到稳定入渗速度所需时间短，而且稳定入渗速度值也大。黏土则相反，其初始入渗速度较大，但是达到稳定入渗速度所需要的时间长，其稳定入渗速度值也较小。表 3－2 为几种不同质地土壤的稳定入渗速度取值范围。

表 3－2　几种不同质地土壤的稳定入渗速度

土壤	砂	砂质土壤和粉砂质土壤	壤土	黏质土壤	碱化黏质土壤
稳定入渗速度/（cm/h）	＞20	10～20	5～10	1～5	＜1

（2）进入畦田的总灌水量应等于畦块所需要的水量，即：

$$3.6Qt = mbL \tag{3-3}$$

令

$$q = Q/b$$

式（3－3）可改写为：

$$3.6qt = mL \tag{3-4}$$

式中：Q 为畦首控制的入畦流量，L/s；q 为入畦单宽流量，L/(s·m)；b 为畦宽，m；L 为畦长，m；m 为灌水定额，mm；t 为畦首处畦田的供水时间，h。

由式（3-4）和式（3-2）即可计算已知畦田规格情况下的入畦单宽流量 q，或选定入畦单宽流量 q 后，设计畦长及畦宽。

由式（3-4）可知，在相同的土质、地面坡度和畦长情况下，入畦单宽流量的大小主要与灌水定额有关。入畦单宽流量愈小，灌水定额愈大，入畦单宽流量愈大，灌水定额愈小。因此，可在不同条件下引用不同的入畦单宽流量，以控制达到计划的灌水定额。

在农田灌溉生产实践中，灌水定额、土壤性质以及地面坡度均先确定，此时畦灌技术和畦灌设计主要是确定畦块长度和入畦单宽流量。因此，一般要求畦田上的薄层水流推进流速不得超过 0.1～0.2m/s。根据各地灌溉试验结果，表 3-3 给出了畦田灌水技术要素之间的关系。

表 3-3　　畦灌灌水技术要素表

土壤透水性	坡度及技术要素					
	<0.002		0.002～0.01		0.01～0.025	
	畦长/m	单宽流量/[L/(s·m)]	畦长/m	单宽流量/[L/(s·m)]	畦长/m	单宽流量/[L/(s·m)]
强透水性	30～50	5～6	50～70	5～6	70～80	3～4
中等透水性	50～70	5～6	70～80	4～5	80～100	3～4
弱透水性	70～80	4～5	80～100	3～5	100～130	3

注　畦宽均为 3m。

（3）为保证灌水均匀，在实施畦灌时，通常采用在畦首控制供水时间，及时封口改水的方法。采用以畦田薄水层水流长度与畦长的比值作为确定畦首供水时间的依据，也就是当薄层水流到达畦长的一定距离时就封堵该畦块入水口，并改水灌溉另一畦块。例如，薄层水流流至畦长的80%时，封口改水，称为八成改水或八成闭口。封口后的畦田，畦口虽已停止供水，但畦田田面上的剩余薄层水流仍将继续向畦尾流动，流至畦尾后再经过 t 时间，畦尾存水刚好全部渗入土壤，以使整个畦田湿润土壤达到既定的灌水定额且灌水均匀。并避免出现畦尾漏灌或跑水现象。

由上述可见，为了保证畦灌的灌水质量，首先应当控制入畦流量和放水时间。我国农村现在多数是由人工开口放水。这样，不但劳动量较大，而且由于开口大小不易掌握，使得入畦流量控制不准，水流还容易冲大水口。因此，现在世界上许多先进国家已广泛采用闸门孔管进行配水。

闸门孔管就是一种移动管道，在管道一侧每隔一定距离就有一个装有小闸门的孔口。使用时放在畦首，孔口对着畦。每个畦可以由一个或几个孔口供水，当畦比较宽时，每个畦的供水孔口最好为两个以上。以保证在靠近畦首的畦中横向水量分布比较均匀。孔口的开度可以根据要求的入畦流量来确定。孔口间距根据畦宽来确定。闸门孔管多数是铝合金管，但也可以是硬塑料管。还有用薄膜塑料做的软闸门孔管，与我国用于输水的所谓“小白龙”相似，只是它装有许多闸门孔用来配水，但其闸门孔口还是要用硬塑料制造后压到薄膜塑料管上去。闸门孔管工作时要求有一定压力，因此一般应与低压管道输水系统配合使用。

（二）畦灌新技术

1. 水平畦灌灌水技术

水平畦灌是在短时间内供水给大面积地块灌水的一种新的地面灌水方法，也是一种节约灌溉用水的先进灌水技术。水平畦灌的主要特点如下。

（1）畦田田面各方向的坡度都很小（≤1/3000）或为零，整个畦田田面可看作是水平田面。所以，水平畦田上的薄层水流在田面上的推进过程，将不受畦田田面坡度的影响，而只借助于薄层水流沿畦田流程上水深变化所产生的水流压力向前推进。

（2）进入水平畦田的总流量很大，以便入畦薄层水流能在短时间内迅速布满整个畦田地块。

（3）由于水平畦田首末两端地面高差很小或为零，所以对水平畦田田面的平整程度要求很高，从而一般情况下，水平畦田不会产生田面泄水流失或出现畦田首端入渗水量不足及畦田末端发生深层渗漏现象，灌水均匀度高。在土壤入渗速度较低的条件下，灌溉田间水利用率可达98%以上。

2. 小畦灌水技术

小畦灌水技术主要是指畦田“三改”灌水技术，也就是“长畦改短畦，宽畦改窄畦，大畦改小畦”的畦灌灌水技术。

小畦灌水技术的畦田宽度，自流灌区为2～3m，机井提水灌区以1～2m为宜。地面坡度1/400～1/1000时，单宽流量为2.0～4.5L/s，灌水定额为20～45m³/亩；畦长，自流灌区以30～50m为宜，最长不超过70m；机井和高扬程提水灌区以30m左右为宜。畦埂高度一般为0.2～0.3m为宜，宽度0.4m左右。

3. 长畦分段灌水技术

小畦灌灌水技术需要增加田间输水渠沟和分水、控水装置，畦埂也较多，在实践中推广应用存在有一定的困难。为此近年来，在我国北方干旱缺水地区出现了一种新的灌水方法，该方法将一条长畦分成若干个没有横向畦埂的短畦，采用地面纵向输水沟或塑料薄壁软管，将灌溉水输送入畦田，然后自上而下或自下而上依次逐段向短畦内灌水，直至全部短畦灌完为止，称该灌水方法为长畦分段灌水技术，见图3-3。

长畦分段灌水技术的畦宽可以宽至5～10m，畦长可达200m以上，一般均在100～400m左右，但其单宽流量不增大。这种灌水技术的要求是，正确确定入畦灌水流量，侧向分段开口的间距（即短畦长度与间距）和分段改水时间或改水成数。

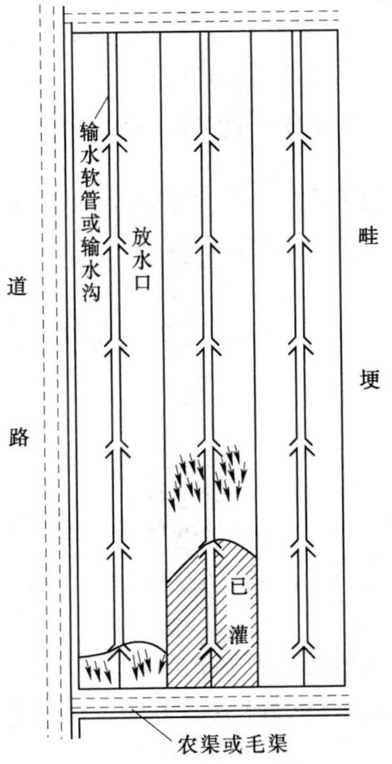

图3-3 长畦分段灌水

二、沟灌

沟灌是在作物行间开沟灌水，灌溉水由输水沟或毛渠进入灌水沟，水在流动的过程中，主要借土壤毛细管作用从沟底和沟壁向周围渗透而湿润土壤的。

（一）沟灌的灌水技术

1. 灌水沟的类型

依灌水沟沟尾是否封闭划分，有封闭沟和流通沟两种。灌水沟沟尾用土埂封堵死的，称封闭沟。当灌溉水流入封闭灌水沟后，在流动的过程中一部分水量渗入土壤内，而在放水停止后，沟中仍将蓄存一部分水量，再经过一段时间，才逐渐完全渗入土壤内，所以，封闭沟适用的地面坡度较小，一般地面坡度以小于1/200的地区为宜。灌水沟的尾部不封闭的，称为流通沟。在流通沟情况下，灌溉水流入灌水沟后，在流动的过程中全部渗入土壤内，灌水停止后，沟中不需要存蓄水量。因此，流通沟适用于地面坡度较大或地面坡度虽小但土壤透水性亦小的地区。

我国细流沟灌的灌水沟属于封闭沟类型，主要是因为实施中灌水沟尾经常用低土埂适当封堵，以防发生沟尾泄水流失现象。

2. 灌水沟的规格

灌水沟的规格主要指灌水沟的间距和长度。灌水沟规格的确定是否合理，将对沟灌灌水质量、灌水效率、土地平整工作量以及田间灌水沟的布置等影响很大，应依据沟灌田间试验资料和群众沟灌灌水实践经验认真分析研究，合理确定。

（1）灌水沟的间距。灌水沟的间距，也就是沟距，应和沟灌的湿润范围相适应，并应满足农业耕作和栽培上的要求。

沟灌灌水时，由于灌溉水沿灌水沟向土壤入渗的同时，受着两种力的作用。其中，重力作用主要使沿灌水沟流动的灌溉水垂直下渗，而毛细管力的作用除使灌溉水向下浸润外，亦向四周扩散，甚至向上浸润。因此，沿灌水沟断面不仅有纵向下渗湿润土壤，同时也有横向入渗浸润。灌水沟中纵、横两个方向的浸润范围主要取决于土壤的透水性能与灌水沟中的水深，或在灌水沟中水流的时间长短。在轻质土壤上，水流受重力作用，其垂直下渗速度较快，而向灌水沟四周沟壁的侧渗速度相对较弱，所以其土壤湿润范围呈长椭圆形。在重质土壤上，毛细管力的作用较强烈，灌水沟中水流通过沟底的垂直下渗与通过沟壁的侧渗接近平衡，故土壤湿润范围呈扁椭圆形，如图3-4所示。

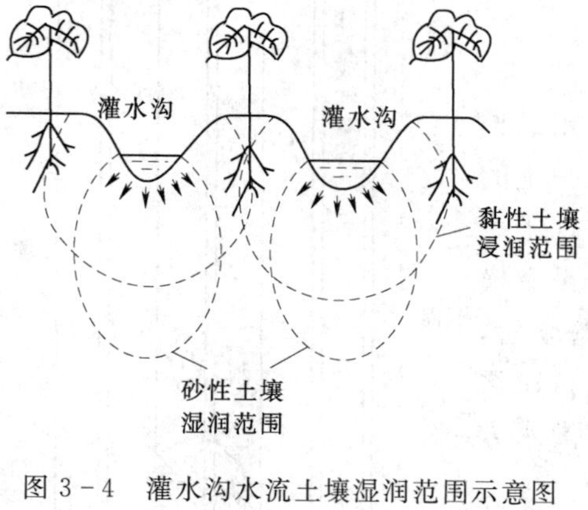

图3-4 灌水沟水流土壤湿润范围示意图

为了使土壤湿润均匀，灌水沟的间距应使土壤的浸润范围相互连接。因此，在透水性较强的轻质土壤上，其沟距应适当加宽。陕西省总结分析得出了不同土质条件下的灌水沟间距，砂壤土为45～60cm，黏壤土为60～75cm，黏土为75～90cm。

（2）灌水沟的长度。灌水沟的长度与土壤的透水性和地面坡度有直接关系。地面坡度较大，土壤的透水性能减弱时，灌水沟长度可以适当长一些。而在地面坡度较小，土壤透水性较强时，要适当缩短灌水沟沟长。根据灌溉试验结果和生产实践经验，一般砂壤土上的灌水沟长度为30～50m，黏性土壤上的沟长在50～100m，蔬菜作物的灌水沟长度一般较短，农作物的沟长较长。但灌水沟长度不宜超过100m，以防止产生田间灌水损失，影响田间灌水质量。

根据目前我国各地沟灌实践经验，不同土壤、灌水定额和地面坡度等条件下的灌水沟长度见表3-4。

表3-4　不同土壤、灌水定额和地面坡度条件下的灌水沟长度　单位：m

地面坡度	不同土壤的灌水定额/（m^3/亩）								
	黏壤土			中壤土			轻壤土		
	25	30	35	25	30	35	25	30	35
0.001	30	35	45	20	25	35	20	25	30
0.001～0.003	35	40	60	30	40	55	30	45	50
0.004	50	65	80	45	60	70	45	50	60

为保证沿灌水沟长度各点湿润土壤均匀，必须控制其各点处的土壤入渗时间大致相等，也就是应严格控制沟灌的灌水时间。

（二）沟灌新技术

节水型沟灌技术有多种，这里仅对细流沟灌技术和隔沟灌技术作简要介绍。

1. 细流沟灌技术

细流沟灌是用短管（或虹吸管）从输水沟上开一小口引水。流量较小，单沟流量为0.1～0.3L/s。灌水沟内水深一般不超过沟深的1/2，大约为1/5～2/5沟深。因此，细流沟灌在灌水过程中，水流在灌水沟内，边流动边下渗，直到全部灌溉水量均渗入土壤计划湿润层内为止，一般放水停止后沟内不会形成积水。

2. 隔沟灌技术

为减少作物植株间的土壤蒸发和控制作物根系的生长，对宽行作物采取控制隔沟灌灌水。这种隔沟灌水方法是在作物某个时期只对某些灌水沟实施灌水，而在另一个时期，则对其相邻的灌水沟灌水。隔沟灌水技术减小了地面湿润范围，由此减小了地面土壤蒸发损失的水量，达到了节水的目的。

三、涌流灌简介

涌流灌又称间歇灌溉，它是把灌溉水断续交替地按一定周期向灌水沟（畦）供水，逐段湿润土壤，直到水流推进到灌水沟（畦）末端为止的一种节水型地面灌溉新技术。涌流灌可划分为涌流畦灌和涌流沟灌两类。与传统的地面沟（畦）不同，它向灌水沟（畦）供水不是连续的，其灌溉水流也不是一次灌水就推进到灌水沟（畦）末端，而是灌溉水在第一次供水输入灌水沟（畦）达一定距离后，暂停供水，然后过一定时间后，再继续供水，如此分几次间歇反复地向灌水沟（畦）供水的地面灌水技术。

当灌水由一个灌水沟畦转向另一个灌水沟畦时，先灌的沟畦处于停水落干过程，由于灌溉水的下渗水在土壤中的再分配，使土壤导水性减小，土壤中粘粒膨胀，孔隙变小，田面被溶解土块的颗粒运移和重新排列所封堵、密实，形成一个光滑封闭的致密板结层。即田面糙率变小，土壤入渗减慢，水流推进速度相应变快，深层渗漏明显减少。因此，涌流灌较传统地面沟（畦）灌水方法具有灌水均匀，灌水质量高，田面水流推进速度快，省水、节能和保肥等优点，另外还具有容易实行小定额灌溉和自动控制等特点。特别适宜在我国旱作物灌区地面灌溉推广应用。

涌流灌需要向灌水沟（畦）间歇性地交替放水和停水，这可以通过人工控制或自动控制实现。但是，若用人工对灌水沟（畦）进行反复地封口、改口和开口，灌水工作人员的劳动强度是非常繁重的，而且很不容易按设计计划控制封口、改口和开口的时间及流量，因此，涌流灌应配备自动化程度较高的专用控制装置和带阀门的管道。

涌流沟（畦）灌的一个放水和停水过程就构成为一个灌水周期。周期放水时间与停水时间之和称为周期时间；而放水时间与周期时间之比则称为循环率。完成涌流沟（畦）灌灌水全过程所需要的放水和停水过程的次数称为周期数。循环率、灌水周期数等是涌流灌的灌水技术要素。

四、评估地面灌溉节水技术的主要指标

（一）经济指标

1. 节水增产率

节水增产率是指在同样气候等自然条件和农业技术条件下，旱作物采用地面灌水方法某种节水灌水技术与传统地面灌水技术相比，其平均单位面积产量所增加的产量百分数，即

$$F_y=\frac{Y_1-Y_2}{Y_1}\times 100\% \tag{3-5}$$

式中：F_y 为节水增产率，%；Y_1、Y_2 为两种灌水方法或两项灌水技术的平均单位面积产量，kg/亩。

节水增产率是评估地面灌水方法或灌水技术的一项综合性指标，它标志着某种地面节水方法或某项灌水技术的增产效果及产量水平。

2. 田间灌溉效率

田间灌溉效率是指某次由最末一级固定渠道或管道（一般指毛渠、毛管）引入田间灌水，平均每昼夜 1 个流量（自流灌区为 24h，提水灌区一般以 22h 计）实际灌溉的面积，即

$$F_t=86400\times\frac{A}{Q}\times 100\% \tag{3-6}$$

式中：F_t 为田间灌溉效率，亩/($m^3\cdot s^{-1}\cdot d$)；A 为一昼夜实灌面积，亩/d；Q 为最末一级固定渠道或管道实际引入田间的流量，m^3/s；86400s 为一昼夜的秒数。

田间灌溉效率综合反映了田间灌水管理工作的质量，是田间灌水管理的一项重要指标。

3. 灌水劳动生产率

田间灌水劳动生产率是指实施地面灌溉，每个灌水员 1 班（通常 1 班为 8h 或 12h）可能灌溉的面积，或者每个灌水员灌溉 1 亩农田所需要的工日数。

$$F_w=\frac{A}{nN} \tag{3-7}$$

或

$$D_w = \frac{nN}{A} \tag{3-8}$$

式中：F_w、D_w 为灌水劳动生产率，单位分别为亩/(人·班) 和工日/亩；A 为 1 昼夜实际灌溉的面积，亩；N 为灌水员每班人数，人；n 为 1 昼夜的灌水班数，班。

田间灌水劳动生产率的高低与田间工程的合理布局和完善程度，灌水劳动组织，灌水工具及设备，田面平整状况及灌水员的技术熟练程度等有密切关系。

4. 田间灌水成本

田间灌水成本是指旱作物采用地面节水技术灌溉农田单位面积所需要的费用。

$$C = \frac{C_p + C_W + C_J + C_I}{A} \tag{3-9}$$

式中：C 为田间灌水成本，元/亩；C_p 为灌水员的工资，元；C_W 为水费或水资源费，元；C_J 为灌水工具，灌水设备、机具、机电装置，以及田间工程设施和土地平整等的折旧费用，元；C_I 为燃料，包括机电用油或用电及照明等的费用，元；A 为实灌面积，亩。

5. 节水率

节水率是标志灌水方法效益高低的重要指标。节水率指不同地面灌水方法单位面积灌溉用水量的比值，即

$$\eta_\alpha = \frac{W_1 - W_2}{W_1} \times 100\% \tag{3-10}$$

式中：η_α 为节水率，%；W_1、W_2 为两种灌水方法单位面积上的灌溉用水量，通常可用实际的灌水定额计算，m^3/亩。

（二）质量指标

正确设计和实施地面灌水方法，必须制定一套完整的质量指标体系。多年来，国内外许多灌溉专家、学者提出了多个分析评估农田灌水方法的灌水质量指标。其中，目前最常用的指标有以下三个。

1. 田间灌溉水有效利用率

田间灌溉水有效利用率是指应用某种地面灌水方法或某项灌水技术后湿润作物根系土壤区内的水量与实际灌入田间的总水量的比值，即

$$E_a = \frac{V_S}{V} = (V_1 + V_4)/V = (V_1 + V_4)/(V_1 + V_2 + V_3 + V_4) \tag{3-11}$$

式中：E_a 为田间灌溉水有效利用率，%；V_S 为灌溉后储存于计划湿润作物根系土壤区内的水量，m^3；V_1 为作物有效利用的水量，即作物蒸腾量，m^3；V_2 为深层渗漏损失水量，m^3；V_3 为田间灌水径流流失水量，m^3；V_4 为对于地面灌水方法，主要指作物植株之间的土壤蒸发量，m^3；V 为输入田间实施灌水的总水量，m^3。

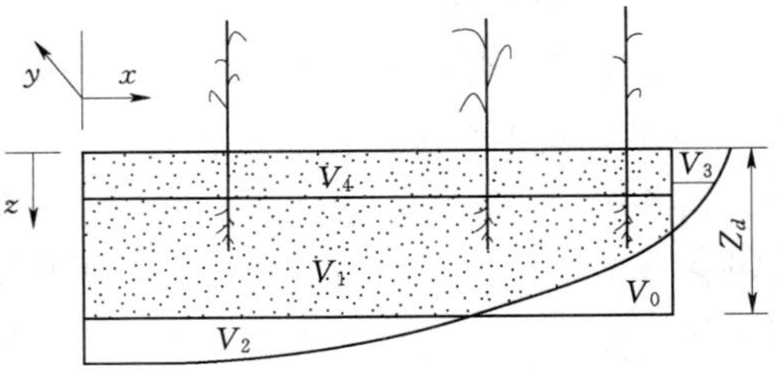

图 3-5　土壤入渗剖面湿润土层图

各水量的关系见图 3-5。田间灌溉水有效利用率表征应用某种地面灌水方法或某项灌水技术后农田灌溉水充分利用的程度，是

标志农田灌水质量优劣的一个重要评估指标。对于旱作物地面灌溉，田间灌溉水有效利用率 E_a，宜≥90％。

2．田间灌溉水储存率

田间灌溉水储存率是指应用某种地面灌水方法或某项灌水技术灌溉后，储存于计划湿润层内的水量与灌溉前计划湿润层所需要的总水量的比值，即

$$E_S=\frac{V_S}{V_n}=(V_1+V_4)/(V_1+V_4+V_0) \tag{3-12}$$

式中：E_S 为田间灌溉水储存率，％；V_n 为灌水前计划湿润层内所需要的总水量 m^3；V_0 为灌水量不足区域所欠缺的水量，m^3；其余符号意义同前。

田间灌溉水储存率表征应用某种地面灌水方法、某项灌水技术实施灌水后，能满足计划湿润层所需要水量的程度。

3．田间灌水均匀度

田间灌水均匀度是指应用地面灌水方法实施灌水后，田间灌溉水湿润层的均匀程度，或者田间灌溉水下渗湿润层深度的均匀程度，或者表征为田间灌溉水在田面上各点分布的均匀程度，通常用下述公式表示：

$$E_d=1-\frac{\Delta Z}{Z_d} \tag{3-13}$$

或

$$V_d=1-\frac{\sum_{i=1}^{N}|X_i-M|}{NM} \tag{3-14}$$

式中：E_d、V_d 为田间灌水均匀度，％；ΔZ 为灌水后各测点的实际入渗水量与平均入渗水量离差绝对值的平均值，m^3；Z_d 为灌水后土壤内的平均入渗水量，m^3；M 为 N 个测点的平均入渗水量，m^3；X_i 为等面积测点的点入渗水量，m^3；N 为测点数目。

田间灌水均匀度表征应用某种地面灌水方法、灌水技术实施灌水后，田面各点受水的均匀程度，以及湿润土壤计划层深度内的入渗水量的均匀程度。一般对地面灌水方法应要求 E_d≥80％。

第三节 喷 灌

一、喷灌系统的组成与分类

（一）喷灌系统的组成

喷灌系统一般由水源工程、水泵及动力设备、输水管道系统和喷头等部分组成，如图3-6所示。其中水源工程通常包括泵站及附属设备、蓄水池和沉淀池等建筑物；水泵及动力设备用于为喷灌系统加压，常用的水泵有离心泵、长轴井泵、潜水电泵等，常用的动力设备有电动机、柴油机、汽油机和手扶拖拉机；管道系统的作用是将压力水输送并分配到田间，通常由干、支两级管道组成。干管起输配水作用，支管上按一定间距装有用于安装喷头的竖管。为便于在灌水的同时施肥、喷药，在干管或支管上还要配置药、肥储存罐

等注入装置；喷头是喷灌系统的专用设备，一般安装在竖管上，或者直接安装在支管上。喷头的作用是将压力水通过喷嘴喷射到空中，形成细小的水滴，均匀地洒落在土壤表面。

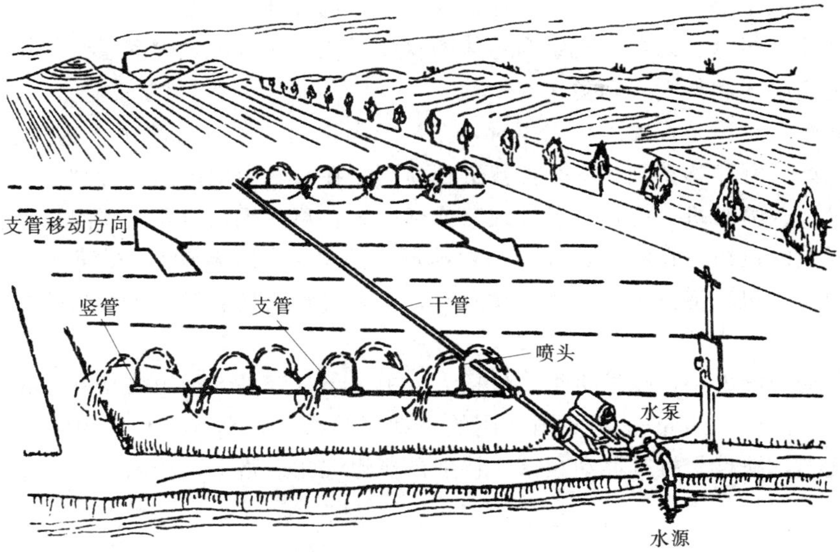

图 3－6　喷灌系统组成示意图

（二）喷灌系统的分类

喷灌系统可按不同方法分类。若按系统获得压力的方式可分为机压喷灌系统和自压喷灌系统；按喷灌系统中主要组成部分是否移动的程度可分为固定管道式喷灌系统、半固定管道式喷灌系统和机组式喷灌系统三类。

1. 机压喷灌系统和自压喷灌系统

机压喷灌系统是指由动力机和水泵为喷头提供工作压力的喷灌系统。加压水泵的流量要满足灌溉要求，其扬程除应保证喷头工作压力外，还要考虑克服管道沿程和局部水头损失，以及水源和喷头之间的高差。自压喷灌系统是指当水源位置高于田面，且有足够的落差时，利用水源具有的自然水头，用管道将水引到灌区实现喷灌的一种灌溉系统。自压喷灌系统多建在山丘区或库区下游。

2. 固定管道式喷灌系统

固定式喷灌系统的各组成部分除喷头外，在整个灌溉季节或常年都是固定的，水泵和动力构成固定的泵站，干管和支管多埋于地下，喷头装在固定的竖管上（有的竖管可以拆卸）。这种喷灌系统生产效率高，运行管理方便，运行费用低，工程占地少，有利于自动化控制。缺点是工程投资大，设备利用率低。因此，适用于灌水频繁、经济价值高的蔬菜及经济作物区。

3. 半固定管道式喷灌系统

半固定式喷灌系统的动力、水泵和干管是固定的，竖管和喷头是移动的，故称为半固定式喷灌系统。这种形式在干管上装有很多给水栓，喷灌时把支管接在干管给水栓上进行喷灌，喷洒完毕再移接到下一个给水栓继续喷灌。由于支管可以移动，减少了支管数量，提高了设备利用率，降低了系统投资。为便于移动支管，管材应为轻型管材，如薄壁铝管、薄壁镀锌钢管、塑料管等，并且配有各类快速接头和轻便连接件、给水栓。

4. 机组式喷灌系统

机组式喷灌系统由喷头、管道、加压泵及动力机等部件组成，集加压、行走、喷洒于一体，称为喷灌机组。以喷灌机组为主体的喷灌系统称为机组式喷灌系统。按喷灌机运行方式可分为定喷式和行喷式两类。

定喷式喷灌机组是指喷灌机工作时，在一个固定的位置进行喷洒，达到灌水定额后，按预先设定好的程序移动到另一个位置进行喷洒，在灌水周期内灌完计划灌溉的面积。包括手推（抬）式喷灌机、拖拉机悬挂式（或牵引式）喷灌机、滚移式喷灌机等。

行喷式喷灌机组是在喷灌过程中一边喷洒一边移动（或转动），在灌水周期内灌完计划灌溉的面积。包括拖拉机双悬臂式喷灌机、中心支轴式喷灌机、平移式喷灌机、卷盘式喷灌机等。

按配用动力的大小，喷灌机组又包括大、中、小、轻等多种规格品种。我国应用最多的是轻小型喷灌机，图 3-7 为我国常用的小型喷灌机。它具有结构简单、使用灵活、价格较低等优点，缺点是机具移动频繁，特别是在泥泞的道路上移动困难。

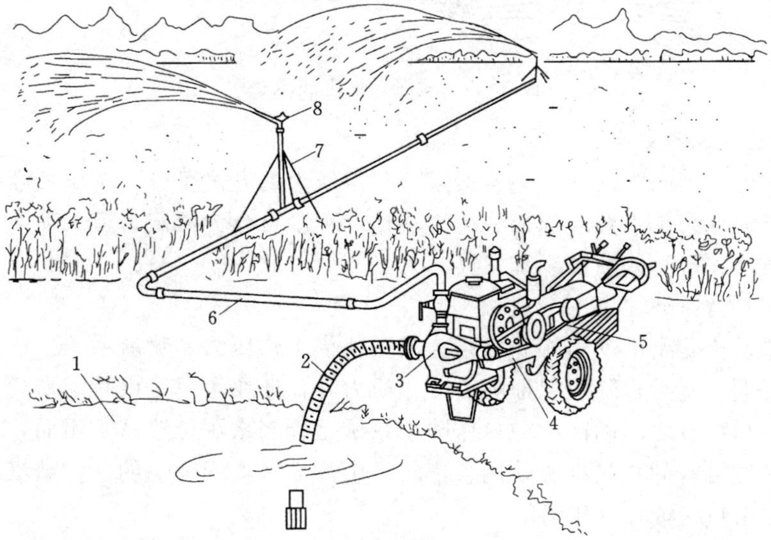

图 3-7　手扶拖拉机配套的悬挂式喷灌机

1—水源；2—吸水管；3—水泵；4—手扶拖拉机；5—皮带传动系统；6—输水管；7—竖管及支架；8—喷头

二、喷灌的主要灌水质量指标

喷灌在灌水质量方面有其特殊的要求，所以衡量其质量的指标与其他灌水方法也就不完全相同，一般以喷灌强度、喷灌均匀度和水滴直径三项来表示。

1. 喷灌强度

单位时间内喷洒在单位面积土地上的水量，亦即单位时间内喷洒在灌溉土地上的水深，一般用 mm/min 或 mm/h 表示。由于喷洒时，水量分布常常是不均匀的，因此喷灌强度有点喷灌强度 ρ_i 和平均喷灌强度（面积和时间都平均）$\bar{\rho}$两种概念。

点喷灌强度 ρ_i 是指一定时间 Δt 内喷洒到某一点土壤表面的水深 Δh 与 Δt 的比值，即：

$$\rho_i=\frac{\Delta h}{\Delta t} \tag{3-15}$$

平均喷灌强度$\bar{\rho}$是指在一定喷灌面积上各点在单位时间内的喷灌水深的平均值，以平均灌水深$\bar{h}$与相应时间 t 的比值表示：

$$\bar{\rho}=\frac{\bar{h}}{t} \tag{3-16}$$

单喷头全圆喷洒时的平均喷灌强度$\bar{\rho}_{全}$可用下式计算：

$$\bar{\rho}_{全}=\frac{1000q\eta}{A} \tag{3-17}$$

式中：$\bar{\rho}_{全}$为平均喷灌强度，mm/h；q 为喷头的喷水量，m^3/h；A 为在全圆转动时一个喷头的湿润面积，m^2；η 为喷洒水的有效利用系数，即扣去喷灌水滴在空中的蒸发和漂移损失。有条件时宜实测确定。无实测资料时，可根据气候条件在下列数值范围内选取：风速低于 3.4m/s，η=0.8～0.9；风速为 3.4～5.4 m/s，η=0.7～0.8。

在喷灌系统中，各喷头的湿润面积有一定重叠，实际的喷灌强度要比上式计算的高一些，为准确起见，可以有效湿润面积 $A_{有效}=ab$ 代替式（3－17）中的 A 值，计算组合平均喷灌强度：

$$\bar{\rho}_{组合}=\frac{1000q\eta}{A_{有效}} \tag{3-18}$$

式中：b 为支管上喷头的间距；a 为支管的间距。

一般情况下，平均喷灌强度应与土壤透水性相适应，应使喷灌强度不超过土壤的入渗率（即渗吸速度），确保喷洒到土壤表面的水及时渗入水中，不会在地表形成积水和径流。

喷灌系统的设计喷灌强度不得大于土壤的允许喷灌强度。不同质地土壤的允许喷灌强度可按表 3－5 确定。当地面坡度大于 5%时，允许喷灌强度应按表 3－6 进行折减。

表 3－5　类土壤的允许喷灌强度

土壤类别	允许喷灌强度 /(mm/h)
砂土	20
砂镶土	15
壤土	12
壤黏土	10
黏土	8

注　有良好覆盖时，表中数值可提高 20%。

表 3－6　坡地允许喷灌强度降低值

地面坡度 /%	允许喷灌强度降低 /%
<5	10
5～8	20
9～12	40
13～20	60
>20	75

测定喷灌强度一般是与喷灌均匀度试验结合进行。具体方法是在喷头的润湿面积内均匀地布置一定数量的雨量筒，喷洒一定时间后，测量量雨筒中的水深。量雨筒所在点的喷

灌强度用下式计算：

$$\rho_i=\frac{100W}{t\omega} \tag{3-19}$$

式中：ρ_i 为量雨筒所在点的喷灌强度，mm/min；W 为量雨筒承接的水量，cm^3；t 为试验持续时间，min；ω 为量雨筒上部开敞口面积，cm^2。

而喷灌面积上的平均强度为：

$$\bar{\rho}=\frac{\sum\rho_i}{n} \tag{3-20}$$

式中：n 为量雨筒的数目。

2. 喷灌均匀度

是指在喷灌面积上水量分布的均匀程度，它是衡量喷灌质量好坏的主要指标之一。它与喷头结构、工作压力、喷头布置形式、喷头间距、喷头转速的均匀性、竖管的倾斜度、地面坡度和风速、风向等因素有关。

表征喷灌均匀度的方法很多，但都各有利弊，这里只介绍喷洒均匀系数法。其计算方法如下：

$$C_u=\left(1.0-\frac{|\Delta h|}{h}\right)\times 100\% \tag{3-21}$$

式中：C_u 为喷洒均匀系数；h 为整个喷灌面积上的平均喷灌灌水深；Δh 为点喷灌水深平均离差。

如果在喷灌面积上的水量分布得越均匀，那么 Δh 值越小，亦即 C_u 值越大。C_u 值一般不应低于 70%～80%。

喷洒均匀系数一般均指一个喷灌系统的喷洒均匀系数，单个喷头的喷洒均匀系数是没有意义的，这是因为单个喷头的控制面积是有限的，要进行大面积灌溉必然要由若干个喷头组合起来形成一个喷灌系统。单个喷头在正常压力下工作时，一般都是靠近喷头部分湿润较多，边缘部分不足，这样当几个喷头在一起时，湿润面积有一定重叠，就可以使土壤湿润得比较均匀。为了便于测定，常取四个或几个喷头布置成矩形、方形或三角形，测定它们之间所包围面积的喷洒均匀系数，这一数值基本上可以代表在平坦地区无风情况下喷灌系统的喷洒均匀系数。在工程设计中一般要求 C_u=70%～90%。

3. 水滴打击强度（雾化指标）

喷头喷洒出来的水滴对作物的影响，可用水滴打击强度来衡量。水滴打击强度是单位喷洒面积内水滴对作物和土壤的打击动能，它与水滴的大小、降落速度及密集程度有关。但目前尚无合适的方法来测量水滴打击强度，目前一般采用喷灌的雾化指标来表示水滴打击强度。雾化指标根据喷头工作压力水头和主喷嘴直径的比值确定，可按式（3-22）计算。

$$W_h=h_p/d \tag{3-22}$$

式中：W_h 为喷灌雾化指标；h_p 为喷头工作压力水头，m；d 为喷头主喷嘴直径，m。不同作物的适宜雾化指标应符合表3－7的规定值。

表3－7　　不同作物的适宜雾化指标

种　　类	h_p/d 值
蔬菜及花卉	4000～5000
粮食作物、经济作物及果树	3000～4000
牧草、饲料作物、草坪及绿化林木	2000～3000

三、喷头的种类及其主要水力参数

（一）喷头的种类

喷头是喷灌系统的主要组成部分。它的作用是将有压的集中水流喷射到空中，散成细小的水滴并均匀地散布在它所控制的灌溉面积上，因此喷头的结构形式及其制造质量的好坏直接影响喷灌的质量。

喷头的种类很多，按其工作压力及控制范围大小可分为低压喷头（或称近射程喷头）、中压喷头（或称中射程喷头）和高压喷头（或称远射程喷头），见表3－8。用得较多的是中压喷头，这是由于它消耗的功率相对较小而比较容易得到较好的喷灌质量。

表3－8　　喷头按工作压力与射程分类表

项　目	低压喷头	中压喷头	高压喷头
工作压力/kPa	100～200	200～500	>500
流量/(m^3/h)	0.3	0.8～40	>40
射程/m	5～14	14～40	>40

按照喷头的结构形式与水流形状可以分为旋转式、固定式和孔管式三种。

1. 旋转式喷头

旋转式喷头是目前使用得最普遍的一种喷头形式。一般由喷嘴、喷管、粉碎机构、转动机构、扇形机构、弯头、空心轴、轴套等部分组成。压力水流通过喷管及喷嘴形成一股集中水舌射出，由于水舌内存在涡流又在空气阻力及粉碎机构（粉碎螺钉、粉碎针或叶轮）的作用下水舌被粉碎成细小的水滴，并且转动机构使喷管和喷嘴围绕竖轴缓慢旋转，这样水滴就会均匀地喷洒在喷头的四周，形成一个半径等于喷头射程的圆形或扇形湿润面积。

旋转式喷头由于水流集中，所以射得远（可以达80m以上），是中射程和远射程喷头的基本形式。目前我国在农业上应用的喷头基本上都是这种形式。

转动机构和扇形机构是旋转式喷头的重要组成部分，因此常根据转动机构的特点对旋转式喷头进行分类，常用的形式有摇臂式（图3－8）、叶轮式、反作用式等。其中摇臂式喷头使用最多。又可以根据是否装有扇形机构，（亦即是否能作扇形喷灌）而分成全圆转动的喷头和可以进行扇形喷灌的喷头两大类，在平坦地区的固定式系统，一般用全圆周转动的喷头；而在山坡地上和移动式系统及半固定系统以及有风时喷灌，则要求作扇形喷灌，以保证喷灌质量和留出干燥的退路。

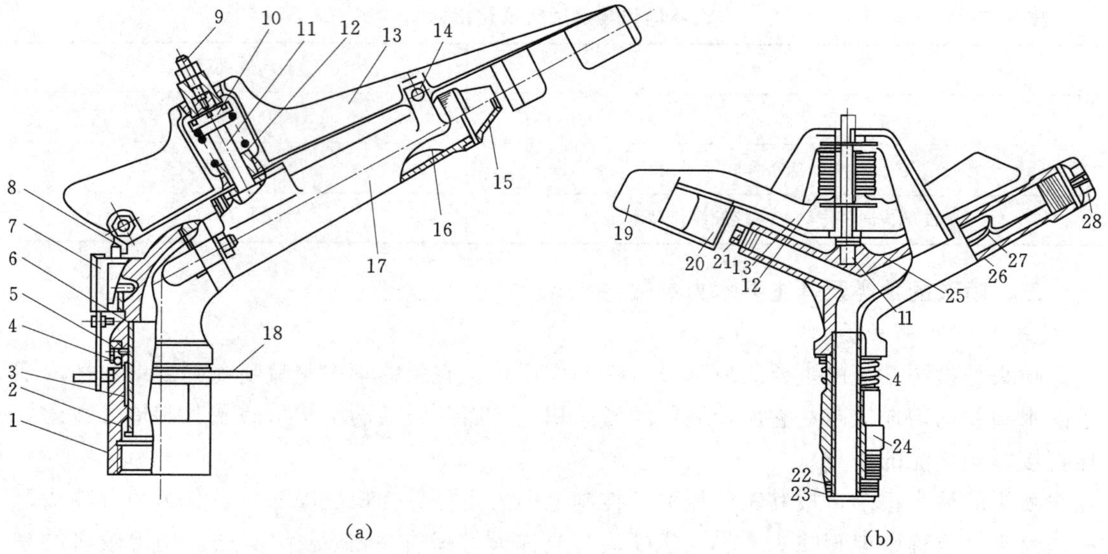

图 3-8 摇臂式喷头结构图

(a) 单嘴带换向机构的摇臂式喷头结构图；(b) 双嘴摇臂式喷头的典型结构

1—空心轴套；2—减磨密封圈；3—空心轴；4—防沙弹簧；5—弹簧罩；6—喷体；7—换向器；8—反转钩；9—摇臂调位螺钉；10—弹簧座；11—摇臂轴；12—摇臂弹簧；13—摇臂；14—打击块；15—喷嘴；16—稳流器；17—喷管；18—限位环；19—导水板；20—挡水板；21—小喷嘴；22—层垫圈；23—空心轴；24—轴套；25—摇臂垫圈；26—大喷管；27—整流器；28—大喷嘴

2. 固定式喷头

固定式喷头也称为漫射式喷头或散水式喷头，它的特点是在喷灌过程中所有部件相对于竖管是固定不动的，而水流是在全圆周或部分圆周散开。和旋转式喷头比较，因其水流分散，喷得不远，所以这一种喷头射程短（5～10m），喷灌强度大（15～20mm/h 以上），多数喷头的水量分布不均匀，近处喷灌强度比平均喷灌强度高得多，因此其使用范围受到很大的限制，但其结构简单，没有旋转部分，所以工作可靠，而且一般工作压力较低，被用于公园、菜地和自动行走的大型喷灌机上。按其结构形式可以分为折射式、缝隙式和离心式三种。

(1) 折射式喷头：一般由喷嘴、折射锥和支架组成，如图 3-9（a）所示。水流由喷嘴垂直向上喷出，遇到折射锥即被击散成薄水层沿四周射出；在空气阻力作用下即形成细小水滴散落在四周地面上。

(2) 缝隙式喷头：其结构如图 3-9（b）所示，就是在管端开出一定形状的缝隙，使水流能均匀地散成细小的水滴，缝隙与水平面成 30°角，使水舌喷得较远，其工作可靠性比折射式要差，因为缝隙易被污物堵塞，所以对水质要求较高，水在进入喷头之前要经过认真的过滤。但是这种喷头结构简单，制作方便。一般用于扇形喷灌。

(3) 离心式喷头：由喷管和带喷嘴的蜗形外壳构成。工作时水流沿切线方向进入蜗壳，使水流绕垂直轴旋转，这样经过喷嘴射出的水膜，同时具有离心速度和圆周速度，所以水膜离开喷嘴后就向四周散开，在空气阻力作用下，水膜被粉碎成水滴散落在喷头的

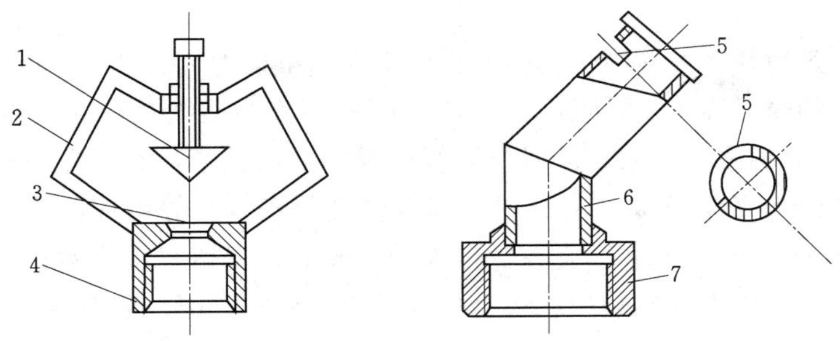

(a) 折射式喷头　　(b) 缝隙式喷头

图 3-9 固定式喷头

1—折射锥；2—支架；3—喷嘴；4—管接头；5—缝隙；6—喷体；7—管接头

四周。

3. 孔管式喷头

该喷头由一根或几根较小直径的管子组成，在管子的顶部分布有一些小喷水孔，喷水孔直径仅为 1～2mm。有的孔管是一排小孔，水流是朝一个方向喷出（图 3-10），并装有自动摆动器，使管子往复摆动，喷洒管子两侧的土地；也有的孔管有几排小孔，以保证管子两侧都能灌到，这样就不要自动摆动器，结构比较简单，要求的工作压力低（100～200kPa）。

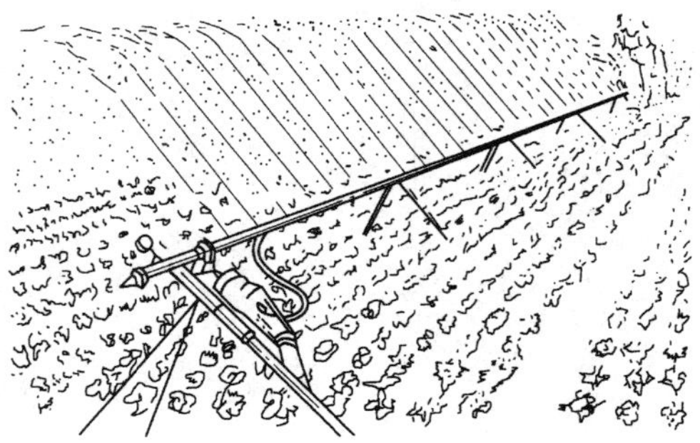

图 3-10 孔管式喷头

孔管式喷头的缺点是喷灌强度较高，水舌细小受风影响大，由于工作压力低，支管上实际压力受地形起伏的影响大，通常只能用于平坦的土地，此外孔口太小，堵塞问题也非常严重，因此其使用范围受到很大的限制。

（二）喷头的水力参数

喷头的工作压力、喷嘴直径、流量和射程是喷头的主要水力参数，是喷灌系统设计中选择喷头的四个重要参数。

（1）喷头的工作压力和喷嘴压力。喷头的工作压力是指喷头前 20cm 处测取的静水压力，单位为 kPa。喷嘴压力是指喷嘴出口处的流速水头。两者差值的大小反映了喷头设计和制造的水平，是评价喷头好坏的指标，其值应小于 49kPa。

（2）流量。指单位时间内喷出水的体积，单位为 m^3/h 或 L/min。喷头流量大小，主要决定于工作压力和喷嘴直径。在喷嘴直径一定时，工作压力愈大，流量愈大，反之亦然。喷头流量可用下式计算：

$$Q=\mu A\sqrt{2gh_P} \tag{3-23}$$

式中：Q 为喷头流量，m^3/h；μ 为流量系数，等于 0.85～0.95；A 为喷嘴过水面积，m^2，对于圆形喷嘴，$A=\pi d^2/4$，d 为喷嘴直径；g 为重力加速度，$g=9.81m/s^2$；h_P 为喷头工

作压力，m。

(3) 射程。是指在无风时喷头的喷洒湿润半径，单位为m。通常，以喷洒湿润边缘上喷灌强度等于平均喷灌强度5%的点至圆心（喷头所在位置）的水平距离作为射程。图3-11是利用两个喷头测试结果，经拟合分析求得的喷灌强度沿径向距离分布曲线，利用该曲线可求得径向距离等于19.188m时，喷灌强度等于零，并由该曲线可求得平均喷灌强度为4.228mm/h，由此可求得喷头射程为19.063m，保留一位小数即为19.1m。喷头射程主要受喷头工作压力、旋转速度和风速的影响，在一定压力范围内，射程随压力增大而增大，随旋转速度和风速增大而减小。但超出一定压力范围后，压力增加则不会再增加射程而只会提高雾化程度。在一定的功率下，要求工作压力与流量（可反映为喷嘴直径）有合适的比例，以获得较大射程。

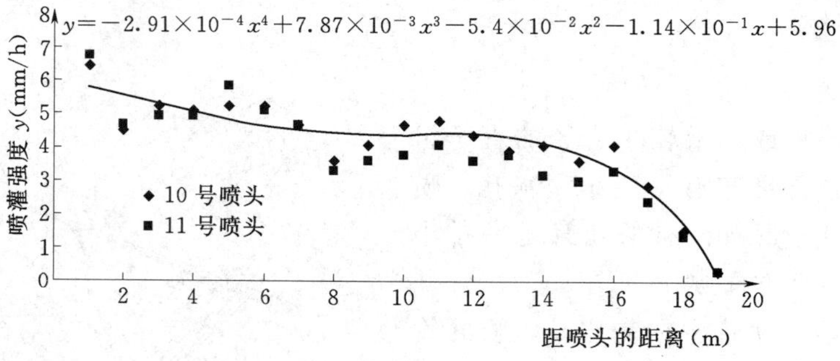

图3-11　喷灌强度沿径向距离的分布曲线

四、喷灌工程规划与设计

(一) 规划设计内容及要求

喷灌工程规划设计一般分为规划和设计两个阶段。但对面积较小（在500亩以下）的喷灌工程，也可合为一个设计阶段进行。喷灌工程规划设计的内容一般包括收集规划设计资料，进行喷灌系统选型和工程规划以及水力计算、结构设计等。

喷灌工程规划阶段应提交的成果有设计任务书和喷灌工程规划布置图。设计任务书的内容包括：喷灌区基本情况、喷灌工程可行性分析、喷灌系统的选型、水源分析及水源工程规划、喷灌工程的规划布置、投资概算及效益分析。在设计任务书中应阐明该喷灌工程选定的设计标准、依据的原则、定量计算方法与结果。在进行可行性分析和方案选择时均应进行多方案比较。

工程规划完成之后，即可根据总体规划和布置进行技术设计。在技术设计阶段应提出的成果有设计说明书和系统平面布置图、管道纵剖面图、管道系统结构示意图等。设计说明书的主要内容包括：基本资料、系统选型、作物灌溉制度拟定、喷灌用水量计算、水源分析及水源工程规划、喷头选型与组合、系统平面布置、喷灌工作制度的拟定、管材与管径的选择、管道纵剖面设计及系统结构设计、水泵选型及动力机配套、设备材料用量及投资预算、技术经济分析等。

在设计说明书中，还要对施工及运行管理提出要求，阐明有关注意事项。对于规模较小的工程，施工结束验收前只要求提交竣工图纸和竣工报告。而规模较大的工程还要提交施工期间验收报告，管道水压试验报告，试运行报告，工程决算报告和运行管理办法。

（二）喷灌系统规划设计

1. 喷灌灌区的调查与资料收集

收集的资料主要包括：①地形资料，最好能获得全灌区 1/500～1/2000 的地形图，地形图上应标明行政区划、灌区范围以及现有水利设施等；②气象资料，包括气温、降雨和风速风向等；③土壤资料，应了解土壤的质地、土层厚度、土壤田间持水量和土壤渗吸速度等；④水文资料，主要包括河流、渠塘、井泉的历年水量、水位以及水温和水质（含盐量、含沙量和污染情况）等；⑤作物种植情况及群众高产灌水经验，必须了解灌区内各种作物的种植比例、轮作情况、种植密度、种植方向以及机耕水平等，重点了解各种作物现行的灌溉制度以及当地群众高产灌水经验，作为拟定喷灌制度的依据；⑥动力和机械设备资料，为了制定预算与进行经济比较，应了解设备、材料的供应情况与价格、电费与柴油机价格等。

2. 喷灌系统的选型

根据当地地形情况、作物种类、经济及设备条件，考虑各种形式喷灌系统的特点，选定灌溉系统形式。对于经济价值高的作物种植区（如蔬菜、果园），多采用固定式喷灌系统；大田作物喷灌次数少，宜采用移动式和半固定式喷灌系统，以提高设备利用率；在有自然水头的地方，尽量选用自压喷灌系统，以降低动力设备投资和运行费用；在地形坡度太陡的丘陵山区，移动喷灌设备困难，可优先考虑采用固定式喷灌系统。

3. 喷头选择及布置形式的确定

喷头的喷洒方式有全圆喷洒和扇形喷洒两种，见图 3－12。全圆喷洒喷点控制面积大，喷头间距大，移动次数少，喷灌效率和劳动生产率都较高，一般固定式喷灌系统采用这种形式。全圆喷洒要在泥泞的田间行走、装卸、搬移喷头及喷水管，工作条件差，故半固定式与移动式喷灌系统中，一般采用单喷头或多喷头扇形喷洒方式。另外，在固定式喷灌系统的地边田角，要采用 180°、90°或其他角度的扇形喷洒，以避免喷到界外和道路上，造成浪费。在坡度较陡的山丘喷灌时，不应向上而要向下作扇形喷洒，以免冲刷坡面土壤；当风力较大时，应作顺风向的扇形喷洒，以减少风的影响。

喷头的布置形式亦称组合形式，一般用 4 个相邻喷头在平面位置上的组合图形表示。其基本布置形式有 4 种，如图 3－12 所示。不同布置条件下的喷头间距 a、支管间距 b 及有效控制面积是不相同的，见表 3－9，表中 $R_{设}$ 为设计射程，用式（3－24）计算：

$$R_{设}=KR \qquad (3-24)$$

式中：$R_{设}$ 为喷头的设计射程，m；K 为系数，是根据喷灌系统形式、当地的风速、动力的可靠程度等来确定的一个常数，一般等于 0.7～0.9，对于固定式系统，由于竖管装好后就无法移动，如有空白就无法补救，故可以考虑采用 0.8，对于多风地区，可采用 0.7，也可以通过试验确定 K 值的大小；R 为喷头的射程（或称最大射程），m。

喷头选择及其组合间距确定的基本要求是不漏喷、不产生地表积水，满足规定的喷灌强度及喷灌均匀度要求，做到经济合理。确定喷头组合间距的方法很多，目前工程上常用修正几何作图法，见表 3－9。此外，国内近年来通过大量试验，获得了在满足均匀系数 $C_u=$

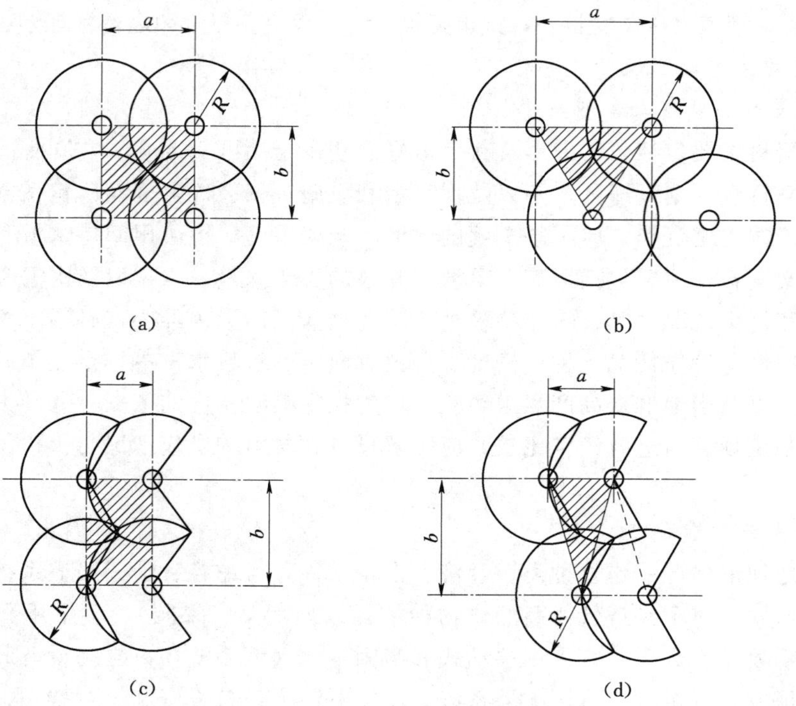

图 3-12　喷头组合形式示意图
(a) 全圆喷洒正方形布置；(b) 全圆喷洒正三角形布置；(c) 扇形喷洒矩形布置；(d) 扇形喷洒等腰三角形布置

75%条件下的最大组合间距射程比（$K_a=a/R$ 和 $K_b=b/R$），可供设计时选用，见表 3-10。在每一档风速中可按内插法取值；在风向多变，采用等间距组合时，应选用垂直风向栏内的数值；表中风速是指地面以上 10m 高度处的风速。

表 3-9　　不同喷洒方式、喷头形式的支管间距和有效控制面积

喷洒方式	组合形式	支管间距 b	喷头间距 a	有效控制面积
全圆	正方形	$1.42R_设$	$1.42R_设$	$1.0R_设^2$
	正三角形	$1.50R_设$	$1.73R_设$	$2.0R_设^2$
扇形	矩形	$1.73R_设$	$R_设$	$1.73R_设^2$
	等腰三角形	$1.86R_设$	$R_设$	$1.86R_设^2$

表 3-10　　喷头组合间距射程比

设计风速 /(m/s)	组合间距比	
	垂直风向 K_a	平行风向 K_b
0.3～1.6	R	$1.3R$
1.6～3.4	$(1～0.8)R$	$(1.3～1.1)R$
3.4～5.4	$(0.8～0.6)R$	$(1.1～1)R$

计算出组合间距 a、b 后，还应进行调整，以适应管道规格长度的要求，便于安装施工，并应满足组合喷灌强度的要求。喷头组合间距确定后，便可在灌区地形图上绘制喷灌

工程平面布置图，标出支管、喷头位置和主要管件。组合喷灌强度在满足小于土壤允许入渗强度要求的条件下，应该尽可能的大，以便提高田间灌水效率。

（三）喷灌工作制度确定

1．拟定设计灌水定额（$m_{设}$）

设计灌水定额是作为设计依据的最大灌水定额。应依据适宜于作物生长的土壤水分上、下限分析确定。确保作物不受旱，不产生深层渗漏。

设计灌水定额可用式（3－25）计算：

$$m_{设}=0.1H(\theta_{max}-\theta_{min}) \tag{3-25}$$

式中：$m_{设}$为设计灌水定额，mm；H为土壤计划湿润层的厚度，对于大田作物，一般采用40～60cm；θ_{max}为灌后土层允许达到的含水量的上限（以占土层体积的百分数表示），即相当于田间持水量；θ_{min}为灌前土层含水量下限（以占土层体积的百分数表示），约相当于田间持水量的60%～70%。

2．设计灌水周期（$T_{设}$）

在喷灌系统规划设计中，主要是确定作物耗水最旺时期的允许最大间隔时间（两次灌水的间隔时间），即设计灌水周期（以天计），它可用下式计算：

$$T_{设}=\frac{m_{设}}{e} \tag{3-26}$$

式中：e为作物耗水最旺时期的日平均耗水量，mm/d，可根据试验确定；其余符号同前。

3．一次灌水所需时间

一次灌水所需时间t可按下式确定

$$t=\frac{m_{设}}{\bar{\rho}_{系统}} \tag{3-27}$$

$$\bar{\rho}_{系统}=\frac{1000q\eta}{ab}$$

式中：$m_{设}$为设计灌水定额，mm；$\bar{\rho}_{系统}$为喷灌系统的平均喷灌强度，mm/h，应小于土壤的允许喷灌强度；η为喷洒水有效利用系数，一般选用0.7～0.9；q为一个喷头的流量，m^3/h；b为支管间距，m；a为沿支管的喷头间距，m。

4．同时工作的喷头数和支管数

同时工作的喷头数（$N_{喷头}$）可按下式计算：

$$N_{喷头}=\frac{A}{ab}\times\frac{t}{T_{设}C} \tag{3-28}$$

式中：A为整个喷灌系统的面积，m^2；C为一天中喷灌系统有效工作小时数；其他符号同前。

同时工作的支管数（$N_{支}$）

$$N_{支}=\frac{N_{喷头}}{n_{喷头}} \tag{3-29}$$

式中：$n_{喷头}$为一根支管上的喷头数，可以一根支管的长度除以沿支管的喷头间距S_l求得。

如果计算出的$N_{支}$不是整数，则应考虑减少同时工作的喷头数或适当调整支管的长度。

第四节 微 灌

一、微灌系统的组成及分类

（一）微灌系统的组成

微灌系统由水源、首部枢纽、输配水管网和灌水器以及流量、压力控制部件和量测仪表等附属设施组成，如图 3-13 所示。

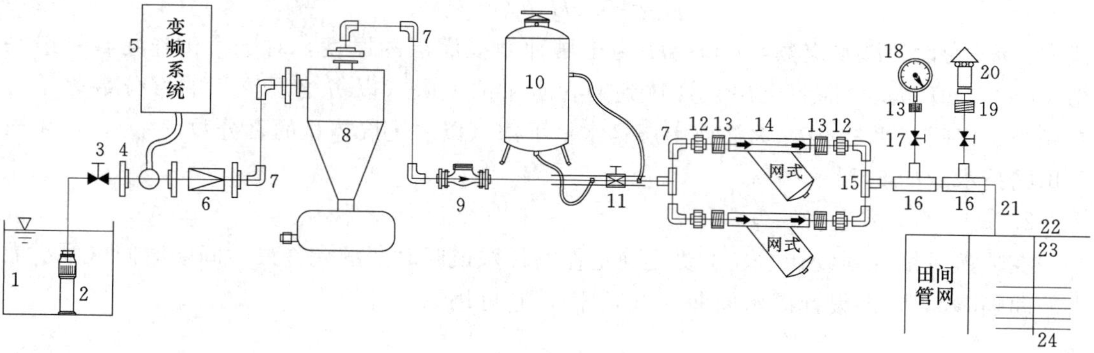

图 3-13 微灌系统示意图

1—水源；2—水泵；3—闸阀；4—法兰盘；5—变频系统；6—止回阀；7—弯头；8—离心过滤器；9—螺翼水表；10—压差式施肥罐；11—施肥阀；12—活接头；13—内丝接头；14—筛网过滤器；15—正三通；16—异径三通；17—球阀；18—压力表；19—外丝接头；20—进排气阀；21—主干管；22—分干管；23—支管；24—毛管及灌水器

1. 水源

河流、渠道、湖泊、水库、井、泉等均可作为微灌水源，但其水质需符合微灌要求。

2. 首部枢纽

首部枢纽包括水泵、动力机、肥料和化学药品注入设备、过滤设备、控制阀、进排气阀、压力流量量测仪表等。其作用是从水源取水增压并将其处理成符合微灌要求的水流送到微灌系统中去。

微灌常用的水泵有潜水泵、深井泵、离心泵等，动力机可以是柴油机、电动机等。在供水量需要调蓄或含砂量很大的水源，常要修建蓄水池和沉淀池。沉淀池用于去除灌溉水源中的大固体颗粒，为了避免在沉淀池中产生藻类植物，应尽可能将沉淀池或蓄水池加盖。过滤设备的作用是将灌溉水中的固体颗料滤去，避免污物进入系统，造成系统堵塞。过滤设备应安装在输配水管道之前。

肥料和化学药品注入设备用于将肥料、除草剂、杀虫剂等直接施入微灌系统，注入设备应设在过滤设备之前。

流量压力量测仪表用于测量管线中的流量或压力，包括水表、压力表等。水表用于测量管线中流过的总水量，根据需要可以安装于首部，也可以安装于任何一条干、支管上，如安装在首部，须设于施肥装置之前，以防肥料腐蚀。压力表用于测量管线中的内水压力，在过滤器和密封式施肥装置的前后各安设一个压力表，可观测其压力差，通过压力差的大小能够判定施肥量的大小和过滤器是否需要清洗。

控制器用于对系统进行自动控制，一般控制器具有定时或编程功能，根据用户给定的指令操作电磁阀或水动阀，进而对系统进行控制。

阀门是直接用来控制和调节微灌系统压力流量的操纵部件，布置在需要控制的部位上，其型式有闸阀、逆止阀、空气阀、水动阀、电磁阀等。

3. 输配水管网

输配水管网的作用是将首部枢纽处理过的水按照要求输送分配到每个灌水单元和灌水器，输配水管网包括干、支管和毛管三级管道。毛管与支管直接相连并设置在支管的一侧或两侧，承担向灌水器连续均匀供水的任务。

有时增设辅管，用于连接毛管和支管，辅管紧靠支管并与其平行，但分成若干条，从支管分水，然后再向毛管供水。实践证明，增设辅管能够方便运行，是一种行之有效的管路结构，见图 3-14。

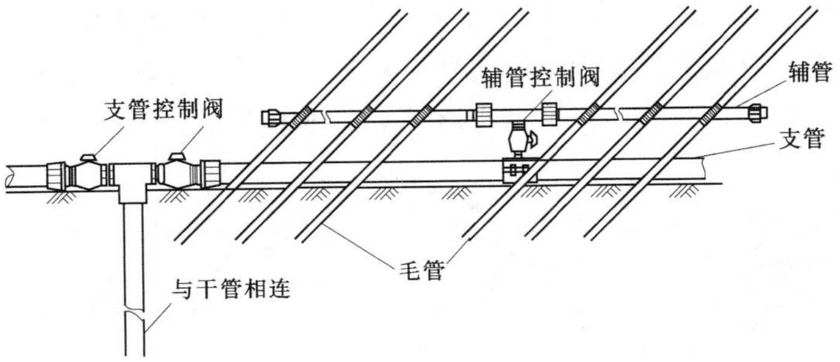

图 3-14　辅管管路结构示意图

4. 灌水器

灌水器是微灌设备中的关键部件，是直接向作物施水的设备，其作用是消减压力，将水流变为水滴、细流或喷洒状施入土壤，包括滴头、滴灌带、滴灌管、微喷头、微喷带、小管出流器、渗灌管等，灌水器多数是用塑料制成的。

（二）微灌系统的分类

由于组成微灌系统的灌水器不同，相应地分为滴灌系统、微喷灌系统、涌泉灌系统以及渗灌系统等。根据配水管道在灌水季节中是否移动，微灌系统又可分为固定式、半固定式和移动式。

固定式微灌系统的各个组成部分在整个灌水季节都是固定不动的，干管、支管一般埋在地下，根据条件，毛管有的埋在地下，有的放在地表或悬挂在离地面一定高度的支架上。固定式微灌系统常用于经济作物。

半固定式微灌系统的首部枢纽及干、支管是固定的，毛管连同其上的灌水器是可以移动的，一条毛管可以在多个位置工作。

移动式微灌系统各组成部分都可移动，在灌溉周期内按计划移动，在灌区内不同的位置进行灌溉。移动式微灌系统提高了微灌设备的利用率，降低了单位面积微灌的投资，但操作管理比较麻烦，适合在经济条件较差的地区或临时抗旱灌溉使用。

二、微灌的主要设备

（一）灌水器

灌水器质量的好坏直接影响到微灌系统的寿命及灌水质量的高低。灌水器的种类繁多，各有特点，适用条件也各有差异。

1. 灌水器的种类与结构特点

按结构和出流形式不同灌水器主要有滴头、滴灌带、微喷头、微喷带、涌水器、渗灌管等。

（1）滴头。通过流道或孔口将毛管中的压力水流变成滴状或细流状的装置称为滴头。其流量一般不大于 12L/h。对滴头的要求为：出水流量小，均匀而且稳定，受外界因素（温度、压力等）影响小，结构简单，便于制造和安装。价格低廉，坚固耐用，不易堵塞。滴头分为压力补偿滴头和非压力补偿滴头两种。

非压力补偿滴头是利用滴头内的固定水流流道消能，其流量随压力的提高而增大。如微管式滴头（图 3－15）和管式滴头（图 3－16）。微管式滴头是用一根内径为 0.8～2.0mm 的微塑料管直接插入毛管，借助水流在长长的微管中流动的摩擦水头损失来消除多余的能量。可以用改变微管长度的办法来调节出流量。管式滴头有管间式和管上式，其中管间式滴头两端与毛管相连，滴头本身形成毛管的一部分。

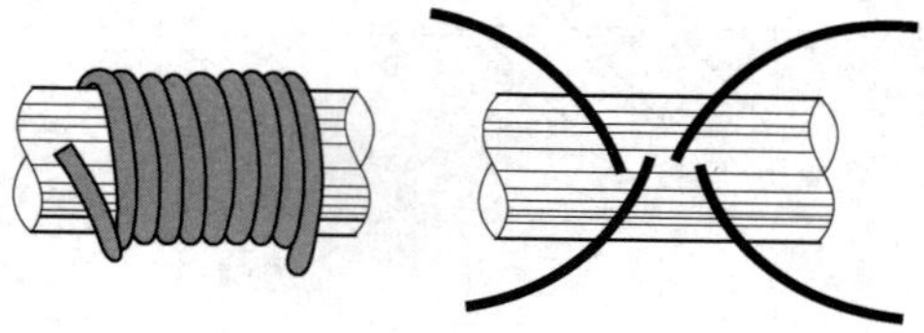

(a)　　(b)

图 3－15　微管式滴头

(a) 缠绕式；(b) 直线散放式

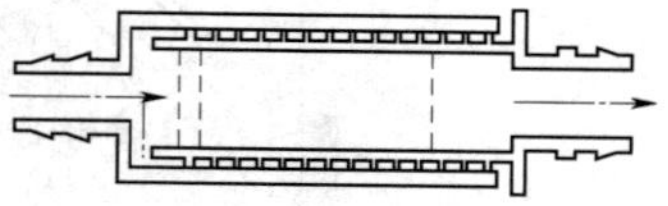

图 3－16　管间式滴头

压力补偿型滴头的流量不随压力而变化。在水流压力的作用下，滴头内的弹性体（片）使流道（或孔口）形状改变或过水断面面积发生变化，当压力减小时，增大过水断面积，压力增大时，减小过水断面积，从而使滴头出流量保持稳定，压力补偿滴头同时还具有自清洗功能。压力补偿型滴头通常允许压力在 50～400kPa 水柱高度范围内变化，而保持滴头流量不变。

（2）滴灌管（带）。滴头与毛管制造成一整体，兼具配水和滴水功能的管称为滴灌管（带）。按滴灌管（带）的结构可分为内镶式滴灌管和薄壁滴灌带两种。其中内镶式滴灌管是在毛管制造过程中，将预先制造好的滴头镶嵌在毛管内的滴灌管，内镶滴头有两种，一种是片式，另一种是管式；薄壁滴灌带有两种，一种是在 0.2～1.0mm 厚的薄壁软管上按一定间距打孔，灌溉水由孔口喷出湿润土壤。另一种是在薄壁管的一侧热合出各种形状的流道，灌溉水通过流道以滴流的形式湿润土壤。滴灌带也有压力补偿式与非压力补偿式两种。

（3）微喷头。微喷头也是喷头的一种，只是它具有体积小、压力低、射程短、雾化好等特点。小的微喷头外形尺寸只有 0.5～1.0cm，大的也只有 10cm 左右；其工作压力一般在 50～300kPa 左右。因此微喷头的结构一般要比喷头简单得多，多数是用塑料一次压注成形的，复杂一些的也只有五六个零件。也有用金属做的或采用一些金属部件。喷嘴直径一般小于 2.5mm；单个微喷头的喷水量一般不大于 300L/h。由于微喷头主要是作为一种局部灌水方法，所以不要求微喷头具有很大的射程，一般微喷头的射程从 0.1～0.5m

到6～7m不等。

按照结构和工作原理，微喷头分为射流旋转式（图3－17）、折射式（图3－18）、离心式（图3－19）和缝隙式（图3－20）四种。后三种都没有运动部件，在喷洒时整个微喷头各部件都是固定不动的，因此统称为固定式微喷头。

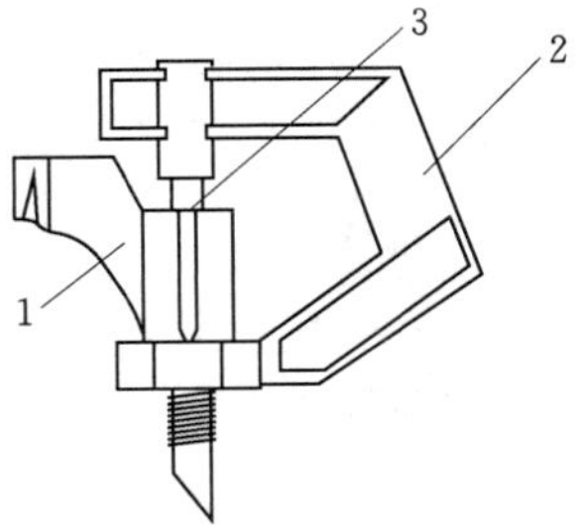

图3－17　射流旋转式微喷头

1—旋转折射臂；2—支架；3—喷嘴

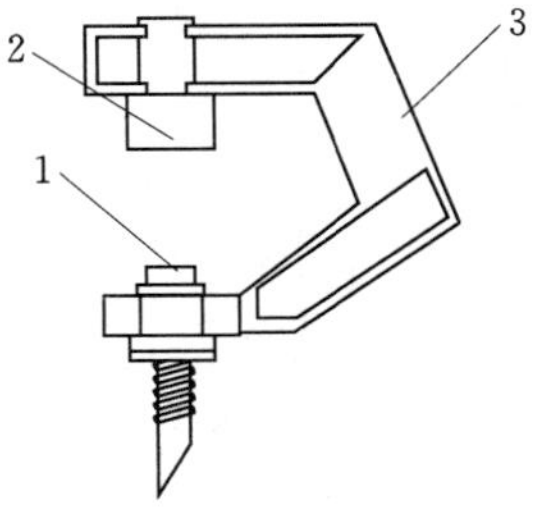

图3－18　折射式微喷头

1—喷嘴；2—折射锥；3—支架

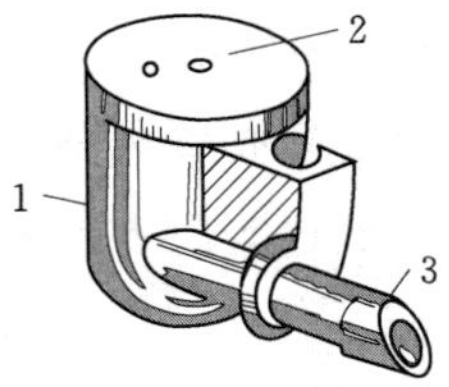

图3－19　离心式微喷头

1—离心室；2—喷嘴；3—接头

图3－20　缝隙式微喷头示意图

（4）微喷带。微喷带又称多孔管、喷水带，是在可压扁的塑料软管上采用机械或激光直接加工出水小孔，进行微喷灌的设备，微喷带的工作水头100～300kPa。微喷带有单孔、双孔、三孔等，既可做滴灌用（图3－21），也可做微喷灌用（图3－22），在一定条件下，两者还可以转换用。在满足流量偏差$q_{v偏}$≤15%情况下，多数微喷带的最大使用长度在100m左右。

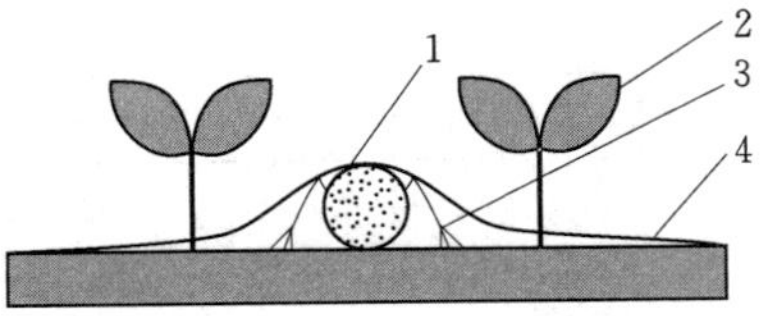

图3－21　微喷带作滴灌时出流形式

1—双上孔微喷带；2—作物；3—水流；4—地膜

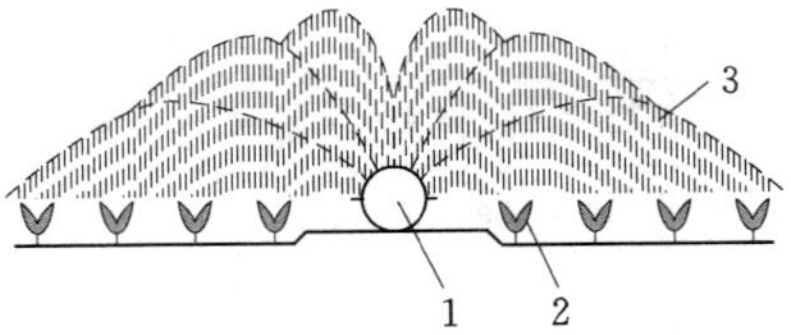

图3－22　微喷带作微喷灌时出流形式

1—微喷带；2—作物；3—水流

（5）涌水器。涌水器，也叫小管出流灌水器是由$\phi 4$的小塑料管和接头连接插入毛管壁而成，见图3－23。它的工作水头低，孔口大，不容易被堵塞。在使用中，为增加毛管的铺设长度，减少毛管首末端流量的不均匀性，通常在小塑料管上安装稳流器图3－23

(b)，以保证每个灌水器流量的均匀性。这种稳流器在一定的压力范围内（30～400kPa），出流量保持不变。

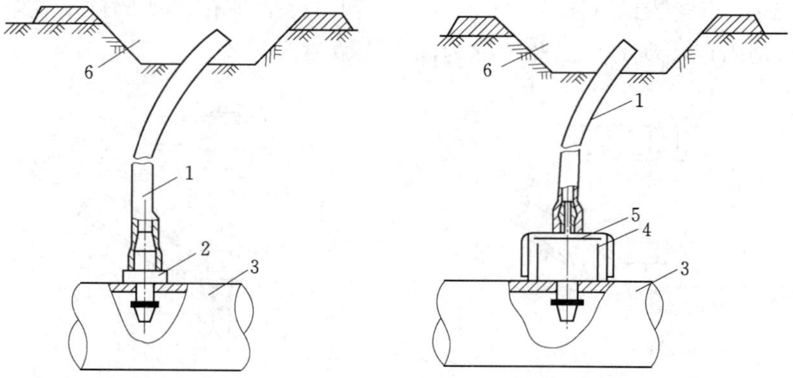

图 3-23　小管灌水器

1—φ4 小管；2—接头；3—毛管；4—稳流器；5—胶片；6—渗水沟

(6) 渗灌管。渗灌管是用大约 2/3 比例的废旧橡胶（多为旧轮胎）和 1/3 比例的 PE 塑料混合制成可以沿管壁向外渗水的多孔管。使用中常将渗灌管埋入地下，渗水孔不易堵塞，植物根也不易扎入，是非常省水的灌溉技术。目前国内外正处于研制开发和试验阶段。

2. 灌水器的水力性能参数

尽管根据不同的分类方式可以把灌水器分成各种类型，但它们都是通过克服摩阻力耗能来调节流量的。因此，灌水器的流量计算公式为：

$$q=Kh^x \quad (3-30)$$

式中：q 为灌水器流量，L/h；K 为流量系数；h 为工作水头，kPa；x 为流态指数，它反映了灌水器流量对压力变化的敏感性程度，见表 3-11。

表 3-11　灌水器流态指数及流态

灌水器形式	流态指数	流　　态
压力补偿式	0～0.3	可变流道
涡流式	0.4	涡流
孔口式、迷宫式、双腔式	0.5～0.6	全紊流
长流道或螺旋流道	0.7	光滑紊流
微孔管	0.8～0.9	光滑层流
毛细管、渗水毛管	1.0	全层流

(二) 过滤器

微灌系统中常用的过滤设备有旋流式水砂分离器（也称为离心过滤器）、砂石过滤器、筛网过滤器、叠片式过滤器等。在选配过滤设备时，主要根据灌溉水源的类型、水中污物种类、杂质含量等，同时考虑所采用的灌水器的种类、型号及流道断面大小等来综合确定。

1. 旋流式水砂分离器

旋流式水砂分离器，是利用了旋流和离心原理分离水沙的过滤设备，因此只有当被分离颗粒的密度高于水时才能有效使用。旋流式水砂分离器一般作为过滤系统的第一级处理设备，靠近水井和泵站安装，最适宜去除水中的泥沙和砂砾。分离出的固体物在重力作用下被送至底部的集砂罐内，容器需定时排污清理，如图 3-24 所示。

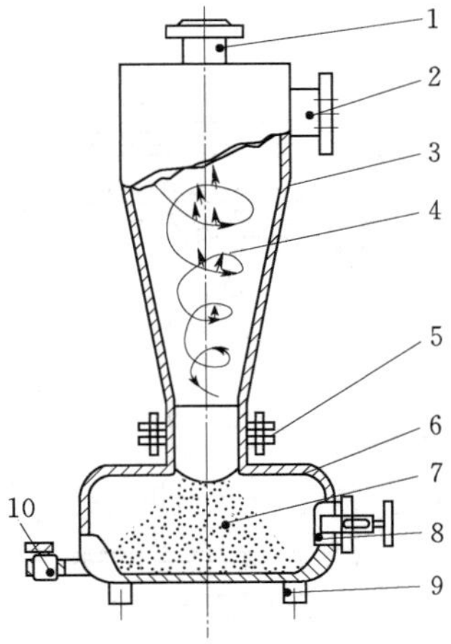

图 3-24　旋流式水砂分离器结构
1—出水口；2—进水口；3—罐体；4—旋转水流；
5—集砂口；6—集砂罐；7—沉淀砂石；
8—排砂口；9—地脚；10—冲洗阀

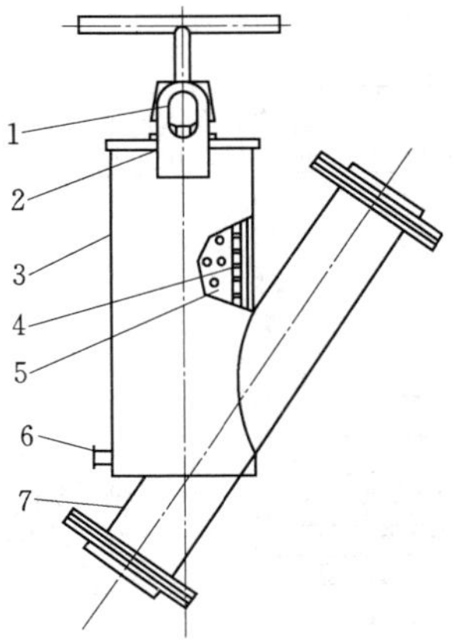

图 3-25　筛网过滤器
1—拆装口；2—密封件；3—罐体；
4—进水口；5—网芯；6—冲洗口；
7—出水口

2. 筛网过滤器

筛网过滤器是一种简单而有效的过滤设备，它的过滤介质是尼龙筛网或不锈钢筛网，其结构如图 3-25 所示。主要用于灌溉水质较好或水质较差时与其他形式的过滤器组合使用，作为末级过滤设备。

筛网过滤器的过滤过程为：水由进水口进入罐内，通过不锈钢网芯表面，将大于网芯孔径的物质截留在外表面，净水则通过网芯流入出水口。当筛网过滤器进出口之间的压力降超过 0.07MPa 时，需要将网芯抽出，进行冲洗；进水方向必须由网芯外表面进入网芯内表面，不可反向使用。筛网过滤器主要由进水口、滤网、出水口和排污冲洗口等组成。

3. 叠片式过滤器

叠片式过滤器的过滤元件由一组压紧的带有微细流道的环状塑料片组成，清水由片间的细小流道通过，而污物则截留在叠片四周及片间。其特点是过流能力大、结构简单、维护方便、寿命长，适用于有机物含量较高的水质。叠片过滤器的冲洗也有手动、半自动和自动三种方式，可用压力表或压差传感器指示冲洗运行。不论采用哪一种冲洗方式，都需

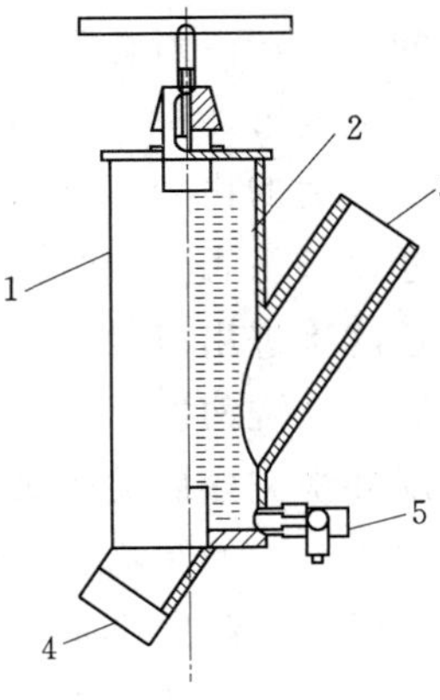

图 3-26　叠片式过滤器
1—壳体；2—塑料叠片；
3—进水口；4—出水口；
5—冲洗阀

将压紧的叠片松开，将叠片之间滞留的污物彻底冲洗干净。其结构如图 3-26 所示。

4. 砂石过滤器

主要用于水库、塘坝、沟渠、河湖及其他开放水源。可分离水中的水藻、漂浮物、有机杂质及淤泥。砂石过滤器有单罐自冲洗砂石过滤器（图 3-27）和双罐（或多罐）自冲洗砂石过滤器两种类型（图 3-28）。

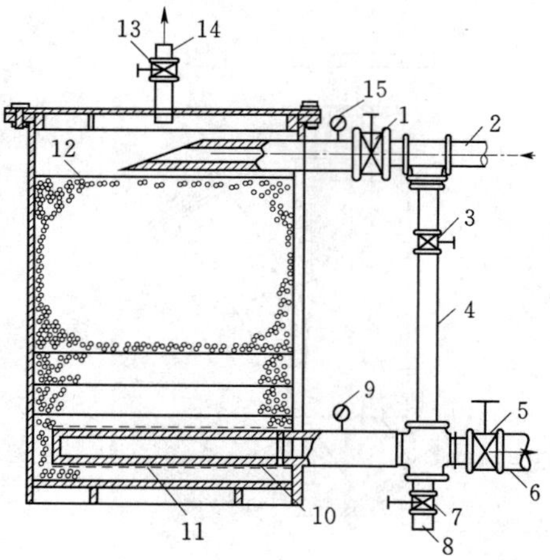

图 3-27 自制反冲洗砂石过滤器

1—进水阀；2—进水管；3—冲洗阀；4—冲洗管；5—输水阀；6—输水管；7—排水阀；8—排水管；9—压力表；10—集水管；11—150 目滤网；12—过滤砂；13—排污阀；14—排污管；15—压力表

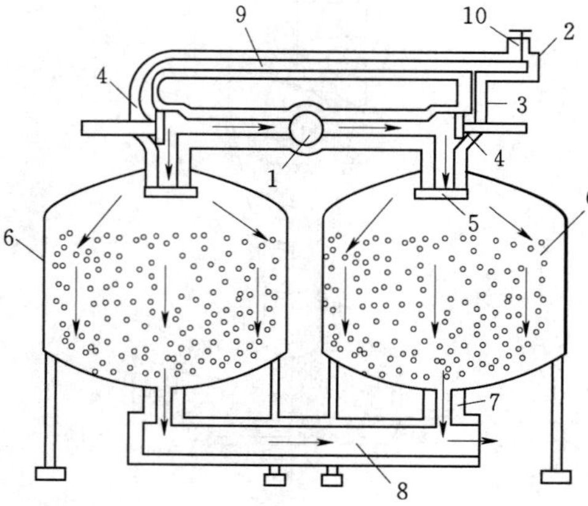

图 3-28 双罐自冲洗砂石过滤器

1—进水管；2—排污管；3—反冲洗管；4—三向阀；5—过滤罐进口；6—过滤罐体；7—过滤罐出口；8—集水管；9—反冲洗管；10—排污阀

砂石过滤器过滤原理如图 3-27 所示，过滤时打开进水阀门 1，关闭阀门 3 和阀门 13，灌溉水通过进水管 2 进入过滤罐内并逐渐渗过各砂砾层，通过包裹着 150 目的不锈钢滤网集水管由阀门 5 进入灌溉管道 6，水中的污物被各砂砾滤层截获并滞留在各砂粒的孔隙之间。反冲洗时首先关闭阀门 1 和阀门 5，打开冲洗管 4 上的阀门 3 和排污管上的阀门 13，水流经过冲洗管 4 由集水管 10 进入过滤罐内反向流过各砂滤层，上部颗粒较细的砂层在上浮力的作用下体积膨大，各砂粒开始“松动”，间距加大，使滞留在其间的污物随水流通过排污阀 13 和排污管 14 排出罐外，直到排出的水流变清为止。压力表 9 和 15 是观测过滤罐进出口的压力变化之用的，当压力差超过 70kPa 时就要进行反冲洗。如果每天需要反冲洗两次以上，建议安装自动反冲洗装置。

反冲洗完毕后关闭阀门 3 和 13，打开阀门 1 和 7，用过滤后的清洁水冲去集水管 10 和冲洗管 4 中的污物，并通过阀门 7 和排水管 8 排去污水。待水清洁后才能关上阀门 7 并打开阀门 5 向灌区供水。为了使微灌系统在反冲洗过程中也能及时向灌区供水，在首部枢纽往往需要安装两个以上过滤罐（图 3-28）。

（三）施肥装置

微灌系统中向压力管道内注入可溶性肥料溶液或农药溶液的设备及装置称为施肥（药）装置。常用的施肥装置为压差式施肥罐。压差式施肥罐一般由储液罐（化肥罐）、进水管、供肥液管和调压阀等组成，如图 3－29 所示。其工作原理是在输水管上的两点形成压力差，并利用这个压力差，将化学药剂注入系统。储液罐为承压容器，承受与管道相同的压力。

压差式施肥罐的优点是加工制造简单、造价较低和不需外加动力设备。缺点是在注肥过程中罐内溶液浓度逐渐变稀、罐体容积有限、添加化肥次数频繁且输水管道因设有调压阀而造成一定的水头损失。

此外，比较常用的施肥装置还有文丘里注入器（图 3－30）和注射泵等。根据驱动水泵的动力来源不同注射泵又可以分为机械驱动（图 3－31）和水力驱动（图 3－32）两种形式。

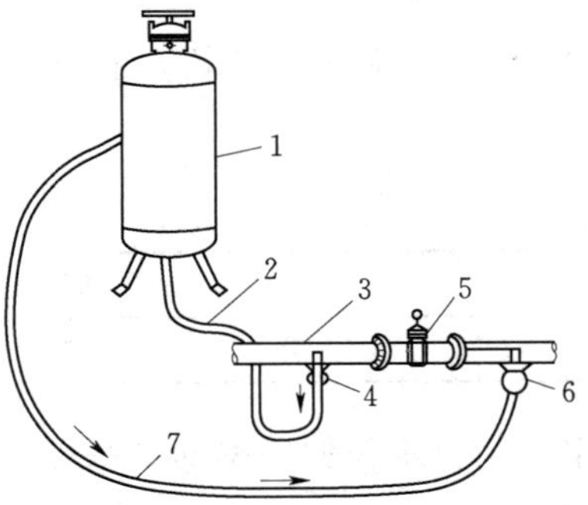

图 3－29　压差式施肥罐
1—储液罐；2—进水管；3—输水管；4—阀门；5—调压阀门；6—供肥液管阀门；7—供肥液管

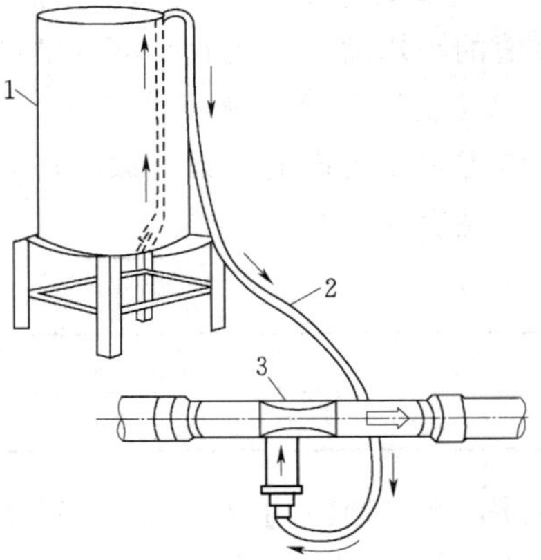

图 3－30　文丘里注入器
1—开敞式化肥罐；2—输液管；3—文丘里注入器

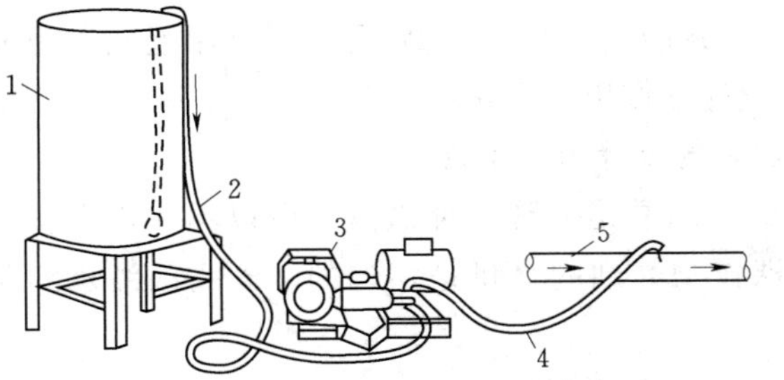

图 3－31　机械驱动活塞施肥
1—化肥桶；2—输液管；3—活塞泵；4—输肥管；5—输水管

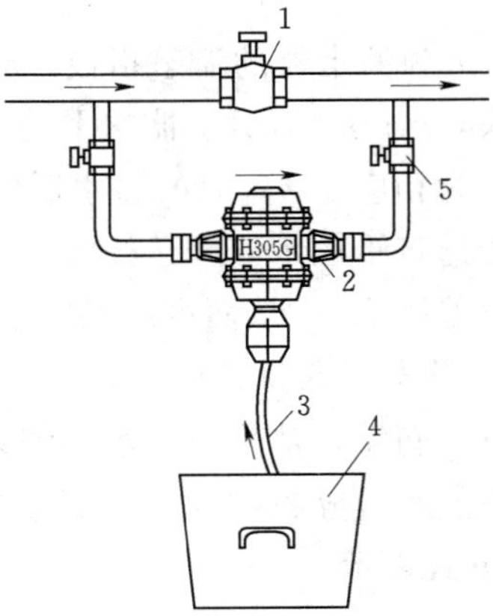

图 3－32　水动注肥系统
1—控制阀；2—水动注肥泵；3—吸肥管；4—肥液桶；5—施肥开关

三、微灌系统的主要灌水质量指标

（一）灌水均匀度

为保证微灌的灌水质量，灌水均匀度应达到一定的要求。在田间，影响灌水均匀度的因素很多，如灌水器工作压力的变化，灌水器的制造偏差，堵塞情况，水温变化，地形变化等。目前在设计微灌工程时能考虑的只有水力（水压变化）和制造偏差两种因素对均匀度的影响。微灌灌水均匀度可以用克里斯琴森均匀系数来表示，即

$$C_u = 1 - \Delta q / q_a \tag{3-31}$$

其中

$$\Delta q = \frac{\sum_{i=1}^{N} | q_i - q_a |}{N}$$

式中：C_u 为均匀系数；q_a 为灌水器的平均流量；Δq 为每个灌水器的流量与平均流量之差的绝对值的平均值；q_i 为每个灌水器的流量；N 为灌水器的数量。

1. 只考虑水压力因素影响时设计的均匀度

仅考虑水压力影响因素，微灌均匀度系数 C_u 与灌水器的流量偏差率 q_v 存在一定的近似关系，见表 3－12。

表 3－12　C_u与 q_v的关系

C_u/%	98	95	92
q_v/%	10	20	30

另外，在平地或均匀坡条件下微灌的流量偏差率与工作水头偏差率的关系可表示为：

$$H_v = \frac{1}{x} q_v \left(1 + 0.15 \frac{1-x}{x} q_v\right) \tag{3-32}$$

其中

$$q_v = \frac{q_{\max} - q_{\min}}{q_a} \quad H_v = \frac{h_{\max} - h_{\min}}{h_a}$$

式中：x 为灌水器的流态指数；$h_{\max}$为灌水器的最大工作水头，m；h_{mix}为灌水器的最小工作水头，m；h_a 为灌水器的平均工作水头，m；$q_{\max}$为相应于 $h_{\max}$时的灌水器的流量，L/h；$q_{\min}$为相应于 $h_{\min}$时的灌水器的流量，L/h；q_a 为灌水器的平均流量，L/h。

若选定了灌水器，已知流态指数 x，并确定了均匀系数 C_u，则可用上式求出允许的压力偏差率 H_v，从而可以确定毛管的设计工作压力变化范围。

2. 考虑水力和制造偏差两个影响因素的设计均匀系数

对于滴灌，常采用灌水均匀系数 E_u。滴灌是一种局部灌溉，所以不要求在整个灌水的面积上水量分布均匀，而要求每一棵作物灌到的水量是均匀的。滴头的灌水均匀系数 E_u 用下式表示：

$$E_u = 100\left(1 - \frac{1.27 F_v}{\sqrt{e}}\right)\frac{q_{\min}}{q_0} \tag{3-33}$$

$$F_v = \frac{S_d}{q_0} \tag{3-34}$$

$$S_d = \frac{\sqrt{q_1^2 + q_2^2 + \cdots + q_n^2 - n q_0}}{\sqrt{n-1}}$$

式中：$q_{\min}$为根据正常流量压力关系曲线计算的与最小压力相对应的流量，L/h；e 为每株作

物最少的滴头数目；S_d 为至少 50 个以上新的灌水器所测得流量的标准偏差；q_1，q_2，…，q_n 为各个滴头的流量值，L/h；q_0 为所有滴头的平均流量值，L/h；n 为供试滴头的总数；F_v 为制造偏差系数，用来衡量产品的制造精度，F_v 值一般变化在 2%～10%之间，一般要求 F_v 值不大于 5%；其余符号意义同前。

一般要求 E_u 值大于等于 94%，在任何情况下也不得低于 90%。

3. 设计灌水均匀度的确定

在设计微灌工程时，选定的灌水均匀度越高，灌水质量越高，水的利用率也就越高，系统的投资也越大。因此，设计灌水均匀度应根据作物对水分的敏感程度、经济价值、水源条件、地形、气候等因素综合考虑确定。通常采用的设计均匀度为：当只考虑水压力因素时，取 C_u=0.95～0.98，或 q_v=10%～20%；当考虑水力和灌水器制造偏差两个因素时，取 C_u=0.90～0.95。

（二）灌溉水利用系数的确定

只要设计合理、设备可靠、精心管理，微灌工程不会产生输水损失、地面径流和深层渗漏。微灌的主要水量损失是由灌水不均匀和某些不可避免的损失所造成。规范 GB/T 50485—2009 规定：对于滴灌，灌溉水利用系数应不低于 0.9；微喷和涌泉灌不低于 0.85。

四、微灌工程的规划设计

（一）灌水器及管道布置

1. 滴头与毛管的布置

通常，毛管均沿作物行方向布置。在山丘区一般均采用等高种植，故毛管应沿等高线布置。对于果树，滴头与树干的距离通常应为树冠半径的 2/3。为了提高灌水均匀度，减少个别滴头堵塞所造成的危害，每棵作物至少布置有 2 个或 2 个以上的滴头，其布置方式有以下几种：

（1）单行直线布置［图 3-33（a）］：一根毛管控制一行作物。

（2）单行带环状布置［图 3-33（b）］：滴头通过绕树毛管相连，滴水点分布与根系一致，其灌水均匀度高，但毛管用量较大，且收存和铺设比较麻烦。

（3）双行直线布置［图 3-33（c）］：两根毛管控制一行作物。

（4）单行带微管布置［图 3-33（d）］：从毛管上分出微管式滴头，微管的出水口环绕作物四周布置，这种布置减少了毛管用量，微灌造价低，可相应地降低投资。

2. 微喷头与毛管的布置

微喷头的布置包括在高度上的布置和在平面上的布置。在高度上的布置，一般是放在作物的冠盖下面，但是不能太靠近地面，以免暴雨时将泥沙溅到微喷头上而堵塞喷嘴或影响折射臂旋转，也不能太高以免打湿枝叶。安装高度一般为 20～50cm，对于专门要求湿润作物叶面的系统则可安装在作物的冠盖之上。

在平面上的布置，一般说来是每棵作物布置一个微喷头，要求 30%～75%以上的根系得到灌溉，以保持产量和足够的根系锚固力。如果微喷灌是作物水分的唯一来源或主要来源（在非常干旱的地区），则作物根系发育形状与湿润土壤的形状一致，干的地方根系不发达。这时微喷头的布置是至关重要的，最好灌溉的湿润图形与作物枝干对称，应促使根系延伸到离作物枝干的距离等于作物高 1/4 处，以确保作物有足够的锚固力。图 3 - 34 给出了在果园中微喷头的几种布置方式。

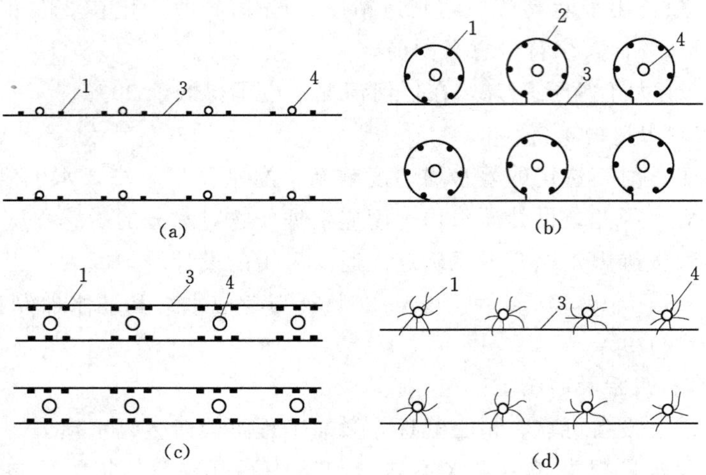

图 3 - 33　滴灌毛管和灌水器布置形式

(a) 单行毛管直线布置；(b) 单行毛管带环状管布置；(c) 双行毛管平行布置；(d) 单行毛管微管布置

1—灌水器；2—绕树环状管；3—毛管；4—果树或作物

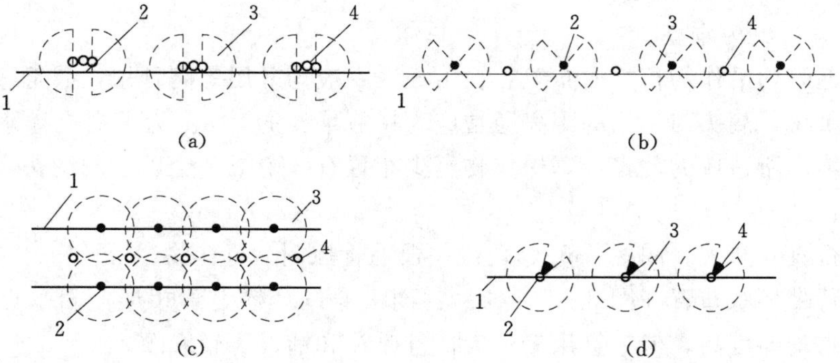

图 3 - 34　微喷灌毛管和灌水器布置形式

(a) 单向微喷头局部喷洒；(b) 双向微喷头局部喷洒；(c) 全圆微喷头全圆喷洒；(d) 全圆微喷头局部喷洒

1—毛管；2—微喷头；3—湿润区；4—果树

（二）灌溉制度和工作制度的拟定

设计灌溉制度是指作物全生育期（对于果树等多年生作物则为全年）内设计条件下的每一次灌水量（灌水定额）、灌水时间间隔（或灌水周期）、一次灌水延续时间、灌水次数和灌水总量（灌溉定额），它是确定灌溉工程规模的依据，也可以作为灌溉管理的参考数据。

1. 设计灌水定额计算

微灌系统的设计灌水定额可由下式计算求得：

$$m_{净}=\beta(F_d-\omega_0)ZP_\omega/1000 \tag{3-35}$$

式中：$m_{净}$为设计灌水定额，mm；β为土壤中允许消耗的水量占土壤有效水量的比例，%，β

取决于土壤、作物和经济等因素，一般为30%～60%，对土壤水分敏感的作物，如蔬菜等，采用下限值，对土壤水分不敏感的作物，如成龄果树等，可采用上限值；F_d、ω_0 分别为土壤田间持水率和作物凋萎系数（占土体积的%）；$F_d-\omega_0$ 表示土壤中可保持的最大有效水分数量；Z 为土壤计划湿润层深度，根据各地的经验，各种作物的适宜土壤湿润层深度蔬菜为0.2～0.3m，大田作物为0.3～0.6m，果树为1～1.5m，m；P_ω 为土壤湿润比，%。

P_ω 取决于自然条件、作物种类、种植方式及微灌形式，结合当地试验资料确定，无实测资料时，可参考表3-13确定。

表3-13　　微灌设计湿润比

作　物	滴　灌	微喷灌	作　物	滴　灌	微喷灌
果树、乔木	25～40	40～60	蔬菜	60～90	70～100
葡萄、瓜类	30～50	40～70	粮、绵油等作物	60～90	—
草、灌木	—	100			

2．设计灌水周期的确定

设计灌水周期是指在设计灌水定额和设计日耗水量的条件下，能满足作物需要，两次灌水之间的最长时间间隔。设计灌水周期可按下式计算：

$$T=m_{净}/E_a \tag{3-36}$$

式中：T 为设计灌水周期，d；$m_{净}$ 为设计净灌水定额，mm；E_a 为设计时选用的作物耗水强度，mm/d。

3．一次灌水延续时间的确定

单行毛管直线布置，灌水器间距均匀情况下，一次灌水延续时间由下式确定。对于灌水器间距非均匀安装的情况下，可取 S_e 为灌水器的间距的平均值。

$$t=\frac{m_{净}\ S_eS_l}{\eta q} \tag{3-37}$$

式中：t 为一次灌水延续时间，h；S_e 为灌水器的间距，m；S_l 为毛管间距，m；$m_{净}$ 为设计净灌水定额，mm；η 为田间水利用系数，$\eta=0.9\sim0.95$；q 为灌水器流量，L/h。

对于果树，每棵树装有 n 个灌水器时，则

$$t=\frac{m_{净}\ S_rS_t}{\eta nq} \tag{3-38}$$

式中：S_r、S_t 分别为果树的株距和行距，m；其余符号意义同前。

4．灌水次数与灌溉定额

使用微灌技术，作物全生育期（或全年）的灌水次数比传统的地面灌溉要多。根据我国使用的经验，北方果树通常一年灌水10余次；在水源不足的山区也可能一年只灌3～5次。灌溉定额为生育期或一年内（对于多年生作物）各次灌水量的总和。

5．轮灌组数的确定和轮灌组的划分

目前农田灌溉中多采用轮灌工作制度。按作物需水要求，全系统划分的轮灌组数目依系统工作方式而不同，对固定式系统，见式（3-39）：

$$N\leqslant\frac{CT}{t} \tag{3-39}$$

对于移动式系统，见式（3－40）：

$$N\leqslant\frac{CT}{tn_m}\tag{3－40}$$

式中：N 为允许轮灌组的最大数目，取整数；C 为一天运行的小时数，一般为 12～20h；T 为设计灌水周期，d；t 为一次灌水延续的时间，h；n_m 为一条毛管在所管辖的面积内移动的次数。

通常在支管的进口安装闸阀和流量调节装置，使支管所辖的面积成为一个灌水单元，称为灌水小区。一个轮灌组可包括一条或若干条支管，即包括一个或若干个灌水小区。

第五节 设施农业灌溉工程

一、设施农业灌溉的特点与要求

温室是一个相对封闭的生产环境，天然降雨不能直接利用，温室中作物需要的水分完全依靠人工控制的灌溉措施来解决，灌溉设备是温室设施的重要组成部分。由于温室作物的生产环境与大田作物的生产环境有较大差别，一些适合露地作物的灌溉技术（如大型喷灌技术等）不能在温室里使用。同时，温室作为一种现代高效农业栽培设施，采用灌溉措施除了要求节水外，更注重的是能够取得省工、增产和增收等效果。因此，温室节水灌溉技术与农田节水灌溉技术既有联系，也有区别。

1. 设施农业灌溉的特点

（1）作物种植的空间发生了巨大变化。温室是一个封闭的系统，与露地种植相比室内无风，任何形式的喷灌都不必考虑风的影响；绝大多数温室种植地面是非常平整的，灌溉系统设计不必考虑地形的坡度影响；室内紫外线照射强度低，对灌溉设备的输水管道和灌水器的老化作用影响小，这些都是温室灌溉有利的一面。但任何形式的灌溉都会引起温室内温度和湿度的变化，这是露天灌溉不必考虑的问题，而在温室生产中却是必须引起高度重视并需要正确处理的关键问题，因为这种温湿度变化对温室作物生长有时是有利的，有时却是有害的。如夏季高温干燥季节，采用喷灌可辅助温室降温，灌溉具有降温增湿的作用；但在低温潮湿季节，喷灌引起的降温增湿将给作物正常生长带来威胁。所以，温室灌溉必须合理选择和利用灌溉方式，扬长避短，充分发挥灌溉系统的综合环境调控能力。

（2）灌溉的土壤发生了重大变化。除日光温室和塑料大棚外，大部分大型连栋温室作物种植基本采用无土栽培。所谓无土栽培就是不用天然土壤，而用人工基质（人工配制或工业生产的能够代替天然土壤用于容纳作物根系的材料）采用营养液灌溉来栽培作物的方法。由于采用的人工基质不同，无土栽培又分为基质培、水培和雾培。

大田土壤栽培作物可以利用土壤中的营养元素，一般不需要供应微量元素肥料。土壤厚度很深，作物生长可以借助土壤深层的水肥，对水肥的缓冲性能好，同时作物根系分布范围广，作物的抗旱能力强，对栽培技术（尤其是水肥管理）要求较低，作物具备稳产的条件。

采用无土栽培后，基质的三相比（固相：液相：气相）与土壤相比发生了重大变化，基层厚度有限（多在 20～30cm 之内）；温室灌溉必须全面、精确地配制作物所需要的营养成分，灌溉和施肥一体化成了温室灌溉的必然要求，并且温室灌溉应该是经常性的少灌、勤灌，大田灌溉中的一茬几灌或在主要生育期灌溉的模式将被彻底打破。

（3）种植作物的方式发生了显著变化。大田种植作物离不开土壤和地面，而温室栽培作物除了可用人工基质替代天然土壤外，各种形式的栽培床（架）可将栽培作物托起使之远离地面，有的甚至悬挂在空中，如空中吊篮等。采用人工基质后按照盛装基质的方法不同，栽培方式又分为袋培、槽培以及盆栽和穴盘栽培等。以上各种栽培方式由于受栽培容器的隔离，灌溉水不可能在相邻容器之间流动或渗透，所以灌溉要求对每个独立的栽培容器进行相同的灌溉，相比于大田灌溉，相同面积上所用的灌水器数量将会大大增加，而每个灌水器的灌水流量却显著下降。此外，灌水的方式也多种多样，如可以从上向下灌水，也可以从下向上灌水，由此渗灌、潮汐灌等应运而生。

温室无土栽培中的水培、雾培等栽培方式几乎是大田生产所没有的，相应的配套灌溉技术需要完全地创新和改革。

（4）作业管理的精度发生了很大变化。大田灌溉是针对一片土地进行灌溉，相应的灌溉量是按 m^3/hm^2 计算；而温室灌溉是针对一行或一棵作物进行灌溉，相应灌溉量是按L/灌水器计算。灌水量的计量单位在一定程度上说明了灌溉控制的精度。

温室设施内的每一寸土地都是在高投入的条件下获得的，珍惜每一寸土地是温室种植的最大追求，任何形式的配套设备要符合不占用或少占用有效使用地面的基本要求。

2. 设施农业灌溉的要求

（1）温室灌溉要求节水、灌溉与施肥一体化。露地栽培以地表灌溉为主，由于受灌水方法的制约，使得灌溉水难以只保持在根系活动层而不产生深层渗漏。因此，在灌溉中同时进行施肥效果差、肥料损失严重，易造成资源浪费。温室灌溉采用管道灌溉后，则很容易实现灌溉施肥技术的一体化，只需在灌溉装置上附加施肥设备，就能满足作物对水和肥的需求，使作物产量和品质都得到提高，进而取得良好的经济效益。

（2）温室灌溉要求与温度、湿度环境控制紧密结合。温室灌溉采用现代高新技术研制的滴灌、微喷灌、渗灌、多孔管等微灌系统，不仅控制精确，而且使作物生长处在最佳环境下，不仅有效提高了作物的产量和质量，而且适应市场需要，大大增强了产品竞争能力。

温室作物生产的局部环境能够实现部分或完全的人工控制，温室中环境温度、湿度、CO_2 浓度、光照强度等可以控制在作物生长要求的最佳或适宜范围内，同时还可实现环境与灌溉的协调控制，能根据温室中当前的温度、光照、CO_2 浓度等环境水平和历史的灌溉记录以及实测的土壤含水量等参数，通过计算机分析得到合理的灌溉指标，并控制相关设备运行，达到优化灌溉的目的。由于对灌溉的精确控制，反过来又作用于对环境参数的控制，可保证温室内环境温度和湿度不致因灌溉出现大起大落，从而为作物生长提供了一个稳定的生长环境。而且由于环境与灌溉的联合控制，温室运行能耗大大降低，从而也控制了温室的管理和运行成本，相应地提高了温室生产的经济效益。再加上稳定环境可促进作物品质的提高，其综合经济效益将得到大幅度提高。

（3）温室灌溉要求与室内作物栽培方式高度统一。同一种栽培方式可能与多种灌溉方法相匹配，但温室栽培中往往一种种植模式对应唯一的灌溉方法。所以在选择应用灌溉设备和技术前首先了解和分析作物的栽培方式非常重要，这是温室灌溉系统设计的前提。

二、设施农业灌溉系统的组成与选择

1. 系统组成

一套完整的温室灌溉系统通常包括水源、首部枢纽、供水管网、田间灌溉系统、自动控制设备等五部分。温室供水可在灌溉时直接从水源提取，但更多的是在温室内、温室周围或温室操作间修建蓄水池（罐），以备随时使用，也可防止由于水源短暂的中断而影响温室的正常生产。

首部枢纽设备除包括水泵与动力机、净化过滤设备、施肥（加药）测量和保护设备、控制阀门等外，有些温室灌溉可能还需要配置水软化设备或加温设备等。

采用计算机综合控制技术，能够将温室环境控制和灌溉控制相结合，根据温室内的温度、湿度、CO_2 浓度和光照水平等环境因素以及植物生长的不同阶段对营养的需要，即时调整营养液配方和灌溉量、灌溉时间是目前最先进的温室控制技术，也是当前研究的重点。

自动控制设备极大地提高了温室灌溉系统的工作效率和管理水平，已逐渐成为温室灌溉系统中的基本配套设备。

2. 系统选择

灌溉系统首先要考虑在节约用水的前提下满足种植作物正常生长的需水要求，其次要考虑灌溉系统的造价与建设温室的性能及使用寿命，如塑料大棚和日光温室要求灌溉系统应尽量简易，大型连栋温室则要求配置相对高档。从温室形式来选择使用灌溉系统只是初步的，作物在温室中的种植方式才是真正决定选择灌溉系统的核心。

（1）塑料大棚配套灌溉系统。塑料大棚主要用于冬季耐寒叶菜类栽培及春秋季瓜类、茄果类、甘蓝类蔬菜的早熟栽培，其中叶菜类、甘蓝类蔬菜可使用沟灌进行灌溉，大棚春茬栽培茄果类、瓜类可以采用沟灌或膜下沟灌方式进行，施肥可随水追施或穴施到根际来完成。大棚秋延后栽培由于秋季温差大，可导致棚内高湿易于诱发病害，最好使用膜下滴灌，以降低棚室内湿度和维持地温在较高水平，为降低生产成本，亦可选用膜下管带滴灌进行灌溉。追肥可通过施肥器随水施入，也可通过打药防病时从叶片喷施。这种类型的温室本身投资很低，所种作物的附加值不大，对灌溉系统的要求不高，因此应根据所种作物的类型，选用投资较低的灌溉系统。

（2）日光温室配套灌溉系统。日光温室主要用于秋冬季作物栽培，也有些日光温室还安装有湿帘、风机、遮阳网，可用于周年四季栽培生产。这种类型的温室本身投资较高，所种作物一般有较高的附加值，除了土壤栽培，还有基质栽培、有机生态无土栽培和有机土栽培等不同栽培形式，可以根据所种作物的类型、栽培方式，选择适当的肥水供应系统。近年来我国日光温室土壤栽培的灌溉系统主要有膜下沟灌和滴灌系统。

（3）连栋温室中滴灌系统的布置。连栋温室应用滴灌系统的栽培模式一般分为土壤栽培和无土栽培，按栽培床高低分类有地面床和移动床。地面栽培床一般为长条状，一垄种植一行或两行作物，根据作物品种的生育发展情况，一般选用毛管沿作物种植行向铺设，滴灌带（管）灌溉湿润整个栽培槽或选用管上式滴头、滴箭将水肥引到每一棵作物根部。如果是盆栽作物，一般选用滴箭将水肥引到每一颗作物根部。

第四章　灌 溉 渠 道 工 程

第一节　灌溉渠道工程的组成

灌溉渠道工程是将渠首引入的水量安全地输送、合理地分配到灌区各个部分的渠道系统及其相关的渠首工程和田间工程，其中渠道系统包括输水渠道系统、配水渠道系统和渠系建筑物。渠首工程有水库、提水泵站、有坝引水工程、无坝引水工程、水井等多种形式，用以适时、适量地引取灌溉水量。田间工程指农渠以下的临时性毛渠、输水垄沟和田间灌水沟、畦田以及临时分水等，用以向农田灌水，满足作物正常生长或改良土壤的需要。

在现代灌区建设中，灌溉渠道系统和排水沟道系统是并存的，两者互相配合，协调运行，共同构成完整的灌区水利工程系统，如图 4－1 所示。

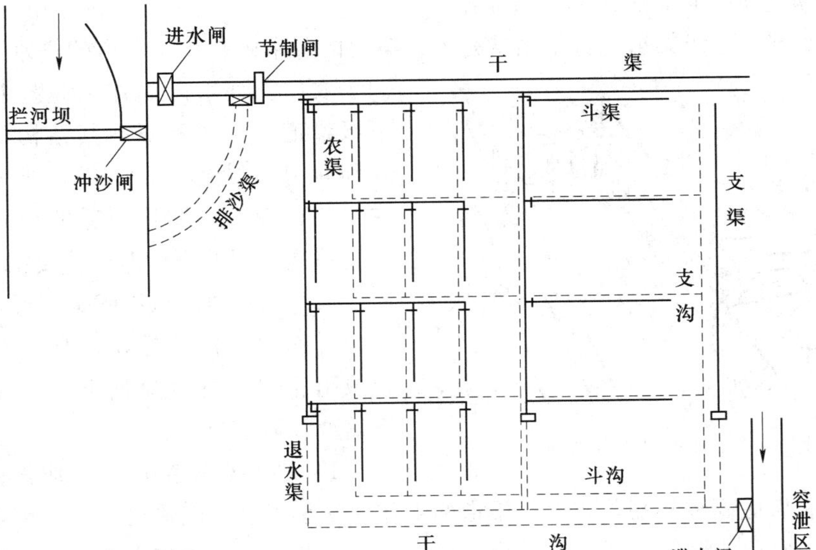

图 4－1　灌溉排水系统示意图

一、渠道系统的组成和分类

灌溉渠系由各级灌溉渠道和退（泄）水渠道及其相应的渠系建筑物组成。灌溉渠道按其使用寿命分为固定渠道和临时渠道两种：多年使用的永久性渠道称为固定渠道，使用寿命小于一年的季节性渠道称为临时渠道。按控制面积大小和水量分配层次又可把灌溉渠道分为若干等级：大、中型灌区的固定渠道一般分为干渠、支渠、斗渠、农渠四级，如图 4

-1所示；在地形复杂的大型灌区，固定渠道的级数往往多于四级，干渠可分成总干渠和分干渠，支渠可下设分支渠，甚至斗渠也可下设分斗渠；在灌溉面积较小的灌区，固定渠道的级数较少，如分为干、斗、农三级。农渠以下的小渠道一般为季节性的临时渠道。

退、泄水渠道包括渠首排沙渠、中途泄水渠和渠尾退水渠，其主要作用是定期冲刷和排放渠首段的淤沙、排泄入渠洪水、退泄渠道剩余水量及下游出现工程事故时断流排水等，达到调节渠道流量、保证渠道及建筑物安全运行的目的。中途退水设施一般布置在重要建筑物和险工渠段的上游。干、支渠道的末端应设退水渠道。

二、渠系建筑物

渠系建筑物系指各级渠道上的建筑物，按其作用的不同，可分为以下几种类型。

1. 引水建筑物

从河流无坝引水灌溉时的引水建筑物就是渠首进水闸，其作用是调节引入干渠的流量；有坝引水时的引水建筑物是由拦河坝、冲沙闸、进水闸等组成的灌溉引水枢纽，其作用是壅高水位、冲刷进水闸前的淤沙、调节干渠的进水流量、满足灌溉对水位、流量的要求。需要提水灌溉时修筑在渠首的水泵站和需要调节河道流量满足灌溉要求时修建的水库，也均属于引水建筑物。

2. 配水建筑物

配水建筑物主要包括分水闸和节制闸。

(1) 分水闸。上级渠道的分水闸就是下级渠道的进水闸。斗、农渠的进水闸惯称为斗门、农门。分水闸的作用是控制和调节向下级渠道的配水流量，其结构形式有开敞式和涵洞式两种，如图4-2所示。斗门和农门数量较大，新建合适的形式斗门与农门是提高农田灌溉效益的重要措施。

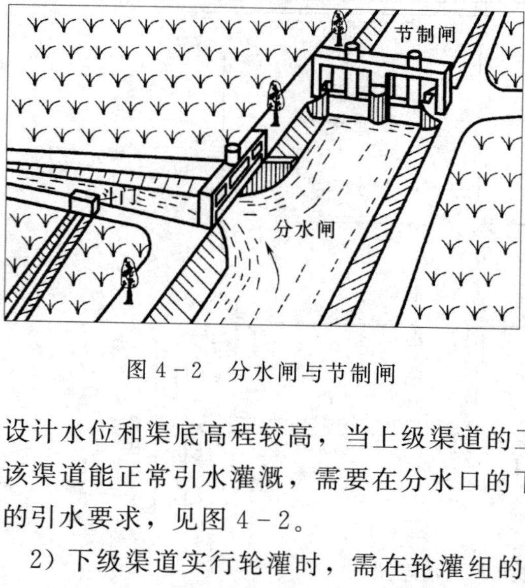

图4-2　分水闸与节制闸

(2) 节制闸。节制闸垂直渠道中心线布置，其作用是根据需要抬高上游渠道的水位或阻止渠水继续流向下游。在下列情况下需要设置节制闸：

1) 在下级渠道中，个别渠道进水口处的设计水位和渠底高程较高，当上级渠道的工作流量小于设计流量时，进水困难，为了保证该渠道能正常引水灌溉，需要在分水口的下游设一节制闸，壅高上游水位，满足下级渠道的引水要求，见图4-2。

2) 下级渠道实行轮灌时，需在轮灌组的分界处设置节制闸，在上游渠道轮灌供水期间，用节制闸拦断水流，把全部水量分配给上游轮灌组中的各条下级渠道。

3) 为了保护渠道上的重要建筑物或险工渠段，退泄降雨期间汇入上游渠段的降雨径流，通常在它们的上游设泄水闸，在泄水闸与被保护建筑物之间设节制闸，使多余水量从泄水闸流向天然河道或排水沟道。

3. 交叉建筑物

渠道穿越山岗、河沟、道路时，需要修建交叉建筑物。常见的交叉建筑物有隧洞、渡槽、倒虹吸、涵洞、桥梁等。

(1) 隧洞与涵洞。当渠道与道路相交，渠道水位低于路面，而且流量较小时，常在路面下埋设平直的管道，叫做涵洞。当渠道遇到山冈，绕行或深挖工程量大，不经济时，或地质条件较差，开挖明渠施工和管理困难，影响渠道安全时，可修建隧洞。隧洞和涵洞的主要区别在于施工方法，隧洞是在山体中或地面下直接开凿衬砌而成，涵洞则是先明挖，后砌筑，再回填。在灌溉工程中，多采用无压隧洞。当渠道与河沟相交，河沟洪水位低于渠底高程，而且河沟洪水流量小于渠道流量时，可用填方渠道跨越河沟，需在填方渠道下面建造排洪涵洞。

(2) 渡槽。渠道穿过河沟、道路时，如果渠底高于河沟最高洪水位或渠底高于路面的净空大于行驶车辆要求的安全高度时，可架设渡槽，让渠道从河沟、道路的上空通过。渠道穿越洼地时，如采取高填方渠道工程量太大，也可采用渡槽。图 4-3 所示为渠道跨越河沟时的渡槽。

(3) 倒虹吸。渠道穿过河沟、道路时，如果渠道水位高出路面或河沟洪水位，但渠底高程却低于路面或河沟洪水位时；或渠底高程虽高于路面，但净空不能满足交通要求时，就要用压力管道代替渠道，从河沟、道路下面通过，压力管道的轴线向下弯曲，形似倒虹。见图 4-4。

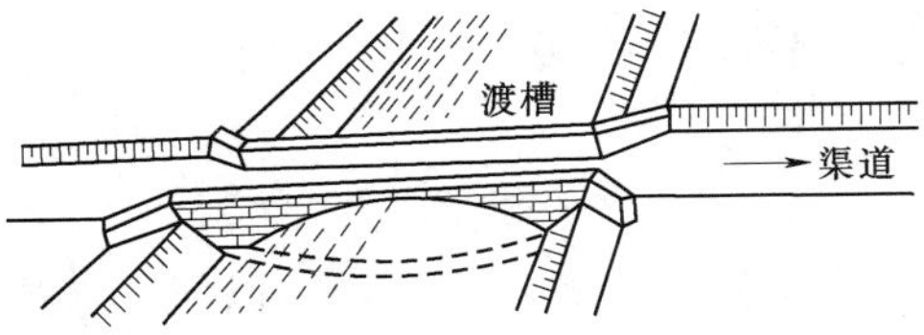

图 4-3　渡槽

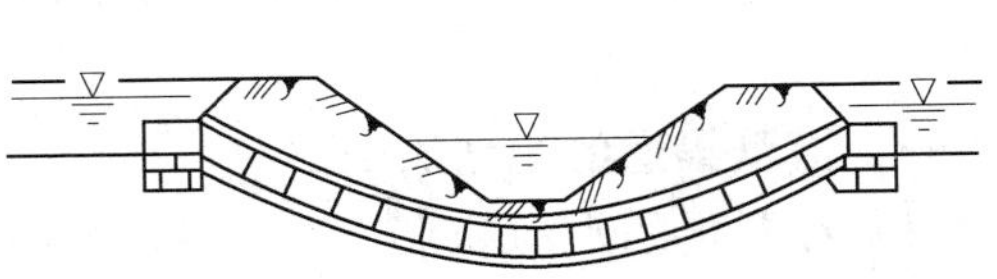

图 4-4　倒虹吸

(4) 桥梁。渠道与道路相交，渠道水位低于路面，而且流量较大、水面较宽时，要在渠道上修建桥梁，满足交通要求。

4. 衔接建筑物

当渠道通过坡度较大的地段时，为了防止渠道冲刷，保持渠道的设计比降，就把渠道分成上、下两段，中间用衔接建筑物联结，这种建筑物常见的有跌水和陡坡，见图 4-5。一般当渠道通过跌差较小的陡坎时，可采用跌水；跌差较大、地形变化均匀时，多采用陡坡。

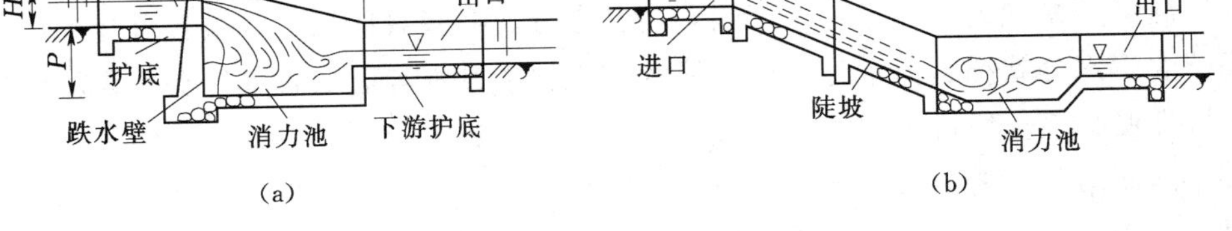

图 4-5　衔接建筑物

(a) 跌水；(b) 陡坡

5. 泄水建筑物

为了防止由于沿渠坡面径流汇入渠道或因下级（游）渠道事故停水而使渠道水位突然升高，威胁渠道的安全运行，必须在重要建筑物和大填方段的上游以及山洪入渠处的下游修建泄水建筑物，泄放多余的水量。通常是在渠岸上修建溢流堰或泄水闸，当渠道水位超过加大水位时，多余水量即自动溢出或通过泄水闸宣泄出去，确保渠道的安全运行。泄水建筑物具体位置的确定，还要考虑地形条件，应选在能利用天然河沟、洼地等作为泄水出路的地方，以减少开挖泄水沟道的工程量。从多泥沙河流引水的干渠，常在进水闸后选择有利泄水的地形，开挖泄水渠，设置泄水闸，根据需要开闸泄水，冲刷淤积在渠首段的泥沙。为了退泄灌溉余水，干、支、斗渠的末端应设退水闸和退水渠。

6. 量水建筑物

灌溉工程的正常运行需要控制和量测水量，以便实施科学的用水管理。在各级渠道的进水口需要量测入渠水量，在末级渠道上需要量测向田间灌溉的水量，在退水渠上要量测渠道退泄的水量。可以利用水闸等建筑物的水位—流量关系进行量水，但建筑物的变形以及流态不够稳定等因素会影响量水的精度。在现代化灌区建设中，要求在各级渠道进水闸下游，安装专用的量水建筑物或量水设备。

第二节 灌溉渠道工程的规划

一、灌溉渠道的规划原则

（1）在既定的水源和水位情况下，各级渠道应布置在灌区的较高地带，以便自流控制较大的灌溉面积，对面积很小的局部高地宜采用提水灌溉的方式。

（2）使工程量和工程费用最小。一般来说，渠线应尽可能短直，以减少占地和工程量。尽可能与道路和防护林带、排水渠系等统一考虑（如渠线结合防护林带布置或沿路布置），以减少渠道深挖高填和交叉建筑物的数量，节约工程投资及管理费用。

（3）渠道的布置应尽量与用水单位相结合，尽可能使各用水单位都有独立的用水渠道，以利管理。

（4）斗、农渠的布置要满足机耕要求。渠道线路要直，上、下级渠道尽可能垂直，斗、农渠的间距要有利于机械耕作。

（5）要考虑综合利用。山区、丘陵区的渠道布置应集中落差，以便发电和进行农副业加工。

（6）灌溉渠系规划应和排水系统规划结合进行。在多数地区，必须有灌有排，以便有效地调节农田水分状况。通常先以天然河沟作为骨干排水沟道，布置排水系统，在此基础上，布置灌溉渠系。应避免沟、渠交叉，以减少交叉建筑物。

（7）灌溉渠系布置应和土地利用规划（如耕作区、道路、林带、居民点等规划）相配合，以提高土地利用率，方便生产和生活。

二、干、支渠的规划布置

干、支渠的布置形式主要取决于地形条件，大致可以分为以下三种类型：

1. 山区、丘陵区灌区的干、支渠布置

山区、丘陵区地形比较复杂，岗冲交错，起伏剧烈，坡度较陡，河床切割较深，比降较大，耕地分散，位置较高。一般需要从河流上游引水灌溉，输水距离较长。所以，这类灌区干、支渠道的特点是：渠道高程较高，比降平缓，渠线较长而且弯曲较多，深挖、高填渠段较多，沿渠交叉建筑物较多。渠道常和沿途的塘坝、水库相联，形成长藤结瓜式水利系统，以求增强水资源的调蓄利用能力和提高灌溉工程的利用率。

山区、丘陵区的干渠通常有两种布置方式，一种是沿灌区上部边缘布置，大体上和等高线平行，支渠沿两溪间的分水岭布置，如图4-6所示。一种是在丘陵地区，灌区内有主要岗岭横贯中部，干渠可布置在岗脊上，大体和等高线垂直，干渠比降视地面坡度而定，支渠自干渠两侧分出，控制岗岭两侧的坡地。

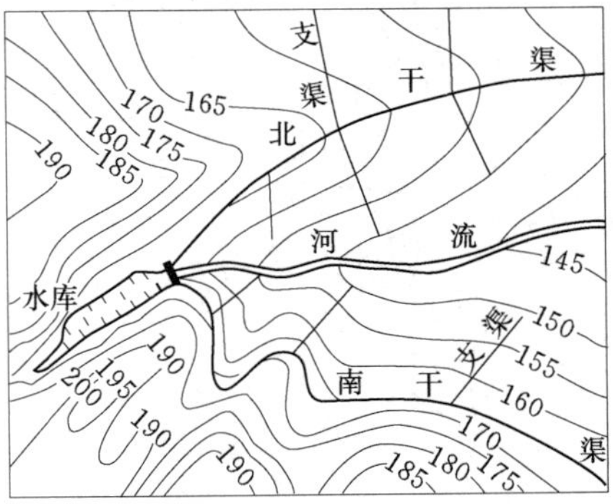

图4-6　山区、丘陵区干支渠道布置

2. 平原区灌区的干、支渠布置

这类灌区大多位于河流中、下游地区的冲积平原，地形平坦开阔，耕地集中连片。依地形情况可分为山前洪积冲积扇灌区和河谷阶地灌区两种情况。其中山前洪积冲积扇，地面坡度较大，排水条件较好，洪、涝威胁较轻，但干旱问题比较突出。当灌区内地下水丰富时，可同时发展井灌和渠灌。干渠多沿山麓方向大致和等高线平行布置，支渠与其垂直或斜交，如图4-7(a)所示；河谷阶地位于河流两侧，呈狭长地带，地面坡度倾向河流，高处地面坡度较大，河流附近坡度平缓，干渠多沿河流岸旁高地与河流平行布置，大致和等高线垂直或斜交，支渠与其成直角或锐角布置，如图4-7(b)所示。

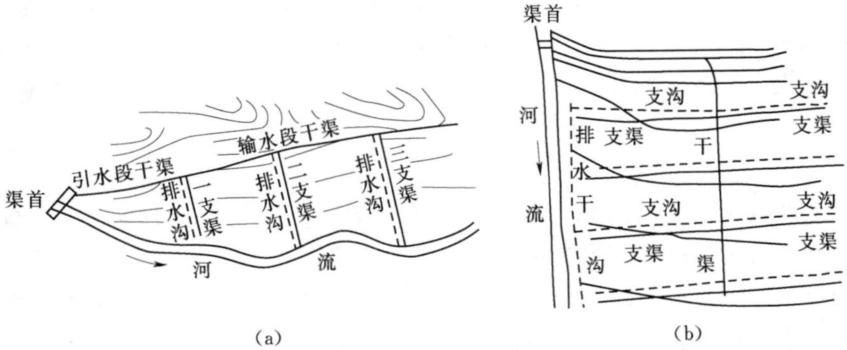

图4-7　平原区干支渠道布置

3. 圩垸区灌区的干、支渠布置

分布在沿江、滨湖低洼地区的圩垸区，地势平坦低洼，河湖港汊密布。该区域由于外河水位常高于农田，人们在江河两岸和沿湖滩地圈圩筑堤防洪(挡潮)，进行围垦，形成独立的区域，叫做圩垸，其示意图如图4-8(a)所示。由于特殊的地形条件，本区常受外洪内涝威胁，地下水位较高。此外，因降雨不均，也常发生旱情。除涝和控制地下水位是圩垸型灌区的首要问题，圩垸区的渠道系统为灌、排、蓄结合的深沟河网系统，圩垸内地形一般四周高而中间低，干渠常沿圩垸四周布置，灌溉渠系一般设干、支两级到田间。干渠控制面积大。以排为主，兼顾灌溉，排灌分家，各成系统。圩垸区渠道系统如图4-8（b）所示。

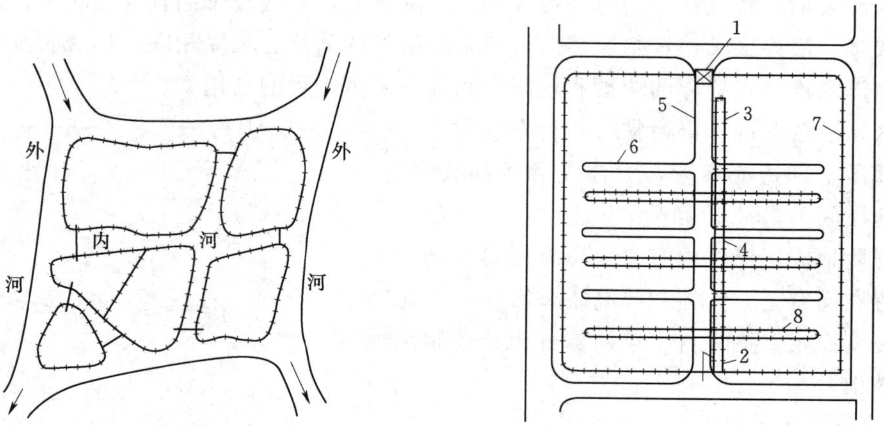

(a)　　　　(b)

图4-8　圩垸区灌、排渠系统布置

(a) 圩垸示意图；(b) 渠系统布置图

1—封闭闸；2—泵站；3—灌溉干渠；4—地下涵洞；5—排水干沟；6—排水支沟；7—圩堤；8—灌溉支渠

三、干、支渠的规划步骤

干、支渠道的渠线规划大致可分为查勘、纸上定线和定线测量三个步骤，简述如下：

1. 查勘

先在小比例尺（一般为1/50000）地形图上初步布置渠线位置，地形复杂的地段可布置几条比较线路，然后进行实际查勘，调查渠道沿线的地形、地质条件，估计建筑物的类型、数量和规模，对难工地段要进行初勘和复勘，经反复分析比较后，初步确定一个可行的渠线布置方案。

2. 纸上定线

对经过查勘初步确定的渠线，测量带状地形图，比例尺为1/1000～1/5000，等高距为0.5～1.0m，测量范围从初定的渠道中心线向两侧扩展，宽度为100～200m。在带状地形图上准确地布置渠道中心线的位置，包括弯道的曲率半径和弧形中心线的位置，并根据沿线地形和输水流量选择适宜的渠道比降。在确定渠线位置时，要充分考虑到渠道水位的沿程变化和地面高程。在平原地区，渠道设计水位一般应高于地面，形成半挖半填渠道，使渠道水位有足够的控制高程。在丘陵山区，当渠道沿线地面横向坡度较大时，可按渠道设计水位选择渠道中心线的地面高程。还应使渠线顺直，避免过多的弯曲。

3. 定线测量

通过测量，把带状地形图上的渠道中心线放到地面上去，沿线打上木桩，木桩的位置和间距视地形变化情况而定，木桩上写上桩号，并测量各木桩处的地面高程和横向地面高程线，再根据设计的渠道纵横断面确定各桩号处的挖、填深度和开挖线位置。

在平原地区和小型灌区，可用比例尺等于或大于万分之一的地形图进行渠线规划，先在图纸上初定渠线，再进行实际调查，修改渠线，然后进行定线测量，一般不测带状地形图。斗、农渠的规划也可参照这个步骤进行。

四、斗、农渠的的规划布置

1. 斗、农渠的规划布置要求

斗、农渠的规划和农业生产要求关系密切，除遵守前面讲过的灌溉渠道规划原则外，还应满足要求：①适应农业生产管理和机械耕作要求；②便于配水和灌水，有利于提高灌水工作效率；③有利于灌水和耕作的密切配合；④土地平整工程量较少；⑤平原地区自流灌区的斗渠长度一般为3～5km，控制面积为3000～5000亩。斗渠的间距主要根据机耕要求确定，和农渠的长度相适应；⑥农渠是末级固定渠道，控制范围为一个耕作单元。农渠长度根据机耕要求确定，在平原地区通常为500～1000m，间距为200～400m，控制面积为200～600亩。丘陵地区农渠的长度和控制面积较小。在有控制地下水位要求的地区，农渠间距根据农沟间距确定。

2. 布置形式

斗农渠的布置要与排水沟道相配合。其配合方式取决于地形条件，有以下两种基本形式：

(1) 灌排相间布置。在地形平坦或有微地形起伏的地区，宜把灌溉渠道和排水沟道交错布置，沟、渠都是两侧控制，工程量较省。这种布置形式称为灌排相间布置，如图4-9(a)所示。

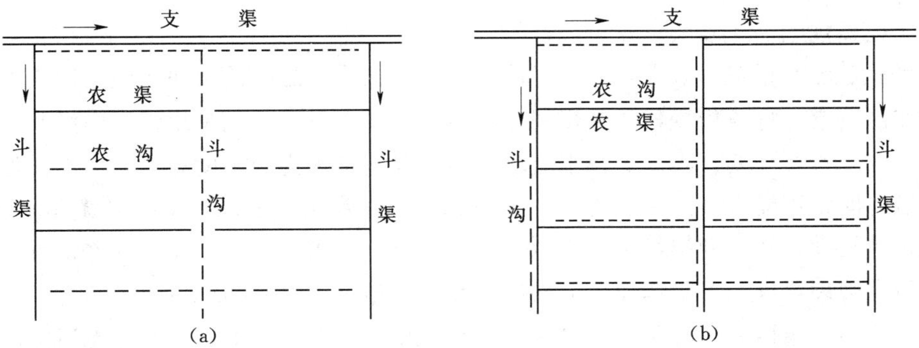

图4-9　沟、渠配合方式
(a) 灌排相间布置；(b) 灌排相邻布置

(2) 灌排相邻布置。在地面向一侧倾斜的地区，渠道只能向一侧灌水，排水沟也只能接纳一边的径流，灌溉渠道和排水沟道只能并行，上灌下排，互相配合。这种布置形式称为灌排相邻布置，见图4-9(b)。

第三节　田间工程及其规划

田间工程通常指最末一级固定渠道（农渠）和固定沟道（农沟）之间的条田范围内的临时渠道、排水小沟、田间道路、稻田的格田和田埂、旱地的灌水畦和灌水沟、小型建筑物以及土地平整等农田建设工程，是灌溉渠道输配水工程的重要组成部分。做好田间工程是进行合理灌溉、提高灌水工作效率、及时排除地面径流和控制地下水位、充分发挥灌排工程效益、实现旱涝保收、建设高产、优质、高效农业的基本建设工作。

一、田间工程的规划要求和规划原则

1. 规划要求

田间工程要有利于调节农田水分状况、培育土壤肥力和实现农业现代化。为此，田间工程规划应满足以下基本要求：

(1) 有完善的田间灌排系统，旱地有沟、畦，种稻有格田，配置必要的建筑物，灌水能控制，排水有出路，消灭旱地漫灌和稻田串灌串排现象，并能控制地下水位，防止土壤过湿和产生土壤次生盐渍化现象。

(2) 田面平整，灌水时土壤湿润均匀，排水时田面不留积水。

(3) 田块的形状和大小要适应农业现代化需要，有利于机械作业和提高土地利用率。

2. 规划原则

(1) 必须在农业发展规划和水利建设规划的基础上进行。

(2) 田间工程规划必须着眼长远、立足当前，既要充分考虑农业现代化发展的要求，又要满足当前农业生产发展的实际需要，全面规划，分期实施，当年增产。

(3) 田间工程规划必须因地制宜，注重调查研究。

(4) 田间工程规划要以治水改土为中心，实行山、水、田、林、路综合治理，创造良好的生态环境，促进农、林、牧、副、渔全面发展。

二、条田规划

末级固定灌溉渠道（农渠）和末级固定沟道（农沟）之间的田块叫做条田，有的地方称为耕作区。它是进行机械耕作和田间工程建设的基本单元，也是组织田间灌水的基本单元。条田的基本尺寸要：①满足排水要求，由此确定排水沟的深度和密度，农沟作为末级固定沟道，间距不能太大，一般为 100～200m；②满足机耕要求，即要求条田形状方整，具有一定的长度，从有利于机械耕作这一因素考虑，条田长度以 400～800m 为宜；③满足田间用水管理要求，在旱作地区，条田长度以不超过 500～600m 为宜。

综上所述，条田大小既要考虑除涝防渍和机械化耕作的要求，又要考虑田间用水管理要求，宽度一般为 100～200m，长度以 400～800m 为宜。

三、田间渠系布置

田间渠系指条田内部的灌溉网，包括毛渠、输水垄沟和灌水沟、畦等。田间渠系布置有以下两种基本形式。

1. 纵向布置

灌水方向垂直农渠，毛渠与灌水沟、畦平行布置，灌溉水流从毛渠流入与其垂直的输水垄沟，然后再进入灌水沟、畦。毛渠一般沿地面最大坡度方向布置，使灌水方向和地面最大坡向一致，为灌水创造有利条件。在有微地形起伏的地区，毛渠可以双向控制，向两侧输水，以减少土地平整工程量。地面坡度大于 1%时，为了避免田面土壤冲刷，毛渠可与等高线斜交，以减小毛渠和灌水沟、畦的坡度。田间渠系的纵向布置如图 4-10 所示。

2. 横向布置

灌水方向和农渠平行，毛渠和灌水沟、畦垂直，灌溉水流从毛渠直接流入灌水沟、畦，见图 4-11。这种布置方式省去了输水垄沟，减少了田间渠系长度，可节省土地和减少田间水量损失。毛渠一般沿等高线方向布置或与等高线有一个较小的夹角，使灌水沟、畦和地面坡度方向大体一致，有利于灌水。

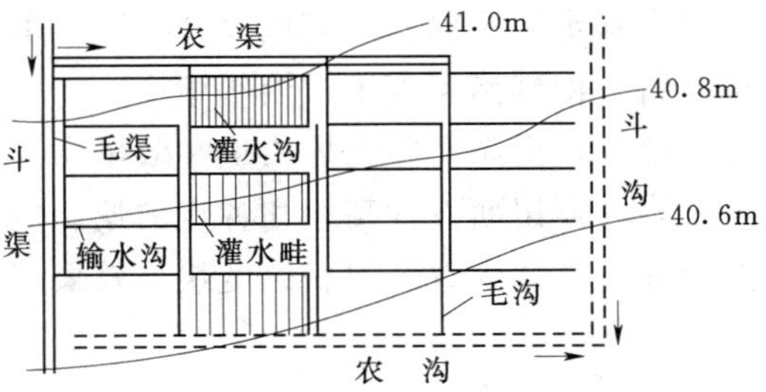

图 4-10　田间渠系纵向布置

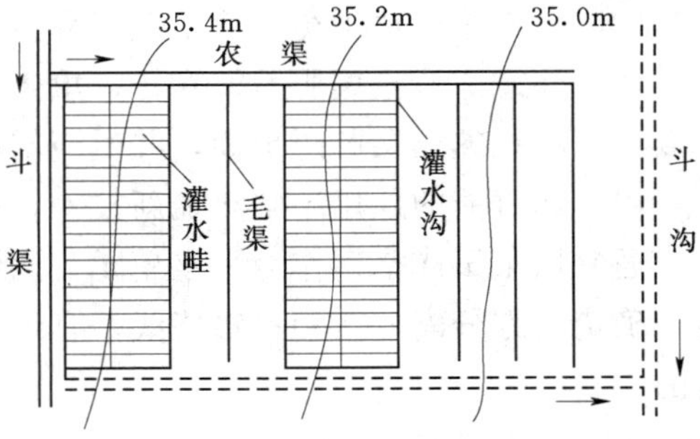

图 4-11　田间渠系横向布置

在以上两种布置形式中，纵向布置适用于地形变化较复杂、土地平整较差的条田；横向布置适用于地面坡向一致、坡度较小的条田。但是，在具体应用时，田间渠系布置方式的选择要综合考虑地形、灌水方向以及农渠和灌水方向的相对位置等因素。

四、稻田区的格田规划

水稻田一般都采用淹灌方法，需要在田间保持一定深度的水层。因此，在种稻地区，田间工程的一项主要内容就是修筑田埂，用田埂把平原地区的条田或山丘地区的梯田分隔成许多矩形或方形田块，称为格田。格田是平整土地、田间耕作和用水管理的独立单元。

田埂的高度要满足田间蓄水要求，一般为 20～30cm，埂顶兼作田间管理道路，宽约 30～40cm。

格田的长边通常沿等高线方向布置，其长度一般为农渠到农沟之间的距离。沟、渠相间布置时，格田长度一般为 100～150m；沟、渠相邻布置时，格田长度为 200～300m。格田宽度根据田间管理要求而定，一般为 15～20m。在山丘地区的坡地上，农渠垂直等高线布置，可灌排两用，格田长度根据机耕要求确定。格田宽度视地形坡度而定，坡度大的地方应选较小的格田宽度，以减少修筑梯田和平整土地的工程量。

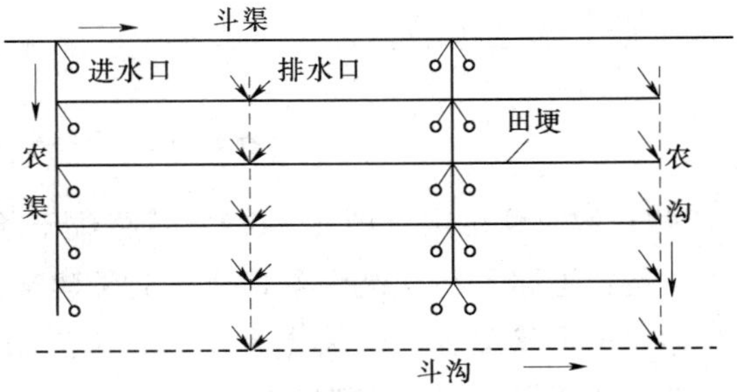

图 4-12　稻田区田间灌排工程布置

稻田区不需要修建田间临时渠网。在平原地区，农渠直接向格田供水，农沟接纳格田排出的水量，每块格田都应有独立的进、出水口，如图 4-12 所示。

五、土地平整

在实施地面灌溉的地区，为了保证灌溉质量，必须进行土地平整。通过平整土地，削高填低，连片成方，除改善灌排条件之外，还可改良土壤，扩大耕地面积，适应机械耕作需要。所以，平整土地是治水、改土、建设高产稳产农田的一项重要措施。对土地平整工作有以下要求：

(1) 田面平整，符合灌水技术要求。对旱作区，沿灌水方向要有适宜的坡度，以利灌溉水流均匀推进；在种稻地区，要使格田范围内的田面基本水平。

(2) 就近挖、填平衡，使平整工程量最小，劳动生产率最高。

(3) 注意保持土壤肥力。在挖、填土方时，要先移走表层熟土，完成设计的挖、填深度以后，再把熟土层归还地面，并适当增施有机肥料，做到当年施工、当年增产。

(4) 尽可能的使用平整土地新技术，如激光平地仪。提高平整土地质量和效率。

通常以条田或格田作为平整单元，测绘地形图，计算田面设计高程和各点的挖、填深度，确定土方分配方案和运输路线，有组织地进行施工，达到省劳力、速度快、效果好的目的。

六、田间道路的布置

田间道路与灌排沟渠的结合形式，根据有利于灌排、机耕、运输和田间管理，少占耕地，交叉建筑物少，沟渠边坡稳定等原则确定，机耕路与沟、渠的布置，按其相对位置可分为沟—渠—路、沟—路—渠和路—沟—渠等三种形式。

(1) 沟—渠—路（图 4-13）。道路位于条田的上端，靠斗渠的一侧。其优点是：①路的一侧靠田，人、机进田方便；②道路位置较高，雨天不易积水，行车安全方便；③道路穿越农渠，可结合农门修建桥涵，节省工程量和投资；④道路拓宽比较容易。这种布置的缺点是：道路要穿越全部下级农渠，需要修建较多的桥涵，路面起伏较大；渠沟紧邻，渠道渗漏损失较大；灌水季节道路比较潮湿。

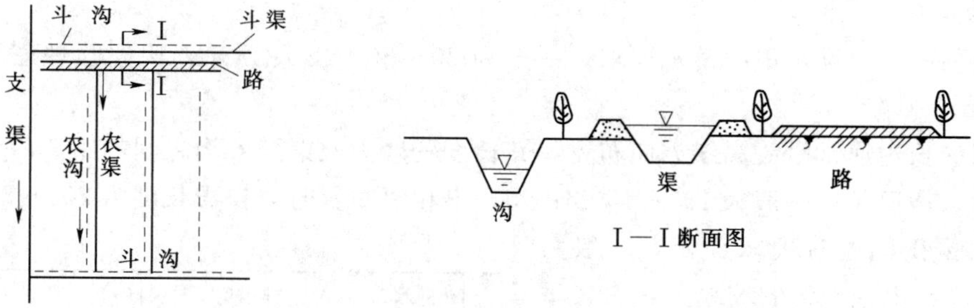

图 4-13　沟—渠—路布置示意图

(2) 沟—路—渠（图 4-14）。道路位于条田的下端，在斗沟与斗渠之间。这种布置的优点是：道路不与农级沟渠相交，交叉建筑物少，路面平坦；渠靠田，灌水方便；渠离沟较远，渠道渗漏少。其缺点是：人、机进田需穿越斗级沟渠，需在斗级沟渠上修建较多、较大的桥涵；以后道路拓宽比较困难。

(3) 路—沟—渠（图 4-15）。道路位于条田的下端，在斗沟的一侧。这种布置的优点是：道路邻沟离渠，路面干燥，人、机下田方便；渠靠田，灌水方便；挖沟修路，以挖做填，节省土方和劳力。其缺点是：道路要穿越所有农沟，需修建较多的桥涵；道路位置较低，多雨季节容易积水受淹；渠靠沟，渠道渗漏损失大。

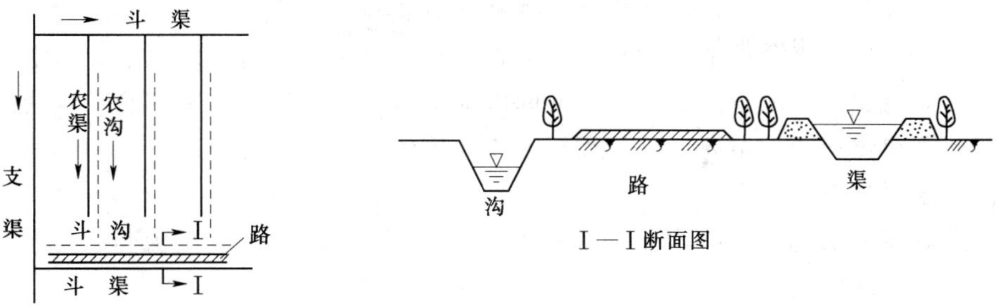

图 4-14 沟—路—渠布置示意图

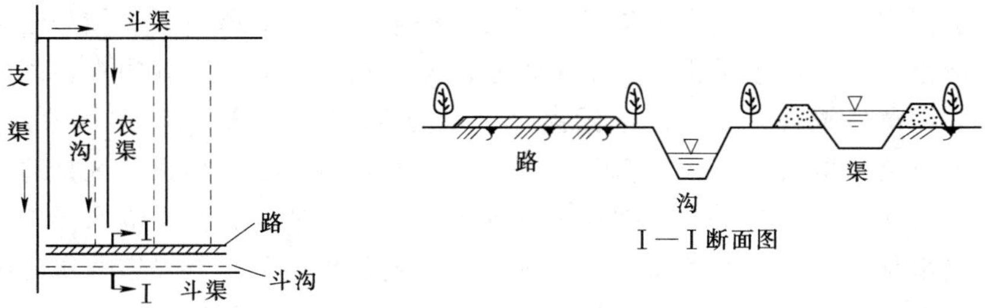

图 4-15 路—沟—渠布置示意图

第四节 渠道设计流量的推算

一、灌溉渠道流量概念

在灌溉实践中，渠道的流量是在一定范围内变化的，设计渠道的纵横断面时，要考虑流量变化对渠道的影响。通常用以下三种特征流量覆盖流量变化的范围，代表在不同运行条件下的工作流量。

1. 设计流量

在灌溉设计标准条件下，为满足灌溉用水要求，需要渠道输送的最大流量。通常是根据设计灌水模数（设计灌水率）和灌溉面积进行计算的。

在渠道输水过程中，有水面蒸发、渠床渗漏、闸门漏水、渠尾退水等水量损失。需要渠道提供的灌溉流量称为渠道的净流量，计入水量损失后的流量称为渠道的毛流量，设计流量是渠道的毛流量，它是设计渠道断面和渠系建筑物尺寸的主要依据。

2. 最小流量

在灌溉设计标准条件下，渠道在工作过程中输送的最小流量。用修正灌水模数图上的最小灌水模数值和灌溉面积进行计算。应用渠道最小流量可以校核对下一级渠道的水位控制条件和确定修建节制闸的位置等。

3. 加大流量

考虑到在灌溉工程运行过程中可能出现一些难以准确估计的附加流量，把设计流量适当放大后所得到的安全流量。简单地说，加大流量是渠道运行过程中可能出现的最大流量，它是设计渠堤堤顶高程的依据。

在灌溉工程运行过程中，可能出现一些和设计情况不一致的变化，如扩大灌溉面积、改变作物种植计划等，要求增加供水量；或在工程事故排除之后，需要增加引水量，以弥补因事故影响而少引的水量；或在暴雨期间因降雨而增大渠道的输水流量。这些情况都要求在设计渠道和建筑物时留有余地，按加大流量校核其输水能力。

二、灌溉渠道水量损失

由于渠道在输水过程中有水量损失，就出现了净流量（Q_n）、毛流量（Q_g）、损失流量（Q_l）这三种既有联系、又有区别的流量，它们之间的关系是：

$$Q_g = Q_n + Q_l \tag{4-1}$$

对于一个渠段而言，段首处的流量为毛流量，段尾处的流量为净流量；对于一条渠道来说，该渠道引水口处的流量为毛流量，同时自该渠道引水的所有下一级渠道分水口的流量之和为净流量。渠道的水量损失包括渠道水面蒸发损失、渠床渗漏损失、闸门漏水和渠道退水等。水面蒸发损失一般不足渗漏损失水量的5%，在渠道流量计算中常忽略不计。闸门漏水和渠道退水取决于工程质量和用水管理水平，可以通过加强灌区管理工作予以限制，在计算渠道流量时不予考虑。把渠床渗漏损失水量近似地看作总输水损失水量。

渗漏损失水量和渠床土壤性质、地下水埋藏深度和出流条件、渠道输水时间等因素有关。渠道开始输水时，属于自由渗流阶段［图4-16（a）］，渗漏强度较大，随着输水时间的延长，渗漏强度逐渐减小，最后趋于稳定。当地下水埋深较浅，渠道渗漏水量会导致渠床下局部地下水位的抬升，若地下水与地表水连接在一起，渠道的渗漏将受到地下水的顶托影响［图4-16（b）］，由此减小渗漏强度。在已成灌区的管理运用中，渗漏损失水量应通过实测确定。在灌溉工程规划设计工作中，常用经验公式或经验系数估算输水损失水量。

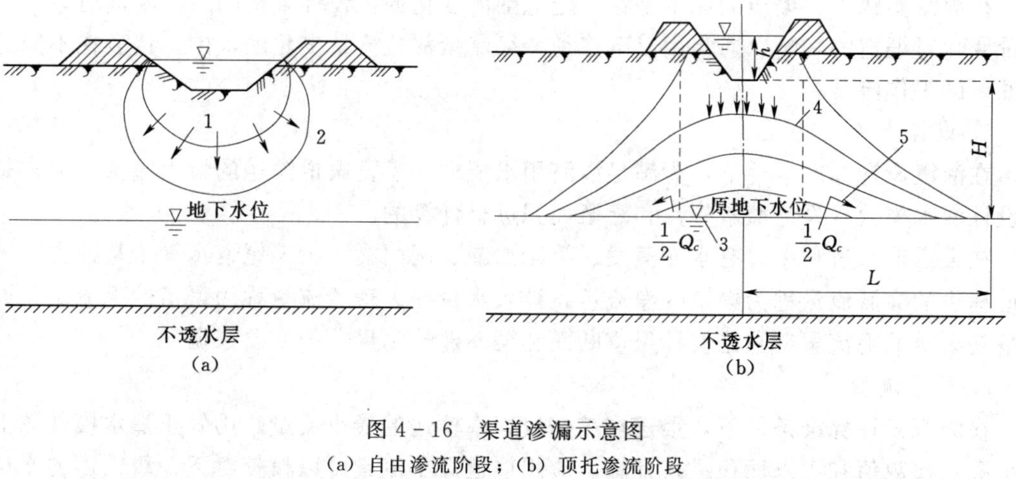

图4-16 渠道渗漏示意图

（a）自由渗流阶段；（b）顶托渗流阶段

1—自由渗流水的流向；2—浸润线；3—原地下水位；4—地下水峰；5—水的流向；Q_c—侧向渗流排水量

1. 用经验公式估算输水损失水量

常用的经验公式是：

$$\sigma = \frac{A}{100 Q_n^m} \tag{4-2}$$

式中：σ 为每公里渠道输水损失系数；A 为渠床土壤透水系数；m 为渠床土壤透水指数；Q_n 为渠道净流量，m^3/s。

土壤透水性参数 A 和 m 应根据实测资料分析确定，在缺乏实测资料的情况下，可采用表 4-1 中的数值。

表 4-1　　土壤透水性参数

渠床土壤	透水性	A	m
重黏土及黏土	弱	0.70	0.30
重黏壤土	中下	1.30	0.35
中黏壤土	中等	1.90	0.40
轻黏壤土	中上	2.65	0.45
砂壤土及轻砂壤土	强	3.40	0.50

渠道输水损失流量按下式计算：

$$Q_l = \sigma L Q_n \tag{4-3}$$

式中：Q_l 为渠道输水损失流量，m^3/s；L 为渠道长度，km；其余符号意义同前。

用式（4-3）计算出来的输水损失水量是在不受地下水顶托影响条件下的损失水量。如灌区地下水位较高，渠道渗漏受地下水壅阻影响，实际渗漏水量比计算结果要小。在这种情况下，就要给以上计算结果乘以表 4-2 所给的修正系数加以修正，即：

$$Q_l' = \gamma Q_l \tag{4-4}$$

式中：Q_l'为有地下水顶托影响的渠道损失流量，m^3/s；γ 为地下水顶托修正系数；Q_l 为自由渗流条件下的渠道损失流量，m^3/s。

表 4-2　　地下水顶托修正系数 γ

渠道流量 /(m^3/s)	地下水埋深/m					
	<3	3	5	7.5	10	15
0.3	0.82	—	—	—	—	
1.0	0.63	0.79	—	—	—	
3.0	0.50	0.63	0.82	—	—	
10.0	0.41	0.50	0.65	0.79	0.91	
20.0	0.36	0.45	0.57	0.71	0.82	
30.0	0.35	0.42	0.54	0.66	0.77	0.94
50.0	0.32	0.37	0.49	0.60	0.69	0.84
100.0	0.28	0.33	0.42	0.52	0.58	0.73

上述自由渗流或顶托渗流条件下的损失水量都是根据渠床天然土壤透水性计算出来的。如拟采取渠道衬砌护面防渗措施，应以采取防渗措施后的渗漏损失水量作为确定设计流量的根据。如无试验资料，可给上述计算结果乘以表 4-3 给出的经验折减系数，即：

$$Q'' = \beta Q_l \tag{4-5}$$

或

$$Q_l''=\beta Q_l' \tag{4-6}$$

式中：Q_l''为采取防渗措施后的渗漏损失流量，m^3/s；β为采取防渗措施后渠床渗漏水量的折减系数；其他符号意义同前。

表 4-3　　渗水量折减系数 β

防渗措施	β	备注
渠槽翻松夯实（厚度大于0.5m）	0.3～0.2	透水性很强的土壤，挂淤和夯实能使渗水量显著减少，可采取较小的β值
渠槽原状土夯实（影响厚度0.4m）	0.7～0.5	
灰土夯实、三合土夯实	0.15～0.1	
混凝土护面	0.15～0.05	
黏土护面	0.4～0.2	
人工夯填	0.7～0.5	
浆砌石	0.2～0.1	
塑料薄膜	0.1～0.05	

用式（4-3）计算的渠道输水损失流量为近似值，对于较长渠道的流量损失计算会造成较大误差。可利用积分学方法，推导出准确的计算公式，这里称为积分方法。

在考虑衬砌和地下水顶托的情况下，每公里渠道输水损失系数经验公式可写成：

$$\sigma=\frac{\beta\gamma A}{100Q_n^m} \tag{4-7}$$

若渠道的毛流量 Q_g 经过渠段长 L 后的流量为 Q_n，则渠道流量 Q 在经过渠段 $\mathrm{d}L$ 后的损失流量为 $\mathrm{d}Q$，在 $\mathrm{d}L$ 渠段内，单位流量在单位长度的损失流量 $\sigma=\mathrm{d}Q/(Q\mathrm{d}L)$，则根据式（4-2）可得到下式：

$$\frac{\mathrm{d}Q}{Q\mathrm{d}L}=\frac{\gamma A\beta}{100Q_n^m} \tag{4-8}$$

上式可改写为：

$$Q_n^{m-1}\mathrm{d}Q=\frac{\gamma A\beta}{100}\mathrm{d}L$$

两边同时积分，得渠长 L 上渠道净流量为 Q_n 的毛流量为：

$$Q_g=\left(\frac{\gamma A\beta mL}{100}+Q_n^m\right)^{\frac{1}{m}} \tag{4-9}$$

相应的流量损失为：

$$Q_l=\left(\frac{\gamma A\beta Lm}{100}+Q_n^m\right)^{\frac{1}{m}}-Q_n \tag{4-10}$$

与经验公式相比，式（4-10）的优点是知道渠道设计净流量后，可直接确定渠道设计的毛流量，该公式的推求考虑了流量损失随渠道长度的动态变化过程，可在经验式(4-2)的基础上准确确定渠道输水损失水量。

【例 4-1】 某渠道长20km，渠道净流量为$3.0m^3/s$，不考虑地下水顶托和防渗折减系数，土壤透水性参数 $A=3.4$，$m=0.5$，计算该渠道的毛流量。

解：

$$Q_g=\left(\frac{\gamma A\beta Lm}{100}+Q_n^m\right)^{\frac{1}{m}}=\left(\frac{3.4\times20\times0.5}{100}+3.0^{0.5}\right)^{\frac{1}{0.5}}=4.2934\ (\mathrm{m^3/s})$$

$$Q_l=Q_g-Q_n=4.2934-3.0=1.2934\ (\mathrm{m^3/s})$$

采用式（4－3）计算：

$$Q_l=\sigma LQ_n=\frac{ALQ_n}{100Q_n^m}=\frac{3.4\times3.0\times20}{100\times3.0^{0.5}}=1.1778\ (\mathrm{m^3/s})$$

由此可见，用式（4－3）计算的渠道输水损失较积分方法要小 8.94%，减小的程度依渠道长度和过水流量有所不同。

2. 用经验系数估算输水损失水量

总结已成灌区的水量量测资料，可以得到各条渠道的毛流量和净流量以及灌入农田的有效水量，经分析计算，可以得出以下几个反映水量损失情况的经验系数。

（1）渠道水利用系数。某渠道的净流量与毛流量的比值称为该渠道的渠道水利用系数，用符号 η_c 表示。

$$\eta_c=\frac{Q_n}{Q_g} \tag{4-11}$$

对任一渠道而言，从水源或上级渠道引入的流量就是它的毛流量，分配给下级各条渠道流量的总和就是它的净流量。

渠道水利用系数反映一条渠道的水量损失情况，或反映同一级渠道水量损失的平均情况。

（2）渠系水利用系数。灌溉渠系的净流量与毛流量的比值称为渠系水利用系数，用符号 η_s 表示。农渠向田间供水的流量就是灌溉渠系的净流量，干渠或总干渠从水源引水的流量就是渠系的毛流量。渠系水利用系数的数值等于各级渠道水利用系数的乘积。即

$$\eta_s=\eta_{干}\ \eta_{支}\ \eta_{斗}\ \eta_{农} \tag{4-12}$$

渠系水利用系数反映整个渠系的水量损失情况。它不仅反映出灌区的自然条件和工程技术状况，还反映出灌区的管理工作水平。我国自流灌区的渠系水利用系数见表 4－4。提水灌区的渠系水利用系数稍高于自流灌区。

表 4－4　　我国自流灌区渠系水利用系数

灌溉面积/万亩	<1.0	1.0～10.0	10～30	30～100	>100
渠系水利用系数 η_s	0.85～0.75	0.75～0.70	0.70～0.65	0.60	0.55

（3）田间水利用系数。田间水利用系数是实际灌入田间的有效水量（对旱作农田，指蓄存在计划湿润层中的灌溉水量；对水稻田，指蓄存在格田内的灌溉水量）和末级固定渠道（农渠）放出水量的比值，用符号 η_f 表示。

$$\eta_f=\frac{A_{农}\ m_n}{W_{农净}} \tag{4-13}$$

式中：$A_{农}$ 为农渠的灌溉面积，亩；m_n 为净灌水定额，$\mathrm{m^3}$/亩；$W_{农净}$ 为农渠供给田间的水量，$\mathrm{m^3}$。

田间水利用系数是衡量田间工程状况和灌水技术水平的重要指标。在田间工程完善、灌水技术良好的条件下，旱作农田的田间水利用系数可以达到 0.9 以上，水稻田的田间水利用系数可以达到 0.95 以上。

（4）灌溉水利用系数。灌溉水利用系数是实际灌入农田的有效水量和渠首引入水量的比值，用符号 η_o 表示。它是评价渠系工作状况、灌水技术水平和灌区管理水平的综合指标，可按下式计算：

$$\eta_o=\frac{Am_n}{W_g} \tag{4-14}$$

式中：A 为某次灌水全灌区的灌溉面积，亩；m_n 为净灌水定额，m^3/亩；W_g 为某次灌水渠首引入的总水量，m^3。

以上这些经验系数的数值与灌区大小、渠床土质和防渗措施、渠道长度、田间工程状况、灌水技术水平以及管理工作水平等因素有关。在引用别的灌区的经验数据时，应注意这些条件要相近。

选定适当的经验系数之后，就可根据净流量计算相应的毛流量。

三、渠道的工作制度

渠道的工作制度就是渠道的输水工作方式，分为续灌和轮灌两种。

（1）续灌，在一次灌水延续时间内，自始至终连续输水的渠道称为续灌渠道。这种输水工作方式称为续灌。

为了各用水单位受益均衡，避免因水量过分集中而造成灌水组织和生产安排的困难，一般灌溉面积较大的灌区，干、支渠多采用续灌。

（2）轮灌，同一级渠道在一次灌水延续时间内轮流输水的工作方式叫做轮灌。实行轮灌的渠道称为轮灌渠道。

实行轮灌时，缩短了各条渠道的输水时间，加大了输水流量，同时工作的渠道长度较短，从而减少了输水损失水量，有利于农业耕作和灌水工作的配合，有利于提高灌水工作效率。但是，因为轮灌加大了渠道的设计流量，也就增加了渠道的土方量和渠道建筑物的工程量。如果流量过分集中，还会造成劳力紧张，在干旱季节还会影响各用水单位的均衡受益。所以，一般较大的灌区，只在斗渠及以下实行轮灌。

实行轮灌时，渠道分组轮流输水，分组方式有集中编组和插花编组两种。

1）集中编组。将邻近的几条渠道编为一组，上级渠道按组轮流供水，见图 4-17（a)。采用这种编组方式，上级渠道的工作长度较短，输水损失水量较小。但相邻几条渠道可能同属一个生产单位，会引起灌水工作紧张。

2）插花编组。将同级渠道按编号的奇数或偶数分别编组，上级渠道按组轮流供水，见图 4-17（b)。这种编组方式的优缺点恰好和集中编组的优缺点相反。

实行轮灌时，无论采取哪种编组方式，轮灌组的数目都不宜太多，以免造成劳动力紧张，一般以 2～3 组为宜。划分轮灌组时，应使各组灌溉面积相近，以利配水。

四、渠道设计流量推算

渠道的工作制度不同，设计流量的推算方法也不同，下面分别予以介绍。

（一）轮灌渠道设计流量的推算

因为轮灌渠道的输水时间小于灌水延续时间，所以，不能直接根据设计灌水模数和灌溉面积自下而上的推算渠道设计流量。常用的方法是：根据轮灌组划分情况自上而下逐级分配末级续灌渠道（一般为支渠）的田间净流量，再自下而上逐级计入输水损失水量，推算各级渠道的设计流量。

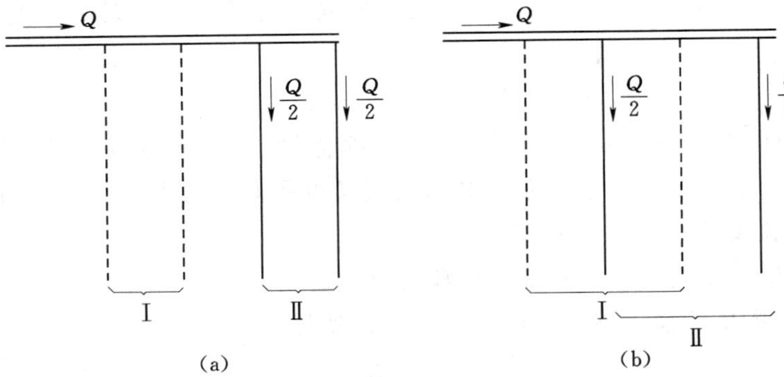

图 4-17　轮灌组划分方式

(a) 集中编组；(b) 插花编组

1. 自上而下分配末级续灌渠道的田间净流量

以图 4-18 为例，支渠为末级续灌渠道，斗、农渠的轮灌组划分方式为集中编组，同时工作的斗渠有两条，农渠有四条。为了使讨论具有普遍性，设同时工作的斗渠为 n 条，每条斗渠里同时工作的农渠为 k 条。

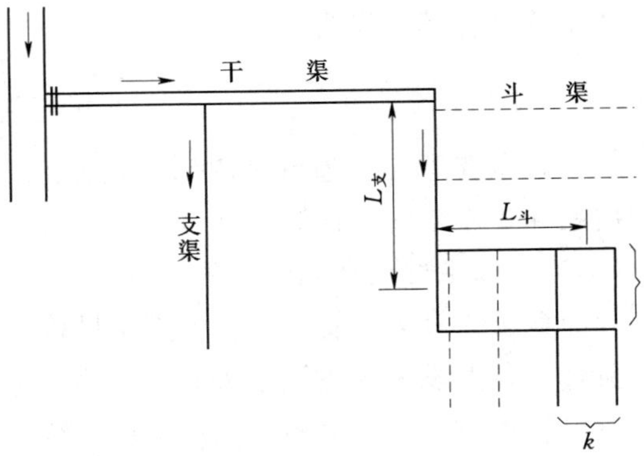

图 4-18　渠道轮灌示意图

(1) 计算支渠的设计田间净流量。在支渠范围内，不考虑损失水量的设计田间净流量为：

$$Q_{支田净}=A_{支}\ q_{设} \tag{4-15}$$

式中：$Q_{支田净}$ 为支渠的田间净流量，m^3/s；$A_{支}$ 为支渠的灌溉面积，万亩；$q_{设}$ 为设计灌水模数，$m^3/(s·万亩)$。

(2) 由支渠分配到每条农渠的田间净流量。

$$Q_{农田净}=\frac{Q_{支田净}}{nk} \tag{4-16}$$

式中：$Q_{农田净}$ 为农渠的田间净流量，m^3/s。

在丘陵地区，受地形限制，同一级渠道中各条渠道的控制面积可能不等。在这种情况下，斗、农渠的田间净流量应按各条渠道的灌溉面积占轮灌组灌溉面积的比例进行分配。

2. 自下而上推算各级渠道的设计流量

(1) 计算农渠的净流量。先由农渠的田间净流量计入田间损失水量，求得田间毛流量，即农渠的净流量：

$$Q_{农净}=\frac{Q_{农田净}}{\eta_f} \tag{4-17}$$

(2) 推算各级渠道的设计流量（毛流量）。根据农渠的净流量自下而上逐级计入渠道输水损失，得到各级渠道的毛流量，即设计流量。由于有两种估算渠道输水损失水量的方法，由净流量推算毛流量也就有两种方法。

1) 用经验公式估算输水损失的计算方法。根据渠道净流量、渠床土质和渠道长度用式（4-3）计算。

$$Q_g = Q_n(1+\sigma L) \tag{4-18}$$

式中：Q_g 为渠道的毛流量，m^3/s；Q_n 为渠道的净流量，m^3/s；σ 为每公里渠道损失水量与净流量比值；L 为最下游一个轮灌组灌水时渠道的平均工作长度，km。计算农渠毛流量时，可取农渠长度的一半进行估算。

严格而言，应采用式（4-9）准确计算渠道的毛流量。

2) 用经验系数估算输水损失的计算方法。计算公式如下：

$$Q_g = \frac{Q_n}{\eta_c} \tag{4-19}$$

在大、中型灌区，支渠数量较多，支渠以下的各级渠道实行轮灌。如果都按上述步骤逐条推算各条渠道的设计流量，工作量很大。为了简化计算，通常选择一条有代表性的典型支渠（作物种植、土壤性质、灌溉面积等影响渠道流量的主要因素具有代表性）按上述方法推算支斗农渠的设计流量，计算支渠范围内的灌溉水利用系数 $\eta_{支水}$，以此作为扩大指标，用下式计算其余支渠的设计流量。

$$Q_{支} = \frac{qA_{支}}{\eta_{支水}} \tag{4-20}$$

同样，以典型支渠范围内各级渠道水利用系数作为扩大指标，可计算出其他支渠控制范围内的斗、农渠的设计流量。

（二）续灌渠道设计流量计算

续灌渠道一般为干支渠道，渠道流量较大，上下游流量相差悬殊，这就要求分段推算设计流量，各渠段采用不同的断面。另外，各级续灌渠道的输水时间都等于灌水延续时间，可以直接由下级渠道的毛流量推算上级渠道的毛流量。所以，续灌渠道设计流量的推算方法是自下而上逐级、逐段进行推算。

由于渠道水利用系数的经验值是根据渠道全部长度的输水损失情况统计出来的，它反映出不同流量在不同渠段上运行时输水损失的综合情况，而不能代表某个具体渠段的水量损失情况。所以，在分段推算续灌渠道设计流量时，一般不用经验系数估算输水损失，而用经验公式估算。具体推算方法以图4-19为例说明如下。

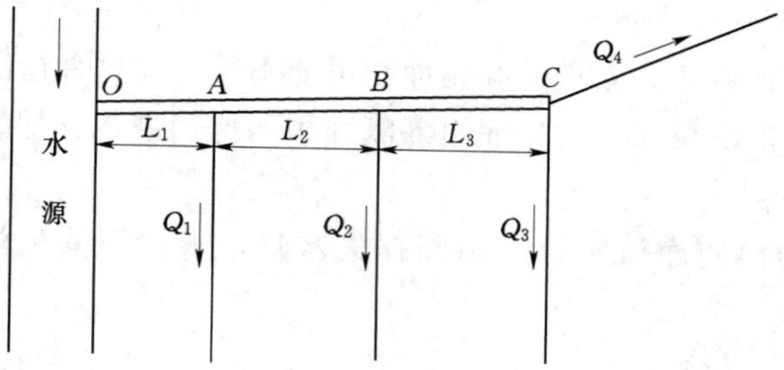

图4-19 干渠流量推算图

图4-19中表示的渠系有一条干渠和四条支渠，各支渠的毛流量分别为 Q_1、Q_2、Q_3、Q_4，支渠取水口把干渠分成三段，各段长度分别为 L_1、L_2、L_3，各段的设计流量分别为 Q_{OA}、Q_{AB}、Q_{BC}，计算公式如下：

$$Q_{BC}=(Q_3+Q_4)(1+\sigma_3L_3) \tag{4-21}$$

$$Q_{AB}=(Q_{BC}+Q_2)(1+\sigma_2L_2) \tag{4-22}$$

$$Q_{OA}=(Q_{AB}+Q_1)(1+\sigma_1L_1) \tag{4-23}$$

【例 4-2】 某灌区灌溉面积 $A=2113\text{hm}^2$，灌区有一条干渠，长 5.7km，下设三条支渠，各支渠的长度及灌溉面积见表 4-5，全灌区土壤，水文地质等自然条件和作物种植情况相近，第三支渠灌溉面积适中，可作为典型支渠，该支渠有六条斗渠，斗渠间距 800m，长 1800m。每条斗渠有十条农渠，农渠间距 200m，长 800m。干，支渠实行续灌，斗、农渠进行轮灌。渠系布置及轮灌组划分情况见图 4-20。该灌区位于我国南方，实行稻麦轮作。因降雨较多，麦子一般不需要灌溉，主要灌溉作物是水稻，设计灌水模数 $q_{设}=0.8\text{m}^3/(\text{s}\cdot 万亩)$。灌区土壤为中黏壤土。试推求干、支渠道的设计流量，其中干渠和支渠用混凝土防渗，斗农渠不防渗。

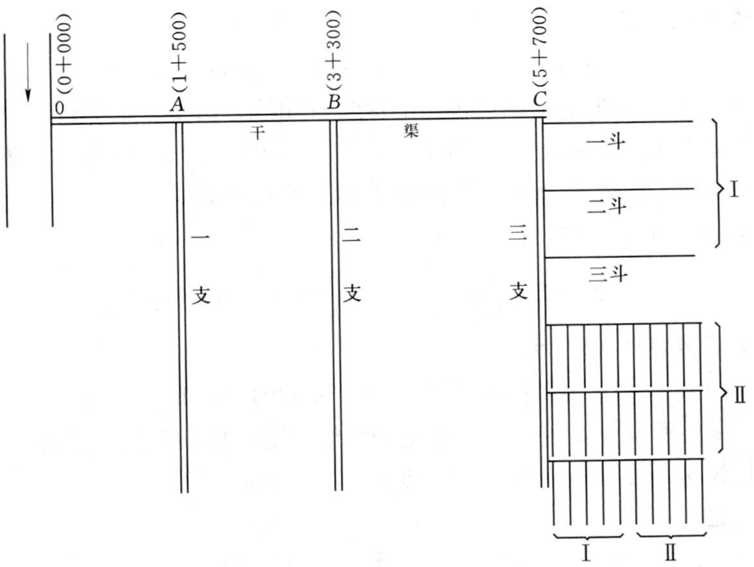

图 4-20　灌溉渠系布置

表 4-5　　　　**支渠长度及灌溉面积**

渠别	一支	二支	三支	合计
长度/km	4.2	4.6	4.0	
灌溉面积/hm^2	566.7	826.7	720.0	2113.3

解：

1. 推求典型支渠（三支渠）及其所属斗、农渠的设计流量

(1) 计算农渠的设计流量。三支渠的田间净流量为

$$Q_{三支田净}=A_{三支}\times q_{设}=720\times15/10000\times0.8=0.864(\text{m}^3/\text{s})$$

因为斗、农渠分两组轮灌，同时工作的斗渠有 3 条，同时工作的农渠有 5 条，所以，农渠的田间净流量为：

$$Q_{农田净}=\frac{Q_{支田净}}{nk}=\frac{0.864}{3\times5}=0.0576(m^3/s)$$

取田间水利用系数 $\eta_f=0.95$，则农渠的净流量为：

$$Q_{农净}=\frac{Q_{农田净}}{\eta_f}=\frac{0.0576}{0.95}=0.061(m^3/s)$$

灌区土壤属中黏壤土，从表 4－1 表中可查出相应的土壤透水性参数：$A=1.9$，$m=0.4$。据此可计算农渠每公里输水损失系数：

$$\sigma_{农}=\frac{A}{100Q_{农净}^m}=\frac{1.9}{100\times0.061^{0.4}}=0.0582$$

农渠的毛流量或设计流量为：

$$Q_{农毛}=Q_{农净}(1+\sigma_{农}L_{农})=0.061\times(1+0.0582\times0.4)=0.062(m^3/s)$$

（2）计算斗渠的设计流量。因为一条斗渠内同时工作的农渠有 5 条，所以，斗渠的净流量等于 5 条农渠的毛流量之和：

$$Q_{斗净}=5Q_{农毛}=5\times0.062=0.31(m^3/s)$$

农渠分两组轮灌，各组要求斗渠供给的净流量相等。但是，第Ⅱ轮灌组距干渠进水口较远，输水损失水量较多，据此求得的斗渠毛流量较大。因此，以第Ⅰ轮灌组灌水时需要的斗渠毛流量作为斗渠的设计流量，斗渠的平均工作长度 $L_{斗}=1.4$km。

斗渠每公里输水损失系数为：

$$\sigma_{斗}=\frac{A}{100Q_{斗净}^m}=\frac{1.9}{100\times0.31^{0.4}}=0.0304$$

斗渠的毛流量或设计流量为：

$$Q_{斗毛}=Q_{斗净}(1+\sigma_{斗}L_{斗})=0.31\times(1+0.0304\times1.4)=0.323(m^3/s)$$

（3）计算三支渠的设计流量，斗渠也是分两组轮灌，以第Ⅱ轮灌组要求的支渠毛流量作为支渠的设计流量。支渠的平均工作长度 $L_{支}=3.2$km。

支渠的净流量为：

$$Q_{三支净}=3Q_{斗毛}=3\times0.323=0.969(m^3/s)$$

支渠每公里输水损失系数为：

$$\sigma_{三支}=\frac{A}{100Q_{三支净}^m}=\frac{1.9}{100\times0.969^{0.4}}=0.0192$$

支渠的毛流量为：

支渠用混凝土防渗，其防渗折减系数取 $\beta=0.1$。

$$Q_{三支毛}=Q_{三支净}(1-\beta\sigma_{三支}L_{三支})=0.969\times(1+0.1\times0.0192\times3.2)=0.975=0.98(m^3/s)$$

2. 计算三支渠的灌溉水利用系数

$$\eta_{三支水}=\frac{Q_{三支田净}}{Q_{三支水}}=\frac{0.864}{0.98}=0.8816$$

3. 计算一、二支渠的设计流量

（1）计算一、二支渠的田间净流量。

$$Q_{一支田净}=566.7\times15/10000\times0.8=0.68(m^3/s)$$

$$Q_{二支田净}=826.7\times15/10000\times0.8=0.99(m^3/s)$$

(2) 计算一、二支渠的设计流量。

以典型支渠(三支渠)的灌溉水利用系数作为扩大指标,用来计算其他支渠的设计流量。

$$Q_{一支毛}=\frac{Q_{一支田净}}{\eta_{三支水}}=\frac{0.68}{0.8816}=0.771=0.77(m^3/s)$$

$$Q_{二支毛}=\frac{Q_{二支田净}}{\eta_{三支水}}=\frac{0.99}{0.8816}=1.123=1.12(m^3/s)$$

4. 推求干渠各段的设计流量

(1) BC 段的设计流量。

$$Q_{BC净}=Q_{三支毛}=0.98(m^3/s)$$

$$\sigma_{BC}=\frac{1.9}{100\times0.98^{0.4}}=0.01915$$

$$Q_{BC毛}=Q_{BC净}(1-\beta\sigma_{BC}L_{BC})=0.98\times(1+0.1\times0.01915\times2.4)=0.985=0.99(m^3/s)$$

(2) AB 段的设计流量。

$$Q_{AB净}=Q_{BC毛}+Q_{二支毛}=0.99+1.12=2.11(m^3/s)$$

$$\sigma_{AB}=\frac{1.9}{100\times2.11^{0.4}}=0.01409$$

$$Q_{AB毛}=Q_{AB净}(1-\beta\sigma_{AB}L_{AB})=2.11\times(1+0.1\times0.01409\times1.8)=2.115=2.12(m^3/s)$$

(3) OA 段的设计流量。

$$Q_{OA净}=Q_{AB毛}+Q_{一支毛}=2.12+0.77=2.89(m^3/s)$$

$$\sigma_{OA}=\frac{1.9}{100\times2.89^{0.4}}=0.01243$$

$$Q_{OA毛}=Q_{OA净}(1-\beta\sigma_{OA}L_{OA})=2.89\times(1+0.1\times0.01243\times1.5)=2.895=2.90(m^3/s)$$

五、渠道最小流量和加大流量的计算

1. 渠道最小流量的计算

以修正灌水模数图上的最小灌水模数值作为计算渠道最小流量的依据,计算的方法步骤和设计流量的计算方法相同,不再赘述。

对于同一条渠道,其设计流量($Q_{设}$)与最小流量($Q_{最小}$)相差不要过大,否则在用水过程中,有可能因水位不够而造成引水困难。为了保证对下级渠道正常供水,目前有些灌区规定渠道最小流量以不低于渠道设计流量的40%为宜;也有的灌区规定渠道最低水位等于或大于70%的设计水位,在实际灌水中,如某次灌水定额过小,可适当缩短供水时间,集中供水,使流量大于最小流量。

2. 渠道加大流量计算

渠道加大流量的计算是以设计流量为基础,给设计流量乘以"加大系数"即得。按式(4-24)计算。

$$Q_J=JQ_d \tag{4-24}$$

式中：Q_J 为渠道加大流量，m^3/s；J 为渠道流量加大系数，见表 4-6；Q_d 为渠道设计流量，m^3/s。

表 4-6 渠道流量加大系数

设计流量/(m^3/s)	<1	1～5	5～10	10～30	>30
加大系数 J	1.35～1.30	1.30～1.25	1.25～1.20	1.20～1.15	1.15～1.10

轮灌渠道控制面积较小，轮灌组内各条渠道的输水时间和输水流量可以适当调剂，因此，轮灌渠道不考虑加大流量。在抽水灌区，渠首泵站设有备用机组时，干渠的加大流量按备用机组的抽水能力而定。

六、渠道流量进位规定

为了设计渠道时计算方便，要求渠道设计流量具有适当的尾数。为此，《灌溉与排水工程设计规范》(GB 50288—99) 对渠道流量进位作了规定，见表 4-7。

表 4-7 渠道流量进位规定

渠道流量范围/(m^3/s)	进位要求的尾数/(m^3/s)	渠道流量范围/(m^3/s)	进位要求的尾数/(m^3/s)
>50	1.0	<2	0.05
10～50	0.5	<1	0.01
2～10	0.1		

第五节 渠道纵横断面的设计

灌溉渠道的设计流量、最小流量和加大流量确定以后，就可据此设计渠道的纵横断面。设计流量是进行水力计算、确定渠道过水断面尺寸的主要依据。最小流量主要用来校核对下级渠道的水位控制条件，判断当上级渠道输送最小流量时，下级渠道能否引足相应的最少流量。如果不能满足某条下级渠道的进水要求，就要在该分水口下游设节制闸，壅高水位，满足其取水要求。加大流量是确定渠道断面深度和堤顶高程的依据。

渠道纵断面和横断面的设计是互相联系、互为条件的。在设计实践中，不能把它们截然分开，而要通盘考虑、交替进行、反复调整，最后确定合理的设计方案。但为了叙述方便，仍把纵、横断面设计方法分别予以介绍。

合理的渠道纵、横断面除了满足渠道的输水、配水要求外，还应满足渠床稳定条件，包括纵向稳定和平面稳定两个方面。纵向稳定要求渠道在设计条件下工作时，不发生冲刷和淤积，或在一定时期内冲淤平衡。平面稳定要求渠道在设计条件下工作时，渠道水流不发生左右摇摆。

一、设计原理

灌溉渠道一般都是正坡明渠。在渠首进水口和第一个分水口之间或在相邻两个分水口之间，如果忽略蒸发和渗漏损失，渠段内的流量是个常数。为了水流平顺和施工方便，在一个渠段内要采用同一个过水断面和同一个比降，渠床表面要具有相同的糙率。因此，渠道水深、过水断面面积和平均流速也就沿程不变。这种水流状态称为明渠均匀流。在渠道建筑物附近，因阻力变化，水流不能保持均匀流状态，但影响范围很小，其影响结果在局部水头损失中考虑。因此，灌溉渠道可以按明渠均匀流公式设计。

明渠均匀流水力计算可采用下式：

$$Q=AC\sqrt{Ri} \tag{4-25}$$

式中：Q 为渠道过水流量，m^3/s；A 为过水断面积，m^2；R 为水力半径，m；i 为渠底坡度；C 为谢才系数，常用曼宁公式 $C=\frac{1}{n}R^{1/6}$ 计算；n 为渠床糙率。

二、梯形渠道横断面设计

对于梯形渠道横断面（图 4－21），给出过水断面面积和水力半径如下：

$$A=(b+mh)h$$

$$R=\frac{(b+mh)h}{b+2h\sqrt{1+m^2}}$$

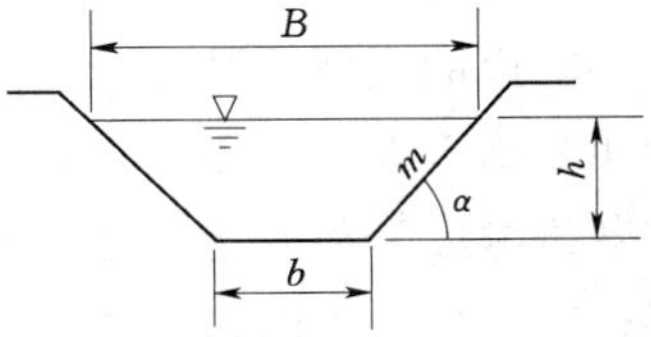

图 4－21　渠道梯形断面示意图

将其代入式（4－25）可得：

$$Q=AC\sqrt{Ri}=\frac{[(b+mh)h]^{\frac{5}{3}}\sqrt{i}}{n(b+2h\sqrt{1+m^2})^{\frac{2}{3}}} \tag{4-26}$$

式中：b 为底宽，m；h 为水深，m；$m(m=\cot\alpha)$ 为边坡系数；其余符号意义同前。

式（4－26）中包括 Q、b、h、m、i、n 六个参数，其中只有流量 Q 已知，其余参数的确定还需要寻找另外一些条件。通常可利用已有工程经验先拟定 m、n、i 三个参数值，利用经济断面要求确定 b 和 h 的关系，然后，依据不冲不淤流速要求校核所确定的断面尺寸。

（一）设计依据

渠道设计依据主要包括已有工程经验、水力最佳断面和经济断面原理等。

1. 渠底比降

在坡度均一的渠段内，两端渠底高差和渠段长度的比值称为渠底比降。比降选择是否合理关系到工程造价和控制面积，应根据渠道沿线的地面坡度、下级渠道进水口的水位要求、渠床土质、水源含沙情况、渠道设计流量大小等因素，参考当地灌区管理运用经验，选择适宜的渠底比降。为了减少工程量，应尽可能选用和地面坡度相近的渠底比降。一般随着设计流量的逐级减小，渠底比降应逐级增大。干渠及较大支渠的上、下游流量相差很大时，可采用不同的比降，上游平缓，下游较陡。清水渠道易产生冲刷，比降宜缓，如淠史杭灌区输水渠道的比降为 1/10000～1/28000。浑水渠道容易淤积，比降应适当加大，如人民胜利渠灌区的渠底比降为 1/1000～1/6000；泾惠渠灌区的渠底比降为 1/2000～1/5000。抽水灌区的渠道应在满足泥沙不淤的条件下尽量选择平缓的比降，以减小提水扬程和灌溉成本。

在设计工作中，可参考地面坡度和下级渠道的水位要求先初选一个比降，计算渠道的过水断面尺寸，再按不冲流速、不淤流速进行校核，如不满足要求，再修改比降，重新计算。

2. 渠床糙率系数

在渠道设计中如果渠床糙率系数 n 值选用过小，则当通过设计流量时，就会因渠道断面尺寸不足，过水能力达不到设计要求，形成淤积或发生漫溢造成事故。反之，如果 n 值选用过大，不仅因为断面尺寸偏大，增加工程量造成浪费，还会形成冲刷。因此，糙率系数值的正确选择不仅要考虑渠床土质、施工质量和渠道流量，还要估计到建成后的管理养护情况。如土渠的糙率系数 n 依过水流量大小和渠槽特征情况变化于 0.02～0.30 之间，石渠槽渠道变化于 0.025～0.35 之间，护面渠槽依防渗衬砌结构类别及特征不同变化较大，沥青混凝土护面变化于 0.012～0.018 之间，混凝土护面变化于 0.012～0.025 之间，砌石护面变化于 0.0200～0.0425 之间。详细情况可参考《灌溉与排水工程设计规范》(GB 50288—99)。

3. 渠道的边坡系数

渠道的边坡系数 m 是渠道边坡倾斜程度的指标，其值等于边坡在水平方向的投影长度和在垂直方向投影长度的比值。m 值的大小关系到渠坡的稳定，要根据渠床土壤质地和渠道深度等条件选择适宜的数值。大型渠道的边坡系数应通过土工试验和稳定分析确定；中小型渠道的边坡系数根据经验选定，对于水深小于 3m 的渠道可参考表 4-8 和表4-9。

表 4-8　　挖方渠道最小边坡系数表

渠床条件	渠道水深 h/m			渠床条件	渠道水深 h/m		
	<1	1～2	2～3		<1	1～2	2～3
稍胶结的卵石	1.00	1.00	1.00	轻壤土	1.00	1.25	1.50
夹砂的卵石和砾石	1.25	1.50	1.50	砂壤土	1.50	1.50	1.75
黏土、重壤土、中壤土	1.00	1.25	1.50	砂土	1.75	2.00	2.25

表 4-9　　填方渠道最小边坡系数表

渠床条件	渠道水深 h/m					
	<1		1～2		2～3	
	内坡	外坡	内坡	外坡	内坡	外坡
黏土、重壤土	1.00	1.00	1.00	1.00	1.25	1.00
中壤土	1.25	1.00	1.25	1.00	1.50	1.25
轻壤土、砂壤土	1.50	1.25	1.50	1.25	1.75	1.50
砂土	1.75	1.50	2.00	1.75	2.25	2.00

4. 渠道断面的宽深比

渠道断面的宽深比 α 是渠道底宽 b 和水深 h 的比值。宽深比对渠道工程量和渠床稳定有较大影响。渠道宽深比的选择要考虑工程量最小、断面稳定和有利通航等要求。

在渠道比降和渠床糙率一定的条件下，通过设计流量所需要的最小过水断面称为水力最优断面，采用水力最优断面的宽深比可使渠道工程量最小。考虑工程量最小时，可得到梯形渠道水力最优断面的宽深比（α_0）：

$$\alpha_0=2(\sqrt{1+m^2}-m) \tag{4-27}$$

根据式（4－27）可算出不同边坡系数相应的水力最优断面的宽深比，见表 4－10。

表 4－10　　m—α_0 关系表

边坡系数 m	0	0.25	0.50	0.75	1.00	1.25	1.50	1.75	2.00	3.00
α_0	2.0	1.56	1.24	1.00	0.83	0.70	0.61	0.53	0.47	0.32

水力最优断面具有工程量最小的优点，小型渠道和石方渠道可以采用。对大型渠道来说，因为水力最优断面比较窄深，开挖深度大，可能受地下水影响，施工困难，劳动效率较低，而且渠道流速可能超过允许不冲流速，影响渠床稳定。所以，大型渠道常采用宽浅断面。可见，水力最优断面仅仅指输水能力最大的断面，不一定是最经济的断面，渠道设计断面的最佳形式还要根据渠床稳定要求、施工难易等因素确定。按照渠床稳定要求确定的宽深比通常大于表 4－10 的值。对此国内外学者做了大量的研究工作，提出了许多计算宽深比的经验公式。这里介绍几个常用的公式，供参考使用。

（1）陕西省对从多泥沙河道引水的灌溉渠道进行了研究，提出了以下公式。

当 $Q<1.5\text{m}^3/\text{s}$ 时：

$$\alpha=NQ^{1/10}-m \tag{4-28}$$

式中：$N=2.35\sim3.25$，一般采用 2.8；其余符号意义同前。

当 $Q=1.5\sim50\text{m}^3/\text{s}$ 时：

$$\alpha=NQ^{0.25}-m \tag{4-29}$$

（2）原苏联 C. A. 吉尔什康公式。

$$\alpha=3Q^{0.25}-m \tag{4-30}$$

（3）美国垦务局公式。

$$\alpha=4-m \tag{4-31}$$

若有通航要求，还应根据船舶吃水深度、错船所需的水面宽度以及通航的流速要求等确定渠道的断面尺寸。渠道水面宽度应大于船舶宽度的 2.6 倍，船底以下水深应不小于 0.15～0.30m。

5. 渠道的不冲不淤流速

在稳定渠道中，允许的最大平均流速为临界不冲流速，简称不冲流速，用 v_{cs} 表示；允许的最小平均流速称为临界不淤流速，简称不淤流速，用 v_{cd} 表示。为了维持渠床稳定，渠道通过设计流量时的平均流速（设计流速）v_d 应满足以下条件：

$$v_{cd}<v_d<v_{cs}$$

（1）渠道的不冲流速。水在渠道中流动时，具有一定的能量，这种能量随水流速度的增加而增加，当流速增加到一定程度时，渠床上的土粒就会随水流移动，土粒将要移动而尚未移动时的水流速度就是临界不冲流速或简称不冲流速。

渠道不冲流速和渠床土壤性质、水流含沙情况、渠道断面水力要素等因素有关，具体数值要通过试验研究或总结已成渠道的运用经验而定。一般土渠的不冲流速在 0.6～0.9m/s 之间。

（2）渠道的不淤流速。渠道水流的挟沙能力随流速的减小而减小，当流速小到一定程度时，部分泥沙就开始在渠道内淤积。泥沙将要沉积而尚未沉积时的流速就是临界不淤流速。渠道不淤流速主要取决于渠道含沙情况和断面水力要素，也应通过试验研究或总结实践经验而定。在缺乏实际研究成果时，可选用有关经验公式进行计算。如式（4－32）：

$$v_{cd}=C_0Q^{0.5} \tag{4-32}$$

式中：Q 为渠道的设计流量，m^3/s；C_0 为不淤流速系数，随渠道流量和宽深比而变，当渠道流量 $Q>10m^3/s$ 时，$C_0=0.2$；当 $Q<5m^3/s$ 时，$C_0=0.4$；当 $Q=5\sim10m^3/s$ 时，C_0 随渠道宽深比而变，即 $b/h>20$ 时，$C_0=0.2$，$b/h\leqslant20$ 时，$C_0=0.4$。

式（4－31）适用于黄河流域含沙量为 $1.32\sim83.8kg/m^3$、加权平均泥沙沉降速度为 $0.0085\sim0.32m/s$ 的渠道。含沙量很小的清水渠道虽无泥沙淤积威胁，但为了防止渠道长草，影响输水能力，对渠道的最小流速仍有一定限制，通常要求大型渠道的平均流速不小于 0.5m/s，小型渠道的平均流速不小于 0.3～0.4m/s。

（二）渠道水力计算

渠道水力计算的任务是根据上述设计依据，通过计算，确定渠道过水断面的水深 h 和底宽 b。渠道梯形断面的水力计算分以下两种情况。

1. 一般断面的水力计算

这是广泛使用的渠道设计方法。根据式（4－25）用试算法求解渠道的断面尺寸，具体步骤如下：

（1）假设 b、h 值。为了施工方便，底宽 b 应取整数。因此，一般先假设一个整数的 b 值，再选择适当的宽深比 α，用公式 $h=b/\alpha$ 计算相应的水深值。

（2）计算渠道过水断面的水力要素。根据假设的 b、h 值计算相应的过水断面面积 A、湿周 P、水力半径 R 和谢才系数 C 等。

（3）用式（4－25）计算渠道流量。

（4）校核渠道输水能力。上面计算出的渠道流量（$Q_{计算}$）是假设的 b、h 值相应的输水能力，一般不等于渠道的设计流量（Q），通过试算，反复修改 b、h 值，直至渠道计算流量等于或接近渠道设计流量为止。要求误差不超过 5%，即：

$$\left|\frac{Q-Q_{计算}}{Q}\right|\leqslant0.05 \tag{4-33}$$

在试算过程中，如果计算流量和设计流量相差不大时，只需修改 h 值，再行计算；如二者相差很大时，就要修改 b、h 值，再行计算。

（5）校核渠道流速。

$$v_d=\frac{Q}{A} \tag{4-34}$$

渠道的设计流速应满足条件 $v_{cd}<v_d<v_{cs}$。如不满足流速校核条件，就要改变渠道的底宽 b 值和渠道断面的宽深比，重复以上计算步骤。直到既满足流量校核条件又满足流速校核条件为止。

2. U 形断面设计

U 形断面接近水力最优断面，具有较大的输水输沙能力，占地较少，省工省料，而且由于整体性好，抵抗基土冻胀破坏的能力较强。因此，U 形断面受到普遍欢迎，在我国已广泛使用，多用混凝土现场浇筑。

图 4-22 为 U 形断面示意图，下部为半圆形，上部为稍向外倾斜的直线段。直线段下切于半圆，外倾角 $\alpha=5°\sim20°$，随渠槽加深而增大。较大的 U 形渠道采用较宽浅的断面，深宽比 $H/B=0.65\sim0.75$，较小的 U 形渠道则宜窄深一点，深宽比可增大到 $H/B=1.0$。

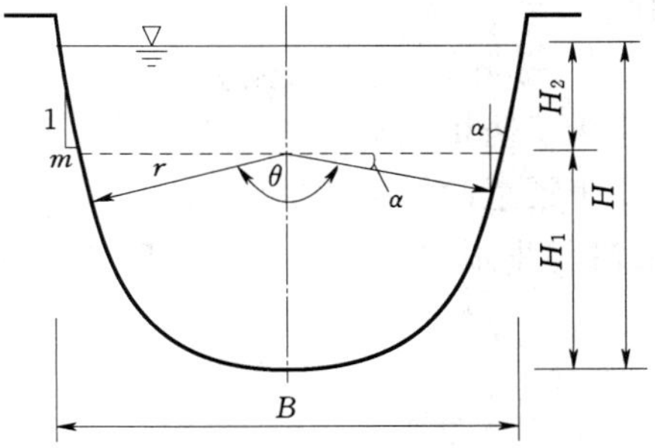

图 4-22　U 形断面

U 形断面水力计算的任务是根据已知的渠道设计流量 Q、渠床糙率系数 n 和渠道比降 i 求圆弧半径 r 和水深 h。由于断面各部分尺寸间的关系复杂，U 形断面的设计，需要借助某些尺寸间的经验关系。其过水断面面积和湿周计算分别用式（4-35）和式（4-36）计算。

$$A=K_AH^2 \tag{4-35}$$

$$\chi=K_\chi H \tag{4-36}$$

其中

$$K_A=\left(\frac{\theta}{2}+2m-2m'\right)K_r^2+2(m'-m)K_r$$

$$K_\chi=\left(\frac{\theta}{2}+m-m'\right)K_r+2m'$$

$$K_r=\frac{r}{H}$$

式中：H 为水深，m；θ 为圆心角，(°)；m 为上部直线段的边坡系数；$m'=\sqrt{1+m^2}$；r 为圆弧半径，m；A 为过水断面面积，m^2。

由上式推导出的最佳水力断面半径与水深之比 $K_r=1$，即水面线刚好通过圆心。实际上，设计中常选用实用经济断面。实用经济断面的 K_r 可按下列方法选用。

（1）当渠顶以上挖深不超过 1.5m，边坡系数 $m\leqslant0.3$，渠线经过耕地时，K_r 值可按表 4-11 选用。

（2）填方断面或渠顶以上挖深很小（接近 0）以及土质差时，K_r 取 1.0～0.8。

表 4-11　　U 形渠道的 K_r 值

$m[\alpha/(°)]$	0(0)	0.1(5.7)	0.2(11.3)	0.3(16.7)	0.4(21.8)
$\theta/(°)$	180	168.6	157.4	146.6	136.4
K_r	0.65～0.72	0.62～0.68	0.56～0.63	0.49～0.56	0.39～0.47

（三）渠道过水断面以上部分的有关尺寸

1. 渠道加大水深

渠道通过加大流量 Q_j 时的水深称为加大水深 h_j。计算加大水深时，渠道设计底宽 b_d 已经确定，明渠均匀流流量公式中只包含一个未知数，但因公式形式复杂，直接求解仍很困难。通常还是用试算法或查诺模图求加大水深，计算的方法步骤和求设计水深的方法相同。

2. 安全超高

为了防止风浪引起渠水漫溢，保证渠道安全运行，挖方渠道的渠岸和填方渠道的堤顶应高于渠道的加大水位，要求高出的数值称为渠道的安全超高，通常用经验公式计算。《灌溉与排水工程设计规范》（GB 50288—99）建议按下式计算渠道的安全超高 Δh。

$$\Delta h=\frac{1}{4}h_j+0.2 \tag{4-37}$$

3. 堤顶宽度

为了便于管理和保证渠道安全运行，挖方渠道的渠岸和填方渠道的堤顶应有一定的宽度，以满足渠道稳定的需要。其中万亩以上灌区，干、支渠岸顶宽度应大于 2m，斗、农渠宜大于 1m，万亩以下灌区可适当减小。如果有交通要求，应按照公路相关标准确定。对于防渗渠道，堤顶宽度可按照表 4-12 选用，U 形和矩形渠道，公路边缘应距渠口边缘 0.5～1.0m，堤顶应做成外倾斜 1/100～1/50 的斜坡。

表 4-12　防渗渠道堤顶宽度

渠道设计流量/(m^3/s)	<2	2～5	5～20	>20
堤顶宽度/m	0.5～1.0	1.0～2.0	2.0～2.5	2.5～4.0

三、渠道横断面结构

由于渠道过水断面和渠道沿线地面的相对位置不同，渠道断面有挖方断面、填方断面和半挖半填断面三种形式，其结构各不相同。

1. 挖方渠道断面结构

对挖方渠道，为了防止坡面径流的侵蚀、渠坡坍塌以及便于施工和管理，除正确选择边坡系数外，当渠道挖深大于 5m 时，应每隔 3～5m 高度设置一道平台。第一级平台的高程和渠岸（顶）高程相同，平台宽度约 1～2m。如平台兼作道路，则按道路标准确定平台宽度。在平台内侧应设置集水沟，汇集坡面径流，并使之经过沉沙井和陡槽集中进入渠道，见图 4-23。挖深大于 10m 时，不仅施工困难，边坡也不易稳定，应改用隧洞等。第一级平台以上的渠坡根据干土的抗剪强度而定，可尽量陡一些。

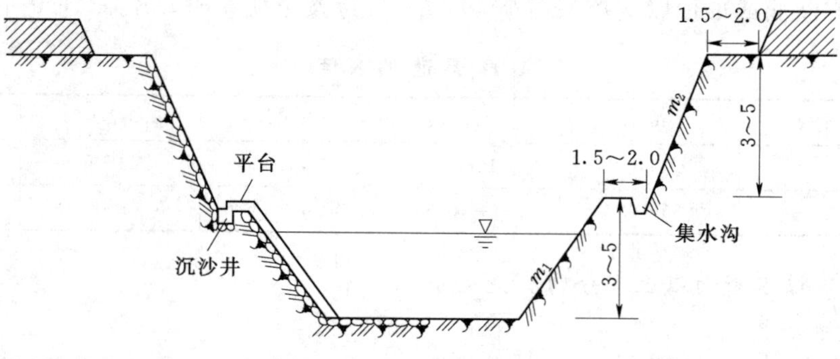

图 4-23　挖方渠道横断面（单位：m）

2. 填方渠道断面结构

填方渠道易于溃决和滑坡，要认真选择内、外边坡系数。填方高度大于 3m 时，应通过稳定分析确定边坡系数，有时需在外坡脚处设置排水反滤体。填方高度很大时，需在外坡设置平台。位于不透水层上的填方渠道，当填方高度大于 5m 或高于两倍设计水深时，一般应在渠堤内加设纵横排水槽。填方渠道会发生沉陷，施工时应预留沉陷高度，一般增加设计填高的 10%。在渠底高程处，堤宽应等于 $(5\sim10)h$，根据土壤的透水性能而定，h 为渠道水深。填方渠道断面结构见图4-24。

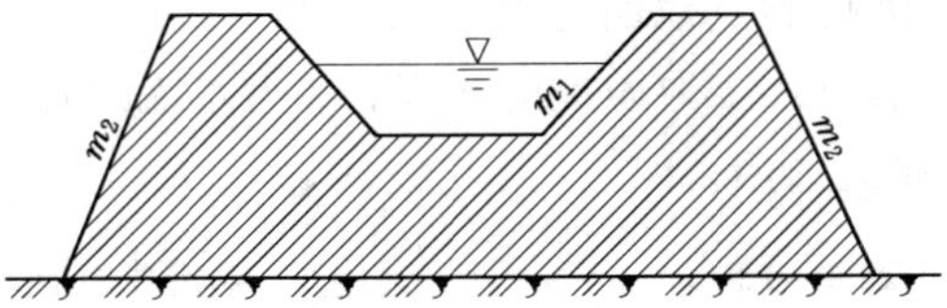

图 4-24　填方渠道横断面图

3. 半挖半填渠道

半挖半填渠道的挖方部分可为筑堤提供土料，而填方部分则为挖方弃土提供场所。当挖方量等于填方量（考虑沉陷影响，外加 10%～30%的土方量）时，工程费用最少。挖填土方相等时的挖方深度口可按下式计算：

$$(b+mx)x=(1.1\sim1.3)2a\left(d+\frac{m_1+m_2}{2}a\right) \tag{4-38}$$

式中符号的含义如图 4-25 所示。系数 1.1～1.3 是考虑土体沉陷而增加的填方量，砂质土取 1.1；壤土取 1.15；黏土取 1.2；黄土取 1.3。

为了保证渠道的安全稳定，半挖半填渠道堤底的宽度 B 应满足以下条件：

$$B\geqslant(5\sim10)(h-x) \tag{4-39}$$

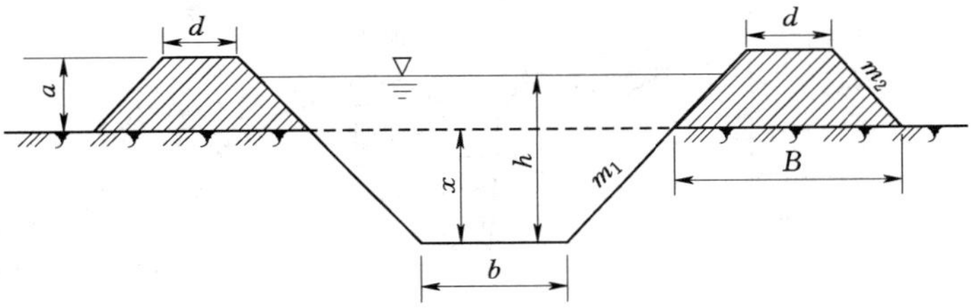

图 4-25　半挖半填断面

四、渠道的纵断面设计

灌溉渠道不仅要满足输送设计流量的要求，还要满足水位控制的要求。横断面设计通过水力计算确定了能通过设计流量的断面尺寸，满足了前一个要求。纵断面设计的任务是根据灌溉水位要求确定渠道的空间位置，先确定不同桩号处的设计水位高程，再根据设计水位确定渠底高程、堤顶高程、最小水位等。

1. 灌溉渠道的水位推算

为了满足自流灌溉的要求，各级渠道入口处都应具有足够的水位。这个水位是根据灌溉面积上控制点的高程加上各种水头损失，自下而上逐级推算出来的。推算水位公式如下：

$$H_{进}=A_0+\Delta h+\sum Li+\sum\psi \tag{4-40}$$

式中：$H_{进}$为渠道进水口处的设计水位，m；A_0 为渠道灌溉范围内控制点的地面高程，

m，控制点是指较难灌到水的地面，在地形均匀变化的地区，控制点选择的原则是，如沿渠地面坡度大于渠道比降，渠道进水口附近的地面最难控制，反之，渠尾地面最难控制；Δh 为控制点地面与附近末级固定渠道设计水位的高差，一般取 0.1～0.2m；L 为渠道的长度，m；i 为渠道的比降；ψ 为水流通过渠系建筑物的水头损失，m，可参考表 4-13 所列数值选用。

表 4-13　　**渠道建筑物水头损失最小数值**　　单位：m

渠别	控制面积/($100hm^2$)	进水闸	节制闸	渡槽	倒虹吸	公路桥
干渠	66.7～266.7	0.1～0.2	0.10	0.15	0.40	0.05
支渠	6.7～40	0.1～0.2	0.07	0.07	0.30	0.03
斗渠	2.0～2.7	0.05～0.15	0.05	0.05	0.20	
农渠		0.05				

式（4-40）可用来推算任一条渠道进水口处的设计水位，推算不同渠道进水口设计水位时所用的控制点不一定相同，要在各条渠道控制的灌溉面积范围内选择相应的控制点。

2. 渠道纵断面图的绘制

渠道纵断面图包括：沿渠地面高程线、渠道设计水位线、渠道最低水位线、渠底高程线、堤顶高程线、分水口位置、渠道建筑物位置及其水头损失等，如图 4-26 所示。

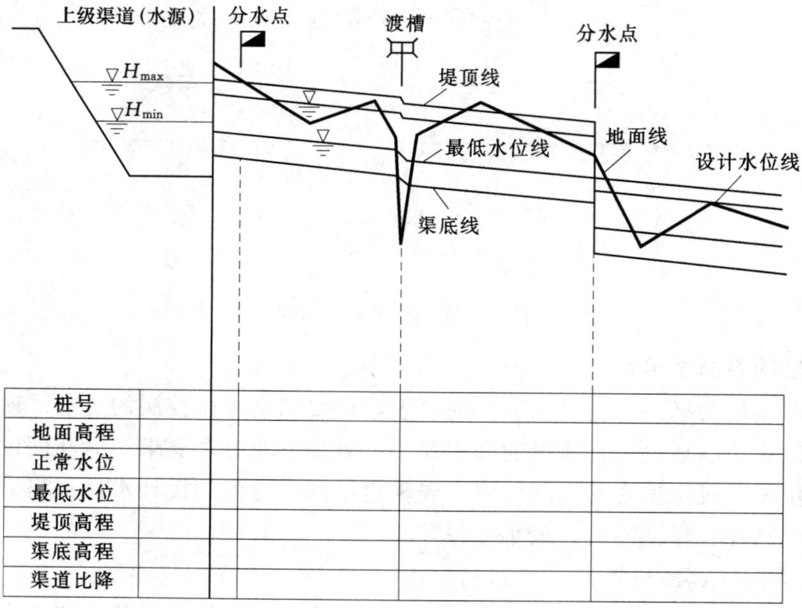

图 4-26　渠道纵断面图

渠道断面图按以下步骤绘制：

(1) 绘地面高程线。在方格纸上建立直角坐标系，横坐标表示桩号，纵坐标表示高程。根据渠道中心线的水准测量成果（桩号和地面高程）按一定的比例点绘出地面高程线。

(2) 标绘分水口和建筑物的位置。在地面高程线的上方，用不同符号标出各分水口和建筑物的位置。

(3) 绘渠道设计水位线。参照水源或上一级渠道的设计水位、沿渠地面坡度、各分水点的水位要求和渠道建筑物的水头损失，确定渠道的设计比降，绘出渠道的设计水位线。该设计比降作为横断面水力计算的依据。如横断面设计在先，绘制纵断面图时所确定的渠道设计比降应和横断面水力计算时所用的渠道比降一致，如二者相差较大，难以采用横断面水力计算所用比降时，应以纵断面图上的设计比降为准，重新设计横断面尺寸。所以，渠道的纵断面设计和横断面设计要交错进行，互为依据。

(4) 绘渠底高程线。在渠道设计水位线以下，以渠道设计水深为间距，画设计水位线的平行线，该线就是渠底高程线。

(5) 绘制渠道最小水位线。从渠底线向上，以渠道最小水深（渠道设计断面通过最小流量时的水深）为间距，画渠底线的平行线，此即渠道最小水位线。

(6) 绘堤顶高程线。从渠底线向上，以加大水深（渠道设计断面通过加大流量时的水深）与安全超高之和为间距，作渠底线的平行线，此即渠道的堤顶线。

(7) 标注桩号和高程。在渠道纵断面的下方画一表格（图 4-26），把分水口和建筑物所在位置的桩号、地面高程线突变处的桩号和高程、设计水位线和渠底高程线突变处的桩号和高程以及相应的最低水位和堤顶高程，标注在表格内相应的位置上。桩号和高程必须写在表示该点位置的竖线的左侧，并应侧向写出。在高程突变处，要在竖线左、右两侧分别写出高、低两个高程。

(8) 标注渠道比降。在标注桩号和高程的表格底部，标出各渠段的比降。

到此，渠道纵断面图绘制完毕。

根据渠道纵、横断面图可以计算渠道的土方工程量，也可以进行施工放样。

3. 渠道纵断面设计中的水位衔接

在渠道设计中；常遇到建筑物引起的局部水头损失和渠道分水处上、下级渠道水位要求不同以及上下游不同渠段间水位不一致等问题，必须给予正确处理。

(1) 不同渠段间的水位衔接。由于渠段沿途分水，渠道流量逐段减小，在渠道设计中经常出现相邻渠段间水深不同，上游水深，下游水浅，给水位衔接带来困难。处理办法有以下三种：

1) 如果上、下段设计流量相差很小时，可调整渠道横断面的宽深比，在相邻两渠段间保持同一水深。

2) 在水源水位较高的条件下，下游渠段按设计水位和设计水深确定渠底高程，并向上游延伸，画出上游渠段新的渠底线，再根据上游渠段的设计水深和新的渠底线，画出上游渠段新的设计水位线。

3) 在水源水位较低、灌区地势平缓的条件下，既不能降低下游的设计水位高程，也不能抬高上游的设计水位高程时，不得不用抬高下游渠底高程的办法维持要求的设计水位。在上、下两渠段交界处渠底出现一个台阶，破坏了均匀流的条件，在台阶上游会引起泥沙淤积。这种做法应尽量避免。为了减少不利影响，下游渠底升高的高度不应大于 15

~20cm。

(2) 建筑物前后的水位衔接。渠道上的交叉建筑物（渡槽、隧洞、倒虹吸等）一般都有阻水作用，会产生水头损失，在渠道纵断面设计时，必须予以充分考虑。如建筑物较短，可将进、出口的局部水头损失和沿程水头损失累加起来（通常采用经验数值），在建筑物的中心位置集中扣除。如建筑物较长，则应按建筑物的位置和长度分别扣除其进、出口的局部水头损失和沿程水头损失。

跌水上、下游水位相差较大，由下落的弧形水舌光滑连接。但在纵断面图上可以简化，只画出上、下游渠段的渠底和水位，在跌水所在位置处用垂线连接。

(3) 上、下级渠道的水位衔接。在渠道分水口处，上、下级渠道的水位应有一定的落差，以满足分水闸的局部水头损失。在渠道设计实践中通常采用的做法是：以设计水位为标准，上级渠道的设计水位高于下级渠道的设计水位，以此确定下级渠道的渠底高程。在这种设计条件下，当上级渠道输送最小流量时，相应的水位可能不满足下级渠道引取最小流量的要求。出现这种情况时，就要在上级渠道该分水口的下游修建节制闸，把上级渠道的最小水位从原来的 $H_{\min}$ 升高到 $H'_{\min}$，使上、下级渠道的水位差等于分水闸的水头损失 ψ，以满足下级渠道引取最小流量的要求，如图 4-27 (a) 所示。如果水源水位较高或上级渠道比降较大，也可以最小水位为配合标准，抬高上级渠道的最小水位，使上、下级渠道的最小水位差等于分水闸的水头损失 ψ，以此确定上级渠道的渠底高程和设计水位，见图 4-27 (b)。分水闸上游水位的升高可用两种方式来实现：

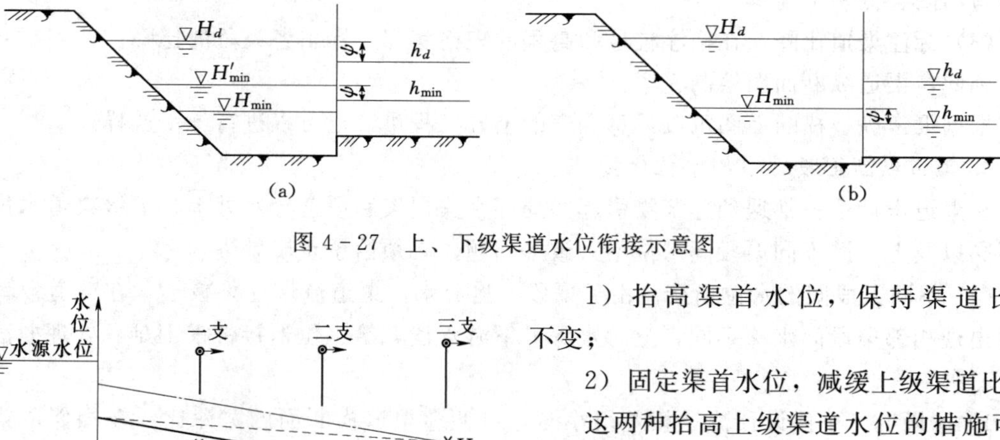

图 4-27 上、下级渠道水位衔接示意图

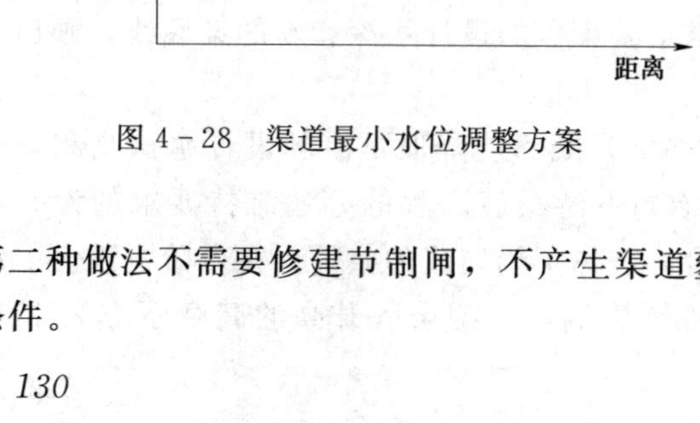

图 4-28 渠道最小水位调整方案

1) 抬高渠首水位，保持渠道比降不变；

2) 固定渠首水位，减缓上级渠道比降。

这两种抬高上级渠道水位的措施可用图 4-28 进一步说明，图中 H_1、H_2、H_3 分别代表一、二、三支渠进水口上游要求的最小水位；实线表示上级渠道原来的最小水位线，不能满足三支渠的引水要求；虚线表示改变渠道比降后的最小水位线；点画线表示抬高渠首水位后的最小水位线。第二种做法不需要修建节制闸，不产生渠道壅水和泥沙淤积，但要具有抬高渠首水位的条件。

第六节　渠道防渗及抗冻胀

一、渠道防渗形式

渠道渗漏水量占渠系损失水量的绝大部分，一般占渠首引入水量的30%～50%，有的灌区高达60%～70%。渠系水量损失不仅降低了渠系水利用系数，减少了灌溉面积，浪费了宝贵的水资源，而且会引起地下水位上升，导致农田渍害。在有盐碱化威胁的地区，会引起土壤次生盐渍化。水量损失还会增加灌溉成本和农民的水费负担，降低灌溉效益。为了减少渠道输水损失，提高渠系水利用系数，一方面要加强渠系工程配套和维修养护，实行科学的水量调配，不断提高灌区管理工作水平；另一方面要采取防渗工程措施，减少渠道渗漏水量。

1. 常规渠道防渗形式及其主要特性

选择渠道防渗形式应贯彻因地制宜、就地取材的原则，根据当地的气候、地形、土质、地下水位等自然条件，渠道大小、输水方式、防渗标准、耐久性等工程要求，土地利用、材料来源、劳力、能源及机械设备等社会经济因素，结合当地实践经验，通过技术经济比较后确定。表4-14给出了几种常见渠道防渗形式及其主要特性，供参考。

表4-14　常见渠道防渗形式及其主要特性

防渗形式		主要原材料	允许最大渗漏量/[$m^3/(m^2 \cdot d)$]	使用年限/年	适用条件
土料	黏性土 黏砂混合土	黏质土、砂、石、石灰等	0.07～0.17	5～15	就地取材，施工简便，造价低，但抗冻性、耐久性较差，工程量大，质量不易保证，可用于气候温和地区的中、小型渠道
	灰土、三合土、四合土			10～25	
水泥土	干硬性水泥土、塑性水泥土	壤土、砂壤土、水泥等	0.06～0.17	8～30	就地取材，施工较简便，造价较低，但抗冻性较差，可用于气候温和地区，附近有壤土或砂壤土的渠道
石料	干砌卵石（挂淤）	卵石、块石、料石、石板、水泥、砂等	0.20～0.40	25～40	抗冻、抗冲、抗磨和耐久性好，施工简便，但防渗效果一般不易保证，可用于石料来源丰富、有抗冻、抗冲、耐磨要求的渠道
	浆砌块石、浆砌卵石、浆砌料石、浆砌石板		0.09～0.25		
沥青混凝土	现场浇筑 预制铺砌	沥青、砂、石、矿粉等	0.04～0.14	20～30	防渗效果好，适应地基变形能力较强，造价与混凝土防渗衬砌结构相近，可用于有冻害地区、且沥青料来源有保证的各级渠道衬砌

续表

防渗形式		主要原材料	允许最大渗漏量 / [$m^3/(m^2 \cdot d)$]	使用年限 /年	适用条件
埋铺式膜料	土料保护层 刚性保护层	膜料、土料、砂、石、水泥等	0.04～0.08	20～30	防渗效果好，质轻，运输量小，当采用土料保护层时，造价较低，但占地多，允许流速小，可用于中、小型渠道；采用刚性保护层时，造价较高，可用于各级渠道衬砌
混凝土	现场浇筑	砂、石、水泥、速凝剂等	0.04～0.14	30～50	防渗效果、抗冲性和耐久性好，可用于各类地区和各种运用条件下的各级渠道；喷射法施工宜用于岩基、风化岩基以及山丘区渠道
	预制铺砌		0.06～0.17	20～30	
	喷射法施工		0.05～0.16	25～35	

2. 新型防渗材料

(1) 新型复合土工合成材料 GCL (Geosynthetic Clay Liner)。新型复合土工合成材料 GCL 是在压实性黏土衬垫 CCL (Compacted Clay Liner) 基础上发展而来的，GCL 最早用于工程是在 1986 年美国的一座垃圾填埋场衬垫系统中，大约在同一时期，德国也研究应用了另一种 GCL 产品，并成功地应用于渠道防渗、运河衬垫系统、垃圾填埋场衬垫系统等，取得了较好的防渗漏效果。

GCL 的结构组成是两层土工合成材料之间夹封膨润土，通过针刺、缝合或粘合而成，也有的 GCL 产品只有一层土工膜，其上有用粘合剂粘合的一层薄薄的膨润土。GCL 是利用膨润土的膨胀性防渗，利用土工织物来承载和护面的结构形成，它与土工膜同属土工合成材料，在渠道防渗应用中除具有土工膜的所有优点外，还具有柔性极好，抗张应变的能力强，在张应变达 20%的情况下，其渗透率不增大。具有极强的自愈合功能，由于膨润土具有遇水膨胀性，它会在土工织物刺破处自我愈合，同时上下层土工织物在针刺或缝合纤维的作用下也约束了膨润土的迁移，进一步提高了自愈合能力。抗干湿循环和抗冻融循环的能力强，GCL 受热后会出现干缩现象，但复水后出现的裂缝会自动闭合，且渗透系数不变，经冻融试验，其抗冻能力也较强。比土工膜搭接方便，安装简单，施工速度快。

(2) 新型固化土防渗材料。土壤固化剂是一种由多种无机、有机材料合成的用以固化各类土壤的新型节能环保工程材料。对于需加固的土壤，根据土壤的物理和化学性质，只需掺入一定量的固化剂，经拌匀、压实处理，即可达到需要的性能指标。土壤固化剂是一种新型固化土防渗材料，具有其他传统防渗材料所不具备的一些特点，其作用对象是各类土壤。材料来源丰富，应用范围广，并且有很好的防渗效果，渗透系数一般为 10^{-6}～10^{-8}cm/s。国外目前已广泛应用到各类工程中，我国从 20 世纪 80 年代开始引进这项技术，90 年代初应用于渠道防渗工程中，取得了较好的防渗效果。

固化土的物理力学性能随土壤性能、固化剂类别及掺量、含水量、施工条件等有所不同，一般强度为 1～10MPa，渗透系数为 1×10^{-6}～1×10^{-8}cm/s。陕西省宝鸡峡灌区和山东省葛沟灌区在全国大型灌区节水改造中进行了土壤固化剂防渗渠道的试验应用，证明土壤固化剂用于渠道防渗工程上，具有可就地取材，工程造价低，施工简单方便，防渗效果较好等优点，但存在抗冻性不稳定，耐久性差等不足。为此，我国已开始研究固化土复合防渗结构，它是利用土壤固化剂对渠基土进行处理，达到防渗的目的，并形成具有一定厚度的保温体，减弱基土冻胀，再利用混凝土等刚性材料作为保护层，组成防渗、耐冲、抗冻胀、耐久性好的复合防渗衬砌结构。

(3) 纳米改性防渗材料。

1) 纳米改性混凝土防渗材料。混凝土防渗是目前广泛采用的一种渠道防渗技术措施，它具有防渗效果好，一般能减少渗漏损失的90%～95%以上，糙率小（$n=0.014\sim0.017$），允许流速大，一般为3～5m/s，缩小渠道断面，减少工程量和占地面积，强度高，耐久性好，便于管理和适应性广泛等优点，但其抗冻性能较差。国内外建筑业已开始利用纳米材料改进混凝土和钢筋混凝土的性能研究，并应用于高速公路路面及路缘石施工中，结果表明可显著提高混凝土的耐久性，抗冻性提高20倍。在渠道防渗方面，我国已开始在不显著提高成本情况下利用纳米材料改进混凝土防渗抗冻性能的研究。

2) 纳米改性复合土工膜。土工膜是一种薄型、连续、柔软的防渗材料，具有防渗性能好，适应变形能力强，施工方便，工期短和造价低等优点，但是，土工膜较薄，在施工、运行期易被刺穿，使得防渗能力大大降低，同时，其抗冻性能差。利用纳米材料对普通塑料进行改性，生产的新型复合土工膜兼有无机、有机的特点。纳米改性复合土工膜的厚度约为普通聚乙烯土工膜的3/4～2/3，可大幅度降低工程造价，其强度和抗穿刺性能明显提高，扩大了土工膜的应用范围。

二、渠道抗冻胀技术

在季节性冻土地区，细粒土壤中的水分在冬季负温条件下结成冰晶，使土壤体积膨胀，地面隆起，这种现象称为土壤的冻胀。在渠道衬砌的条件下，因衬砌层约束了土体的冻胀变形而产生了巨大的推力，称为冻胀力。衬砌层和冻土粘结在一起，还会产生切向冻胀力。在冻胀力的作用下，衬砌护面会遭受破坏。由于渠道断面各部位接受太阳辐射不均匀，各处温度就不同，土壤的冻深和冻胀量也不同，一般渠底和阴坡的冻胀量大于阳坡。渠床渗漏和地下水上升毛管水的补给影响，使渠床下部土壤的含水量高于上部，也增加了下部土壤的冻胀量。因而，渠道的冻胀破坏以渠底和渠坡下部最为严重。

1. 渠道的变形特征

渠道断面上各点的不均匀冻胀，是渠道冻融期变形的基本特征，是衬砌破坏的基本原因。渠底衬砌板的冻胀变形受边坡的约束，冻胀变形一般为中部大于两端，由此造成沿渠底中心线裂缝，隆起破坏。渠坡冻胀变形线稍呈弯曲，且弯曲线的拐点位于距坡脚不远处，在这种情况下，如果衬砌板与土间不存在冻结力，上部板将向上翘起，但当衬砌板与土间存在冻结力，衬砌板受约束不能翘起，或衬砌板的抗弯强度小于悬臂端的弯矩时，将在冻胀变形量最大处发生折断，如果渠道衬砌为预制板，则将在此处出现开缝。

2. 渠道冻胀破坏的防治措施

根据冻害成因分析，防渗工程是否产生冻胀破坏，其破环程度如何，取决于土冻结时水分迁移和冻胀作用，而这些作用又和当时当地的土质、土的含水量、负温度及工程结构等因素有关。防治衬砌工程的冻害，要针对产生冻胀的因素，根据工程具体条件从渠系规划布置、渠床处理、排水、保温、衬砌的结构型式、材料、施工质量、管理维修等方面着手，全面考虑。

(1) 回避冻胀法。回避冻胀是在渠道衬砌工程的规划设计中，注意避开出现较大冻胀量的自然条件，或者在冻胀性土地区，注意避开冻胀对渠道衬砌工程的作用。

1) 避开较大冻胀的自然条件。规划设计时，应尽可能避开黏土、粉质土壤、松软土层、淤土地带、沼泽和高地下水位的地段，选择透水性较强不易产生冻胀的地段或地下水位埋藏较深的地段，将渠底冻结层控制在地下毛管水补给高度以上。

尽量使渠线走在地形较高的脊梁地带，避免渠道两侧有增面水（露水或灌排水）入渠。

在有坡面旁渗水和地面回归水入渠的渠段，尽量做到渠路、沟相结合，或者专设排水设施。

沿渠道外两侧应规划布置林带，最好是多种柳树，因柳树根须发达，密集伸向水源，可以改善渠床土基，有利于防冻害。

2) 埋入措施。将渠道作成管或涵埋设在冻结深度以下的措施，可以免受冻胀力、热作用力等的作用，是一种可靠的防冻胀措施，它基本上不占地、易于适应地形条件，水量损失最小、管理养护方便，适用于地形起伏、甚不规则的地区。

3) 置槽措施。置槽可避免侧壁与土接触以回避冻胀，常被用于中小型填方渠道上，是一种价廉的防治措施。

4) 架空渠槽。用桩、墩等构筑物支撑渠槽，使其与基土脱离，避开冻胀性基土对渠槽的直接破坏作用，但必须保证桩、墩等不被冻拔，此法形似渡槽，占地少，易于适应各种地形条件，不受水头和流量大小的限制，管理养护方便，但造价较高。

(2) 削减冻胀法。当估算渠道最大冻胀变形值较大，且渠床在冻胀融沉的反复作用下，可能产生冻胀累积或后遗性变形情况时，可采用适宜的削减冻胀的措施。将渠床基土的最大冻胀量削减到衬砌结构允许变位范围内。

1) 置换法。置换法是在冻结深度内将衬砌板下的冻胀性土换成非冻胀性材料（纯净的砂砾、砂卵石、及中、粗砂）的一种方法，通常又称铺设砂砾石垫层。砂砾石垫层不仅本身无冻胀，而且能排除渗水和阻止下卧层水分向表层冻结区迁移，所以砂砾石垫层能有效地减少冻胀，防止冻害现象的发生。为完全消除冻胀影响，可将冻结深度全部置换，但用砂砾石置换后，冻结深度会比原地基扩大（砂砾石的导热系数比一般土大），若置换到冻不到的深度，工程量必然增加很多，因此，当冻结深度较大时，应根据冻胀强度沿冻深的分布状况和衬砌结构的允许变位值，计算渠床各部位的置换深度，确定置换断面。置换深度的计算可参照相关规范。

置换层的砂砾料应纯净，粉黏粒含量一般不宜大于3%～5%，且需有畅通的排水设施相结合才能发挥应有的效果，特别是置换层有饱水条件冻结时，必须保证冻结期置换层有排水出路。若衬砌缝漏水或渗水的含泥量足以能污染置换层时，应在置换层外围设置一层土工膜或加一层砂反滤层保护。

2) 隔热保温。将隔热保温材料（如炉渣、石蜡渣、沥青草、泡沫水泥、蛭石粉、玻璃纤维、聚苯乙烯泡沫板等）布设在衬砌体背后及地表面，以减轻或消除寒冷因素，并可减少置换深度，隔断下层土的水分衬给，从而减轻或消除渠床的冻深和冻胀。其中聚苯乙烯泡沫板露天易老化，用在渠道防冻胀中要有保护层，保护层一般可采用混凝土板和浆砌石。

3）压实。压实法可使土的干密度增加，孔隙率降低，透水性减弱，密度较高的压实土冻结时，具有阻碍水分迁移、聚集，从而削减甚至消除冻胀的能力，据此，可以通过渠床的压实处理，来达到防止冻害的目的，试验证明，当土的饱和度一定时，土的冻胀性随干密度的增加而下降。

压实处理法，有渠床原状土压实和翻松土压实两种，前者所能达到的深度较浅，一般在0.3m以内，不宜在严寒地区应用，后者可分层回填，逐层压实，可达较大压实厚。压实处理的渠床，应先清除淤泥杂草，然后再行碾压，为确保工程质量，应随时抽碾压土样，现场测定干密度。

压实措施尤其对地下水影响较大的渠道有效，地下水位高的渠道，多为强冻胀破坏，滑塌严重，渠坡需要整修，整修时对填土进行夯实是非常必要的，如果能在基土中掺入一定量石灰，压实效果更好，防冻胀效果好。

4）防渗（隔水）、排水。当土中的含水量大于起始冻胀含水量，才明显地出现冻胀现象，因此，防止渠水和渠堤上的地表水入渗、隔断水分对冻层的补给，以及排除地下水，是防止地基土冻胀的根本措施。

(3) 优化结构法。所谓优化结构法，就是在设计渠道断面和衬砌结构时采用合理的形式和尺寸，使其具有削减、适应或回避冻胀的能力。

圆弧形底梯形断面和U形渠道已在许多试验和工程中证明对防止冻胀有效，圆弧形底梯形断面适用于大中型渠道，虽然冻胀量与梯形断面相差不大但变形分布要均匀得多，消融后的残余变形小，稳定性强；U形断面适用于小型支斗渠，冻胀变形中为整体变位且变位较均匀，尤其是在斗渠改建中，可采用预制混凝土U形渠槽，施工简便，同时，有专用的成型设备，生产效率很高。

预制混凝土板衬砌采用宽缝结构，填缝容易，质量易保证；错缝安装，有利于提高板缝间的结合力、分散冻胀力，提高结构的整体稳定性和抗冻胀能力。宽缝结构、错缝安装一般用于大中型渠道上，这种结构已在宁夏、北京等地大量采用。宽缝结构，缝宽一般采用与板厚一致，使填缝体为一方形体，宽度多为5～8cm，回填采用一级配掺有微膨胀剂的C15豆石混凝土，提高缝本身的结构强度，补偿混凝土收缩，这样砌缝不易开裂和脱落，可提高防渗性能。

(4) 加强运行管理。冬季不行水渠道，应在基土冻结前停水；冬季行水渠道，在负温期宜连续行水，并保持在最低设计水位以上运行。每年应进行一次衬砌体的裂缝修补，使砌块缝间填料保持原设计状态，衬砌体的封顶应保持完好，不允许有外水流入衬砌体背后。应及时维修各种排水设施，保证排水畅通；冬季不行水渠道，应在停水后及时排除渠内和两侧排水沟内的积水。

3. 防冻胀设计

为防御渠道防渗工程受基土冻胀作用的破坏，季节冻土地区标准冻深大于10cm的衬砌渠道，应进行防冻胀设计。防冻胀设计中应贯彻因地制宜、安全可靠、经济合理和实用美观的原则。渠道防渗工程的防冻胀设计应按下列步骤进行：

（1）调查、收集防渗衬砌渠道沿线的土质、地下水位、冻深和已有工程运行等资料，按土质、地下水深度和渠道走向基本相同的原则，划分不同的渠段。

（2）在各渠段选择1～2个具有代表性的横断面，通过计算或必要的试验观测，确定断面上各代表性计算点（如渠底、坡脚、坡中、坡顶）的设计冻深和冻胀量，判定地基土的冻胀性类别。

（3）根据渠道各部位的冻深和冻胀量，选择适宜的渠道断面形式、衬砌材料与结构。

（4）验算渠道各部位的冻胀位移量，确定必要的防冻胀措施。

（5）提出施工工艺和管理运用方面的防冻胀要求。

（6）根据渠槽开挖后的土质、水分情况及时修正设计。

第五章　灌 溉 管 道 工 程

近年来，世界上许多国家，如美国、澳大利亚、日本、罗马尼亚、匈牙利、以色列和前苏联等都把对老灌区的技术改造技术更新列为当前水利工程的热点，各国改渠系输配水为管网输配水，已取得了明显的节水、节能效果。我国在20世纪70年代就已有灌溉管道输配水和灌水的试点，如喷灌、滴灌以及后来推广应用的低压管道输水灌溉系统，在提高灌溉水利用率，少占耕地，便利机耕和扩大灌溉面积等方面都显示出了巨大的效益和潜力。

灌溉管道工程是以管道代替明渠输水灌溉的一种工程形式，具有较大的使用范围。大中型灌区可以采用明渠与管道输水相结合，有专门为喷灌、微灌等供水的压力输水管道系统，还有为田间沟、畦灌供水的低压管道输水（一般不超过0.4MPa）灌溉系统等。

第一节　灌溉管道工程的组成

一、组成

灌溉管道工程是将取水枢纽从水源提取的水量安全、合理、及时地输送到田间灌水系统的管道系统，包括输配水管网及其附属设施和装置，是管道输水灌溉系统（图5-1）的重要组成部分。

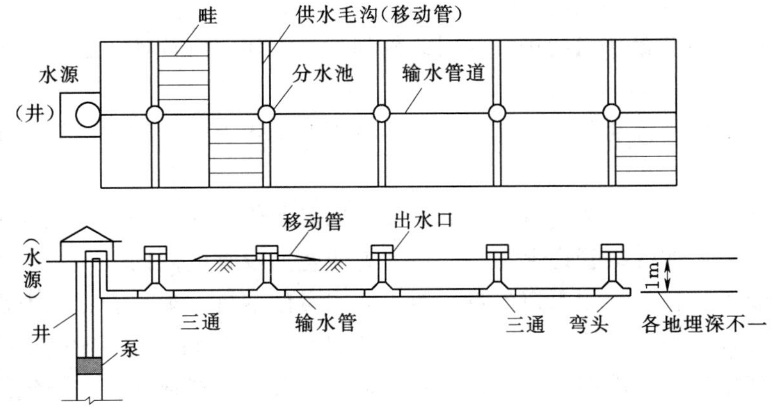

图5-1　管道输水灌溉系统组成

（一）输配水管网及分类

1. 管道分级

输配水管网是由管道、管件及附属管道装置连接成的输配水通道。在灌溉面积较大的灌区，输配水管网主要由干管、支管等多级管道组成。在灌溉面积较小的灌区，一般只有单机泵、单级管道输水和灌水。

井灌区输配水管网一般采用1～2级管道，或一级地埋管和一级地面移动管。渠灌区输配水管网多由多级管道组成，一般均为固定式地埋管。地埋管管材目前我国主要采用混凝土管、硬塑料管。输配水管网的最末一级管道，可采用固定式地埋管，也可采用地面移动管道。地面移动管道管材目前我国主要选用薄塑软管、涂塑布管，也有采用造价较高的如硬塑管、锦纶管、尼龙管和铝合金管等。

2. 管网分类

通常按工作压力分类。工作压力是在正常工作状态下系统内水流的压力。不同的灌水方法要求在管网中保持不同的压力范围，而不同的工作压力对系统的结构与所用的管材有很大的影响。因此按工作压力对灌溉管道系统进行分类以便于设计与管理。

（1）无压灌溉管道系统。管道内水流有自由表面，其管材主要承受外面的土压力。由于管道是埋在地表之下，且管内为无压流，因此无法自流灌溉地表，必须另加动力和水泵提水，常用来为移动式喷灌机组供水或进行地下渗灌，其他情况用得比较少。

（2）低压灌溉管道系统。其工作压力一般为400kPa以下。管内水流为有压流，所以水能从出水口自流溢出，进行地面灌、滴灌，或在地下进行渗灌。

（3）中压灌溉管道系统。工作压力一般为400～600kPa。可以用于滴灌、微喷灌和中、低压喷灌。

（4）高压灌溉管道系统。工作压力在600kPa以上。由于压力较高所以对管道的强度要求较高，主要用于中、高压喷灌。

（二）附属设施和装置

由于管道输水灌溉系统一般都有2～3级地埋固定管道，因此必须设置各种类型的管道输水灌溉系统建筑物或装置。依建筑物或装置在管道输水灌溉系统中所发挥的作用不同，可把它们划分为以下10种类型：

（1）取水枢纽和装置：包括进水闸门或闸阀、拦污栅、沉淀池、蓄水池或其他净化处理建筑物等。

（2）过滤器及施肥施药装置：对于喷灌和微灌系统，通常必须在灌溉系统首部设置过滤器和施肥施药装置。

（2）分水配水装置：包括干管向支管、支管向各农管、毛管的分水配水用的闸阀。

（3）控制装置：如各级管道上为控制压力或流量所设置的阀门。

（4）量测装置：包括量测管道流量、压力和水量的装置，如水表、压力表等。

（5）保护装置：为防止管道发生水击或水压过高或产生负压等致使管道变形、弯曲、破裂、吸扁等现象，通常需在管道首部或管道适当位置处设置通气孔和排气阀、减压装置或安全阀等。

（6）泄退水装置：为防止管道在冬季冻裂，往冬季结冻前将管道内余水退净泄空所设置的阀门及阀门井等。

（7）交叉装置：管道若与路、渠、沟等建筑物相交叉，则需设置虹吸管、倒虹吸管或有压涵管等。

（8）田间出水口和给水栓：由地埋输配水暗管向田间畦、沟配水时需要装置竖管和给水栓，灌溉水流出地面处应设置出水口。

（9）管道附件及连接装置：管道附件主要包括三通、四通、变径接头、短管等以及为保护阀门等设置的阀门井等建筑物。

（10）其他装置和设备：为承受管中由于水流方向改变等原因引起的推力，以及直管中由于自重和温度变形产生的推、拉力，通常要在三通、弯头、变径接头、堵斗、阀门等管道连接件处设镇墩、支墩等。

二、技术特点

1. 优点

管道输配水工程与渠道输配水工程相比较，一般有以下几方面的优越性：

（1）节水效益显著。管道输配水工程是利用管网输配水和灌水，可以完全避免产生输水损失和蒸发损失，从而节约了灌溉用水，提高了灌溉水利用率，管网输水一般可比明渠输水节水30%～50%；并可以防止因渠系渗水而导致土壤盐碱化、沼泽化和冷浸田等的发生。

（2）土地利用率高。由于输配水管网大部分或全部都埋设在地下，因此比明渠输水一般可少占4%左右的耕地，提高了土地利用率，扩大了有效灌溉面积，同时还方便了交通。

（3）适应性强，便于实现自动化。管道输配水工程运用灵活方便，容易调节控制和实现自动化；可适用于各种地形和不同作物与土壤；不会影响机耕和田间管理，并便于与施肥施农药等相结合。

（4）输水速度快，灌溉效率高。利用管道输水、配水和灌水，水流速度快，灌溉效率高，灌水劳动生产率高，故可减少灌水用工、用时，一般比明渠输水的灌溉效率可提高1倍以上，用工减少50%左右。

（5）维修养护省工，省时，管理方便。灌溉管道不会滋生杂草，而且杂草也不易进入管道，因此，可省去明渠清淤除草和整修维护渠道等繁重劳动。

（6）灌水及时，作物增产增收效果明显。利用管道输配水和灌水，不仅因减少了水量损失和浪费而扩大了灌溉面积或增加了灌水次数，而且还因输水迅速而有利于向作物适时适量地供水和灌水，从而有效地满足了作物的需水要求，提高作物单位水量的产量和产值。

2. 缺点

目前，管道输配水工程建设存在的主要问题是：①需要的材料和设备较多；②投资较高；③对水源的水质要求较高，尤其是微灌系统，对水质的要求更高。

3. 低压输水管道灌溉系统的技术特点

低压输水管道灌溉系统简称管灌系统，与喷灌系统比较，无需承压能力很高的管材。因此投资可大为降低，且工程见效快；与滴灌系统比较，管灌系统与滴灌系统所需工作压力大致相同，滴灌比管灌节水效果更好，但滴灌比管灌对水质的要求更严格，需设置专门的过滤器，而且滴头和管道还容易堵塞，其管理运用不如管灌系统简单方便。

渠灌区管灌系统除具有管灌系统一般的技术特点外，与井灌区管灌系统相比较尚有一些特殊之处。渠灌区管灌系统一般控制面积都比较大，引取流量大，输水配水管网级数多，管径也较大，所以，省水、省地和省工效益更显著。管网输水和田间灌水速度快，从而可大大缩短轮灌周期，完全有可能实现按作物需水要求进行灌溉。管灌系统维修养护简单方便，管理费用和灌水成本可相对降低。但渠灌区管灌系统所需材料和设备较多，建筑物类型也较复杂。因此，其单位面积投资比井灌区要高，规划设计内容也比较复杂，施工期较长，而且在用水管理和计划用水上与全灌区用水的协调与调配也存在着一定的困难。还需要更多地研究和总结经验。

第二节　管材种类及规格

管材是管道输水灌溉系统的主要组成部分，需要量大，占工程总投资比重达70%以上，所以它对工程投资大小和效益能否正常发挥起着决定性的作用。为了搞好管道输水灌溉系统的规划设计，一定要了解各种管材的性能、规格与适用条件。

一、对管材的技术要求

对管材的技术要求主要包括：

(1) 能承受设计要求的工作压力，由此决定管材的管壁厚度。

(2) 材质，对于不同的工作压力和不同的输水要求，要选用不同的管材；如输水压力高且流量大时多采用钢管，田间灌溉输配水管网则多采用塑料管。

(3) 能通过设计要求的流量，而不至于造成过大的水头损失，以减小运行费用，由此确定管道内径。

(4) 价格较低，使用寿命长。

(5) 便于运输、易于安装与施工，主要是接头的连接要方便而且不漏水，有一定的抗震和抗折能力。

(6) 对于移动管道还要求轻便，耐撞击，耐磨和能经受风吹日晒。

二、固定管道的管材种类及其适用范围

固定管道，即在灌溉季节中始终不移动的管道，多数是埋在地下，也有的在灌溉季节铺设在地面上，灌溉季节后立即拆除。固定管材的种类较多，主要有水泥土管、素混凝土管、塑料管、钢筋混凝土管、铸铁管、钢管等。

(1) 水泥土管。是采用水泥、土料和水，按一定的配合比均匀拌合，经立式挤压制管机压制成型，再经过适当养护制成的具有一定承载能力的管材。可承受内压100～200kPa，水泥土管适用于在缺少砂石的平原地区，就地取材制造，投资较低。但是制造工艺要求较高，各项强度指标均比混凝土管差，已较少采用。

(2) 素混凝土管。是没有配钢筋的混凝土管，可以制成带有承插式接口，用橡皮密封圈止水；也可制成平口，用水泥沙浆连接。素混凝土管能承受的内水压力较小。这种管体积大，应尽量争取在现场附近浇制，而不要远距离运输，以免在运输过程中损坏、破裂。其工作压力在140～180kPa之间。在管道输配水系统中已较少使用。

(3) 塑料管。是由不同种类的树脂掺入稳定剂、添加剂和润滑剂等配合后，挤压成型的。采用不同的树脂就产生出不同的塑料管，品种很多。现在常用的有聚氯乙烯管（PVC)、聚乙烯管（PE）和聚丙烯管（PP）等。其优点是施工容易，能适应一定的不均匀沉陷，内壁光滑，水头损失小。老化问题值得注意，但埋在地下可减慢老化速度。

塑料管按照结构形式可分为实壁管、双壁波纹管和加筋管三种。双壁波纹管是一种内壁光滑、外壁呈波纹状的结构壁管材，双壁波纹管适用于工作压力≤0.2MPa的输水工程；加筋管以聚乙烯树脂为主要材料，挤出成型过程中，在管壁内按均匀连续螺旋形设置受力线材，复合制成的一种新型管材，其中受力线材一般为碳素弹簧钢丝。双壁波纹管和加筋管可显著提高单位管材的工作压力或过水流量。

按公称压力可分为低压（≤0.4MPa）和中高压（0.63～1.6MPa）两类。各种塑料管的规格各不相同，对于低压管道，管径为5～315mm，壁厚0.5～8.0mm；对于中高压管道，管径为32～630mm，壁厚1.6～30.0mm。具体规格可查低压输水灌溉用硬聚氯乙烯（PVC—U）管材标准GB/T 13664—2006。表5-1给出了部分低压输水灌溉用管的规格。

塑料管的连接形式有多种，刚性接头有丝扣连接、法兰连接、粘接法和焊接等，柔性接头多为铸铁套管橡皮圈止水的承插式接头。

表5-1　　PVC—U管材外径和壁厚　　单位：mm

公称外径 d_n	平均外径极限偏差	壁厚 e							
		公称压力 0.2MPa		公称压力 0.25MPa		公称压力 0.32MPa		公称压力 0.4MPa	
		公称壁厚	极限偏差	公称壁厚	极限偏差	公称壁厚	极限偏差	公称壁厚	极限偏差
75	+0.30	—	—	—	—	1.6	+0.40	1.9	+0.40
90	+0.30	—	—	—	—	1.8	+0.40	2.2	+0.50
110	+0.40	—	—	1.8	+0.40	2.2	+0.40	2.7	+0.50
125	+0.40	—	—	2.0	+0.40	2.5	+0.40	3.1	+0.60
140	+0.50	2.0	+0.40	2.2	+0.40	2.8	+0.50	3.5	+0.60
160	+0.50	2.0	+0.40	2.5	+0.40	3.2	+0.50	4.0	+0.60
180	+0.60	2.3	+0.50	2.8	+0.50	3.6	+0.50	4.4	+0.70
200	+0.60	2.5	+0.50	3.2	+0.60	3.9	+0.50	4.9	+0.80
225	+0.70	2.8	+0.50	3.5	+0.60	4.4	+0.70	5.5	+0.90
250	+0.80	3.1	+0.60	3.9	+0.60	4.9	+0.80	6.2	+1.00
280	+0.90	3.5	+0.60	4.4	+0.70	5.5	+0.90	6.9	+1.10
315	+1.00	4.0	+0.60	4.9	+0.80	6.2	+1.00	7.7	+1.20

注　1. 公称壁厚（e_n）根据设计应力（σ_s）8MPa确定。
2. 本表规格尺寸适用于低压输水灌溉用管。

（4）钢筋混凝土管。有预应力钢筋混凝土管和自应力钢筋混凝土管两种，都是在混凝土浇制过程中使钢筋受到一定的拉力，从而使管道在工作压力范围内不会产生裂缝。可承受内压400～500kPa，常用直径为70～1200mm，长度为2000～4000mm。壁厚依直径变化，管道直径越大，要求壁厚越大，常用管道壁厚变化于25～60mm。钢筋混凝土管的优点是：钢材用量仅为铸铁管的10%～15%，而且不会因锈蚀使输水性能降低，使用寿命长，一般可使用70年以上或更长时间。但其质脆、较重，运输有一定困难，而且目前制造工艺比较复杂。

钢筋混凝土管一般做有插口，刚性接头用石棉水泥或膨胀性填料止水，柔性接头则用圆形橡胶圈止水。

（5）铸铁管。一般可承压1MPa，优点是工作可靠和使用寿命长，一般可使用60～70年，但一般在30年后就要开始陆续更换。缺点是较脆，不能经受较大的动荷载，比钢管要多花1.5～2.5倍的材料。每根管子长度仅为钢管的1/3～1/4。故接头多，增加施工工作量。另外，在长期输水后，由于锈蚀，内壁会产生锈瘤，使内径逐渐变小，阻力逐渐加大，大大降低其过水能力。

按照加工方法接头形式不同，铸铁管可分为承插直管、砂型离心管、法兰直管。按照承受压力大小可分为低压管（工作压力$P \leqslant 450$kPa）、普压管（450kPa$< P \leqslant$750kPa）和高压管（750kPa$< P \leqslant$1000kPa）。

承插式铸铁管常用的接口有石棉水泥接头、铅接头和膨胀性填料接头。其中铅接头的刚性与抗震性能均较好，养护容易，施工方便，过去用得最多，但费用高，需要用大量青铅。现在较多采用其他两种接头。

(6) 钢管。可承压1.5～6.0MPa，与铸铁管相比，它的优点是能经受较大的压力，韧性强、能承受动荷载、管壁较薄、节省材料。管段长而接口少，铺设简便，但易腐蚀、寿命仅为铸铁管的一半，因此铺设在土中时表面应有良好的保护层。

常用的钢管有热轧无缝钢管、冷轧（冷拔）无缝钢管、水煤气输送钢管（即自来水管）和电焊钢管等，一般用焊接、螺纹接头或法兰接头。

三、移动管道的种类及其适用范围

移动管道是在灌溉季节中经常移动的管道，如移动式管道系统中的管道和半固定式管道系统中的末级管道。移动管道按其软硬程度可以分为三种：一种是软管，用完后可以卷起来移动或收藏，体积小，运输方便，这样每节可以较长，一般10～50m，各节之间用快速接头连接；另一种是半软管，这种管子在水放空后横断面还基本能保持圆形，也可以卷成盘状，但盘的直径较大（1～4m）；第三种是硬管，为了便于移动，每节不能太长，一般6～9m，要用较多的快速接头。管道能否正常工作主要决定于接头工作的可靠性。所以对快速接头的要求较高。现在常用的软管有麻布水龙带、锦纶塑料、维塑软管等；半软管有胶管、高压聚乙烯软管等；硬管有硬塑料管、铝合金管和镀锌薄壁钢管等。

(1) 铝合金管。具有强度高、重量轻、耐腐蚀、搬运方便等特点。铝合金很轻，比重为2.8，约为钢的1/3。所以做成薄壁管单位长度重量仅为同直径水煤气管的七分之一。比镀锌薄壁钢管还轻。但铝合金管硬度差，容易被碰撞变形，价格较贵，正常条件下使用寿命可达15～20年左右。这样的寿命比价（即按使用寿命计算每年每米管材的价格）略低于塑料管，而且废铝管还可以回收。

(2) 镀锌薄壁钢管。是用厚度为0.7～1.5mm的带钢辊压成形，并通过高频感应对焊成管。管的长度按需要切割，在管端配上快速接头，然后经过镀锌而成。重量仅为同样直径的水煤气管的五分之一左右。一根6m长直径为108mm的管道约重20kg，可承受内压4MPa左右。经镀锌处理后能防止生锈，能经受野外恶劣条件下由水和空气引起的腐蚀，所以使用寿命较长。

(3) 塑料管。有硬管、软管和半软管。由于移动管道经常受到风吹日晒，一般硬塑料管容易老化，有效使用寿命短，在喷灌中现已较少使用，而半软管在滴灌和微喷灌中仍常使用。但为延缓老化也为了防止细菌和藻类在管内生长，一般都在塑料中掺炭黑做成黑色的管子，输水灌溉用聚乙烯（PE）薄壁软管规格见表5-2。

表 5-2　　**聚乙烯（PE）薄壁软管规格**　　单位：mm

公称外径 d_n	平均外径		壁厚	
	最小平均外径 d_{min}	最大平均外径 d_{max}	最小壁厚 e_{min}	最大壁厚 e_{max}
63	62.0	64.0	1.0	1.3
75	73.5	76.5	1.1	1.4
90	88.0	92.0	1.5	1.8
110	107.5	112.5	1.7	2.0
125	122.0	128.0	2.0	2.4
160	155.0	165.0	2.4	2.8

另外喷灌中也有用锦纶塑料软管和维塑软管，是用锦纶丝（或维纶丝）织成网状管坯，然后在内外壁涂一层塑料，规格见表 5-3，可承压 400～800kPa，较轻便，便于收藏，但是使用时，不能在有石子的地上拖移，否则极易损坏，在用完后要特别仔细地卷成盘形移动。

（4）胶管。在手工灌水中常用，是在橡胶中夹布制成，属于半软管，价格较高，而且比较重，因此每节不可太长。

（5）薄膜塑料管。是塑料吹塑而成的，我国曾叫做“小白龙”。管壁很薄，仅 0.25～0.6mm，只能承受很低的压力。主要用于地面灌溉系统中的田间配水之用，寿命一般仅 1～2 年。“小白龙”的规格一般以折径计算，即半周长度。是一种具有一定弹力的薄膜软管，它的输水能力除取决于断面尺寸之外，还与通过管内水压大小有关。在允许的破坏压力之内，压力增大可增加输水流量和输水距离。充水度 80%～90%，是其正常工作状态。在低压管道输水灌溉系统中常应用的薄膜塑料软管为线性低密度聚乙烯塑料软管（LLDPE 塑料软管），它是以 LLDPE 树脂为主体，加入适量的其他高分子材料经吹塑成型制造而成的，连接方式为热熔焊接法。适用于低压管道输水灌溉的 LLDPE 塑料软管部分规格见表 5-4。

表 5-3　　**涂塑软管主要规格与性能表**

内径/mm		工作压力 /MPa				长度 /m
基本尺寸	极限偏差					
25	±1.0	0.8	0.6			200±0.20
40		0.8	0.6	0.4		
50		0.8	0.6	0.4	0.3	
65	±1.5	0.8	0.6	0.4	0.3	
75		0.8	0.6	0.4	0.3	
80		0.8	0.6	0.4	0.3	
90			0.6	0.4	0.3	
100	±2.0		0.6	0.4	0.3	
125				0.4	0.3	
150				0.4	0.3	

注　本表摘自 GB 9476—88。

表 5-4 LLDPE 塑料软管的部分规格

折径/mm	直径/mm	壁厚/mm		单位长度重量/(kg/m)		单位重量长度/(m/kg)	
		轻型	重型	轻型	重型	轻型	重型
80	51	0.20	0.30	0.029	0.044	34.0	22.0
100	64	0.25	0.35	0.046	0.064	21.0	25.6
120	76	0.30	0.40	0.066	0.088	15.0	11.4
140	89	0.30	0.40	0.077	0.105	13.0	9.5
160	102	0.30	0.45	0.088	0.118	11.4	8.5
180	115	0.35	0.45	0.116	0.149	8.6	6.7
200	127	0.35	0.45	0.128	0.165	7.8	6.1
240	153	0.40	0.50	0.176	0.220	5.7	4.5
280	175		0.50		0.258		3.9
300	191		0.50		0.276		3.6
320	204		0.50		0.293		3.4
400	255		0.60		0.412		2.4
500	318		0.70		1.280		0.8
600	382		0.70		0.420		0.7

注 表中壁厚仅供参考，不同厂家同一折径的壁厚不尽相同。

第三节 管道的附件

在输配水管网中，除直管和接头外，还要有一些特殊的配件和附属设施，这些配件可以分为控制件和连接件两大类。附属设施主要有阀门井和排水井。

一、控制件

控制件的作用是根据灌溉的需要来控制管道系统中水流的流量和压力，如给水装置、阀门、压力调节器、空气阀、安全阀等。

(1) 给水装置，给水装置是对连接在一起的三通、立管、给水栓（出水口）的统称。通常所说的给水装置一般是指给水栓（或出水口）。出水口是指把地下管道系统的水引出地面进行灌溉的放水口，一般不能连接地面移动软管；给水栓是能与地面移动软管或喷灌移动软管连接的出水口。

给水栓有移动式、固定式和半固定式三种类型，常用的为移动式。移动式给水装置也称分体移动式给水装置，由上、下栓体两大部分组成。密封部分在下栓体内，下栓体固定在地下管道的立管上并配有保护盖，出露在地表面或地下保护池内，系统运行时不需停机就能启闭给水栓、更换灌水点。上栓体的作用是控制给水、出水方向，可以移动使用，同一管道系统只需配 2～3 个上栓体，以节省投资。常用的移动式给水栓有平板阀型和球阀型几种型号（图 5-2～图 5-4）。

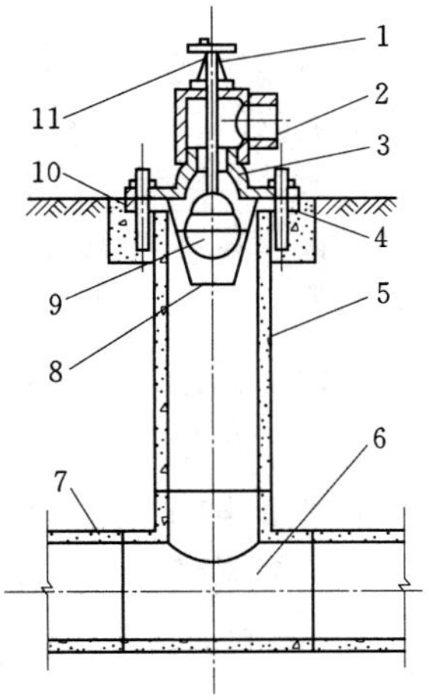

图 5-2 G3Y5-H 型球阀移动式给水栓
1—操作杆；2—上栓壳；3—下栓壳；4—预埋螺栓；
5—立管；6—三通；7—地下管道；8—球篮；
9—球阀；10—底盘；11—固定挂钩

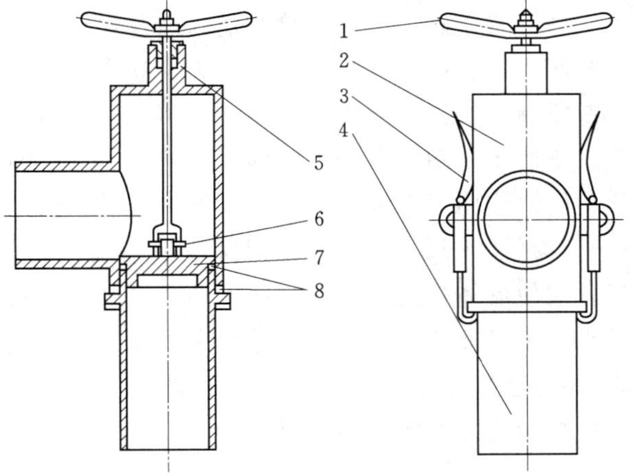

图 5-3 G2Yl-G 型平板阀移动式给水栓
1—阀杆；2—上栓壳；3—连接装置；
4—下栓壳；5—填料；6—销钉；
7—阀瓣；8—密封胶垫

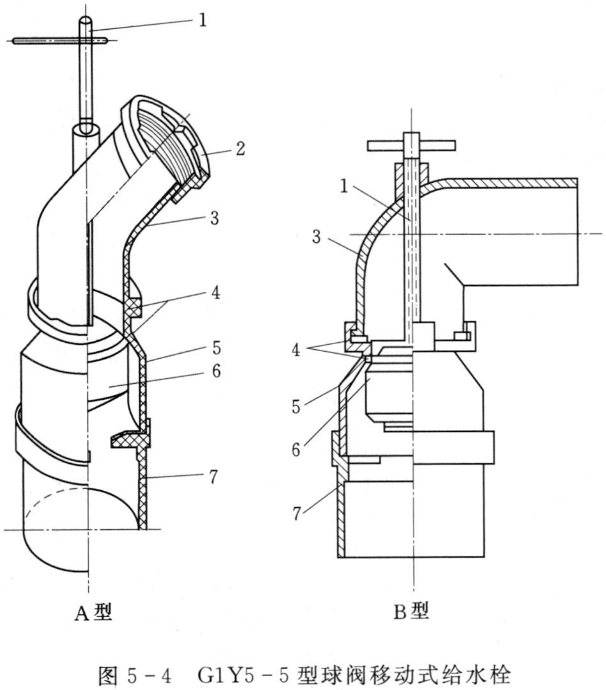

图 5-4 G1Y5-5 型球阀移动式给水栓
1—操作杆；2—快速接头；3—上栓壳；4—密封胶圈（垫）；
5—下栓壳；6—浮子；7—连接管

（2）阀门。用以控制管道的启闭与调节流量的配件，按工作压力大小可以分为低压阀（<1.6MPa）、中压阀、高压阀和超高压阀。在灌溉中一般都使用低压阀。按结构分类则

较多，常用的是闸阀、截止阀和球阀。

(3) 安全阀。用于排除管道内超过规定的压力，例如在喷灌系统中阀门关闭太快就会造成闸门前管段压力突然上升，装了安全阀即可消除水锤，防止事故的发生。按结构分主要有重锤杠杆式和弹簧式，图5-5为一种常见的弹簧式安全阀。图5-6为一种集进（排）气、止回水、超压保护等两种以上功能于一体的安全保护装置，有的还兼有灌溉给水和其他功能。多用于系统首部，安装维护方便，仅适用于平原井灌区。

(4) 逆止阀。又叫做止回阀或单向阀，是一种根据阀前阀后压力差而自动启闭的阀门。它使流体只能沿一个方向流动，当要反方向流动时则自动关闭。在管道灌溉系统中常在水泵出口处装逆止阀，以避免突然停机时水倒流。当在灌溉系统中要注入化学药剂（化肥、农药等）时，一定要在系统与水源之间装逆止阀，以免万一水倒流时污染水源。安装时要特别注意方向，切不可反装。

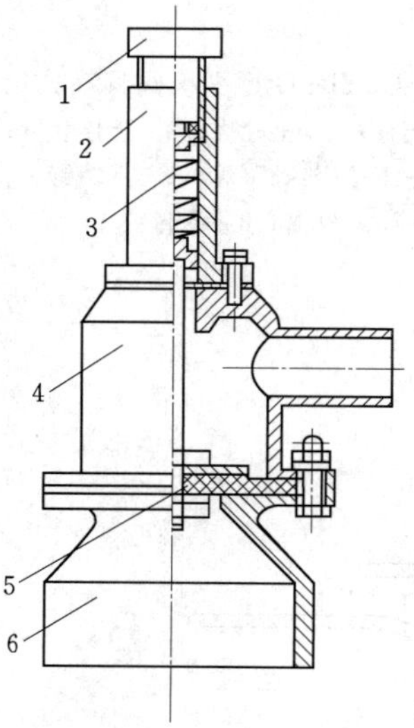

图5-5　AlT-G型弹簧式安全阀
1—调压螺栓；2—弹簧室壳；3—弹簧；4—阀瓣室；5—阀瓣；6—阀座管

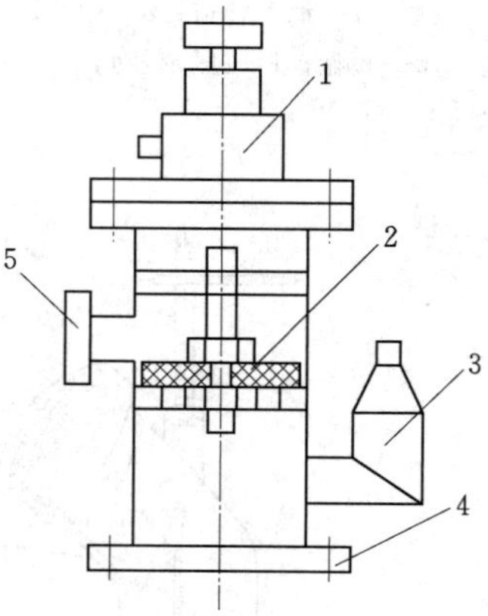

图5-6　AJD型多功能保护装置结构示意图
1—安全阀；2—止回阀阀瓣；3—进（排）气阀；4—与水泵连接的法兰；5—与地下管道连接的法兰

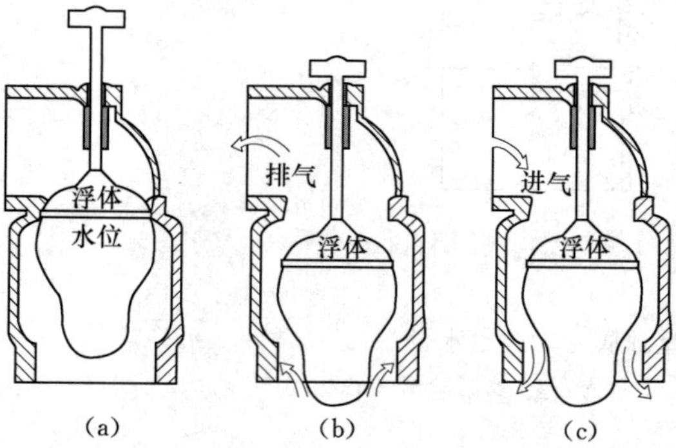

图5-7　进（排）气阀的结构
(a) 封闭状态；(b) 排气状态；(c) 进气状态

(5) 进（排）气阀。当管道系统开始工作时，在系统的最高位置和隆起的顶部，常会积累一部分空气无法排出，这样一方面影响了过水面积，另一方面，当水流流速变大时，又会带动一部分空气在管内移动而发生水力冲击。为消除这种现象，就要在这些部位安装进排气阀（图5-7），在系统充水时将空气排出，而在管内充满水后自动关闭。

进排气阀又称为真空破坏阀，是能自

动排出空气的阀门，它垂直安装于管道的顶部。当管道充水时，管道中的空气可经排气口排出，充满水后，浮子（通常为浮球）在浮力作用下关闭排气口，阻止水的排出。当管道排水时，浮子随着管道水位下降，排气口开启，空气遂进入管道中，以防止管道内形成真空。在管道正常工作的情况下，水内所含的空气会逐渐析出上升，聚集于阀体内的空气达到一定数量时，也通过排气口排出。对于管道起伏坡度变化较大和经常充水、排水的管道，安装排气阀能保证供水管道的正常工作。常用的进排气阀由塑料和有色金属等材料制成。

(6) 调压稳流装置。是用于自动调节管道中压力和流量的设备。如图 5-8 所示即为一种最简单的流量调节器，当管道上压力增大时，有弹性的橡皮环过水孔缩小，当压力减小时橡皮孔扩大，这样当压力变幅在 80m 水头之内可以保证通过的流量差不超过设计值的 10%。经常安装在滴灌或微喷灌的毛管进口处，以保证进入毛管的流量较为均匀。

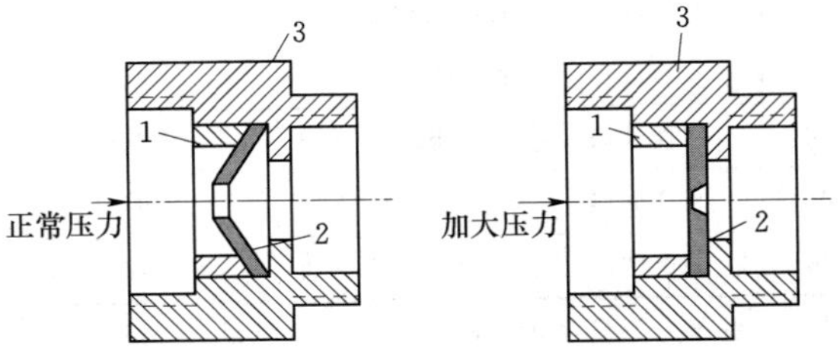

图 5-8 流量调节器结构示意图

1—压环；2—橡胶环；3—外壳

目前常用的调压、稳流装置大多是通过改变过水断面大小来调节流量，有毛管进口调压、稳流装置，辅管进口调压、稳流装置和支管进口处的调压、稳流装置，部分常用调压、稳流装置参数见表 5-5。

表 5-5 微灌系统常用稳流调压装置技术参数

序号	安装位置	产品名称	额定压力 /kPa	额定流量 /(L/h)	流量与压力关系		平均偏差 /%
					a	b	
1	灌水器进口	小管稳流器	50～400	15	11.83	0.043	
2	灌水器进口	小管稳流器	50～400	20	17.81	0.021	
3	灌水器进口	小管稳流器	50～400	30	24.32	0.038	
4	灌水器进口	小管稳流器	50～400	40	33.38	0.018	
5	灌水器进口	小管稳流器	50～400	50	37.73	0.031	
6	灌水器进口	小管稳流器	50～400	60	46.03	0.018	
7	灌水器进口	流量调节器	50～500	30	25.97	0.021	4
8	灌水器进口	流量调节器	50～500	40	36.68	0.017	4
9	灌水器进口	流量调节器	100～500	60	52.00	0.0337	8
10	灌水器进口	流量调节器	100～450	200	180.94	0.0197	4
11	灌水器进口	流量调节器	100～450	530	392.42	0.0528	6
12	毛管进口	稳流三通	80～350	300	441.2	0.023	
13	毛管进口	稳流三通	80～350	600	506.9	0.031	
14	毛管进口	稳流三通	80～350	700	667.0	0.009	
15	毛管进口	稳流三通	80～350	800	691.2	0.027	

续表

序号	安装位置	产品名称	额定压力/kPa	额定流量/(L/h)	流量与压力关系		平均偏差/%
					a	b	
16	毛管进口	稳流三通	80～350	900	812.0	0.019	
17	毛管进口	稳流三通	80～350	1000	931.7	0.015	
18	毛管进口	稳流三通	80～350	1200	1130.0	0.011	
19	毛管进口	稳流三通	80～350	1500	1375	0.016	
20	毛管进口	毛管级稳流三通	100～450	600			
21	毛管进口	毛管级稳流三通	100～450	800			
22	毛管进口	毛管级稳流三通	100～450	1000			
23	毛管进口	毛管级稳流三通	100～450	1200			
24	支管进口	支管级稳流三通	100～450	6000（单侧）	5629.0	0.0119	

注　流量压力关系：$Q=aP^b$，其中 Q 为流量，L/h；P 为压力，kPa；a、b 为参数。

（7）减压阀。利用节流原理将流体的进口压力降低并自动保持在某一需要的出口压力的调节阀。减压阀有多种形式，常用的有薄膜式和活塞式两类。薄膜式减压阀一般适用于温度不高的场合，它的运动部件的摩擦力比活塞式的小，所以灵敏度高。与此相反，活塞式减压阀的灵敏度低于薄膜式，但适用压力和温度范围较大。

（8）竖管快接控制阀。竖管快接控制阀，也称方便体。用于竖管与输水支管的连接处，工作时将装好喷头的竖管插上，出水控制阀自动打开，停止工作时，取出竖管，控制阀自动关闭。

二、附属设施

阀门井是输配水管网必需的附属设施，一般在地下管道的各种阀门（如闸阀、蝶阀、减压阀等）安装处均需设置阀门井，用来启闭、保护及检修阀门，其尺寸大小以便于人工操作为宜。其结构如图 5-9 所示。

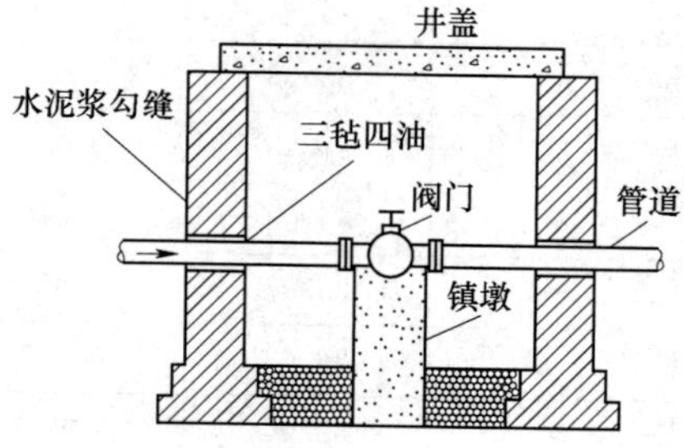

图 5-9　阀门井结构示意图

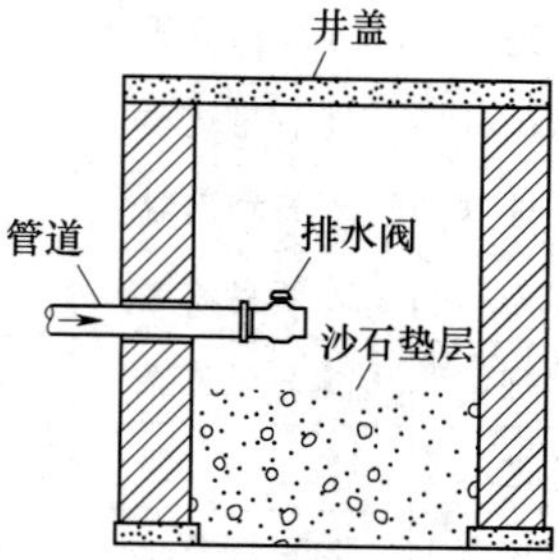

图 5-10　排水井结构示意图

排水井也是管道附属设施，其作用有二：

（1）寒冻地区防冻保护，即停灌季节，在冷冻出现以前，释放管道系统中的余水，达到防冻的目的。

（2）冲洗管道时排出污水，以防管道中的污物沉淀等堵塞微灌系统。

排水井的设置位置在管道低洼处和干管末端。图 5-10 为排水井结构示意图，排水阀一般采用 PVC—U 或 ABS 材质的球阀，以便安装与操作。

三、连接件

连接件的作用是根据需要将管道连接成一定形状的管网，也称为管件，如弯头、三通、四通、异径管、堵头等。

（1）三通和四通。主要用于上一级管道与下一级管道的连接，对于单向分支的用三通（又称丁字管）或旁通，对于双向分支的用四通（又称十字管）。按上、下级管道的管径来分类，有同径和异径之分。

（2）弯头。又称弯管，是转弯或改变坡度时用的，有等直径弯头和异径弯头。一般按转角中心角的大小分类，常用的有 90°、45°、22.5°、11.5°等。

（3）异径管。又称为渐缩管（或渐放管）或大小头，是连接不同管径的直管段之用，一般是以其前后管径数值来命名的。

（4）堵头。用于封闭管道的末端，有螺丝式、盖板式和快速接头式。对于小口径管子可用螺丝封闭，大管可用盖板式堵头，需要经常取下的堵头可用快速接头连接。

（5）乙字管。形如 S 字，用于连接两根轴线平行而又错开一点的管道，只有在管道安装尺寸要求非常严格时才使用。

（6）短管。是用于连接具有不同形式的管接头的直线管段。例如将一根具有法兰接头的铸铁管接在具有承口接头的铸铁管上。

四、快速接头

为了节省时间、加速灌溉的进程和减轻劳动强度，移动管道之间常用快速接头（或称快速管接头）连接，对其要求有以下几点：①工作可靠，在工作压力作用下能承受一定的轴向推力不会脱开而且密封性能好，对于支管在压力下降后要能迅速排除管内积水；②装卸简便迅速，最好能自动锁紧和自动脱扣；③结构简单，加工容易，造价低廉；④有一定的挠性，即两管在接头处可以转一定的锥角，以适应地形变化的要求；⑤应有足够的刚度，接头可以承受一节以上的管重而不需另加支承；⑥接头内壁过渡要圆滑，使水流流线光滑以减少局部水头损失。

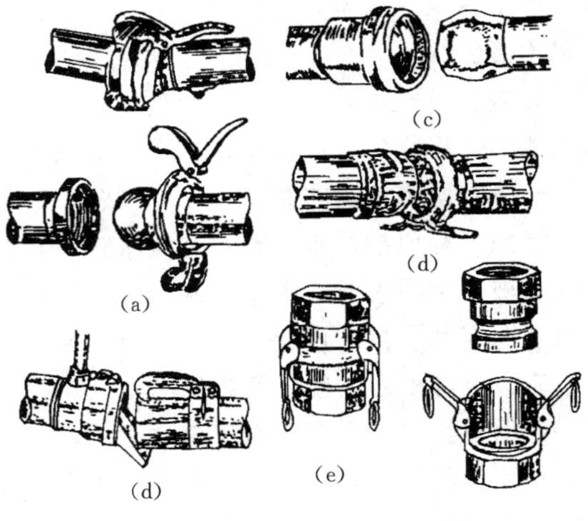

图 5-11　几种快速接头外形图

快速接头的结构形式很多，常用的硬管的快速接头有以下几种：

（1）杠杆紧扣式。如图 5-11（a）所示，一般由接合碗、杠杆扣紧环和带橡胶密封圈的承窝三部分组成。这种接头密封性好，最大偏角可达 30°，但不能自动锁紧和脱扣，在插入后要用手将大小搭钩锁紧。

（2）搭扣式。如图 5-11（b）所示，由 V 形橡胶密封圈止水，由搭扣承受轴向推力。插入时搭扣会自动滑入挂钩槽内，当拆卸时只要把插口再插入一定深度，然后拧一个角度，搭扣就从挂钩槽侧面的缺口滑出，然后把管子抽出就可以了，装卸简便，工作也可靠。

(3) 弹簧锁紧式。如图 5-11 (c) 所示，由 V 形橡胶密封圈止水，靠锁紧弹簧圈来承受轴向推力。锁紧弹簧圈的自由环外径比承口最大内径略大一些，这样在无水时，弹簧圈胀大，使插口可以自由插入，当管内有水时，水压把橡胶和弹簧圈一起沿承口内的斜面推出，使弹簧圈环径缩小，箍住插口使之无法退出。水压下降后弹簧又胀大，管内积水可以自动排出，而且插口可以自由抽出。这种接头操作最简单，但加工工艺要求较高，否则无法正常工作。而且在无水时，基本上不能承受轴向拉力，不便于在较陡的坡地和地形起伏的田块上使用。

(4) 暗销式。由 V 形橡胶密封圈止水，靠暗销承受轴向推力。插入时四个暗销刚好落在四个销槽内不会脱出，在拆卸时只要将插口转动 45°，销片就从销槽侧面滑出，插口就可以自由抽出。外形如图 5-11 (d) 所示。这种接头装卸简便，加工容易。

(5) 偏心扣式。如图 5-11 (e) 所示，是由带偏心扣的承口和带凹槽的插口及橡胶密封圈组成。连接时将插口插入承口，同时压下偏心扣的手柄就能锁紧。其特点是承压力高，接头壁要求较厚。

最常用的软管接头是消防水龙带用的旋扣式接头，使用时只要将承口牙扣插入插口的缺口再旋转一个角度即可扣紧，靠橡胶密封圈止水，密封性好。

第四节 管道输水灌溉系统的规划布置

管道输水灌溉系统规划布置主要包括水源工程的布置、首部枢纽位置的选择、灌溉面积的分区和管道系统布置等。布置方案的好坏不仅影响到管网总长度、各级管道尺寸、管件用量以及总投资，而且影响到系统建成后的运行管理是否方便、灌溉质量、安全与运行费用等。

影响管道输水灌溉系统布置的因素有：水源与灌区的相对位置、灌区的面积大小、形状和地形、作物的分布、耕作方向、灌溉季节的风速风向等。

一、水源工程的布置

水源工程包括取水、蓄水和供水建筑物及设施等。水源工程的布置首先要研究有多少个可能被采用的水源，根据其水量、水位和水质情况，取水的难易程度与灌区的相对位置等因素选定其中技术可行、工程简单，而且投资较少的作为灌区的水源。

二、首部枢纽的组成及布置

首部枢纽除了要有引水建筑物之外，还要包括泵站（或水泵机组）、沉沙、过滤设备、肥料和化学药剂注入设备、控制器、压力或流量调节器、阀门和量测设备等。其作用是从水源取水并将其处理成符合灌溉要求的水流送到系统中去。不同的灌水方法与灌水器对水质的要求及水压和水量的控制是不同的，因此相应的首部枢纽组成也就各异。

首部枢纽位置的确定要考虑水源的位置和管网布局方便。如果以井作为水源，而且井位可以任意选择时，最好把井和首部枢纽一起布置在地块的中心，这样到灌区最远处的水头损失小，运行费用低，便于管理。当水源在灌区之外，一般是先把水用输水管（渠）送到最近的灌溉地块的边界，在边界设首部枢纽。一般不把首部枢纽放在远离灌溉地块的水源附近，因为这样管理不方便，而且经过处理的水，经远距离输送后有可能再被污染。

三、输配水管网的规划布置

管道输水灌溉系统的输配水管网按其功能一般可分为输水管道和配水管道两类。输水管道通常是指从水源输送灌溉水到配水管道的管道，其主要任务是输水，一般为主管（总干管）或干管上无配水管道分出的管道或管段。输水管内输送的流量因无沿线分流，故流量比较均匀，沿程无流量变化。配水管道是将输水管道输送的灌溉水分配到下一级配水管道或灌溉农田的管道，其主要任务是分配流量和水量。配水管道又可分为配水干管、配水支管和配水毛管等级别，并由它们组合形成为网状，故称管网。各级配水管道内的流量将随农田灌溉用水量的变化而变化。输水干管通常都埋设于地下，为固定管道；配水管道也可埋设于地下固定不动，或置放于地上，形成地面移动管道。

（一）输配水管网规划布置的原则与要求

（1）应使输配水管网总长度最短，管道顺直，水头损失小，总造价低而管理运用方便。

（2）水源分配均匀一致，不使管道之间出现流量过于集中和过于稀少的状况。

（3）一般顺坡，平坡而行，若有坡度的情况下尽量减少逆坡布置的管道数量。

（4）输配水地埋固定管道应尽可能布设在坚实的地基上，尽量避开填方区以及可能发生滑坡或受山洪威胁的地带。若管道因地形条件限制，必须铺设在松软地基或有可能发生不均匀沉陷的地段，则应对管道地基进行处理。

（5）根据水源和灌溉田块情况，输配水管网，在平原地区可采用环状管网或树枝状管网，其各级管道应尽量采取两侧分水的布置形式；在山区丘陵地区宜采用树枝状管网，其主要管道应尽量沿山脊布置，以减少管道起伏。地形复杂需要采用改变管道纵坡布置时，管道最大纵坡不宜超过1：1.5，而且应小于或等于土壤的内摩擦角，并在其拐弯处或直管段超过30m时设置镇墩。固定管道的转弯角度应大于90°，埋设深度一般应在冻土层深度以下。

（6）输配水管网的进口设计流量和设计压力，应根据灌溉管道系统所需要的设计流量和大多数配水管道进口所需要的设计压力确定。若局部地区供水压力不足，而提高全系统工作压力又不经济时，应采取增压措施。若部分地区供水压力过高，则可结合地形条件和供水压力要求，设置压力分区，采取减压措施，或采用不同等级的管材和不同压力要求的灌水方法，布置成不同的灌溉系统。在进行各级管道水力计算时，应同时验算各级管道产生水锤的可能性以及水锤压力的大小值，以便采取水锤防护措施。特别是在管道纵向拐弯处，应检验是否会产生负水锤真空现象，并依此条件，在管道工作压力中预留2～3m水头的余压。

（7）输配水管网各级管道进口必须设置节制阀；分水口较多的输配水管道，每隔3～5个分水口应设置一个节制阀。管道最低处应设置退水泄水阀，各用水单位都应安设独立的配水口和闸阀，并应装设压力和流量的计量装置。在水泵出口闸阀的下游、压力池放水阀的下游以及可能产生水锤负压或水柱分离的管道处，应安装进气阀；在管道的驼峰处或管道最高处应安装排气阀；在水泵逆止阀的下游或闸阀的上游管道处应安装防止水锤的防护装置。

(8) 应尽可能发挥输配水管网综合利用的功能，把农田灌溉与农村供水以及水产、环境美化等相结合，使输配水管网的效益达到最高。

(二) 输配水管网布置的类型

根据水源位置、控制范围、地形条件，田块形状和作物种植情况等，输配水管网可布设成树枝状、环状和混合状三种类型。

(1) 环状管网。一般指干、支管或干、支、毛管各管线互相连接成环形的管网形式，如图 5-12 所示。其突出特点是，供水安全可靠，管网内水压力较均匀，管道内的水流条件好，供水保证率高，各条管道间水量调配灵活，有利于随机用水。但管线总长度较长，管材和管件等用量大，投资一般高于树枝状管网。

(2) 树枝状管网。一般由干、支、毛管组成，并逐级向下级管道配水，其管线如同树枝状的布置形式，如图 5-13 所示。特点是管线总长度较短，构造简单，投资较低，所以目前大多数农田灌溉输配水管网均采用这种形式。但管网内的压力不均匀，各条管道间的水量不能互相调济，任一级管线损坏时，其以下管线就会断水而得不到可靠的供水。

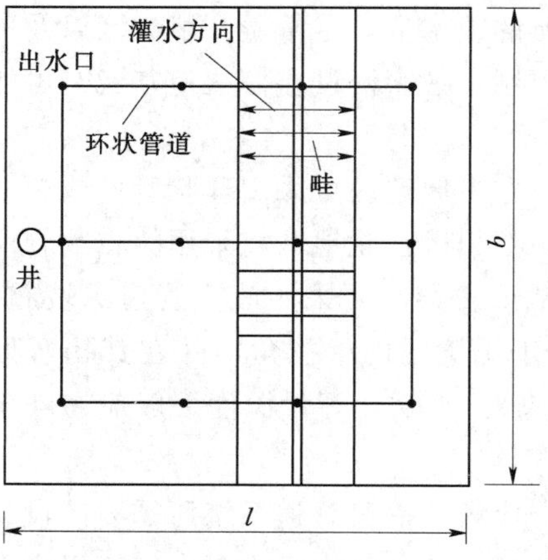

图 5-12　环状管网布置

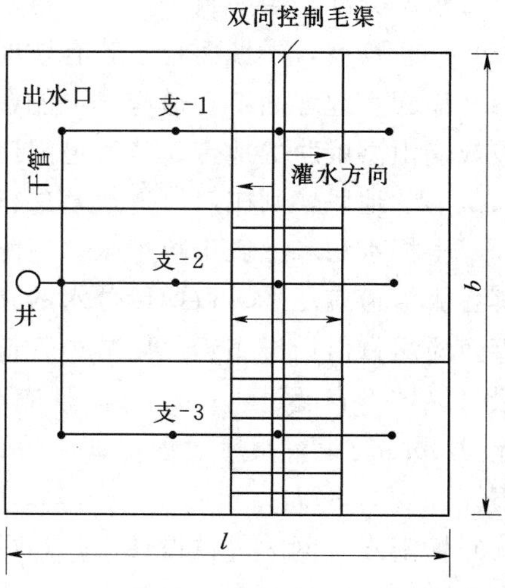

图 5-13　树枝状管网布置

(3) 混合状管网。混合状管网是由树枝状管网和环状管网混合组成的管网形式。其特点介于树枝状管网和环状管网。通常对于配水干管和供水要求可靠程度稍低的支、毛管可采用树枝状管网；而对于供水要求压力均匀，可靠性大的支、毛管则应采用环状管网，并共同组成为混合状管网。这种管网结构较复杂，管理运用不方便。

(三) 不同灌溉系统典型管网布置

1. 低压管道输水灌溉系统典型管网布置

依水源位置和地块形状，平原区低压管道输水灌溉系统常采用 T 形布置（图 5-14)、L 形布置（图 5-15)、“工”字形布置（图 5-16）或单环状管网布置（图 5-17）等。

对于山丘区低压管道输水灌溉系统，常采用如图 5-18 所示的树枝状管网布置形式。该类灌区的地形起伏，坡度陡，水源位置低，需要泵站提水加压，经干管、支管输水。由于干管实际上是泵站的扬水压力管道，因此必须垂直等高线布置，以使管线最短。支管平行于等高线布置，分支管上布置给水栓或出水口，平行等高线双向配水或进行灌溉。

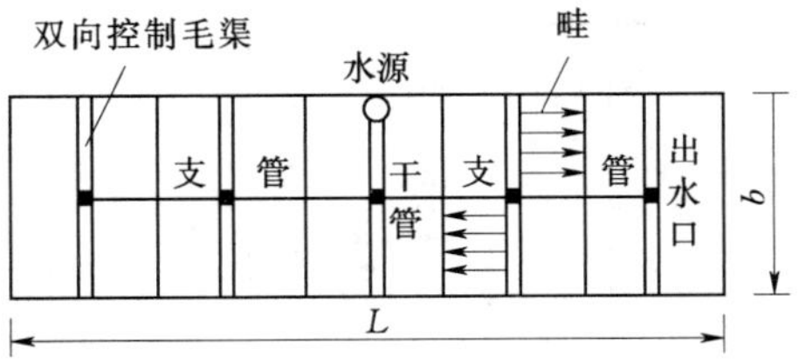

图 5-14 “T”形布置

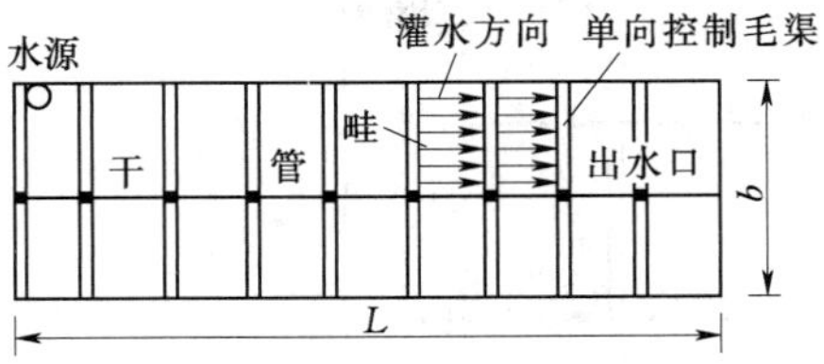

图 5-15 “L”形布置

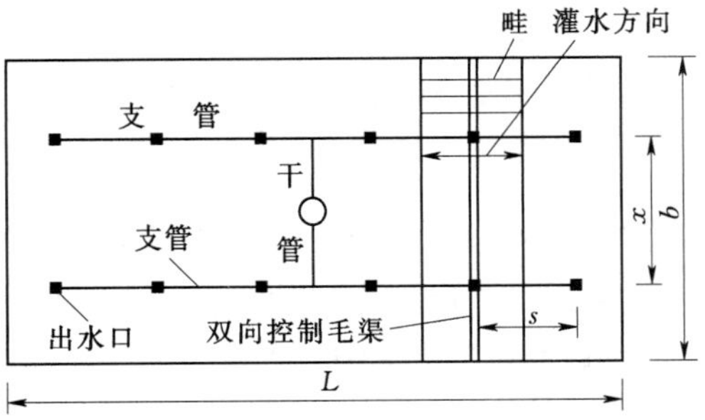

图 5-16 “工”字形布置

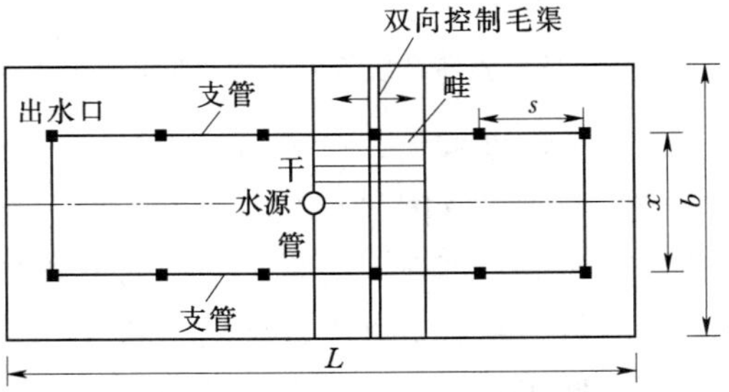

图 5-17 单环状管网布置

另外，对于千亩以上管道灌溉系统的骨干管网，由给水栓向二级管网供水，每个给水栓相当于一个用户，给水栓的位置由用户的需要来确定。骨干管网的作用是将这些给水栓与首部枢纽连起来。一般是按最短路径的原则布置，各管段的管径应为经济管径。其设计要采用优化设计的方法。每个用户用水一般是随机的，所以要按用水概率来确定管网流量。也可以根据各个用户的用水需求和地形特征等，将大型灌区分成几个独立的小型管网来设计。

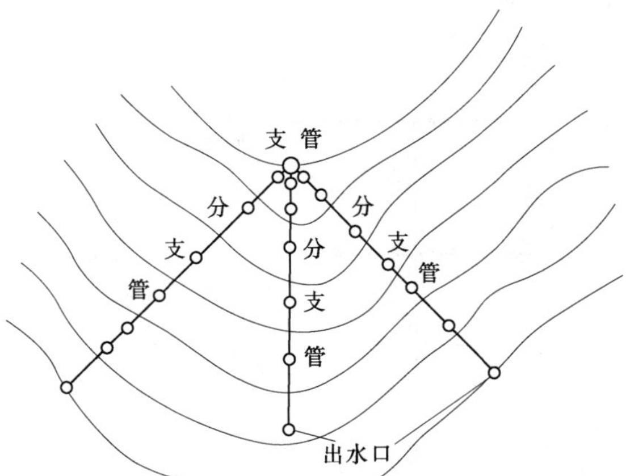

图 5-18 山丘区树状管网布置形式

2. 微灌系统典型管网布置

微灌系统田间管网布置一般相对固定，这是因为经过合理划分的每一地块上，地块面积、地形地势、毛管长度等的变化范围较小，作物种植方向固定，可供选择的余地不多。当地面坡度较小时常采用形式为：

(1) 形式一（图 5-19）。毛管平行主干管 AB，主干管 A 输送 100%的流量，主干管 B 输送 50%的流量，地块 1 和 3，地块 2 和 4 同时灌溉（也可 1 和 4，2 和 3 同时灌溉），分两个轮灌组。

(2) 形式二（图 5-20）。毛管垂直主干管 A 布置，主干管 A 输送 100%的流量，干管 B_1 和干管 B_2，输送 50%的流量，地块 1 和 2，地块 3 和 4（也可 1 和 4，2 和 3）同时灌溉，分两个轮灌组。

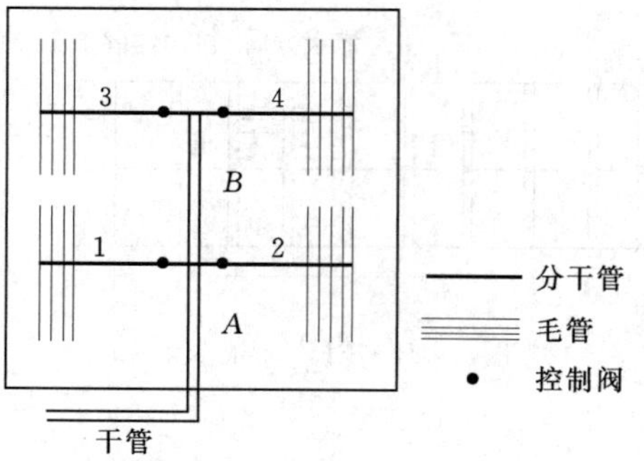

图 5-19　微灌系统管网布置（形式一）

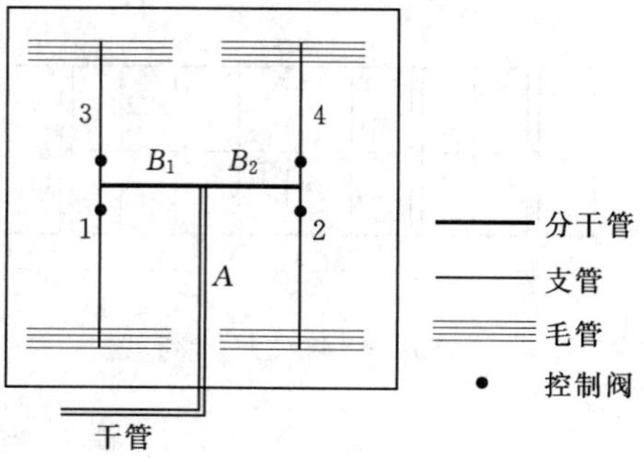

图 5-20　微灌系统管网布置（形式二）

若地面坡度较大，可采用如下形式：

(3) 形式三（图 5-21）。干管 AB 逆坡，支管与坡向平行，毛管长度在逆坡时减小，在顺坡时增加，可根据支管 1 和 2 的位置和干管 A 的长度变化划分地块 1、2、3、4，大小不变。两个轮灌组可以是地块 1 和 3，2 和 4；也可以是地块 1 和 4，2 和 3。

(4) 形式四（图 5-22）。干管 AB 平行于等高线，支管 1、2、3 和 4 保持在原来的位置。地块 1 和 3 面积增加，地块 2 和 4 面积减少。为保持流量均匀，两个轮灌组宜为地块 1 和 4，2 和 3。

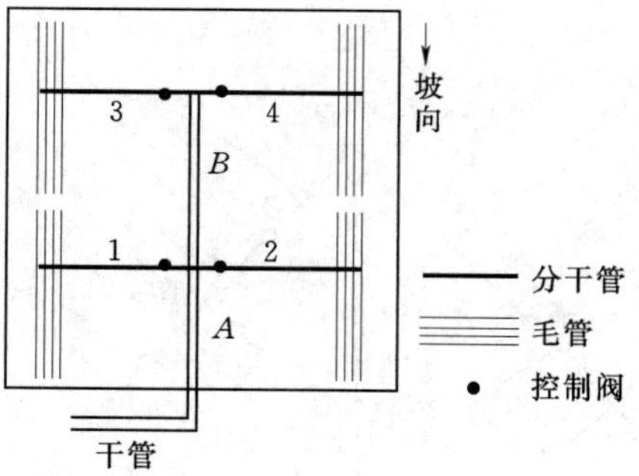

图 5-21　微灌系统管网布置（形式三）

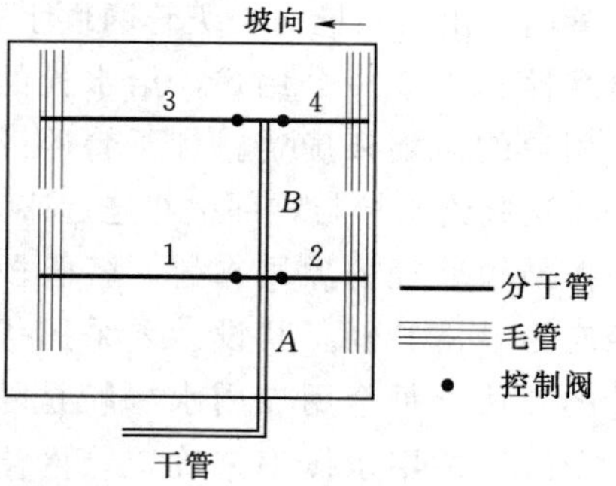

图 5-22　微灌系统管网布置（形式四）

究竟采用何种形式，应根据作物种植情况，初步选出几种形式进行设计计算，经技术经济比较后确定。

第五节　管道的工作制度及水力计算

一、工作制度

管道的工作制度是指管道的运行工作顺序及进行输水、配水和灌水的方式。管道工作制度设计是否可行和合理，将直接影响各级管道的设计流量，从而影响整个灌溉系统的灌水质量和单位面积投资与总投资。管道最常用的工作制度有续灌、轮灌和随机取水三种方式。

1. 续灌方式

续灌是指上一级管道向所有下一级管道同时配水的方式，如在支管这一级进行续灌，那么干管和所有支管都同时过水。续灌的特点是，上一级管道和所有下一级管道内同时有水流通过，其流过时间与设计所规定的灌水时间完全相同。在管道系统控制面积大，配水管道级数和条数多时，为及时满足作物需水要求，使全灌区灌溉受益均衡，其输水管道均应采用续灌方式，配水管道多不采用续灌。在续灌方式下，下一级配水管道管径小，可降低管道系统总投资，但工作时间长，微灌中用得较多。

2. 轮灌方式

轮灌方式是指上一级管道按预先划分好的轮灌组，分组向下一级管道配水，而轮灌管道在灌水时期是轮流工作的。轮灌一般有集中轮灌和分组轮灌两种，各级管道流量由下至上逐级推算。

轮灌组的划分及灌水的先后次序直接影响到上一级管道的投资。以半固定式喷灌系统为例，当一组为两根支管时，可以有两个方案：

（1）两根支管从地块的一头齐头并进，如图 5－23（a）、（b）所示，这样干管从头到尾都要通过全部流量（等于两根支管流量之和）。

（2）两根支管由地块中间向两端交叉前进，如图 5－23（c）所示；或由地块中间的两端交叉前进，如图 5－23（d）所示。这样只有前半根干管通过全部流量，而后半根干管始终只要通过一半流量（等于一根支管的流量），显然如采用第二方案，干管的半段管径可缩小，就可节约干管的投资。

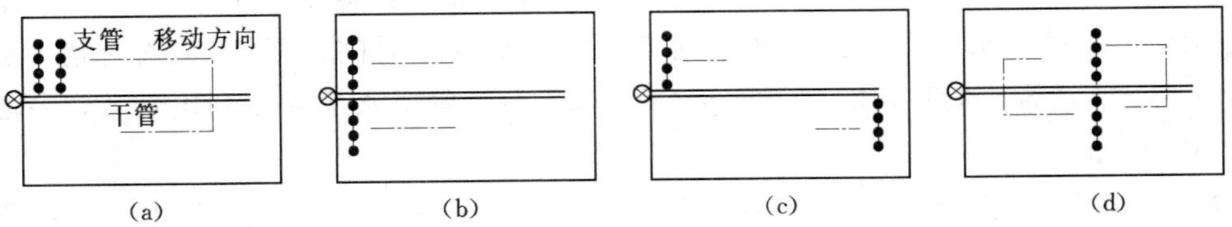

图 5－23　轮灌方式

轮灌方式比较适合于灌溉系统面积不大，灌区内用水单位少，各用水单位作物种植比较单一的情况。对于较大的灌溉系统，一般不是整个系统同时灌溉，而是分成若干个区（可以称为灌水小区）分组轮灌，一个轮灌组可以只包括一个灌水小区，也可以包括若干个灌水小区。划分轮灌区时应考虑以下几个因素：

（1）一个轮灌组内作物要尽可能相同。

（2）各轮灌组的流量要相近，便于轮灌。离水泵远或地面高程高的地块，其流量可以小一点，反之，其流量可以大一些。这样可以使灌区的运行符合水泵的工作特点。

（3）尽量考虑与农业管理体制的范围相一致，以便于管理。

（4）一个系统中应有一定数目的轮灌区，便于充分利用每天可灌溉的时间安排轮灌。

3. 随机取水方式

当灌溉系统面积较大，区内用水单位多，而且各种作物种植面积比较分散，各个用水单位在各个时期用水要求各不相同，带有较大的任意性，这时如仍用轮灌方式，不仅增加了用水组织管理的困难，而且还可能影响到各用水单位的用水要求。因此要采用随机取水的方式，每个取水口任何时候都可以取水，也可以不取水，并以取水口作为一个用水计算单位，在此基础上用概率论和数理统计方法来推算各级管道的设计流量。在运行方法上是使取水口以上的管网中任何时候都充满水，各取水口按本用水单位的需要随时打开闸门取水灌溉。因此有时这方式也叫做“按需分配”方式。

二、管网与管道的设计流量

管网设计流量是指为满足灌溉需水要求而应从水源管首引取的总流量，通常可由管道设计流量及管网工作制度推算得出。管道设计流量是指在灌水时期，某一地埋固定管道或地面移动管道，为满足作物需水要求所需要通过的最大流量。管道设计流量取决于水源条件、作物灌溉制度、管道工作制度、灌溉面积、作物种植结构和比例等因素，它是管网布置与设计、管径选择、管材强度校核以及管道水力计算和管道结构设计等的依据。

1. 管道设计流量的计算

管网中某一级管道的设计流量可依据其控制的灌溉面积和所设计的灌溉制度按下式计算：

$$Q_{净}=\frac{0.001mA}{Tt} \tag{5-1}$$

$$Q_{毛}=\frac{Q_{净}}{\eta} \tag{5-2}$$

式中：$Q_{净}$为管道设计净流量，m^3/h；$Q_{毛}$为管道设计流量，即毛流量，m^3/h；A为管道控制的灌溉面积，m^2；T为设计灌水周期，即灌水延续时间，d；m为设计灌水定额，mm；t为每天灌水小时数，h，一般$t=12\sim24$h；η为管道水的有效利用系数，一般取$\eta=0.95\sim0.98$。

若某一级管道控制范围内种植有多种作物时，式（5－1）中的设计灌水定额应采用综合设计灌水定额计算。若管道控制面积大，并种植有多种作物，而且不同作物的灌水时间又有重叠时，采用设计灌水率计算其设计流量，则更简单、方便。

2. 管网各级管道设计流量的推算

灌溉管网中各级管道设计流量的推算比灌溉渠道系统中各级渠道设计流量的推算要简单，主要是因为在管网正常工作情况下可以不考虑输水损失，即管网水的有效利用率近似等于1.0。因此，管网及各级管道设计流量的推算主要取决于工作制度。

（1）续灌方式。管网或上一级管道的设计流量应等于所有下一级管道设计流量之和。

$$Q_0=\sum_{i=1}^{n}Q_i \tag{5-3}$$

式中：Q_0为管网或上一级管道的设计流量，m^3/h；Q_i为下一级管道的设计流量，m^3/h；n为所有下一级管道的条数。

（2）轮灌方式。管网或上一级管道的设计流量应等于轮灌组中的最大设计流量值，也即等于各轮灌组中同时工作的下一级管道设计流量之和的最大值。

（3）随机取水方式。在随机供水情况下，干管或系统的流量按下式计算：

$$Q=xQ_0 \tag{5-4}$$

$$x=\frac{1}{r}\left(1+K\sqrt{\frac{1}{n_1}-\frac{1}{n}}\right) \tag{5-5}$$

$$n_1=\frac{Q_0}{Q_{支}\ r} \tag{5-6}$$

式中：x 为系数；Q_0 为连续供水时的干管流量，m^3/h；K 为与管理工作保证率有关的系数，当管理工作保证率为95%时，$K=1.645$；n 为系统支管数目；r 为系统运行系数；n_1 为在灌溉季节内可能同时供水的支管数；$Q_{支}$ 为支管流量，m^3/h。

规划设计时，可近似取 $x=1/2$。

三、管道的水力计算

（一）水力计算任务及要求

管道水力计算的主要内容包括：①计算各级管道的沿程水头损失，确定支管和毛管的最大长度；②确定各级管道的直径；③计算各级管道入口工作压力，选择合理的调压设施；④计算各灌溉小区入口工作压力；⑤计算系统所需流量和扬程，进行水泵选型。

为了确保系统灌水的均匀性，灌溉系统水力设计应满足如下条件：

（1）对于低压管道输水灌溉系统，应使同时工作的给水栓的流量满足式（5－7）。

$$Q_{min}\geqslant 0.75Q_{max} \tag{5-7}$$

式中：Q_{max}为同时工作的给水栓中的最大流量，m^3/h；Q_{min}为同时工作的给水栓中的最小流量，m^3/h。

（2）对于喷灌和微灌系统，为了保证一个轮灌组内任意两个喷头或灌水器实际出水流量的相对偏差（q_v）不大于10%，管网水力设计应使同一毛管上任意两个灌水器的进口压力之差不超过灌水器设计工作压力的20%，同一支管上任意两个喷头或出水口之间的压力差不超过设计工作压力的20%，同一个轮灌组内任意两个喷头或灌水器进水口压力差不超过其设计工作压力的20%。

（3）若在支管进水口（或毛管进水口）采用稳流器或补偿式灌水器，应满足如下条件。

$$h_{max}\leqslant(1+0.65q_v)^{1/x}h_d \tag{5-8}$$

$$h_{min}\geqslant(1-0.35q_v)^{1/x}h_d \tag{5-9}$$

$$h_{max}\leqslant h'_{max} \tag{5-10}$$

$$h_{min}\geqslant h'_{min} \tag{5-11}$$

式中：q_v 为设计流量偏差率；x 为灌水器流态指数；h_d 为灌水器的设计水头，m；h'_{max}和h'_{min}分别为压力补偿式灌水器或稳流器允许的进口压力上限和下限值，m；h_{max}和h_{min}分别为同一轮灌组内灌水器最大压力值和最小压力值，m。

（二）管径的初选

确定管网中各级管道或各管段的直径是管网设计的主要任务。一般先根据各种管材的适宜流速及经验初选管径，然后进行水力计算校核水头损失是否合理，经反复试算，最后选定出符合市场生产规格标准的管径，通常初选管径可按下式计算：

$$d=\sqrt{\frac{4Q}{\pi V}}=1.13\sqrt{\frac{Q}{V}} \tag{5-12}$$

式中：d 为管道内径，m；Q 为设计流量，m^3/s；V 为管道内的适宜流速，m/s。

为防止管网产生水锤，或发生淤积，管内流速不得大于 2.5～3.0m/s，也不得小于 0.5m/s。

由式（5-12）可知，管径尺寸不仅与通过的流量有关，而且还与所采用的流速数值有关。初选管径时，流速可采用经济流速值。经济流速是指管道造价较低以及其运行费用也较低的适宜流速值，应根据当地管材单价和动力价格分析确定。不同管径，其经济流速不相同，一般大直径管道的经济流速大于小直径管道的经济流速。在缺乏分析资料时，可考虑直径 100～250mm 的管道，采用经济流速 0.7m/s 左右；直径 300～600mm 的取 1.0m/s 左右；直径 700～800mm 的取 1.2m/s 左右；直径 900mm 以上的管道，经济流速可选取 1.3m/s 左右。

在低压管灌系统中，管网及管道内的流速一般控制在 0.5～1.8m/s 之间。不同管材的适宜流速有一定差异，各种管材的适宜流速可参考表 5-6 选用。

表 5-6　　常用管材的适宜流速表

管材类型	适宜流速/（m/s）	管材类型	适宜流速/（m/s）
钢筋混凝土管	0.8～1.5	混凝土管	0.5～1.1
钢丝网水泥管	0.8～1.4	硬塑料管	0.6～1.3
石棉水泥管	0.7～1.3	软塑料管	0.3～0.8

（三）树枝状管网的水力计算

1. 沿程水头损失计算

（1）管道沿程水头损失计算。管道沿程水头损失可采用下式计算：

$$h_f=f\frac{LQ^m}{d^b} \tag{5-13}$$

式中：h_f 为沿程水头损失，m；f 为摩阻系数，与管材有关；Q 为管中流量（指计算管道的最大流量），m^3/h；d 为管内径，mm；L 为管长，m；m 为与管材有关的流量指数；b 为与管材有关的管径指数。

各种管材的沿程水头损失计算参数见表 5-7。

表 5-7　　沿程水头损失公式中的 f、m、b 值

管道种类		f（Q 以 m^3/h，d 以 mm 计）	m	b
混凝土管、钢筋混凝土管	$n=0.013$	1.312×10^6	2.0	5.3
	$n=0.014$	1.516×10^6	2.0	5.3
	$n=0.015$	1.749×10^6	2.0	5.3

续表

管道种类	f（Q以m^3/h，d以mm计）	m	b
石棉水泥管	1.455×10^5	1.85	4.89
旧钢管、旧铸铁管	6.25×10^5	1.9	5.1
硬质塑料管	0.948×10^5	1.77	4.77
铝管或铝合金管	0.861×10^5	1.74	4.74

（2）多口出流管道的沿程水头损失计算。微灌或喷灌支管和毛管是沿程多口出流管道，其沿程流量逐渐减小，至末端流量等于零，如图5-24所示。其沿程水头损失的计算，通常用一个多口系数F进行修正，得出多口出流管道沿程水头损失，即

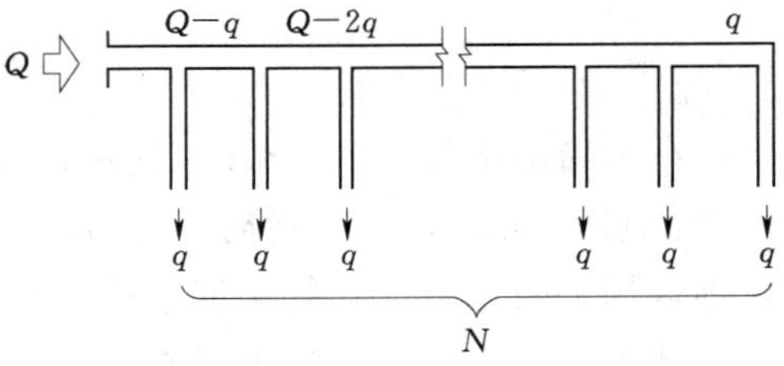

图5-24　等距等流量多孔管示意图

$$h'_f=Fh_f \tag{5-14}$$

式中：h'_f为多口出流管道的沿程水头损失，m；F为多口系数；h_f为管道最大流量沿程不变时的沿程水头损失，m。

当第一个出水口离管道进口的距离等于各出水口的间距，管道的流量全部沿出水口流出时，多口系数F_1的计算公式为

$$F_1=\frac{1}{m+1}+\frac{1}{2N}+\frac{\sqrt{m-1}}{6N^2} \tag{5-15}$$

式中：m为流量指数；N为管道上的出水口总数。

当管道上第一个出水口到管进口的距离a_0与出水口间距a的比值$X=\frac{a_0}{a}$为任意值时，其他条件同前，多口系数F的一般公式为：

$$F=\frac{NF_1+X-1}{N+X-1} \tag{5-16}$$

微灌系统常用的塑料管，其流态除滴头内部处于层流外，毛管、支管及干管均属于光滑管紊流，因而可采用式（5-13）和式（5-14）计算沿程损失。只是式中流量Q的单位变为L/h，相应的参数f、m、b取值见表5-8。

表5-8　管道沿程水头损失公式中的参数

管材			f	m	b
硬塑料管			0.464	1.77	4.77
聚乙烯管	$D>8$mm		0.505	1.75	4.75
	$D\leqslant8$mm	$Re>2320$	0.595	1.69	4.69
		$Re\leqslant2320$	1.75	1	4

多孔管的沿程水头损失也可以用Excel列表运算。例如，某管道管径为d，总长度为L，有n个流量为q的出水口，等间距为L，则管道总长度$L_{总}=nL$，管道总流量$Q=nq$，各段的流量Q_i分别是nq、$(n-1)q$、…、$2q$、q，管道沿程水头损失h_f是各段沿程损失

之和。

$$h_f=\sum_{i=1}^{n}h_{fi}=\sum_{i=1}^{n}fLQ_i^m/d^b=\frac{fLq^m}{d^b}[n^m+(n-1)^m+\cdots+2^m+1] \quad (5-17)$$

2. 管道局部水头损失的计算

管道的局部水头损失发生在水流边界突然发生变化的位置，即均匀流被破坏的流段，由于水流边界突然变形促使水流运动状态紊乱，从而引起水流内部摩擦而消耗机械能。管道的局部水头损失可以采用下面的公式计算：

$$h_j=\zeta\frac{\nu^2}{2g} \quad (5-18)$$

式中：h_j 为局部水头损失，m；ζ 为局部水头损失系数（或局部阻力系数），一般由试验测定；ν 为流速，m/s，一般指局部阻力以后的管中流速，但在突然扩大、逐渐扩大、分流、出口等取局部阻力以前的管中流速；g 为重力加速度。

设计中管道局部水头损失通常可按沿程水头损失的10%～15%（毛管）或5%～10%（干支管）估算。

3. 管道总的水头损失

管道总的水头损失等于沿程水头损失与局部水头损失之和，即

$$h_{损}=\sum h_f+\sum h_j \quad (5-19)$$

式中：$h_{损}$ 为总水头损失，m；h_f 为沿程水头损失，m；h_j 为局部水头损失，m。

4. 首部设计工作压力的推算

为计算首部的设计工作压力（系统扬程），首先要在灌区内选择一个或几个能代表整个灌区的典型点，然后按下式计算出各自的工作压力，取其最大或次大者为设计工作压力。

$$H=H_0+\sum h_f+\sum h_j+\Delta \quad (5-20)$$

式中：H 为首部设计工作水头，m；H_0 为灌水器工作水头，m；$\sum h_f$ 为首部到典型点之间管路沿程水头损失之和，m；$\sum h_j$ 为首部到典型点之间管路局部水头损失之和，m；Δ 为典型点高程与水源水面的高差，m。

5. 水泵和动力的选择

确定了流量 Q 和扬程 H，即可选择水泵，选择水泵时应使水泵铭牌上的扬程最好与所需扬程接近，一般偏差不超过20%。当水泵选定后，如果与电机配套，可以直接从水泵样本中查出配套电机的功率和型号。在电力不足的地区，应考虑采用柴油机。

（四）环状管网的水力计算

环状管网与树状管网不同，其水力计算一般是先假定管径，然后计算流量，再求得满足管内流速、分水压力等条件的最小管道直径。因此环状管网管径要经过多次试算才能确定，特别是当分水处的分水量或分水位置发生变化时，更要经过多次反复试算。

环状管网水力计算大致有以下两种方法：

(1) 流量法。就是通过水力平衡参数对流量加以修正，来达到系统压力平衡。最常用的是 Hardy—Cross 法。是先假定环状管网各管道流量和流向，然后通过反复试算，求出各管道的流量、流向及水头损失。

（2）水位法。是先假定各节点的压力，再推求管道流量的一种计算方法，一般都通过节点水头法进行计算。即先假定环状管网各管道交叉点水头，然后将各节点间管道流量用节点动水头表示，在此基础上，根据管道流量应满足的节点条件，建立联立方程组，通过对该方程组求解，得到管道流量、流向及节点水头。

四、管网优化设计

管网布置和各级管道的管径选择，是影响管网投资的主要因素。在满足灌溉要求的前提下，管网的优化布置应是管道总长度最短，分水口和出水口（给水栓）的数量少，工程量小。在管网布置和管材一定时，选用的管径大，基建投资大，但水头损失小，能耗小，运行费用低；反之，选用的管径小，虽可减少基建投资，但因水头损失大，运行费用增大。因此，在各级管道的多种组合，必有一最优组合，使基建投资和运行费用之和最小。管网优化设计，就是优化管网布置和各级管道的管径优化选择。

如通常以系统运行费与投资费用之和最小作为目标函数（见图 5-25），通过优化计算进行管径的优化选择。

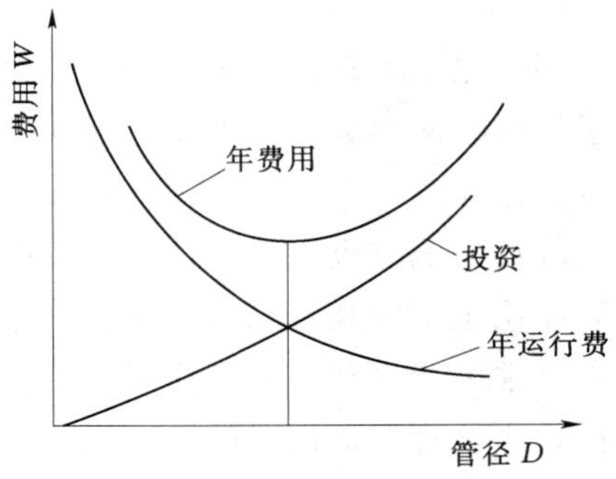

图 5-25　最小年费用法示意图

优化管网布置及管径的优化选择是两个相互联系的部分。对于小型灌区，如单井控制面积不大的低压管灌系统，对两部分分别优化和统一优化，其结果差别不大。但对控制面积大的渠灌区低压管灌系统则应统一进行管网布置优化和管径优选，否则，其优化结果将相差悬殊。

管网优化理论方法基本上有：线性规划法、非线性规划法、动态规划法等，以非线性规划法常用，并已有软件可供使用。

第六节　灌溉管道工程的结构设计

灌溉工程系统由直管、接头、管件、控制件等构成后，如何安置在田间，这就是结构设计应当考虑的问题。灌溉管道工程系统结构设计主要包括以下几个方面。

一、确定管道埋深与坡度

1. 管道埋深的确定

埋设深度的确定主要考虑三个因素：一是农业机械在埋设管道的地面上通过时，不会损坏管道，对于不同的管道可承受外力的大小不同，因此要求埋深也不相同，一般要求埋深为 40～70cm。当管道通过交通干道时一般应埋得深一些，为了不造成过多弯曲，通常的做法是与田间埋深相同，使管道笔直通过干道，如管道的强度不够，则在交通干道下改用抗弯强度大的管道（如钢管），或在管道外面套一层护套管。有时还要采用倒虹吸管。对于一些不怕压的半软管（如微灌系统中的毛管）如要埋在地下，一般只埋 20～30cm 深。二是在北方地区埋设深度一般应大于本地区最大冻土层深度，以免土壤的冻融变化而破坏管道。三是当地下水位较高时，其埋深应保证空管不发生上浮。

2. 埋管坡度的确定

地下埋管的坡度应根据地形特点、土质和管径来确定。在山丘区或地形起伏较大的田块，一般是大致与地面坡度相同。而在平原地区非常平坦的田块，管道不能埋设成完全水平的，而应做成1/100～1/1000的坡度，以防淤积和在充水时排出管内空气，且在冬季到来之前利于将管网内余水排空，避免冻裂管道。

二、镇墩与支墩的设置

镇墩是用来固定压力管道之用，防止位移；支墩分布在二个镇墩之间，是允许管道轴向位移的。

1. 镇墩的设置

当管道受到较大的水平力时应设置镇墩，例如管坡较大，管子自重和管内水重就会在管子轴线方向形成分力而使管子向下坡滑动，这时每隔一定的距离就要设置一个镇墩。管道改变方向时，管内水流对管道会产生一个侧向推力，在管道末端会产生一个轴向水平推力，故这些地方也应设立镇墩。直线管道过长（如超过150m）时也设镇墩。此外，固定式喷灌系统中的竖管三通处虽然在正常情况下不会产生水平推力，但是由于竖管露在外面，经常可能受到外力的作用，这样不但可能破坏竖管，甚至会破坏下面的支管，因此一般在每个竖管下也设置镇墩，以减少这种破坏的可能性。

镇墩的大小要根据水平推力的大小和土壤的摩擦力来设计。镇墩一般用块石混凝土或混凝土建造，混凝土标号一般用100号。较大的镇墩还应布置必要的构造钢筋。

2. 支墩的设置

支墩是用来支承水管，传递垂直压力的。一般只在土质较差，而且管径较大时才采用。对于管径较小（小于300mm）而且土质较好时可不设置支墩，而将管子直接置于沟底部，然后覆土。

三、柔性接头与伸缩接头

1. 柔性接头的设置

管道接头一般是刚性的，即接头两边管子是固接在一起的，轴线不会发生偏转，而在土壤不是很坚实的情况下，管槽内不可避免地发生不均匀沉陷，从而使管道承受挠曲力，严重时会使管道断裂，因此，在管道较长时每隔一定的距离就要设置一个柔性接头，使得管道的轴线能适应由于不均匀沉陷造成的微小变形。柔性接头的间距要根据管子的抗弯强度与管槽底部可能发生不均匀沉陷的程度来决定。

2. 伸缩接头的设置

在管道上除了要设置柔性接头外有时还要设置伸缩节，目的是适应管道由于温度的变化而产生的变形。与柔性接头不同的地方是它只能产生轴向移动而不能产生偏转，多数柔性接头也都可以起到伸缩节的作用。某些接头本身就具有伸缩的功能（例如塑料管用的橡胶圈止水的铸铁接头），此时就不必专设伸缩节了。

第六章　灌溉水源工程

第一节　灌溉水源及水质要求

灌溉水源是指天然水资源中可用于灌溉的水体，有地面水和地下水两种形式，其中地面水是主要形式。地面水包括河川、湖泊径流以及在汇流过程中拦蓄起来的地面径流。地下水一般是指潜水和层间水，前者又称浅层地下水，其补给来源主要是大气降雨，由于补给容易、埋藏较浅，便于开采，是灌溉水源之一。

灌溉回归水和再生水用于灌溉，是水源的重复利用。海水和高矿化度地下水经淡化处理后也可用于灌溉。其中海水淡化费用昂贵，尚少采用；高矿化度地下水与淡水配合，采用混合灌溉或咸淡轮灌，已得到示范推广应用；由于水资源严重紧缺，城市生活污水和部分工业排放的废水经处理达标后形成再生水，也已得到广泛应用。

开发灌区，首先要选择好水源。选择水源时，除考虑水源的位置尽可能靠近灌区和附近具备便于引水的地形条件外，还应对水源的水量、水质以及水位条件进行分析研究，以便制定利用水源的可行方案。

一、地面水的水量及其特点

我国河川径流多年平均总量约为 2.7 万亿 m^3，地下水总补给量约为 0.78 万亿 m^3。扣除重复部分，全国水资源总量约为 2.8 万亿 m^3，居于世界第六位。但是每亩耕地平均占有水量仅为 $1888m^3$，相当于世界平均值的一半左右，而人均占有水量仅为 $2220m^3$，约为世界平均值的 1/4，因此，我国灌溉水源并不丰沛，必须尽力节约使用。

我国灌溉水源可利用的水量在时程上的分布很不均匀，年内径流量一般有 60%～80%集中在 6～9 月四个月份，其他时期则水量不足；径流量的年际变化也较剧烈，我国代表性河流最大与最小年径流量倍比数变化于 1.8～8.0 之间，长江以南各河流量倍比小于 3，长江以北各河流量倍比一般为 3～8，且时常出现连续枯水年或连续丰水年的现象。河川径流的这一特点，表明调蓄径流以丰补歉是非常必要的。

灌溉水源的水量在地区上的分布也极不均衡，南方水多，北方水少；沿海地区水量较充裕，内陆地区则水量不足。此外，水土资源在地区上的分布也很不协调。长江流域及其以南地区，年径流量占全国总量的 80%，而耕地只占全国总耕地面积的 35%；北方的黄、淮、海三大河流的水量只占全国总量的 8%，但耕地却有全国总量的 40%。就一个较小范围的地区而言，也存在类似情况。水资源和土地资源在地域上分布不协调，表明利用灌溉水源时，在较小范围以至在很大区域之间实行跨地区的调水是有实际意义的。

开发利用灌溉水源，或进行灌区规划选择灌溉水源，需要分析灌溉水源的总量及其变化过程。对于地面水源来说，主要是分析研究年径流总量及其年际变化，年径流量的年内分布过程以及径流量的统计规律等，这些内容已在“工程水文学”课程中专门叙及；对于地下水源来说，主要是分析其储量及补给来源、埋藏深度、可开采水量以及开采条件等。

天然条件下灌溉水源的具体情况，一般均与灌溉用水的要求存在一定差距，无论是总量或时程分配都会出现这种现象。利用或选择灌溉水源时，就要弄清楚这种差距，以便据此确定必要的工程技术设施。

二、地下水资源特点

供农业开采利用的地下水资源可分为两部分，一部分是可以补偿的资源，一部分是原来储存在含水层中的资源。前者是指在开采过程中地下水含水层所接受的垂直和水平方向的补给，后者是指开发利用前储存在含水层中的水量。可以开发利用的地下水资源的多少除决定于区域天然水文地质条件外，还与开采条件有关。由于潜水（包括潜水—半承压水）和承压水在补给和开采条件上有着显著不同，其地下水资源各有特点。

1. 浅层地下水（包括潜水和潜水—半承压水）资源

具有自由地下水面的含水层称为潜水含水层（图 6－1），潜水含水层可以直接承受大气降水或渠道河流坑塘等地表水体的补给，在地下水位接近地表的情况下，也容易消耗于潜水蒸发。潜水含水层水的垂直交替和水平运动都十分频繁。

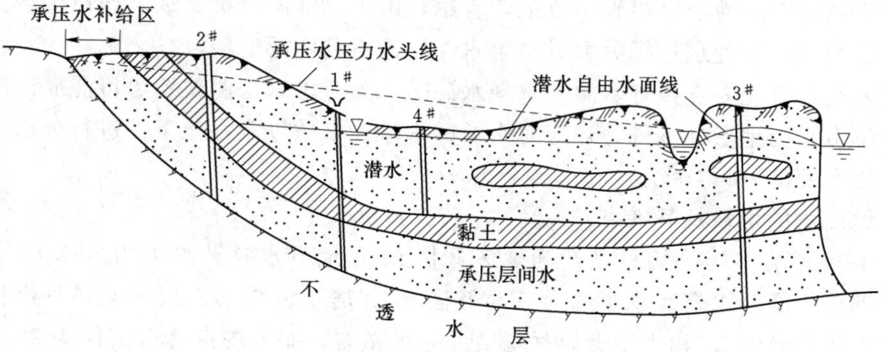

图 6－1　平原地区地下水分布情况示意图

1#—自流井；2#、3#—非自流井；4#—潜水井

降雨入渗是潜水的主要补给来源。在地形条件、土地平整及作物覆盖情况基本相同的前提下，降雨入渗补给地下水量主要决定于降雨情况（包括雨量大小、降雨历时和降雨强度和前期雨量的大小等）、土壤质地和地下水的埋深。

除降水补给外，潜水含水层的补给来源还有渠道或河流以及灌溉水。在与潜水相邻的承压含水层压力水位高于潜水位的地区，下部含水层还可以通过弱透水层向上部潜水越层补给，称为顶托补给。潜水还接受来自开采区外的地下水的补给，亦即侧向补给。

潜水蒸发强度与土壤输水性能、地下水的埋深和气象条件有着密切的关系。在地下水埋深较小的情况下，潜水蒸发主要决定于外界蒸发条件（常以水面蒸发为指标）。随着地下水埋深的增大，土壤向地表的输水能力减弱，蒸发量的大小将主要决定于土壤的输水能力。

潜水可以开采利用的地下水储存量，系指在开采过程中地下水静水位与开采前水位之间的土层中储存的水量 W，但仅能动用一次。

2. 深层承压水的地下水资源

承压水埋藏在地下一定的深度，承压含水层上下均有透水性较弱的隔水层（弱透水层）阻隔，不能直接承受当地大气降雨、河渠和灌水入渗补给，开采区内部地下水的补给仅有来自相邻弱透水层产生的弹性释水和相邻含水层之间的越层补给。

与潜水一样，在开采区地下水下降漏斗范围未达到承压含水层的补给区（补给源）以前，区外（相邻地区）对开采区的补给只是含水量在空间的重新分配，只有在地下水位下降漏斗范围扩大到含水层补给边界后，才会产生来自补给资源的侧向补给。和潜水不同，承压含水层埋藏深度较大，在开采过程中，地下水压力水位未下降到承压含水层顶板以前，并不发生含水层的疏干现象。含水层中所释放出来的水量将由两部分组成：一部分是由于压力水位的下降，含水层中水体膨胀而放出来的水量，一部分是由于压力水位降低，地下水的浮托力减小，含水层所承受的压力加大，造成含水层的土壤骨架压缩，孔隙减少而释放出来的水量。自承压含水层中释放出来的这两部分水量常称为承压含水层的弹性释水或弹性储量。单位面积承压含水层可以释放出来的总水量，即为可以开发利用的弹性储量。

由上可见，潜水含水层直接承受大气降水、渠道、河流和灌溉水的渗漏，以及区外的地下径流的侧向补给，在开采之后易于在天然和人为条件下得到补充和恢复，且潜水埋深小，易于用造价低、收效快的水井开采。由于潜水的给水度远大于承压含水层，在动用的储存量相同时，水位降得小，因而动能消耗和运行费用远较承压含水层低。在垂直补给比较丰富，且水质适于灌溉的地区，应以浅层地下水作为主要灌溉水源，深层承压水由于上下均为弱透水层阻隔，不能接受大气降水和地表水的直接补给，越层补给也有一定限制。在远离补给地区的情况下，侧向径流微弱，可以动用的弹性储量甚小，虽然开采初期具有较高的压力水位，甚至可以达到自流，但长期大面积超采，将引起地下水位大幅度下降。因此，承压水不宜作为主要的灌溉水源，仅能作为非常干旱年份的后备水源。

三、灌溉水源的水质及污染防治

（一）灌溉水源的水质及其要求

灌溉水质主要是指水的化学、物理性状、水中含有物的成分及其含量。灌溉水源的水质应符合作物生长和发育的要求。

灌溉水的水温对农作物的生长影响颇大，水温偏低，对作物的生长起抑制作用；水温过高，会降低水中溶解氧的含量并提高水中有毒物质的毒性，妨碍或破坏作物、鱼类的正常生长和生活。因此，灌溉水要有适宜的水温。麦类根系生长的适宜温度为15～20℃，最低允许温度为2℃；水稻生长的适宜温度一般不低于20℃。泉水、井水和水库底层水，温度常偏低，应采取适当措施，如延长输水路程，实行迂回灌溉，或采取水库分层取水等以提高水温。同时要求，灌溉时的灌溉水温与农田地温之差宜小于10℃。

水中含沙，粒径小的具有一定肥分，送入田间对作物生长有利，但过量输入，会影响土壤的通气性，不利作物生长。粒径过大的泥沙，不宜入渠，以免淤积渠道，更不宜送入田间。灌溉水允许含沙粒径一般为0.005～0.01mm，允许含沙量视渠道输水能力而定；粒径0.1～0.05mm的泥沙，可少量输入田间；粒径大于0.1～0.15mm的泥沙，一般不允许入渠。

鉴于作物耐盐能力有一定限度，灌溉水的含盐量（或称矿化度），应不超过许可浓度。含盐浓度过高，使作物根系吸水困难，形成枯萎现象，还会抑制作物正常的生理过程，如光合作用等；此外，还会促进土壤盐碱化的发展。灌溉水的允许含盐量一般应小于2g/L。土壤透水性能和排水条件好的情况，可允许矿化度略高；反之应降低。含有钙盐的灌溉水，由于危害不大，其矿化度可较高；含有钠盐的，一般要求其允许含盐量是：Na_2CO_3应小于1g/L，NaCl应小于2g/L，Na_2SO_4应小于3g/L。

灌溉水中含有某些重金属如汞、铬、铅和非金属砷以及氰和氟等元素，是有毒性的。这些有毒物质，有的可直接使灌溉过的作物、饮用过的人畜或生活在其中的鱼类中毒；有的可在生物体摄取这种水分后经过食物链的放大作用，逐渐在较高级生物体内成千百倍地富集起来，造成慢性累积性中毒。因此，灌溉用水对有毒物质的含量需有严格的限制。

再生水中含有各种有机化合物，如用于灌溉，有些是无毒的，如碳水化合物，蛋白质、脂肪等；有些是有毒的，如酚、醛、农药等。这些有机化合物在微生物的作用下最终都分解成简单的无机物质，即二氧化碳和水等。这就是水中的生物化学过程，在这一过程中需要消耗大量的氧，其数量称生物化学需氧量（BOD）。在正常的气压和温度之下，水中溶解氧（DO）的含量是一定的。水中有机化合物过多，在其分解过程中就要消耗较多的氧，这势必导致缺氧以致脱氧，从而对作物生长、鱼类的正常生活产生不良影响。因此，适宜的灌溉水质对生化需氧量要有一定限制。含有病原体的水不能直接灌入农田，尤其不能用于生食蔬菜的灌溉。

（二）灌溉水源的污染及防治

灌溉水源的污染，是指由于人类的生产或生活活动向水体排入的污染物的数量超过了水体的自净能力，从而改变了水体的物理、化学或生物学的性质和组成，使水质发生恶化，以至于不适用于灌溉农田。随着工业的发展，工厂排放的废水日益增多，已使越来越多的灌溉水源受到污染，给农业生产带来了严重的威胁。因此，消除污染，保护好水源，已成为当前发展农业生产的一项不可忽视的工作。

1. 灌溉水污染的来源

工业废水是污染灌溉水体的最主要来源。特别是冶金、机械、矿山、炼油、化工、造纸、皮革、印染、食品等工业，不仅排放的废水量大，而且所含的有毒成分十分复杂，对农业危害最大。

城市生活污水也是重要污染源之一。城市生活污水是指从家庭、机关、学校、医院、服务行业及其他非工业部门排出的污水，污水中除含有各种有机、无机物质外，还含有对人体健康有害的传染病菌和放射性物质，用这种污水灌溉农田后，有害物质也会污染粮食和蔬菜。

大量施用农药和化肥（主要是氮肥），通过下渗或地表径流，也可以污染地下或地表水源。此外，工业废渣中的有害物质，还会通过雨水冲刷、渗入浅层地下水或流入河流。工业废气中的各种污染物质也会随降雨（酸雨）进入地面水体。

2. 灌溉水源污染的防治

为防治灌溉水污染及减轻因灌溉水污染对农业造成的危害，可采取下列措施：

(1) 控制污染源，减少污水的排放量。工厂要改革生产工艺，尽量节约用水，不用或少用易产生污染的原料及工艺流程。要采用重复用水及循环用水系统，使废水的排放量减至最少。要从废水中回收有用产品，降低废水中污染物的含量。特别是对含重金属的废水，必须进行处理和回收。

应严格监测施用农药及化肥后的回归水对水源的污染，尤其是对地下水的污染，测定危害物的浓度，利用生物降解作用，减少农药及化肥的有害成分，禁止使用某些有明显副作用的农药及化肥。

(2) 加强监测管理，执行灌溉水质标准。对重复灌溉水源要进行水质监测，同时要加强灌溉管理，这是保护农业环境不受污染，作物不受危害的重要环节。在监测和管理过程中，应严格执行《农田灌溉水质标准》（GB 5804—2005），凡超过标准规定时，应禁止使用。

(3) 合理利用再生水灌溉。随着工业的发展和城市的扩大，工业废水和城市生活污水的排放量日益增多，经处理达标后形成再生水。由于这些再生水中含有一定的作物营养成分，采用再生水灌溉不仅可以用作灌溉水源补充水分，还可以作为肥源。特别是我国北方干旱和缺水地区，大部分再生水被用来灌溉农田，这对增加农业产量和减轻江河污染起到了很大的作用。但是，一定要严格控制再生水水质，其水质必须达到《农田灌溉水质标准》的要求。

四、扩大灌溉水源的措施

目前，我国农田灌溉总用水量约占全国各国民经济部门总用水量的70%左右，而我国水资源总量折算成每亩耕地占有水量却又很低。因此，尽量利用各种可以利用的水源，减少废弃，提高利用程度，对于灌溉水源的利用来说，是十分重要的。

首先，兴建和用好蓄水设施，提高灌溉水源的利用程度。蓄水灌溉工程对水源的利用程度最高。由于河川径流的年际分布和年内分布与灌溉用水要求之间有着较大的差距，需要用工程设施对水源加以调蓄，以丰补缺，既满足灌溉要求，又提高了水源的利用程度，因此，蓄水灌溉工程占有重要位置。

其次，实行区域之间水量调剂，解决好水资源与土地资源的分布不相协调的问题是很重要的。我国在流域之间实行水量调剂，已有许多成功的实例。如引滦入津、引黄济青、引大入秦等调水工程均已实现。地区之间以及各省范围的水量调剂则有更多的实例。有些大型灌溉系统本身就是一项水量调剂的工程设施，兼有输水至其他地区的功能。

最后，实行地面水和地下水的联合运用，对于充分利用水资源，是十分有效的，特别是在北方水量不足的地区、井灌渠灌相结合，已得到很大发展。在两种水资源联合运用的情况下，地面水库和地下水库的配合使用，收效更好。这时多余的地面水除存蓄在地面水库中，尚可储存在地下水库，特别是在汛期地面水库弃放的洪水储存在地下水库，到灌溉季节，两水并用，可大大提高水资源的利用程度。此外，实行地面水与地下水联合运用，还可有效控制地下水位及土壤次生盐碱化，达到最佳的经济效益及环境效应。

第二节 灌溉取水工程的分类及特点

灌溉取水方式，随水源类型、水位和水量的状况而定。利用地面径流灌溉，可以有各种不同的取水方式，如无坝引水、有坝引水、抽水取水、水库取水等；利用地下水灌溉，则需打井或修建其他集水工程，现分述如下。

一、地面水取水方式

（一）无坝引水

无坝引水渠首不设拦河坝（闸）等壅水建筑物，直接从河流和湖泊中取水。无坝引水渠首连同其后的渠道称为无坝引水工程。无坝引水渠首引水方式简单，投资少、见效快，对天然河道的影响较小，与其他国民经济部门（航运、漂木、渔业等）之间的矛盾也小，适合在大江大河上取水。无坝引水渠首适用于引水比不大（引水比不能超过20%～30%），防沙要求不高，水位及流量能够满足取水设计流量的情况。

无坝引水按渠首平面布置形式划分为岸边式渠首、引渠式渠首和导流堤式渠首。

1. 岸边式渠首

当河岸稳定、引水条件较好时，可采用岸边式渠首，见图6-2。岸边式渠首引渠较短，一般要求进水闸应尽量靠近河岸，力求减小闸前引渠的长度，以减少泥沙在引渠中的淤积，并便于冲沙。多沙河流的无坝渠首多采用这种布置形式。

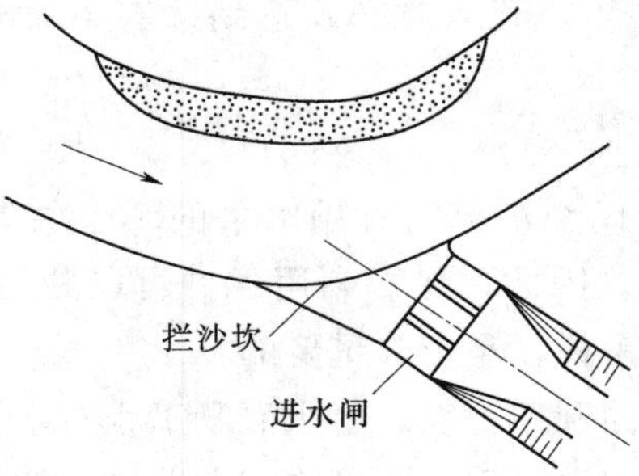

图6-2　无坝引水岸边式渠首

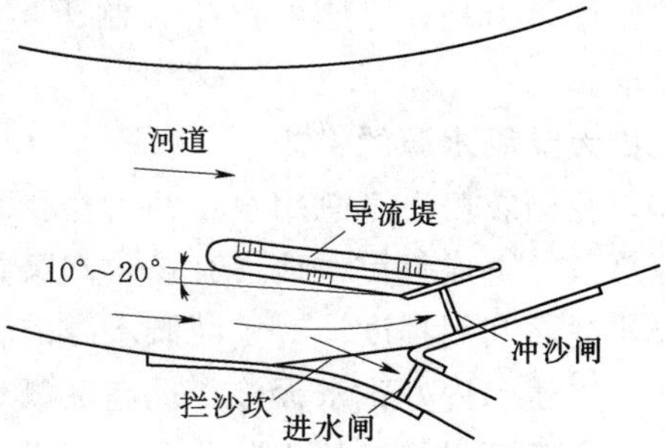

图6-3　无坝引水导流堤式渠首

2. 导流堤式渠首

在坡降较陡、引水量较大的河道上，可顺河道水流方向修建导流堤，在导流堤根部设冲沙闸，见图6-3。导流堤的作用是束缩水流，壅高水位，以满足引进设计流量的要求。冲沙闸除汛期宣泄部分洪水外，平时用以冲沙。导流堤的布置，一般是从冲沙闸向上游方向延伸，使其接近主流。导流堤长度视引水流量的大小及引水高程而定。导流堤与主流应有适当的交角，该交角不宜过大或过小，过大易遭河水冲刷，过小则导致导流堤长度加大而增加工程量，一般以10°～20°为宜。

3. 引渠式渠首

当取水口河岸不稳定并伴有边滩沙嘴时，或引渠兼有沉沙作用时，可在取水口与进水闸之间设置引渠，其布置如图6-4所示。引渠按沉沙及冲沙要求设计，横断面和长度可参考沉沙渠设计方法确定。引渠末端按正面引水，侧面排沙的原则布置进水闸、冲沙闸和泄水渠，通过冲沙闸和泄水渠将泥沙排至下游河道。当引渠淤到一定程度时，则需关闭进水闸，利用引渠进出口之间的水头差进行水力冲沙。

（二）有坝取水

有坝取水是横贯河床设置溢流低坝或闸控制河道水流，抬高水位，保证渠首引水的取

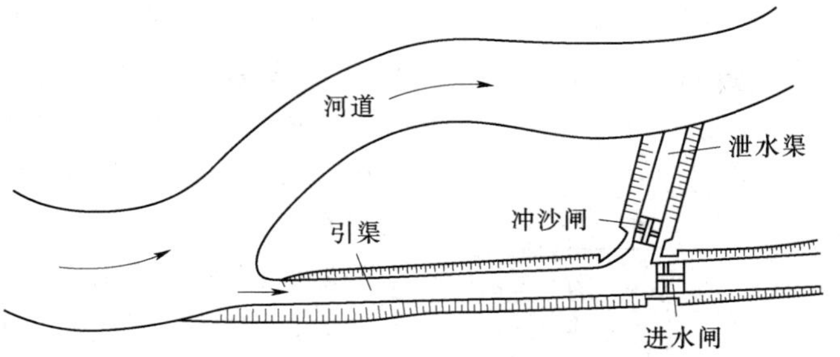

图 6-4　无坝引水引渠式渠首布置图

水枢纽。有坝取水引水保证率高，一般能满足渠道设计流量引水要求。目前国内已建成运行的有坝取水以低坝沉沙槽式、拦河闸式、弯道式三种渠首最为常见。

1. 低坝沉沙槽式渠首

低坝沉沙槽式引水渠首一般由挡水低坝、溢流低坝、冲沙闸、沉沙槽及进水闸等组成。用低坝壅高水位是这类渠首的显著标志。它主要适用于平原沙质河床，并且多修建在中小河流上。低坝沉沙槽式引水渠首根据进水闸所在位置又分为侧面引水式和正面引水式两种。

（1）侧面引水式。侧面引水式的进水闸布置在河岸一侧。为了有较好的防沙效果，侧面引水式枢纽的进水闸与冲沙闸引水角应设置为锐角，以 70°～75°为更好，如图 6-5 所示。在低坝沉沙槽式引水渠首中，冲沙闸位于溢流坝的一端，靠近进水闸处。主要作用是枯水期关闭壅水沉沙，汛期打开宣泄部分洪水，并冲刷沉沙槽内的前期淤沙，将河道主槽稳定在进水闸前，以确保进水闸正常引水。

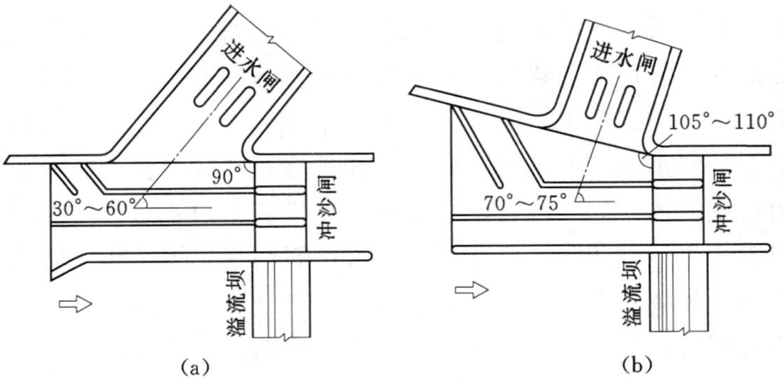

图 6-5　低坝侧面引水式进水闸布置

(a) 进水口前缘线与冲沙闸轴线呈直角；(b) 进水口前缘线与冲沙闸轴线呈钝角

为了使沉沙槽内具有一定的蓄沙容积，同时避免大量底沙入渠，进水闸底板至少应高出冲沙闸底板 1.0～1.5m。沉沙槽长度宜为进水闸宽度的 1.3 倍或超过进水闸上游端 5～10m。

（2）正面引水式。侧面引水口在分水时，水流要产生弯曲。由于表层流速大、底层流速小，所以造成大部分底沙进入渠道。为了改变这种不利于引水防沙的水流结构，除了在引水口前设置局部导流设施外，有的工程将进水闸与冲沙闸呈一字形排列布置在河床内，

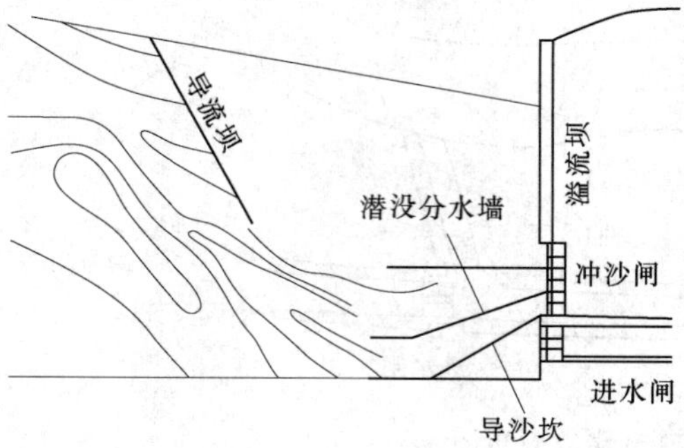

图 6-6 低坝正面引水式引水枢纽工程布置图

使引水口面对河道水流方向形成正面引水式，如图 6-6 所示。

正面引水式的另一种布置型式如图 6-7 所示。它与上述低坝式渠首主要不同之处是在引水口门后接了一段较长的引渠。引渠的作用如同沉沙槽，由于引渠较长，泥沙淤积容量大，沉沙效果比沉沙槽好。引渠的末端设计成弯道，并按正面引水、侧面排沙原则布置进水闸和冲沙闸。这种布置型式在我国青海省应用较多，其引水防沙效果较好。

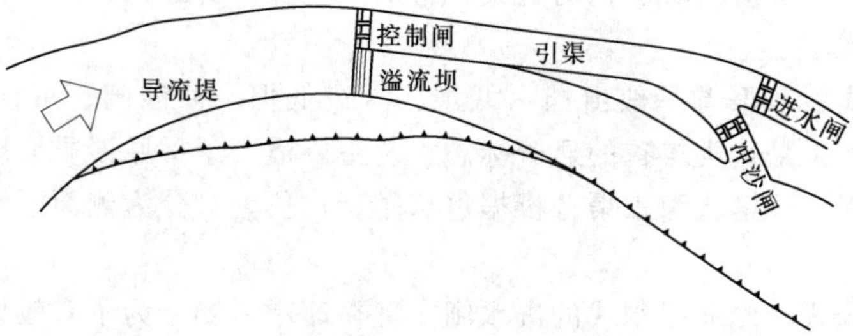

图 6-7 低坝引渠式正面引水枢纽布置图

2. 拦河闸式引水渠首

拦河闸式渠首是针对低坝沉沙槽式枢纽溢流坝上游河段容易被泥沙淤平，一旦淤平，进水闸实际上就处于无坝引水状态，引水防沙得不到保证这一缺陷，用拦河闸取代溢流低坝而形成的。拦河闸式渠首以靠近进水闸的几孔拦河闸兼作冲沙闸，并用上、下游导流墙与其他拦河闸孔分开，导流墙与进水闸翼墙构成沉沙槽。拦河闸式渠首增加了冲沙宽度，基本上不改变渠首上、下游河道的形态，既可壅水沉沙，又可以开闸泄水冲沙，与溢流坝相比，除能排除上游壅水段淤积的泥沙外，并能灵活地调节水位和流量，还可借闸门的启闭来调整上游河道主流的方向，使取水口始终保持良好的引水条件。

拦河闸式渠首适用范围较广，既适用于山区卵石河床，更适用于防洪任务较重的平原沙质河床。但其造价较高，多用于引水保证率较高的大中型引水工程。图 6-8 是修建在黄河上游的三盛公枢纽，是一个拦河闸式引水渠首成功运用的实例。

拦河闸最小过水宽度应是在汛期敞开闸门宣泄造床流量时，库区不产生壅水，保持天然流泄水冲沙状态。这样才能有效地将库区淤沙排往下游，恢复主河槽。拦河闸的底板高程视河道比降的陡缓及引水比的大小而定。在比降较陡的山区河流上，当引水比较小时，闸底板高程与河道的平均高程齐平；当引水比较大，超过 50%～60%，推移质数量大，河道比降较缓时，闸底板高程应高于河底 1～2m，以防闸下淤积。

3. 弯道式引水渠首

弯道式引水渠首适用于推移质为卵石的山区河道，多用于大中型工程。它是利用弯道环流原理，将水沙分流，达到正面引水、侧面排沙目的。这类渠首主要由拦河闸或溢流低坝、人工引水弯道、进水闸和冲沙闸等组成。图 6-9 为弯道式引水渠首布置的典型实例。

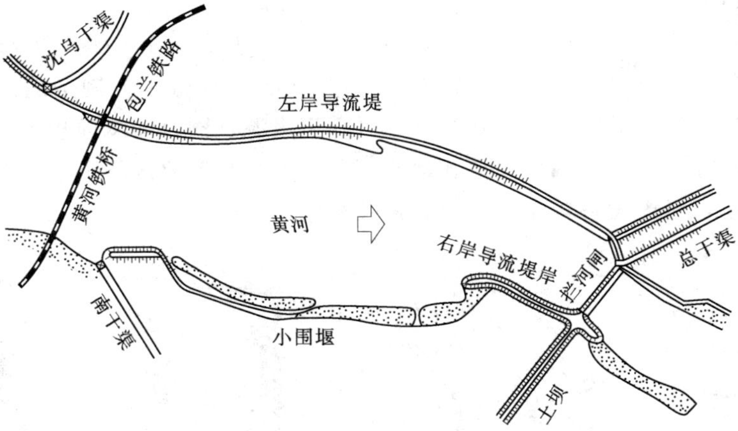

图 6-8　黄河三盛公引水渠首平面布置

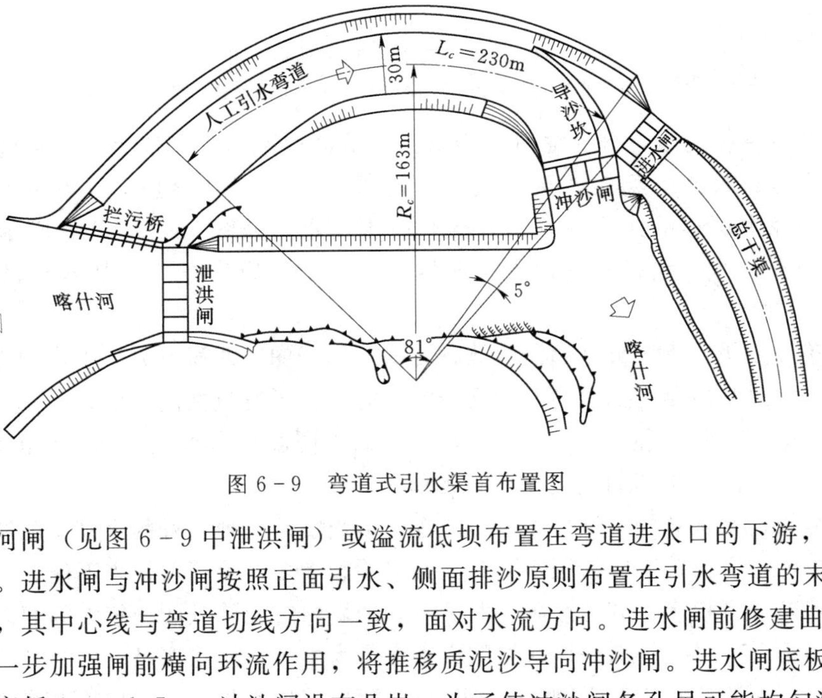

图 6-9　弯道式引水渠首布置图

其中拦河闸（见图 6-9 中泄洪闸）或溢流低坝布置在弯道进水口的下游，用于壅高水位和泄洪。进水闸与冲沙闸按照正面引水、侧面排沙原则布置在引水弯道的末端。进水闸设在凹岸，其中心线与弯道切线方向一致，面对水流方向。进水闸前修建曲线形导沙坎，以便进一步加强闸前横向环流作用，将推移质泥沙导向冲沙闸。进水闸底板高程一般高出冲沙闸底板 1.0～1.5m。冲沙闸设在凸岸，为了使冲沙闸各孔尽可能均匀泄流排沙，冲沙闸与进水闸中心线夹角一般在 35°～45°之间。

（三）抽水取水

河流水量比较丰富，但灌区位置较高，修建其他自流引水工程困难或不经济时，可就近采取抽水取水方式，修建灌溉泵站。这样，干渠工程量小，但增加了机电设备及年管理费用。灌溉泵站枢纽主要包括取水口、引渠、前池、进水池、泵房、出水管道和出水池以及变电所、节制闸等。

灌溉泵站应根据当地的地形、水源、能源、交通和行政区划等条件对灌区进行分片、分级控制，并确定合适的泵站站址，从而达到工程兴建投资少，运行管理费用低的目的。

一般常用的灌区划分方案有以下几种。

(1) 单站一级提水，集中灌溉。如图 6-10 (a) 所示，在水源岸边修建一个水泵站 A，通过出水管道 B 将水抽送到出水池 C 后，再由干渠 D 分水控制全灌区的面积。这种划分灌区的方法适用于灌区地形等高线基本平行于水源，同时灌溉面积不大，输水渠道不长，扬程较低的灌区。一些局部高地和地形高差不大的小型灌区均可采用该类方案，其特点是工程规模小，机电设备较少，工程布置较集中。

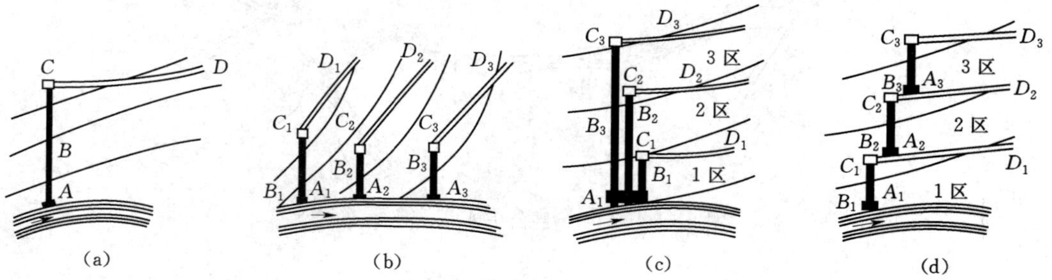

图 6-10　抽水取水规划示意图

(a) 单站一级提水集中灌溉；(b) 多站一级提水；(c) 单站分级提水；(d) 多站分级提水

(2) 多站一级提水，分区灌溉。当灌区的等高线基本平行于水流，可灌溉土地面积较大时，常以渠长或以天然的沟（河）为分界，将灌区划分成几个单独的提水灌区。每个灌区均在水源边单独建一泵站，均为一级提水，如图 6-10 (b) 所示。分区灌溉有机电设备多，输电线路长的缺点。所以，分区方案应进行相关技术经济论证，择优而行。

(3) 单站分级提水，分区灌溉。此种方式适用于灌区面积不大，当水源靠近高山，有时可以用一个泵站控制有明显高差的几个灌区时，为了避免抽高灌低，而采用在水源岸边修建一处泵站，安装一种或几种扬程的水泵，向不同高程出水池供水，高地用高池灌溉，低地用低池灌溉的方法，如图 6-10 (c) 所示。

单站分级提水虽然较一级提水节约能源，但当安装一种型号的水泵又无调节时，水泵运行效率偏低；而安装不同扬程水泵时，又使泵型增多，给管理带来不便。

(4) 多站分级提水，分区灌溉。对于一些地形由缓变陡且面积较大的灌区，为了避免抽高灌低的情况，可以将前一级泵站的出水池作为水源，修建二级、三级泵站，以控制整个灌区面积，如图 6-10 (d) 所示。这样比修建一级提水灌溉同样面积的站节省功率。理论上可以证明，分二级提水的总功率比一级提水可节省能耗 1/4，分三级提水可比一级提水节省能耗 1/3。

由此可见，分级越多，设备功率就越低，电费就越少；但是，分级越多，泵站数目、机组数目、渠道、建筑物以及管理运行人员就会增多，投资和管理支出也会增多。同时，在上下级站用水配合上也会出现一些新问题。因此，应按照最小功率原则确定各级扬程，合理地确定分级数目和站址高程。

(四) 水库取水

河流的流量、水位均不能满足灌溉要求时，必须在河流的适当地点修建水库进行径流调节，以解决来水和用水之间的矛盾，并综合利用河流水源。这是河流水源较常见的一种取水方式。采用水库取水，必须修建大坝、溢洪道和进水闸等建筑物，工程较大，且有相应的库区淹没损失，因此必须认真选择好建库坝址。但水库能充分利用河流水资源，这是优于其他取水方式之处。

上述几种取水方式，除单独使用外，有时还能综合使用多种取水方式，引取多种水源，形成蓄、引、提结合的灌溉系统；即便只是水库取水方式，也可以对水库泄入原河道的发电尾水，在下游适当地点修建壅水坝，引入渠道，以充分利用水库水量及水库与壅水坝间的区间径流，如图 6-11 所示。

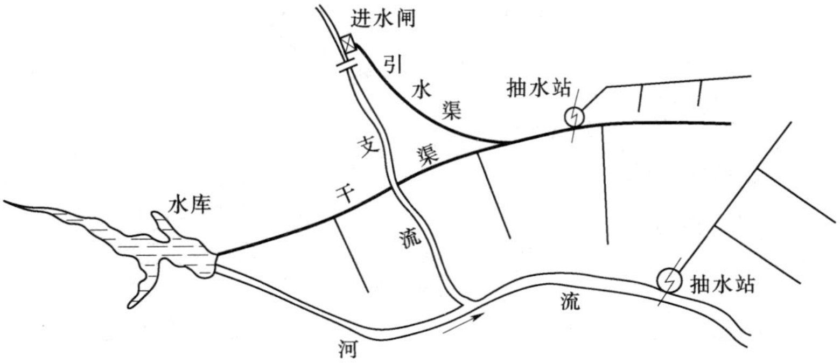

图 6-11　蓄、引、提相结合的灌溉系统

二、地下水取水方式

由于不同地区地质、地貌和水文地质条件不同，地下水开采利用的方式和取水建筑物的形式也不相同。根据不同的开采条件，大致可分为垂直取水建筑物、水平取水建筑物和双向取水建筑物三大类。

（一）垂直取水建筑物

1. 管井

管井是在开采利用地下水中应用最广泛的取水建筑物，它不仅适用于开采深层承压水，也是开采浅层水的有效形式。由于水井结构主要是由一系列井管组成，故称为管井。当管井穿透整个含水层时，称为完整井；穿透部分含水层时，称为非完整井。根据我国北方一些地区农田用水经验，井深在 60m 以内，井径以在 700～1000mm 之间为宜；60～150m 的中深井，井径可采用 300～400mm；150m 以上的深井，井径可取 200～300mm。由于管井出水量较大，一般采用机械提水，故通常也称为机井。

管井的一般结构如图 6-12 所示，把井壁管（亦称实管）和滤水管（亦称花管）连接起来，形成一个管柱，垂直安装在打成的井孔中，井壁管安装在隔水层处和不拟开采的含水层处，滤水管安装在开采的含水层处，管井最下一段为沉淀管（4～8m），以沉淀流入井中的泥沙。在取水的含水层段，井管与井孔的环状间隙中，填入经过筛选的砾石（人工填料），以起滤水阻砂的作用；在填砾顶部的隔水层或不开采的含水层段，用黏土球止水，以防止水质不好的水渗入含水层，破坏水源。此外在井管上端井口处，应用砖石砌筑或用混凝土浇注井台，以便安装抽水机和保护井口。

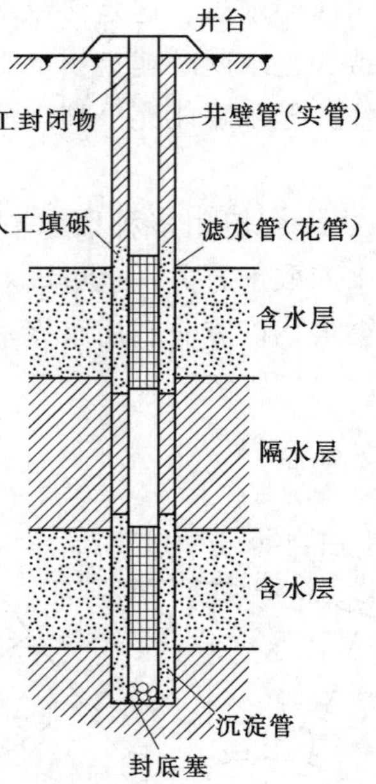

图 6-12 管井

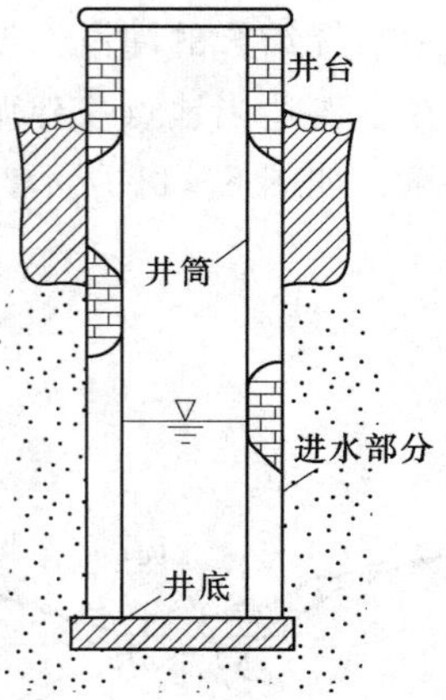

图 6-13 筒井

2. 筒井

筒井是一种大口径的取水建筑物，由于其直径较大（一般为 1～2m），形似圆筒而得名，有的地区筒井直径达到 3～4m，最大者至 12m，这种筒井又称为大口井，筒井多用砖石等材料衬砌，有的采用预制混凝土管作井筒。筒井具有结构简单、检修容易、能就地取材等优点；但由于口径太大，井不宜过深，因而筒井多用于开采浅层地下水，其深度一般为 6～20m，深者达 30m 左右。

筒井有三个组成部分（图 6-13）：

(1) 井台。是筒井的地上部分，起保护井身，安放提水机械和生产管理之用。

(2) 井筒。井筒亦称旱筒，是含水层以上的部分。

(3) 进水部分。它是埋藏在含水层的部分，故亦称水筒，是筒井中最主要的组成部分，地下水自含水层通过井壁（非完整井还通过井底）进入井中。

（二）水平取水建筑物

1. 坎儿井

这种井主要分布在我国新疆地区山前洪积冲积扇下部和冲积平原的耕地上。高山融雪水经过洪积冲积扇上部的漂砾卵石地带时，大量渗漏变为潜流。劳动人民采取开挖廊道的形式，引取地下水。当地称这种引水廊道为坎儿井，见图 6-14。

坎儿井工程由地下廊道和立井组成，地下廊道是截取地下潜流和输水的通道。廊道的比降小于潜流的水力坡降，约为 1‰～8‰，廊道出口处底部与地面平，向上游开挖，逐渐低于地下水位，于是潜流就可以顺廊道流出地面，进入引水渠。廊道底部高于地下水位的部分，起输水作用，顺水流方向开挖，廊道底部低于地下水位的部分起集水作用，可垂直地下水流向开挖。廊道断面为矩形，拱顶用木料和块石砌成。立井与地面垂直，是廊道

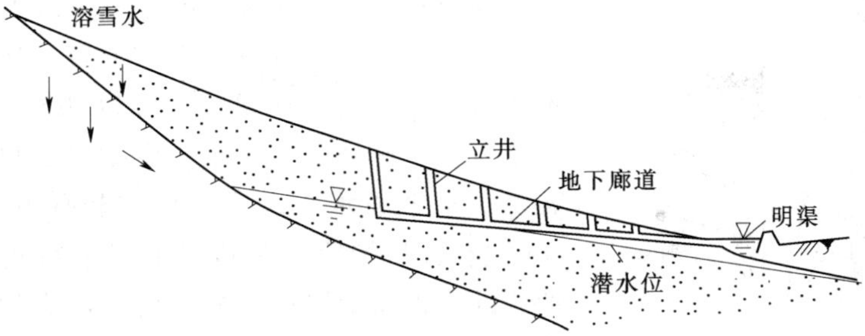

图 6-14　坎儿井

开挖过程中出土和通风用的，又称工作井。立井间距 15～30m，上游较稀，下游较密，每个坎儿井的立井由数十到百余个组成。坎儿井的下游与引水渠相接，可自流灌溉。

2. 卧管井

卧管井即埋设在地下水较低水位以下的水平集水管道。集水管道与提水竖井相通，地下水渗入水平集水管，流到竖井，可用水泵提取灌溉。为了增加卧管井的出水量，集水管埋置深度应在地下水位最低水位以下 2～3m。集水管长度 100m 左右，间距 300～400m，可用普通井管或水泥砾石管。为了防淤，周围应填砂砾料。

卧管井在地下水位高的沼泽化和盐渍化地块上，可起暗管排水作用。但用在抗旱上有一定局限性，因为旱季随着地下水位的降低，卧管井的出水量将显著减少。另外，卧管埋置较深，施工和检修工作量都很大。

3. 截潜流工程

在山麓地区，有许多中、小河流，由于砂砾、卵石的长期沉积，河床渗漏严重，除洪水季节外，平时河中水量很小，大部分水量经地下砂石层潜伏流走，特别是在干旱季节，河床往往处于干涸状态。在这些河床中修筑地下坝（截水墙），拦截地下潜流，即称截潜流工程，通常也称“干河取水”或“地下拦河坝”工程，如图 6-15 所示。

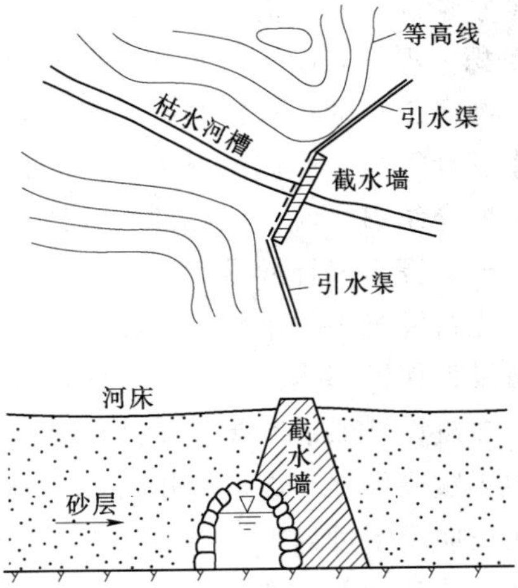

图 6-15　截潜流工程

（三）双向取水建筑物

为了增加地下水的出水量，有时采用双向取水建筑物，如辐射井即属于这种型式。

在大口井动水位以下，穿透井壁，按径向沿四周含水层安设水平集水管道，以扩大井的进水面积，提高井的出水量。由于这些水平集水管呈辐射状，因而称为辐射井（图 6-16）。

辐射管的作用在于集取地下水。大口竖井除具有较好的集水作用外，主要是为打辐射管提供施工场所，并把从辐射管流出的水汇集起来供水泵抽取，因此又把辐射井中的大口竖井叫做“集水井”。

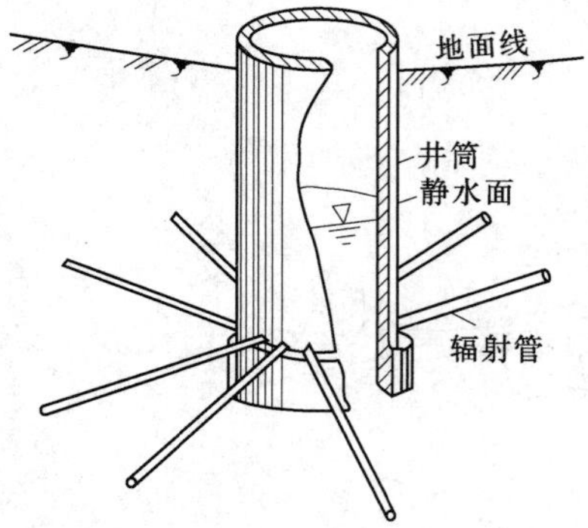

图 6-16　辐射井

辐射管沿井管周长均匀分布，其数目一般为 3～8 个，长度视要求的水量和土质而定。集水井直径应根据辐射井施工要求而定，一般以 3m 为宜。在黄土和裂隙黏土、亚黏土等黏土层中钻成的辐射孔，一般不需要下水平滤水管，只需要在辐射孔的出口处打进 1m 左右长的护筒。在砂性土层中钻孔则需安装滤水管，以防止孔壁坍塌。为了增加水头和出水量，辐射孔的位置应布设在集水井下部。为了便于施工操作，并使集水井发生淤积时不致堵塞孔口，集水井的最下部应留一定沉沙段。

第三节　地表水灌溉取水工程的水利计算

灌溉工程的水利计算是灌区规划工作的主要组成部分，通过水利计算可以揭示灌区天然来水情况与灌区需水要求之间的矛盾，并确定协调这些矛盾的工程措施及其规律，如灌区面积、坝的高度、进水闸尺寸、抽水站装机容量和水库库容等。

灌溉工程的水利计算，一般有蓄水工程的水利计算，引水工程的水利计算和提水工程的水利计算等。不同情况下的水利计算，虽然目的及要求相同，但计算内容则有差异。本节主要介绍引水灌溉工程的水利计算，并且简要介绍提水工程的水利计算。

一、灌溉设计标准

进行灌溉工程水利计算以前，必须首先确定灌溉工程的设计标准。实际工作中多采用灌溉设计保证率作为灌溉工程的设计标准，有些地区亦采用“抗旱天数”。

灌溉设计保证率是指灌区用水量在多年期间能够得到充分满足的几率，一般以正常供水的年数或供水不破坏的年数占总年数的百分数表示，例如设计保证率 80%表示灌溉设施在长期运用过程中，平均每 100 年可保证 80 年正常供水。为了修正以样本资料推测总体规律的某些不合理的地方，灌溉设计保证率常用式（2-22）进行计算。

灌溉设计保证率是一项在经济分析基础上产生的指标，由于它综合反映了灌区用水和水源供水两方面的影响，因此能较好地表达灌溉工程的设计标准。灌溉设计保证率因各地自然条件、经济条件的不同而有所不同。就全国来说在 50%～95%之间。一般缺水地区，多以旱作物为主，其灌溉设计保证率可低一些；而丰水地区，多以水稻为主，灌溉设计保证率可高一些，至于同一地区，以水稻为主的灌区，其灌溉设计保证率应比旱作物为主的灌区高一些。具体可参照规范所规定的数值，见表 2-10。

研究结果表明，破坏年份的亏水量不超过年需水量的 5%时，对灌区作物产量影响很小。因此，在实际工作中，常将亏水量不超过 5%的年份；也作为水量保证的年份。

所谓抗旱天数，是指灌溉设施在无降雨情况下能满足作物需水要求的天数，它反映了灌溉设施的抗旱能力，是灌溉设计标准的一种表达方式。

关于抗旱天数的标准，《灌溉排水渠系设计规范》（GB 50288—99）中规定“采用抗旱天数作为灌溉设计标准的地区，单季稻灌区抗旱天数可为 30～50 天，双季稻灌区抗旱天数可为 50～70 天。经济较发达地区，可按上述标准提高 10～20 天。”

我国小型灌区和农田基本建设规划设计，多以抗旱天数作为设计标准，而在大中型灌溉工程及综合利用工程的规划设计工作中，主要以灌溉设计保证率作为灌溉设计标准。

二、无坝引水工程的水利计算

无坝引水工程水利计算的任务，主要是根据河流天然来水情况，确定经济合理的灌溉面积以及进水建筑物的相应尺寸。有时是在灌区面积已定的情况下，依灌溉设计保证率要求，确定进水建筑物尺寸；有时是进水建筑物的尺寸已定，根据河流来水情况，确定满足既定灌溉设计保证率下的灌溉面积；有些情况下，则是根据灌溉设计保证率的要求，同时确定灌溉面积和进水建筑物尺寸。各种情况下的具体计算内容主要包括确定设计引水流量，闸前设计水位、闸后设计水位和进水闸尺寸等。

（一）设计引水流量的确定

当河流流量及水位对灌溉用水有保证的情况下（例如在大江大河上引水，引水流量占河流流量比重显然很小），无坝引水枢纽的设计引水流量可采用以下方法计算。

1. 长系列法

所谓长系列法，就是首先计算历年（或历年灌溉临界期）的渠首河流来水过程线和已定灌区的灌溉用水过程线，再逐年比较这两个过程，统计出河流来水满足灌溉用水的保证年数，如 n 年系列中，保证供水的年数为 m，则该灌区的灌溉保证率 p 由式（2－22）计算。如果计算得到的灌溉保证率与该灌区要求的灌溉设计保证率相一致，则系列年中的最大引水流量即为所求的设计引水流量；如果计算得到的灌溉保证率与灌区要求的灌溉设计保证率不一致，则需调整灌溉面积或改变作物种植比例等，重复以上计算，使两者一致，最后定出设计引水流量。

其具体步骤如下：

（1）选择有代表性的系列年组。

（2）计算历年（或历年灌溉临界期）的河流来水和灌区用水过程。在计算河流来水和灌区用水过程中，一般可采用 5 日或旬作为计算时段。

（3）逐年进行引水水量平衡计算（可采用表格形式计算，见表 6－1），将表中同一段时间的可以引取的河流来水量与灌溉用水量进行比较，取两者中较小的数字作为实际引水量，填入该栏。当同一时段的实际引水量小于灌溉用水量时，即表示该时段的灌溉引水量不能保证需要，就出现灌溉遭到破坏的情况。

（4）统计系列年组 n 中河流来水满足灌溉用水的保证年数 m，按式（2－22）计算灌溉保证率。

（5）如按式（2－22）计算得到的灌溉保证率与灌区设计所要求的灌溉设计保证率相一致，则可在引水量平衡计算表内实际引水量一栏中，选取其中最大的实际引水量 W（m^3），按下式计算设计引水流量：

$$Q=\frac{W\times 10^4}{86400t}\quad (m^3/s) \tag{6-1}$$

式中：t 为采用的计算时段，d。

表 6-1　××灌区历年引水量平衡计算表

年	月	旬	可以引取的河流来水量 /10^4m^3	毛灌溉用水量 /10^4m^3	实际引水量 /10^4m^3	引水保证情况 (+)或(-)
(1)	(2)	(3)	(4)	(5)	(6)	(7)=(6)-(5)
1952	4	中	100	400	400	+
		下	1200	700	700	+
	5	上	500	800	500	-
		⋮	…	…	…	…

长系列法考虑了历年的引水流量与灌溉用水量的实际变化及配合，只要所选取的系列年组有足够的代表性，其成果一般比较可靠，但工作量比较大。

2. 设计代表年法

设计代表年法是选择某几个代表年份，进行引水量平衡计算，其计算方法与长系列法相同，但该法仅就选定的代表年份进行计算，故计算工作量较小，在选取的设计代表年具有一定代表性时，成果还是可靠的。

具体计算步骤如下。

(1) 选择设计代表年，由于仅选择一个年份作为代表，具有很大的偶然性，故可按下述方式选择一个代表年组：①对渠首河流历年（或历年灌溉临界期）的来水量，进行频率分析，按灌区所要求的灌溉设计保证率，选出 2～3 年，作为设计代表年，并求出相应年份灌溉用水过程；②对灌区历年作物生长期降雨量或灌溉定额进行频率分析，选择频率接近灌区所要求的灌溉设计保证率的年份 2～3 年，作为设计代表年，并根据水文资料，查得相应年份渠首河流的来水过程；③由上述一种或两种方法所选得的设计代表年中，选出 2～6 年，组成一个设计代表年组。

(2) 对设计代表年组中的每一年，进行引水量平衡计算与分析（具体计算方法同长系列法），如在引水量平衡计算中，发生破坏情况，则应采取缩小灌溉面积，改变作物组成或降低设计标准等措施，并重新计算。

(3) 选择设计代表年组中实际引水流量最大的年份，作为设计代表年，并以该年最大引水流量作为设计流量。

然后统计历年作物生长期或灌溉临界期中渠首河段最小五日（或旬）平均流量，并绘制频率曲线，根据渠首设计引水流量 $Q_{引}$，在频率曲线上查得相应频率 p，此值就是灌溉保证率，如 p 小于灌溉设计保证率 $p_{设}$，则应减小灌溉面积或改变作物组成以减小灌水率值。此法将灌溉用水视为固定不变的，这与实际情况有出入，故仅适用于初步规划阶段。

按照前述方法选定的设计引水流量，如河流在灌溉临界期内相应频率的流量能够予以满足，即设计引水流量小于或等于频率与设计保证率相同的河流流量的 30%，则原定设计灌溉面积即可落实；如河流流量不能予以满足，则可将历年灌溉临界期河流的最低旬（或月）平均流量进行频率分析，选取相当于灌溉设计保证率流量的 1/4～1/3 作为设计引水流量，并以此确定设计灌溉面积。

（二）闸前设计水位的确定

为了确定闸前设计水位 x（图 6-17），首先应确定外河设计水位 x_1。外河设计水位一般可以按设计引水流量的相应水位确定。对于大江大河的引水工程，则可根据历年灌溉临界期的最低旬（或月）平均水位进行频率分析，选取相当于灌溉设计保证率的水位作为外河设计水位。如果大江大河枯水位比较稳定，也可以选取历年灌溉临界期的最低水位，加以平均，作为外河设计水位。

在外河设计水位确定之后，便可根据与外河设计水位相应的河流平均流量 Q_1，减去设计引水流量 $Q_{引}$ 得到引水后的河流流量 Q_2，并根据 Q_2 查河流水位流量关系曲线得引水后河流相应的水位 x_2。此外，还应考虑引水时闸前有一定流速引起的水面降落 z（图 6-17），则闸前设计水位为：

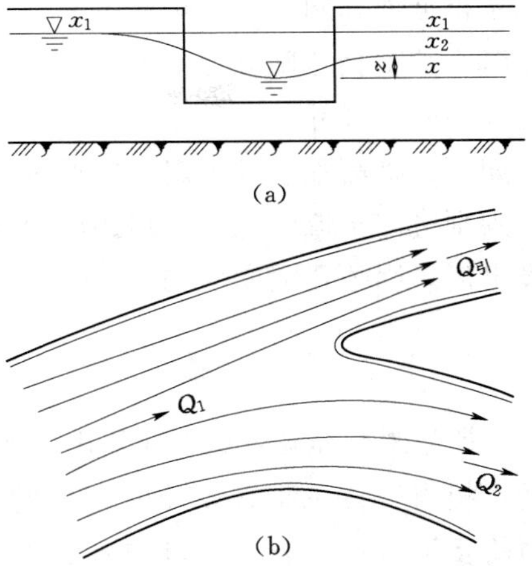

图 6-17　闸前设计水位示意图

(a) 河道取水段纵断面图；(b) 河道取水段平面图

$$x = x_2 - z \tag{6-2}$$

式中：x 为闸前设计水位，m；x_2 为与 Q_2 相对应的外河水位，由水位流量关系曲线查得，m；z 为引水时部分位能转化为动能后所形成的闸前水位降落。

z 值可按下述经验公式计算：

$$z = \frac{1.5K}{1-K} \times \frac{\upsilon^2}{2g} \tag{6-3}$$

$$\upsilon_2 = \frac{Q_1 - Q_{引}}{A_2} = \frac{Q_2}{A_2} \tag{6-4}$$

式中：K 为取水系数，为引水流量 $Q_{引}$ 与引水前河流流量 Q_1 之比值，即 $K = Q_{引}/Q_1$；υ_2 为与 x_2 相应的河流平均流速，m/s；A_2 为相应于水位 x_2 时下游河道的过水断面面积，m^2。

由式（6-3）可以看出，z 值的大小与取水系数 K 直接有关。南方山区丘陵地区中，小河流上的无坝引水工程，其取水系数一般在 30%以下，若取 $K=0.3$，$\upsilon_2=1.0$m/s，则 $z \approx 0.03$m，设计时可取此值进行估算；而自大江大河引水时，取水系数 K 往往很小，由式（6-4）计算的 z 甚微，设计时一般可以忽略不计，即取闸前设计水位为 $x \approx x_2$。

若闸前引水渠较长，则闸前设计水位还应减去引水渠中的水头损失。

（三）闸后设计水位的确定

闸后设计水位一般是根据灌区高程控制要求确定的干渠渠道水位，但这一水位还应根据闸前设计水位扣除过闸水头损失加以校核。如果不足，则应以闸前水位扣除过闸水头损失作为闸后设计水位，而将灌区范围适当缩小，或者向上游重新选择新的取水地点。

（四）进水闸闸孔尺寸的确定及校核

进水闸闸孔尺寸，主要指闸底板高程和闸孔的净宽，在确定这些尺寸时，它们之间是互为前提、互相影响的，在满足灌区高程控制要求的前提下，对于同一设计流量，闸底板高程定得低些，闸孔净宽可小一些；相反，闸底板高程定得高些，闸孔净宽就需要大些。设计时必须根据建闸处地形、地质条件，河流挟沙情况等综合考虑，反复比较，以求得经济合理的闸孔尺寸。

如闸底板高程已经确定，根据过闸设计流量、闸前及闸后设计水位，即可按水力学的方法判别过闸水流状态并采用相应的计算公式计算闸孔净宽，如果过闸水流状态为宽顶堰淹没出流，则闸孔宽度可按式（6－5）计算。

$$B=\frac{Q_{设引}}{\sigma_s\varepsilon m\ \sqrt{2g}H_0^{3/2}} \tag{6-5}$$

式中：B 为闸孔净宽，m，若分孔，则为 nb（n 为孔数，b 为每孔净宽）；$Q_{设引}$ 为过闸设计流量，相当于某一灌溉设计保证率的灌溉临界期最大引水流量，m^3/s；σ_s 为淹没系数，与闸前及闸后水位有关，可查水力学中有关表确定；ε 为侧收缩系数，与边墩及中墩形状、个数及闸孔净宽有关，可参阅水力学中有关公式计算或查表确定；m 为宽顶堰流量系数，与进口是否设置底坎的形状有关，可查水力学中有关表确定；H_0 为包括行近流速水头的闸前堰顶总水头，m。

在进行闸孔净宽计算时，由于侧收缩与闸孔净宽有关，故存在一个试算过程。可以先不考虑侧收缩影响，计算闸孔总净宽 B，再结合分孔情况，计入侧收缩影响，检验闸孔的过水能力。

大型工程在设计计算后，必要时还应通过模型试验，加以验证。

在实际工程设计中，设计条件有时比较复杂，灌溉临界期往往不止一个，如按某一灌溉临界期设计进水闸尺寸，还应按另一个灌溉临界期的引水流量进行校核，以满足保证年份内各个时期的灌溉用水要求。

如某引水闸确定的灌溉临界期有春灌和夏灌两个季节，其灌溉流量及河流水位资料分别为：

（1）春灌季节。河流水位（频率 $p=75\%$）33.88m，灌溉流量 169.3m^3/s。

（2）夏灌季节。河流水位（频率 $p=75\%$）36.05m，灌溉流量 350.0m^3/s。

由此可以看出，春灌季节河流水位虽然较低，但灌溉流量远较夏灌季节为小，若按春灌季节的水位，流量作为设计标准，则夏灌季节能否引入需要的灌溉流量，必须进行校核才行。

三、有坝引水工程的水利计算

有坝引水工程的水利计算与无坝引水工程类似，不同之处在于增加了壅水建筑物的影响，即有坝引水可能引取的流量，不但与河流天然来水流量有关，而且与壅水建筑物抬高后的河流水位有关。有坝引水工程水利计算的内容主要是在已给灌区面积情况下，确定设计引水流量、拦河坝高度、拦河坝上游防护设施及进水闸尺寸等。若需对灌区范围进行选定，则由于设计引水流量与灌区面积、作物组成以及灌溉设计标准是相互联系的，在具体计算中，常先假定灌溉面积和作物组成以及灌溉设计保证率，然后计算灌溉设计引水流量；如果河道的流量不能满足灌溉引水的要求，则应适当调整灌溉面积或降低设计标准等，并重新进行计算，最后通过方案比较，合理确定设计引水流量和灌区的范围。

1. 设计引水流量的确定

有坝引水的设计流量计算方法同无坝引水。

2. 拦河坝高度的确定

根据一般规划设计经验，拦河坝的高度应满足下述三方面的要求：

（1）应满足灌区要求的引水高程。

（2）在满足灌溉引水要求的前提下，使筑坝后上游淹没损失尽可能小，亦即在宣泄一定设计频率洪水的条件下，使溢流坝（或闸）的壅水高度最小。

（3）适当考虑综合利用的要求，如发电、通航、过鱼等。

这些要求事实上是既统一又矛盾的，如对灌溉和发电效益而言，拦河坝高些为好；但拦河坝愈高，上游淹没损失愈大，防洪工程造价也愈高，因此，必须通过多方面的调查研究，反复比较后确定。

一般地说，坝顶高程常先根据灌溉引水高程初步拟定，然后结合河床地形地质条件、坝型和建材以及溢流坝段工程量和坝上游防洪工程的大小等进行综合比较确定。

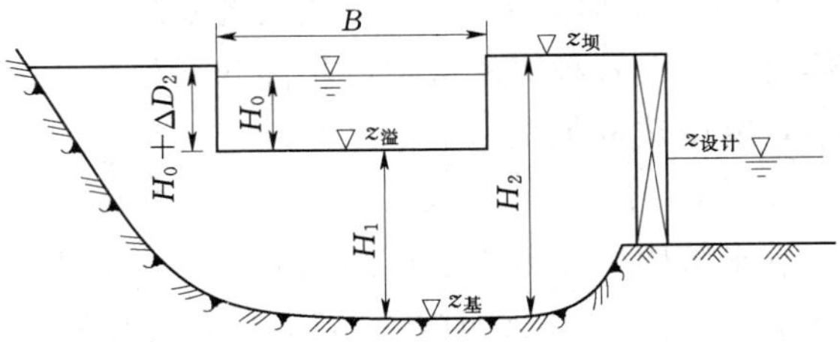

图 6-18　拦河坝高度设计算示意图

（1）溢洪坝段的坝顶高程 $z_{溢}$ 的计算。坝顶高程（图 6-18）可按下式计算：

$$z_{溢}=z_{设计}+\Delta z+\Delta D_1 \tag{6-6}$$

式中：$z_{溢}$ 为拦河坝溢流段坝顶高程，m；$z_{设计}$ 为相应于设计引水流量的干渠渠首水位，m；Δz 为渠首进水闸过闸水头损失，一般为 0.15～0.3m；ΔD_1 为安全超高，一般中、小型工程取 0.2～0.3m。

由推算的坝顶高程 $z_{溢}$，减去坝基高程 $z_{基}$，即得溢流坝的高度 H_1 为

$$H_1=z_{溢}-z_{基} \tag{6-7}$$

（2）非溢流段的坝顶高程 $z_{坝}$ 的计算。

$$z_{坝}=z_{设计}+H_0+\Delta D_2 \tag{6-8}$$

$$H_0=\frac{Q_M}{\varepsilon mB\sqrt{2g}} \tag{6-9}$$

式中：ΔD_2 为安全超高，按坝的级别、坝型及运用情况确定，一般可取 0.4～1.0m；H_0 为溢流坝段溢洪时的壅水高度，m；Q_M 为相应于某一设计标准的洪峰流量，m^3/s；B 为拦河坝溢流段宽度，m，若是分孔，应为净宽 nb（n 为孔数，b 为每孔宽）；m 为溢流坝流量系数；ε 为侧收缩系数；其余符号同前。

此时，非溢流段的坝高 H_2 为

$$H_2=z_{坝}-z_{基} \tag{6-10}$$

3. 拦河坝的防洪校核及上游防护设施的确定

进行防洪校核，首先要确定设计标准，中小型引水工程的防洪设计标准，一般采用 10～20 年一遇洪水设计，100～200 年一遇洪水校核。根据一定标准的设计洪水和初步拟定的坝高，便可根据河床情况，选取一个溢流宽度，计算坝上的壅水高度 H_0 如式（6-

9)。此项计算往往与溢流段坝高的计算交叉进行。

坝上壅水高度求出后，可按稳定非均匀流推求出上游回水曲线，计算方法详见水力学教材，根据回水范围，可调查统计筑坝后的淹没情况（淹没面积及搬迁等）。对于一些重要的城镇和交通要道则应增设防洪堤和抽水排涝工程等进行防护。防洪堤的长度按防护范围而定，堤顶高程则根据设计洪水回水水位加超高（一般为0.5m）来决定。若坝上游的淹没情况严重，且所需防护工程的工程量过大，则必须考虑改变拦河坝的结构型式，如增长溢流坝段的宽度，降低固定坝高，加设泄洪闸或活动坝等，以降低回水高度，减少上游回水淹没，如某灌溉引水工程，将3m高固定坝改为2m高，上设1m高的活动坝，设计洪水期的回水长度由2560m减小到1160m，大大减小了上游的淹没损失。

可见，拦河坝的尺寸，形式及上游防护工程受多方面的影响。在规划设计时，应根据具体情况，对各种可能采取的坝高和坝型及其造成的淹没损失和需要的防护工程做多方案比较，从中选取最优方案。

4. 进水闸尺寸的确定

进水闸的尺寸取决于过闸水流状态，设计引水流量、闸前及闸后设计水位等，而闸前设计水位 $z_{前}$ 又与设计时段河流来水流量有关（图6-19）。

（1）当设计时段河流来水流量等于引水流量（$Q_1=Q_{引}$）时。

$$z_{前}=z_{溢}-\Delta D_1 \tag{6-11}$$

式中符号意义同前。

（2）当设计时段来水流量大于引水流量（$Q_1>Q_{引}$）时。

$$z_{前}=z_{溢}+h_2 \tag{6-12}$$

式中：h_2 为相应于设计年份灌溉临界期河流流量 Q_1 减去引水流量 $Q_{引}$ 后的河流流量 Q_2 的溢流水深，可按式（6-9）计算。当 h_2 很小时，可略去不计。

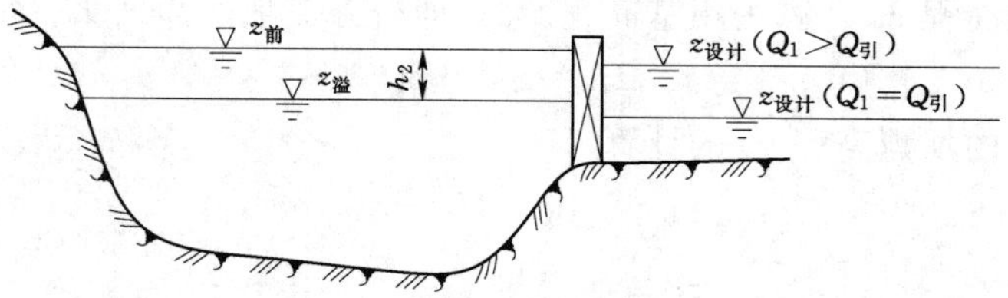

图6-19 有坝引水闸前设计水位计算示意图

如有引水渠，式（6-11）和式（6-12）中还需考虑引水渠中水头损失。

闸后设计水位的确定和闸孔尺寸的具体计算方法，与无坝引水工程中有关部分相同，这里不再赘述。

四、灌溉泵站的水利计算

灌溉泵站水利计算的内容主要是确定泵站的设计引水流量和扬程。

（一）设计流量的确定

灌溉泵站的设计流量等于灌区总干渠渠首设计引水流量或总干管设计引水流量，其推求方法详见第四章和第五章。在有调蓄容积的提水灌区，向调蓄容积供水的泵站设计流量，应根据灌溉用水量过程线和调蓄容积的大小，适当延长泵站开机天数，以消减设计流量。

在确定设计流量时，应同时确定加大流量和最小流量，加大流量是泵站备用机组设计流量之和，一般情况下不应大于设计流量的1.2倍。对于多泥沙水源和装机台数少于5台的泵站，经过论证，加大流量可以适当提高。最小流量可以取0.4倍的设计流量确定。

（二）设计扬程的确定

一般而言，一个泵站有多个扬程，这是由于在运行期间，泵站上下游水位差经常变化，泵站扬程的变比，会引起水泵工作参数的变化，为了保证水泵能够安全经济地运行，需要对泵站可能出现的各种扬程进行计算和分析。通常，选取一些对水泵运行有特殊意义的扬程进行计算，并以此作为泵站设计和水泵选型的依据。这些具有特殊意义的扬程称为特征扬程。特征扬程所对应的水位称为特征水位。

1. 特征水位

在讨论特征水位时，需要首先明确的是：进水池水位是指水源水位减去水源至进水池之间的连接建筑物和拦污栅的水头损失；出水池水位是指渠首水位加上出水池与渠首间的连接建筑物水头损失。灌溉泵站的特征水位主要有：

（1）进水池水位。

设计水位：是确定泵站设计扬程的依据，从河流、湖泊或水库取水时，取历年灌溉期水源保证率为85％～95％的日平均或旬平均水位作为设计水位；从渠道取水时，取渠道通过设计流量时的水位作为设计水位。

最高运行水位：该水位是指泵站正常运行的上限水位，用以校核水泵的工作点和确定泵房挡水墙和电动机层楼板的高程。从河流、湖泊或水库取水时，取重现期5～10年一遇洪水的日平均水位；从渠道取水时，取渠道通过加大流量时的水位。

最低运行水位：该水位是指泵站正常运行的下限水位。它与最高运行水位一起，作为确定泵站扬程变化范围的依据，同时还作为确定水泵安装高程和进水闸底板高程的依据。从河流、湖泊或水库取水时，取历年灌溉期水源保证率为95％～97％的最低日平均水位；从渠道取水时，取渠道通过单泵流量时的水位。

平均水位：该水位可以反映泵站长期运行过程中的扬程情况，对使泵站具有高的运行效率有重要参考价值，从河流、湖泊或水库取水时，取灌溉期多年日平均水位；从渠道取水时，取渠道通过平均流量时的水位。

防洪水位：这是采取防洪措施所依据的最高瞬时水位，要按泵站建筑物的级别以及所规定的防洪标准确定。

（2）出水池水位。

最高水位：当出水池接输水河道时，取输水河道的校核洪水位；当出水池接输水渠道时，取与泵站最大流量相应的水位。

设计水位：该水位用于确定泵站的设计扬程。它是根据灌溉设计流量的要求，从控制灌溉面积上的控制点地面高程，自下而上逐级推求到渠首（出水池）的水位。

最高运行水位：该水位用于确定泵站的最高扬程，取与泵站加大流量相应的水位。

最低运行水位：该水位用于确定泵站的最低扬程，取与泵站单泵流量相应的水位。

平均水位：取灌溉期多年日平均水位。

2. 特征扬程

(1) 设计扬程。设计扬程是指泵站进出水池设计水位的差值，再加上进水池至出水池间的管道水力损失。

在水泵尚未选型，管道尚未配套的情况下，难以准确计算出管道的沿程和局部水力损失，因此，在已知设计流量和净扬程的前提下，可根据可能选用的水泵的流量、净扬程和拟采用的管道布置方式，凭经验或参考相似泵站估计水力损失。

泵站设计扬程是水泵选型的主要依据，在该工况下，泵站（水泵）必须满足设计流量要求。

(2) 平均扬程。平均扬程是指在加权平均净扬程的基础上，计入进水池至出水池间的管道水力损失的结果；或者按泵站进、出水池平均水位差，并计入水力损失来计算。

(3) 最高扬程。最高扬程是指泵站出水池最高运行水位与进水池最低运行水位之差，并计入进水池至出水池间的管道水力损失，在不计入水力损失时，这一扬程称为最高净扬程。

水泵在该扬程下运行时，其流量虽然小于设计流量，但必须保证其运行稳定性，即必须满足水泵机组的振动和噪声不超过允许的范围，电动机不超负荷等要求。

(4) 最低扬程。最低扬程是指泵站出水池最低运行水位与进水池最高运行水位之差，并计入进水池至出水池间的管道水力损失，在不计入水力损失时，这一扬程称为最低净扬程。

在该工况下运行时，水泵流量最大，因此，必须保证机组不发生汽蚀，机组不发生有害振动和噪声等。对于离心泵站，还要保证电动机不过载。

第四节 地下水资源的开发利用

一、地下水资源分析计算

浅层地下水直接接受大气降水及其他形式的补给，常年补给的水量比较丰富，因此，大面积的农田供水应以开发利用浅层地下水为主，以承压水为辅。由于浅层地下水的补给随气象条件（降雨、蒸发等）和水文条件（河流的流量、水位等）而变化，而农田用水量也是随气象条件而变化的，故各年的地下水补给量和灌溉用水量都不相同，干旱年份地下水补给量小，灌溉用水量大，开采量超过补给量时，将消耗一部分地下水储存量而形成水位下降。丰水年份降雨量大，在地下水补给量超过开采量时，地下水位就会回升。在多年的地下水开发利用中以丰补歉，在一个适当的农田供水规划下，地下水位将会有某一相对稳定的数值。为此，对浅层地下水资源，不可能通过个别年份的分析做出正确的评价，而必须从多年角度进行分析，如果地下水资源能满足一定的灌溉设计保证率的用水要求，将会有一个周期性相对均衡的地下水降深变化过程，其降深的最大值即是选取（或校核）提水设备的依据。当这一降深超过提水设备的允许值，或者由于超量开采，即多年平均开采量超过多年平均地下水补给量，地下水位在多年运用中持续下降而不能维持一个稳定的水位时，应对规划的开采水平进行适当的修正，或者降低灌溉保证率，或者考虑采用其他水源以及人工回灌措施。

井灌区地下水资源分析计算包括：

(1) 分析地下水的补给、排泄条件，估计多年平均单位耕地面积上可以得到的地下水补给量和地区可以得到的总补给量，作为确定井灌规划的依据。

(2) 拟定不同的开发利用方案，计算各年灌溉用水量，进行地下水多年调节计算，通过计算：①分析在多年运用情况下的地下水动态，在连续干旱年份动用的地下水储存量，能否在丰水年得到回补，亦即地下水在多年的开发利用中能否达到动平衡；②得出在达到动平衡（周期性均衡）条件下的最大降深（一般出现在连续干旱年份之末）；③根据求得的降深和相应的灌溉设计保证率及技术经济条件，选择开采方案，确定可采水量和相应的设计降深，作为水井规划和选择提水设备的依据。

在地下水资源不能完全满足灌溉用水需要（从多年运用的角度而言）的地区，可以考虑采用人工回灌措施，以补充地下水资源之不足。所谓人工回灌，是借助某些工程措施，在非用水季节，将地表水（本地区的或从外区引进的）引入地下，利用地层作为调蓄库容，进行季节性和多年的调节。在这种情况下，应根据不同回灌方案分析地下水多年动态变化，确定开采深度，选定最优回灌方案和制定地下水开发利用规划的依据。

井渠结合地区，在地下水资源计算中，须计入渠灌的补给量，拟定不同的井渠结合方案进行比较，最后确定最优方案。

目前常用的区域性大面积浅层地下水资源分析计算方法有：①成因分析法，包括区域水均衡法，非稳定流计算法；②统计分析法（相关分析法）。均衡法是以一定均衡区（或均衡地段）作为一个整体进行分析计算的方法，它具有概念清楚，方法简便等优点，是目前生产实践中应用最广的方法之一，详细计算过程参见相关教材。

二、水井规划的基本原理

为使地下水的开发能够有计划和有控制地进行，在制订地下水开发利用规划时，应根据各含水层的可采资源，确定各层水井数目和开采水量，做到分层取水，浅、中、深合理布局。在浅层淡水比较充足的地区，以开采浅层水为主，将深层水作为后备水源，平时尽量减小深层水的开采量，留备大旱和连旱之年抗旱保收之用。在浅层淡水缺乏又无地面水可供利用的地区，为了保证工农业用水需要，在一定时期内可以有计划地开采深层水但必须预见到地下水位下降、地面下沉、咸水界面下移等出现的可能性，争取在这些现象发生之前，采取有效措施，确保工农业用水的需要。

1. 潜水完整井单井非稳定流微分方程

图 6-20 表示在一均质各向同性的、等厚且无限延伸、又无越流和垂向补给的水平潜水含水层中，有一眼完整井在抽水过程中的水位变化情况。设在某一时段 t 时，距井轴为中心 r 处有一眼观测孔，其中水位为 H。如选用圆柱坐标，水位 H 仅是径向距离 r 和时间 t 的函数，即 $H=H(r,t)$。

在图 6-20 (a) 中，取一以井轴为中心，内径为 r，外径为 $r+\mathrm{d}r$、高度为含水层厚度 H 的割离圆筒体见图 6-20 (b)。圆柱坐标取井轴 H 为纵轴，r 轴径向向外。当井孔抽水时，设在单位时间从内筒面流入井孔的水量为 Q，且向井轴递增汇流。如流经 $\mathrm{d}r$ 距离后，流量的变化为$\frac{\partial Q}{\partial r}\mathrm{d}r$，则从含水层汇入外筒面的流量为 $Q-\frac{\partial Q}{\partial r}\mathrm{d}r$。于是，按水量均

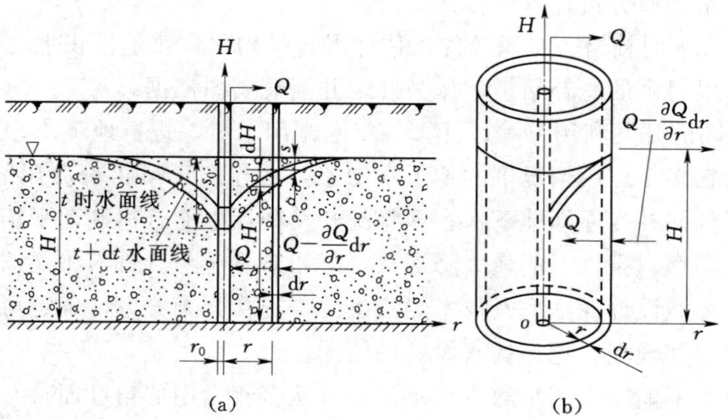

图 6-20 潜水完整井非稳定流的井流计算示意图

衡原理，即流入量等于流出量，则得二筒面的流量差为，$Q-\left(Q-\frac{\partial Q}{\partial r}\mathrm{d}r\right)=\frac{\partial Q}{\partial r}\mathrm{d}r$。此流量差是由该圆筒体，水位降低$\frac{\partial H}{\partial t}$后，在重力作用下，单位时间所给出的。

圆筒体的环状面积为 $2\pi r\mathrm{d}r$，含水层的给水度为 μ，则在单位时间内从该圆筒体内给出的水量为 $2\pi r\mathrm{d}r\,\frac{\partial H}{\partial t}\mu$，故可得

$$\frac{\partial Q}{\partial r}\mathrm{d}r=2\pi r\mathrm{d}r\,\frac{\partial H}{\partial t}\mu$$

根据 Darcy 公式，流出内筒面的渗透速度为

$$v=-K\,\frac{\partial H}{\partial r}$$

如取圆筒面的水位为平均水位，即 $H=(H_r+H_r+\mathrm{d}r)/2$，则内筒面的过水断面为 $\omega=2\pi r\mathrm{d}rH$，于是

$$Q=v\omega=2\pi rH\left(-K\,\frac{\partial H}{\partial r}\right)=-2\pi rHK\,\frac{\partial H}{\partial r}$$

式中负号表示水流方向与坐标轴方向相反。现对上式求偏导，则有

$$\frac{\partial Q}{\partial r}=-2\pi KH\,\frac{\partial}{\partial r}\left(r\,\frac{\partial H}{\partial r}\right)=-2\pi KH\left(\frac{\partial H}{\partial r}+r\,\frac{\partial^2 H}{\partial r^2}\right)$$

代入前面等式经化简后得

$$KH\left(\frac{\partial H}{\partial r}+r\,\frac{\partial^2 H}{\partial r^2}\right)=\frac{\partial H}{\partial t}r\mu \tag{6-13}$$

令 $T=KH$，则

$$\frac{\partial^2 H}{\partial r^2}+\frac{1}{r}\frac{\partial H}{\partial r}=\frac{\mu}{T}\frac{\partial H}{\partial t}$$

再令$\frac{T}{\mu}=a$，则得

$$\frac{\partial^2 H}{\partial r^2}+\frac{1}{r}\frac{\partial H}{\partial r}=\frac{1}{a}\frac{\partial H}{\partial t} \tag{6-14}$$

式（6－14）即为潜水完整井非稳定井流的微分方程。

a 值：在潜水含水层中称为水位传导系数，在承压含水层中称为压力传导系数。它是描述含水层因水位或水头变化的传导速度。

在抽水过程中，如有降水入渗补给或蒸发排泄时，应在水量平衡计算时计入这些量。设在单位时间在单位面积上的补给率或蒸发率为 ε，则式（6－14）可写为

$$a\left(\frac{\partial^2 H}{\partial r^2}+\frac{1}{r}\frac{\partial H}{\partial r}\right)+\frac{\varepsilon}{\mu}=\frac{\partial H}{\partial t} \tag{6-15}$$

2. 承压完整井非稳定井流的微分方程

对于承压完整井非稳定井流，假定含水层为均质各向同性、等厚、在平面上无限分布、没有越流补给和垂向补给且水平埋藏，在这个含水层的完整井中进行定流量抽水时，由于水头的降低，水由含水层岩体骨架压缩和水体积弹性膨胀而释放给出。类似上述推导，可得出承压完整井非稳定井流的微分方程：

$$a\left(\frac{\partial^2 H}{\partial r^2}+\frac{1}{r}\frac{\partial H}{\partial r}\right)=\frac{\partial H}{\partial t} \tag{6-16}$$

式中：H 为抽水过程中，任一时段 t 时承压含水层的水头，不代表含水层的厚度；a 为承压含水层的压力传导系数，用 $a=\frac{KM}{\mu^*}$（m^2/d）表示，其中 M 为承压含水层的厚度，μ^* 为承压含水层的“弹性释水系数”或“弹性储存系数”；t 为抽水时间。则式（6－16）可改写为：

$$\frac{\partial^2 H}{\partial r^2}+\frac{1}{r}\frac{\partial H}{\partial r}=\frac{\mu^*}{T}\frac{\partial H}{\partial t} \tag{6-17}$$

式中：$T=KM$ 为承压含水层的导水系数。

关于承压含水层的弹性释水系数，其物理意义是：当承压含水层的水头降低一个单位时，从单位含水层水平面积、高度等于含水层厚度的柱体中所释放出来的水量。而将承压含水层的水头降低一个单位时，单位体积含水层所释放出来的水量，称为释水率，与释水系数关系为 $S_e=\frac{\mu^*}{M}$。在通常情况下，承压含水层的释水系数为 $10^{-5}\sim10^{-3}$。

3. 承压含水层单井抽水时非稳定流计算

1935 年美国人泰斯（C. V. Theis），利用方程式（6－17）给出了无限边界承压含水层中完整井的数学模型，即式（6－17）的定解问题：

$$\frac{\partial^2 H}{\partial r^2}+\frac{1}{r}\frac{\partial H}{\partial r}=\frac{\mu^*}{T}\frac{\partial H}{\partial t}(r_0<r<\infty,t>0) \tag{6-18a}$$

$$H(r,0)=H_0(\text{初始条件},r_0<r<\infty,t=0) \tag{6-18b}$$

$$H(\infty,t)=H_0(\text{定水头边界条件},t>0) \tag{6-18c}$$

$$\lim_{r\to 0}\left(r\frac{\partial H}{\partial r}\right)=\frac{Q}{2\pi T}=\text{const}(t>0) \tag{6-18d}$$

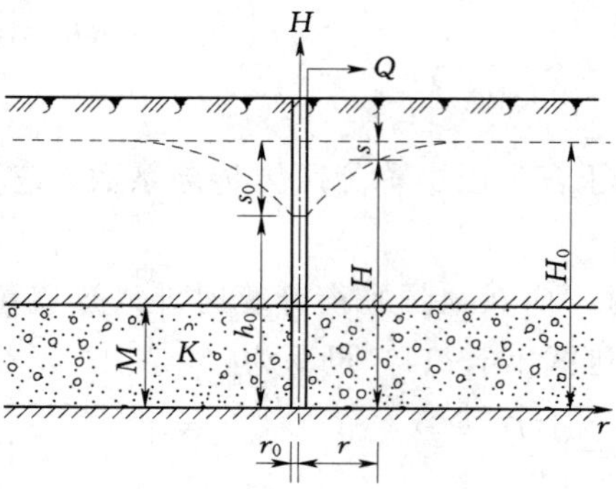

图 6-21 泰斯公式推导示意图

泰斯借用热传导方程原理，用解析法近似地对式（6-18）进行求解，推导（图 6-21 为泰斯公式推导示意图）得出了承压完整井非稳定井流计算公式，即泰斯公式：

$$s=H_0-H=\frac{Q}{4\pi T}W(u) \tag{6-19}$$

式中：$s=H_0-H$，为 r 处的水位降落值；$W(u)=\int_0^{\infty}\frac{e^{-u}}{u}du$，$W(u)$ 称为井函数，其中 $u=\frac{r^2\mu^*}{4Tt}$。

井函数 $W(u)$ 为负指数积分函数，展开后为一收敛级数，当 u 值相当小时，第三项以后的值也非常小，在实用中可忽略不计。由此可得：

$$W(u)=-0.5772-\ln u=-0.5772-\ln\frac{r^2}{4at}=2.3\lg\frac{2.25at}{r^2}$$

将此值代入式（6-19）后得：

$$s=\frac{2.3Q}{4\pi T}\lg\frac{2.25at}{r^2} \tag{6-20}$$

该式适用于 $u<0.01\sim0.1$ 的情况，即抽水时间足够长（r 值一定），或观测孔距抽水井的距离足够近（抽水时间一定）。

4. 潜水含水层单井抽水时非稳定流计算

在承压含水层中，水头的下降，仅是压力的减小，它所引起的水的弹性膨胀和含水层的弹性压缩比较迅速，因而可以近似地假定弹性储量的释放（或贮存）是瞬时完成的。但是，潜水含水层却不一样，地下水位的下降所引起的水量释放，是水自饱和的土体中由于重力的作用而排泄出来的，因而它不能瞬时完成，尤其是细粒土所组成的含水层更是明显。这种由于潜水位下降引起的饱和带水缓慢地排出的现象，称为滞后疏干（或滞后重力排水）。

在考虑潜水滞后疏干作用的基础上，假定：①含水层在抽水影响范围内是均质的，且厚度基本相同；②含水层的侧向延伸是无限的；③含水层的底板为一水平隔水层；④抽水井为完整井，井的半径可忽略；⑤水井的出水量是稳定的。可求得潜水含水层单井抽水时地下水降深 $S(r,t)=h-h_0$ 的近似解为：

$$S=\frac{Q}{4\pi Kh_0}W\left(\mu_e,\mu_d,\frac{r}{B'}\right) \tag{6-21}$$

式中：$r=\sqrt{\frac{\eta-1}{\eta}}$，$\eta=\frac{\mu_d+\mu_e}{\mu_e}$，$u_d=\frac{r^2\mu_d}{4Kh_0t}$，$u_e=\frac{r^2\mu_e}{4Kh_0t}$；$\mu_e$ 是弹性释水系数；μ_d 为潜水含水层的给水度。

在抽水初期式（6-21）可简写为：

$$S=\frac{Q}{4\pi T}W\left(u_e,\frac{r}{B'}\right) \tag{6-22}$$

在抽水后期式（6-21）可简写为：

$$S=\frac{Q}{4\pi T}W\left(u_d,\frac{r}{B'}\right) \tag{6-23}$$

当抽水时间较长时，可以忽略井函数 $W\left(u_e,\ \frac{r}{B'}\right)$ 及 $W\left(u_d,\ \frac{r}{B'}\right)$ 中的 $\frac{r}{B'}$ 项，则式（6－22）和式（6－23）与承压含水层的泰斯公式一致。

5．干扰井群出水量的稳定流计算

在灌溉或排水中，须在同一地区的同一含水层中布置许多井，抽取地下水。各井在共同工作时，由于井间距离较小，水力联系密切而相互干扰，我们把这样一些在相互干扰条件下工作的水井称为干扰井群。

干扰井群表现为，当井群中的井全部抽水时，如果各井的抽水降深与单井抽水时的抽水降深相等，则每眼井的出水量就要减小；反之，如果要保持各井的抽水量不变，则就要增加各井的抽水降深。干扰程度的大小主要受含水层性质、补给条件，排泄条件、水井数量、间距、距补给和排泄边界的距离、平面上的位置、井结构等因素的影响。

干扰井群条件下地下水位的动水位降深（S）可根据单井非稳定流公式进行计算：

$$S=\sum_{i=1}^{n}S_i=\sum_{i=1}^{n}\frac{Q_i}{4\pi T}W\left(\frac{r_i^2}{4at}\right) \tag{6-24}$$

式中：S_i 为由于第 i 口井抽水引起的水位降深；Q_i 为第 i 口井的抽水流量；r_i 为第 i 口井与计算点的距离；其余符号意义同前。

前述各种含水层条件下水井计算公式，包含了渗透系数 K，导水系数 T，弹性释水系数 u_e，给水度 u_d，压力传导系数 $a\left(a=\frac{T}{u_d}\right)$ 等水文地质参数。如果已知这些参数，选定符合实际条件的计算公式，即可进行降深计算。如果进行抽水试验，取得抽水流量以及水位降深 S 等观测资料，可以用解释推断方法反求上述水文地质参数。

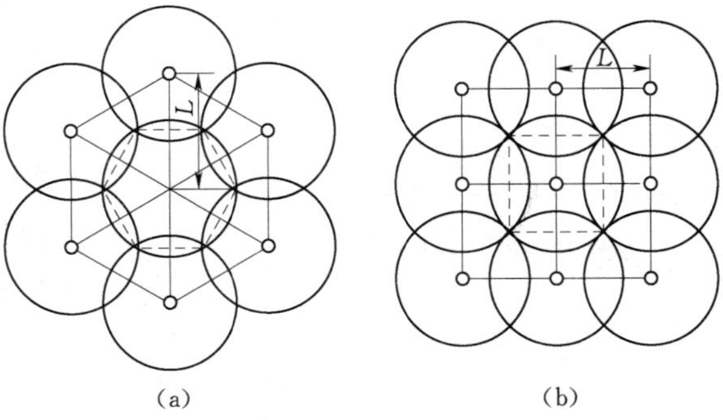

图 6－22　水井布置示意图

（a）按等边三角形方式布置（井距 $L=\sqrt{3}R$）；

（b）按正方形方式布置（井距 $L=\sqrt{2}R$）

三、水井的合理布置

水井的布置应根据规划区或水源地的水文地质条件和需水量，经济合理地选择井型。管井可用于开采各种深度的地下水，因此可布置在平原、高原、山丘区、沙漠等各类地区；地下水补给来源丰富，含水层渗透性良好，地下水埋藏浅的山前洪积扇、河漫滩及一级台地、干枯河川、古河道等地段宜采用大口井；地下水埋藏浅，含水层渗透性良好，有补给水源，含水层不足 30m，以及以抗旱补充灌溉和改良盐碱地为目的的井灌井排地区，则应采用辐射井。布置方式多采用等边三角形或正方形布置。由单井的有效控制面积可求得单井有效控制半径 R 和井距 L，如图 6－22（a）、（b）所示。

1. 水位降及其计算

在抽水过程中，由于水井自地下水含水层中吸取了一定的水量，在水井附近和抽水灌溉或排水地区内地下水位将随水量的排出而不断降低。地下水位的降低值一般包括两部分：一部分是由于水井（或井群）长期抽水，地下水补给不及，消耗一部分地下水储量，在抽水区内外产生一个地下水位下降漏斗而形成的，如图 6-23 中实线所示，称为静水位降。另一部分是由于地下水向水井汇集过程中发生水头损失而产生的。距抽水井愈近，其数值愈大，在水井附近达到最大值，此值一般在 3～6m 以上。在水井抽水过程中形成的总水位降为动水位降，如图 6-23 中虚线所示。为避免地下水超采，多年平均条件下，静水位降不得超过允许地下水埋深。

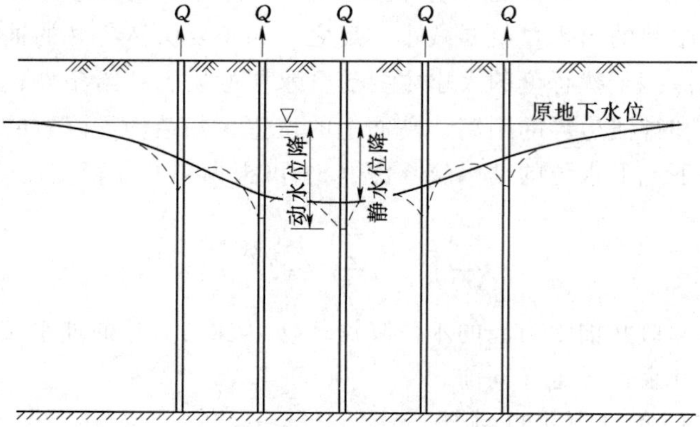

图 6-23 井群抽水过程中的静水位降和动水位降

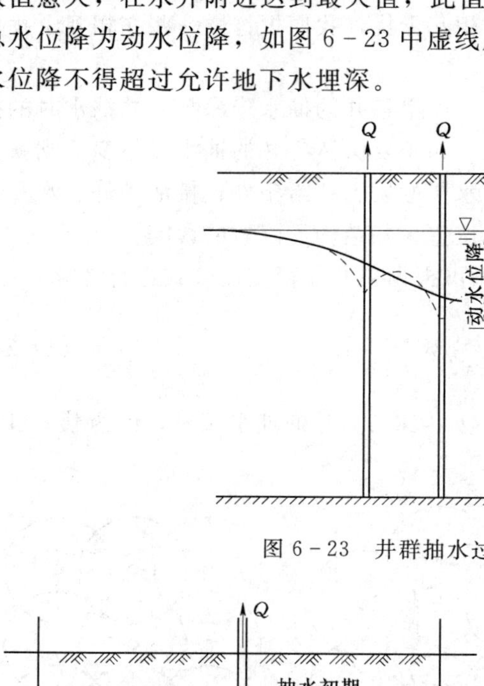

图 6-24 大面积均匀布井抽水时的地下水位降深示意图

水位降的计算依水井布置不同应采用不同的计算方法。在局部地区利用水井抽水灌溉或排水时，如果有若干水井同时工作或含水层有边界限制，则根据线性方程的解可以叠加的原理，应用源流叠加和镜像反射的方法，在初步拟定的井距和布井方案基础上，根据式（6-24）计算地下水位的动水位降深。根据式（6-24）即可计算出在要求的时间 t 内水位下降的深度 S。如符合要求，则拟定的布局方案可作为备选方案之一。再通过多种方案比较，即可选定最优方案。

大面积均匀布井时，外区补给微弱，每个单井控制相同的面积（可近似地作为圆形考虑），在这一面积内各点地下水位降深的大小，仅与井的出水量和含水层的水文地质参数 T、μ 有关，因此，每个水井控制区可以单独考虑，如图 6-24 所示。在水井成等边三角形布置时，单井有效控制半径 $R=\frac{L}{\sqrt{3}}$；成正方形布置时，$R=\frac{L}{\sqrt{2}}$（L 为井的间距）。在水井抽水时间较久（$u<0.01$）时，任一点（与抽水井距离为r）地下水动水位下降深度S可用下式计算：

$$S=\frac{\varepsilon t}{\mu}+\frac{Q}{2\pi T}\ln\frac{0.473R}{r_\omega} \tag{6-25}$$

式中：Q为井的抽水流量；ε为单位面积的平均开采深度；r_ω为水井半径。式（6-25）中右端第一项表示无侧向补给条件下因水井抽水而引起的平均水位降或静水位降，第二项表示由于水量向水井汇集引起的动水位降与平均水位降的差值。

当井距一定时，式（6-25）可用来确定地下水位降深，也可根据允许的期限t和要求的水位降深确定井距。如以两井中间一点水位降为依据，则由式（6-25），并考虑$\varepsilon=\frac{Q}{\pi R^2}$，可求得：

$$L=\sqrt{3}R=\sqrt{\frac{3Qt}{\mu\pi\left(S+\frac{Q}{8\pi T}\right)}} \tag{6-26}$$

【例6-1】 某井灌区水井自均质潜水含水层抽水，并在大面积内呈梅花形均匀布井，若根据灌溉要求选定井距为346m，并已知含水层导水系数$T=150\text{m}^2/\text{d}$，土层的给水度$\mu=0.05$，单井出水量$50\text{m}^3/\text{h}$，水井半径0.2m，试求抽水10d后单井控制范围内的平均水位降深、最大降深和最小降深。

解： 首先计算含水层压力传导系数$a=\frac{T}{\mu}=150/0.05=3000(\text{m}^2/\text{d})$。单井控制面积的有效半径$R=\frac{L}{\sqrt{3}}=346/\sqrt{3}\approx200(\text{m})$。在$t=10\text{d}$时，$\bar{t}=\frac{at}{R^2}=\frac{3000\times10}{40000}=0.75>0.4$。

地下水位降深可用式（6-25）进行计算，在$t=10\text{d}$时，平均水位降深为：

$$S_1=\frac{Qt}{\mu\pi R^2}=\frac{50\times24\times10}{0.05\pi\times40000}=1.92(\text{m})$$

在井孔附近（$r=r_\omega=0.2\text{m}$）发生最大降深为：

$$S=S_1+S_2=1.92+\frac{50\times24}{2\pi\times150}\ln\frac{0.473\times200}{0.2}=1.92+7.85=9.77(\text{m})$$

在两井中间（$r=200\text{m}$）发生最小降深为：

$$S=1.92-\frac{50\times24}{8\pi\times150}=1.92-0.32=1.60(\text{m})$$

2. 水井的间距

水井的平面布置应根据水文地质条件，地下水资源状况并与地形、提水机械、已成井和作物布局等情况结合起来考虑，保证在任何时间灌溉工作都能正常地进行，在多年运用中取水量不减少，取水条件不恶化。

上述式（6-26）是非稳定流条件下水井间距的计算公式。进行井灌区规划时，通常采用下述公式计算水井间距。

（1）地下水补给充足条件下的水井距离计算。在大面积水文地质条件差异不大，地下水的补给比较充足，地下水资源比较丰富，地下水利用量与补给量基本平衡的情况下，均匀分布水井的间距主要决定于井的出水量和所能灌溉的面积。如水井的流量为Q(以m^3/

h)，渠系有效利用系数为 η，每次灌水定额为m(m^3/亩)，每天灌水时间为 t(h)，整个面积完成一次灌水所需要的时间为 T(d)，则单井灌溉面积 A(亩) 为

$$A=\frac{QtT\eta}{m} \tag{6-27}$$

井的距离 D 应为：

$$D=\sqrt{\frac{667QtT\eta}{m}} \tag{6-28}$$

上式中的 Q 值是在有群井抽水动水位相互干扰情况下，静水位降深达到相对稳定时的单井出水量，这一水量常小于开采初期单井的出水量。在动水位的干扰下单井出水量的大小，与井距 D 有关，一般应根据试验或计算确定。

由式 (6-28) 看出，在井出水量一定情况下，井距主要决定于灌水定额，而灌水定额又与土地平整、灌水技术有着十分密切的关系。为了扩大单井的灌溉面积，加大井距，减少井数，降低造价，必须大力搞好土地平整工作，尽量减少渠道的渗漏损失和采用先进省水的灌水技术。

(2) 地下水补给不足条件下的水井距离计算。在地下水补给量不能满足灌溉用水需要的地区，应根据各含水层允许的开采模数和每个水井的出水量确定单位面积上的井数和井距，根据平均受益的原则，在大面积内均匀布井。在这种情况下，每平方公里井数可按下式估算：

$$N=\frac{\varepsilon}{QtT} \tag{6-29}$$

式中：N 为每平方公里平均井数；ε 为开采模数，$m^3/(km^2 \cdot a)$；Q 为水井出水量，m^3/h；t、T 为水井每日工作时数和每年工作日数。

井的间距：

$$D=1000\sqrt{\frac{1}{N}}=1000\sqrt{\frac{QtT}{\varepsilon}} \tag{6-30}$$

井距决定后，在具体布井时还要考虑地形、地下水流向、作物种植、输电线路等条件。在成排布井时，注意与地下水流向垂直，井位互相错开成梅花形，或根据具体情况布置，输电线路布置要求经济合理，变压器布置在负荷的中心成放射状为最好，还要打破乡村界限，进行全面规划，避免局部地方布井过密或形成空白点。在条件许可时，井位应尽可能布置在高地，以便于输水和控制最大的灌溉面积。

四、地面水与地下水联合运用

地面水与地下水联合运用是在考虑地表水、地下水各自水文规律及相互作用的基础上，合理利用地表及地下水资源，以满足区域经济发展及环境要求。

1. 地表水与地下水联合运用的基本原理

地面水和地下水联合运用是利用含水层空间的调蓄能力对地表水资源在时间和空间上的合理调节，使之最大程度地满足作物需水要求。图 6-25 为河川径流量与地下水径流量在典型水文年的过程曲线。河川流量动态变化大，地下径流量则较稳定，而且后者的流量高峰期要比前者滞后一段时间，这些特征为二者的联合运用提供了条件。在枯水期 (或干

旱年份）地表水供水不足的情况下，可超量开采地下水来补充供水量 B，并且腾出地下含水层贮水空间；在丰水期（或丰水年份），充分利用地表弃水 A 进行地下水人工补给，以补偿枯水期已超采了的地下水量。这样，地面水与地下水联合运行的结果将产生由地面水和地下水（包括由弃水回灌而产生的地下水人工补给量）组成的有保证的稳定供水量，并形成由弃水补给地下水的可利用的水资源增量。

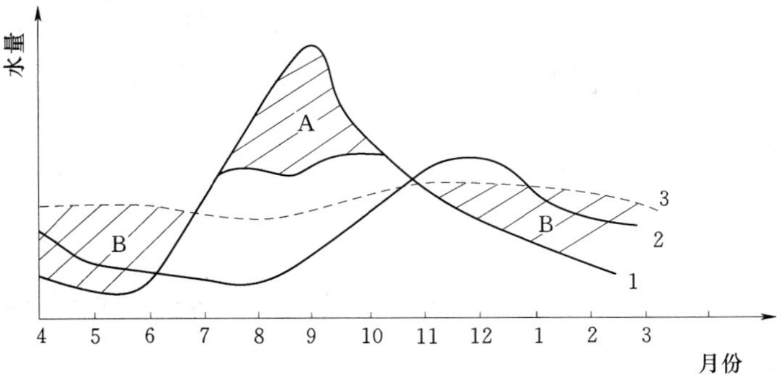

图 6-25　某灌区供需水量过程线示意图

1—河川径流量过程线；2—地下水径流量过程线；3—总需水量过程线

地表弃水 A 对地下水的人工补给量取决于弃水量的多少、渗漏补给或人工回灌的能力，以及含水层贮水空间的大小。因此，如果弃水量大，入渗补给条件好，加上含水层贮水空间足够大时，充分开发地下库容，可以起到水资源多年调节的作用。

地面水与地下水联合灌溉系统是由互有水力联系的地面水及地下水两种水源供水，组成一个灌区。地面水的年际、年内变化较大，但管理方便，灌溉成本低；地下水有水量较稳定、就近供水的优点，也有成本高的弊端，故可联合成灌溉系统，取长补短。地面水与地下水联合运用过程中，应优先使用渠水（地面水），而以井水（地下水）作为灌区用水的补充，这样，可以降低灌区的总灌溉成本；联合系统中应将地面水、地下水统筹安排，合理利用，注意有计划地将地面水（余水、弃水）进行人工回灌，以补充地下水源，避免过量开采，将招致地下水位骤降、地面下沉。

2. 地面水与地下水联合运用灌溉系统的形式

井渠结合的灌溉系统有两种主要形式。一种是以渠灌为主的井渠结合形式，地面水是主要的灌溉水源，井灌可以起到控制地下水位和补充灌溉水源的作用。多用于灌区的上部或靠近河流的地面水比较充足的地区，井灌的开采量主要决定于控制地下水位的要求。如黄淮海平原每年三四月蒸发强烈，降雨稀小，是土壤易于积盐的时期，在此时期通过采用适宜的井灌和渠灌用水量的比例，使地下水位控制在防止土壤返盐的深度（轻质土 2～2.2m，黏质土 1.2～1.4m）。7～9 月为雨季，这一时期湿润年份降雨量可达 300～400mm，为了拦蓄利用入渗的雨水，应通过井灌在雨季到来之前使地下水位降低至地面下 3～5m；为了防止渍涝威胁，在汛末应使地下水埋深控制在地面以下 0.5～0.8m。雨季以后至来年春季返盐季节以前，在井灌井排的作用下使地下水再回降至控制返盐的深度。在井渠结合条件下这一地区要求地下水动态如图 6-26 所示。为了满足要求的地下水动态，河南省引黄人民胜利渠灌区在每年 7～10 月地下水最高水位阶段至次年春季，均停止渠灌而采用井灌，加速地下水位的回落以防止返盐；在渠灌期，则利用井灌满足由于支斗渠下游不能及时灌溉或由于土质、耕作技术、作物种类的差异，所造成的特殊需水要求；7～9月三个月旱涝交错，为了解决灌溉与除涝之间的矛盾，一般不进行渠灌。当出现小面积干旱时，则利用井灌解决。由于采用了井渠结合，促进了农业生产的发展。

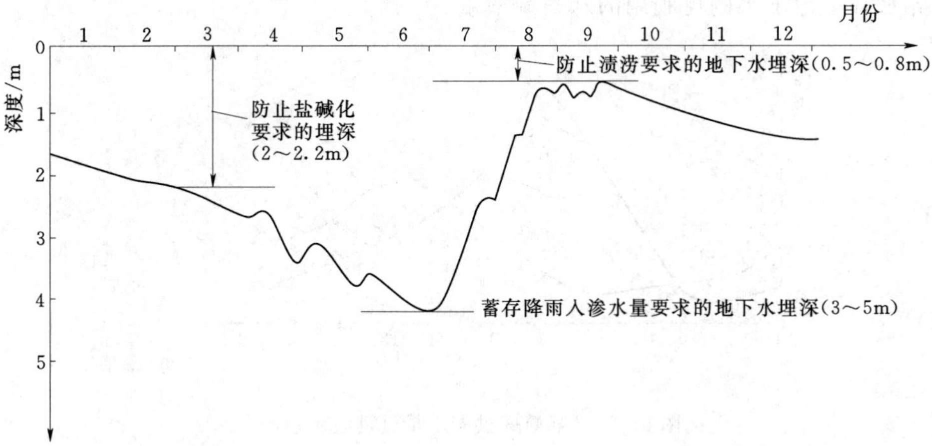

图 6-26　井渠结合条件下适宜地下水动态示意图

井渠结合灌溉系统的第二种形式是，以井灌为主利用沟渠引蓄地表水补充地下水源的灌溉系统。这种形式多用于灌区的下游部分。在这一地区灌溉季节地表水源缺乏，主要利用浅层地下水进行灌溉。由于春季大量开采地下水，造成地下水位的急剧下降，为了补充地下水源，汛期（或汛后）在不致影响防洪和排涝的前提下，应尽量利用河道、沟渠（干、支沟）、坑塘、洼淀（湖泊）引蓄河流来水和本区降雨径流，对地下水含水层进行回灌，以供旱季灌溉。

发展井渠结合、地面水地下水联合运用的灌溉系统是半干旱平原地区水利建设的成功经验，这一经验对解除旱、涝、碱威胁和合理利用水资源，调节控制地下水位具有关键作用，对北方冲积平原灌区具有普遍的意义。近年来，在我国华北平原的部分地区，利用河道建闸蓄水发展渠灌，结合蓄水引渗补充地下水，并利用地下水发展井灌已取得了一定效果。

第七章　集雨灌溉工程

第一节　概　　述

一、雨水资源的开发利用

雨水资源的利用有广义和狭义之分。从广义上讲，凡是利用雨水的活动都可以称为雨水利用。如兴建水库、塘坝和灌溉系统等开发利用地表水的活动，打井开采地下水的活动以及人工增雨措施等活动。而狭义的雨水利用是指直接利用雨水的活动，如利用一定的集雨面收集雨水用于生活、农业生产和城市环境卫生等。本章所述集雨灌溉工程是指狭义上的雨水利用。

二、集雨灌溉工程的组成

集雨灌溉工程一般由集雨系统、输水系统、蓄水系统和灌溉系统组成。

（一）集雨系统

集雨系统主要是指收集雨水的集雨场地。首先应考虑具有一定产流面积的地方作为集雨场，没有天然条件的地方，则需人工修建集雨场。为了提高集流效率，减少渗漏损失，要用不透水或弱透水材料对集雨场表面进行防渗处理。

（二）输水系统

输水系统是指输水沟（渠）和截流沟。其作用是将集雨场上的来水汇集起来，引入沉沙池，而后流入蓄水系统。要根据各地的地形条件、防渗材料的种类以及经济条件等，因地制宜地进行规划布置。

（三）蓄水系统

蓄水系统包括储水体及其附属设施，其作用是存储雨水。

1. 储水体

储水体主要形式包括水窖（窑）和蓄水池。水窖（窑）和蓄水池按使用的建筑材料可分为土窖、砖石窖、混凝土薄壳窖和水窑等。土窖施工方便，造价低，但容量小，对土质要求较高。砖石窖较坚固耐用，容量也较大，但造价较高，施工难度较大。混凝土薄壳窖防渗性能好，寿命长，容量大，造价较高。水窑为卧式全封闭的结构类型，容量大，长度不受限制，施工较方便，但窑底防渗处理要求高。各地应根据地形地貌特征、经济条件、施工技术和当地材料来选型。

2. 主要附属设施

（1）沉沙池。其作用是沉降进窖（窑）水流中的泥沙含量。一般建于水窖（窑）进口处2～3m远的地方，以防渗水造成窖壁坍塌，池深0.6～1.0m，长宽比可考虑2∶1，具体尺寸由进窖水量和水中含沙量而定。

（2）拦污栅与进水暗管（渠）。拦污栅作用是拦截水流中的杂物，如树叶、杂草等飘浮物和砖石块等，设在沉沙池的进口。进水暗管（渠）作用是将沉沙池与窖体（蓄水池）连通，使沉淀后的水流顺利流入窖（池）中，其过水断面应根据最大进水流量确定。

（3）消力设施。为了减轻进窖（窑）水流对窖底的冲刷，要在进水暗管（渠）的下方，窖（窑）底上设置消力设施，根据进窖流量的大小，选用消力池或消力筐或设石板（混凝土板块）。

（4）窖口井台。其作用是保证取水口不致坍塌损坏，同时防止污物进窖。窖台一般高出地面0.3～0.6m，平时要加盖封闭，取水时可安装提水设备。

（四）灌溉系统

灌溉系统包括首部提水设备、输水管道和田间的灌水器等节水灌溉设备，是实现雨水高效利用的最终措施。由于各地地形条件、雨水资源量、灌溉的作物和经济条件的不同，可选择适宜的节水灌溉形式。常见的形式有滴灌、渗灌、坐水种、注射灌、膜下穴灌与细流沟灌等技术。

第二节 集雨灌溉工程规划

一、总体规划

总体规划的任务是根据水文水利规划成果选择集流场地、蓄水形式与规模、灌溉系统布置等。

1. 规划原则

总原则是统筹兼顾，合理布局，具体要点包括以下五个方面。

（1）规划应根据当地水资源的承载能力，按照先生活、后生产、再生态的顺序，首先立足解决生活用水困难，同时考虑发展节水灌溉，条件许可的要尽量将生活用水、农田灌溉、水土保持生态建设及农副产品加工等用水要求统一考虑，以达到充分利用雨水资源和节省投资的目的。

（2）农田灌溉应重点解决好作物的保苗水、保命水和关键水问题。规划的集雨工程除少数水源充足的以外，均应采用节水灌溉技术，实施非充分灌溉。

（3）实事求是，因地制宜。工程选型方面优先考虑能够便于利用自然条件（如地形）和当地资源（如建材），努力做到规划在技术上科学、合理，经济上最为可行。

（4）注意特点，远近结合。考虑当前农村实行分散经营体制的特点，应采取一家一套独立的雨水蓄集系统和数家联合的系统相结合。对大的集雨灌溉系统，应实行统一规划和管理，以节省投资。雨水集蓄是水资源可持续利用的一个重要方面，既要照顾当前的需求和利益，又要考虑长远的发展，因此要做到统一规划、分步实施、先试点后推广。

（5）规划应注意政府指导与市场行为相结合，要有利于推进农业产业结构的优化和调整，进而促使工程建设在一个区域内逐步达到自我支持、自我发展的良好局面。

2. 规划所需的基本资料

主要包括水文气象、地形、庭院及房屋面积、集流面性质及面积、人口及牲畜数、集雨补灌作物种类及面积、已建成的集雨工程等有关资料。

3. 规划内容

（1）基本情况分析，简要介绍规划区的降雨资源、地形及集流面条件、社会经济情况等。

（2）提出规划目标，以及建设集雨工程的必要性和可行性分析。

（3）用水量计算，分析计算出所需灌溉作物的年用水量，有生活用水及其他用水项目的还要同时分析计算出其相应用水量，将其加在一起作为集雨工程的全年总用水量。

（4）集流面确定。在水量供需平衡的基础上，选择各类集流面并确定相应的面积。对于西北、华北干旱缺水地区而言，许多地方需要修建人工集流面，其他地区则多选择自然集流面。

（5）蓄水工程规划，确定蓄水工程的类型、数量及蓄水量。

（6）灌溉工程规划，选择灌溉方式，制定灌溉用水制度，有其他用水途径的还应一并做出与其相应的供水方案。

（7）工程建设费用与投资计划及经济效益评价。

（8）实施措施，包括组织领导、技术支持、资金筹措、劳力安排、工程管理等内容。

二、集流场规划

1. 规划原则

（1）考虑利用现有的集流面，尤其是透水性较弱的表面如天然坡面、场院、道路路面等。若现有的集流面面积小，不能满足集水量要求时，再考虑修建人工防渗集流面。

（2）生活用水的集流面应尽量利用屋面，集雨量不够时再考虑使用庭院地面作补充，并最好进行硬化处理。庭院外的土类集流面和沥青公路面上收集的雨水，不宜作生活用水。

（3）修建人工防渗集流面时应优先考虑就地取材，并尽可能地不破坏原有植被，如人均耕地较多的地方可采用土地轮休的办法，用塑膜覆盖部分休闲地作为集流面，第二年该集流面再轮为耕地。

（4）选择集流场时应尽可能和水土保持小流域治理相结合，利用荒山坡地作为集流面，并按设计要求修建沟道截流坝，把水引入蓄水设施。

（5）利用山坡地作为集流场时，要考虑依地势每隔 20～30 m 沿等高线布置截流沟。截流沟可采用土渠，坡度宜为 1/30～1/50，且与输水沟连通。输水沟宜垂直于等高线布置，可采用矩形和 U 形素混凝土或砖石砌成。

（6）因地形条件限制，集流场远离蓄水设施时，应考虑修建固定的渠道输水，以确保工程能够长期使用。

（7）集流场与蓄水工程的结合部一般应设置沉沙池。微型集流场（如庭院屋顶接水），或经过硬化防渗处理，雨水中已无泥沙杂质，可不设沉淀池，而将雨水直接送入蓄水设施。

2. 影响集流场集流效率的主要因素

（1）降雨特性对集流效率的影响。全年降水量的多少及雨强的大小影响到集流效率。随着降雨量和雨强的增加，集流效率也相应增加。在多年平均降水量较小的地区，全年的集流效率也较低。

年平均集流效率（即径流系数）原则上应根据多年降雨系列或选用平水、湿润和干旱典型年的降雨系列进行模拟计算确定。这样做需要有场次降雨资料和各类下垫面集流效率与降雨特性（场次降雨量和降雨强度），以及雨前下垫面湿度、集流面坡度等因素之间关系的试验资料。表7-1是内蒙古试验研究提供的年集流效率。甘肃省根据代表多年平均降水量为200～300mm、300～400mm、400～500mm地区、保证率为50%、75%和95%的典型年的次降雨资料计算了8种不同材料下垫面的全年集流效率，成果见表7-2。

表7-1　不同降水条件下各种集流面年平均集流效率

降水量/mm	荒坡	硬路面	二合土或三合土	水泥土面	塑膜面
200	0.33	0.39	0.44	0.47	0.52
300	0.34	0.4	0.45	0.48	0.53
450	0.48	0.56	0.64	0.68	0.75

表7-2　不同集流面在不同降水量地区不同典型年全年平均集流效率　%

多年平均降水量/mm	保证率	混凝土	水泥瓦	水泥土	塑膜覆砂	机瓦屋面	青瓦屋面	黄土夯实	自然土坡
400～500	50	80	75	53	46	50	40	25	8
	75	79	74	45	45	48	38	23	7
	95	76	69	41	36	39	31	19	6
300～400	50	80	75	52	46	49	40	26	8
	75	78	72	46	41	42	34	21	7
	95	75	67	40	34	37	29	17	5
200～300	50	78	71	47	41	41	34	20	6
	75	75	66	40	34	34	28	17	5
	95	73	62	33	28	30	24	13	4

（2）集流面材料对集流效率的影响。雨水集流的防渗材料有很多种，各地试验结果表明，以混凝土和水泥瓦的集流效率最高，可达70%～80%，因为这类材料吸水率低，在较小的雨量和雨强下即能产生径流；而防渗效率差的土料，一般集流效率在30%以下，其中干旱地区天然松散土料集流面的集流效率甚至只有6%～8%，即使把土层夯实后其集流效率也只能提高到20%左右。

（3）集流面坡度对集流效率的影响。一般来讲，集流面坡度较大，其集流效率也较大，因为坡度较大时可增加流速，从而相应减小降雨过程中坡面水流的厚度，降雨停止后坡面上的滞留水也较少，因而可提高其集流效率。

（4）集流面前期含水量对集流效率的影响。前次降雨造成集流面含水量高时，本次降雨集流效率就高。下垫面材料不同，这种影响差别也较大，特别是土质集流面，其前期含水量对集流效率的影响更为明显。据甘肃西峰试验，原土夯实地块在前期土壤饱和度达到95%时，集流效率可达80%以上。

3. 集流场面积的确定

根据水文水利计算确定出年集水量后，可用下式推求集流面积：

$$S=1000V_P/P_pK_i \tag{7-1}$$

式中：S 为集流场面积，m^2；V_P 为设计年集水量，m^3；P_p 为用水保证率 p 时的降水量，mm；K_i 为 i 种集流材料的集流效率。

也可采用单位集水量面积法确定。针对不同集流面材料，雨水集蓄利用技术规范（GB/T 50596—2010）给出了适用于集雨灌溉和生活用水两种主要用途情况下每立方米集水量所需要的集流面面积。设计时根据已知 V_P（或近似地用规划供水量 w 代替）和当地的多年平均降水量和降水年际变差系数 C_V，直接从表中查出每立方米集流量所需某种集流面材料的面积，然后乘以 w 或 V_P，即得到该种集流面的面积。

4. 集流面材料的选择

集流面的防渗材料有很多种，如混凝土、瓦（水泥瓦、机瓦、手工青瓦）、天然坡面夯实、塑料薄膜、片（块）石衬砌等，要本着因地制宜、就地取材、集流效率高和工程造价低的原则选用。

（1）混凝土集流面。若当地砂石料丰富，运输距离较近，且不需要较大面积的集流面时，可优先考虑选用混凝土和水泥瓦集流面。这类材料吸水率低，渗水速度慢，渗透系数小，在较小的雨量和雨强下即能产生径流，在全年不同降水量水平下，集雨效率比较稳定，可达到70%～80%，而且寿命长，集水成本低，施工简单，水质卫生。

设计混凝土集流面时一般应选用C15混凝土现浇而制，厚度3～5cm，横向坡度1/10～1/50，纵向坡度1/50～1/100。整个集流面的分块尺寸宜控制在1.5m×1.5m～2.0m×2.0m之间，块与块间缝宽1.0～1.5cm，缝间可填塞浸油沥青砂浆牛皮纸、3毡2油沥青油毡、水泥砂浆或细石混凝土、红胶泥等。

（2）瓦集流面。瓦有水泥瓦、机瓦、手工青瓦等种类。水泥瓦的集雨效率比机瓦和青瓦高出1.5～2倍，故应尽量采用水泥瓦做集流面。用于庭院灌溉和人畜生活饮水的要与建房结合起来，按建房要求进行设计施工。一般瓦屋面坡度比为1/4，也可模拟屋面修建斜土坡，然后铺瓦作为集流面，瓦与瓦之间应搭接良好，屋檐处应设滴水。

（3）片（块）石衬砌集流面。利用片（块）石衬砌坡面作为集流面时，应根据片（块）石的大小和形状采用不同的衬砌方法。片（块）石尺寸较大且形状较规则的，可以水平铺垫，铺垫时要对地基进行翻整处理，翻整厚度以不低于30cm为宜，夯实后干容重不小于1.5t/m^3。若片（块）石的尺寸较小，形状也不规则，则应采用竖向按次序砸入地基的方法，其厚度一般不应小于5cm。

（4）水泥土及原状土集流面。水泥土是仅次于混凝土和水泥瓦的一种集流材料，具有较高的集流效率。水泥土从其材料性能与混凝土比较有较大的差异，但由于其成本较低，所以比较适用于缺少砂石料的地区；相同条件下，原状土夯实比水泥土集流的径流要少，集流效率要低。原因是土壤表面的抗蚀力一般较弱，固结程度差，促使土壤下渗速度加快，下渗量增大，因而地表径流相对减少，集流效率多在30%以下。

（5）防渗膜布集流面。若当地人均耕地较多，可采用土地轮休的办法，用防渗膜覆盖部分耕地作为集流面，第二年该集流面转成耕地，再选另一块耕地作为集流面。这些材料集流效率较高，但个别材料寿命较短。常用的膜布防渗材料有聚乙烯塑料薄膜、聚氯乙烯薄膜、沥青玻璃布油毡、机织防渗布等。

(6) HEC混合料。HEC混合料系列土壤固化剂是一种新材料，在三峡、小浪底工地都有用HEC建的路面。该材料可固结天然沙质土、粉质土、黏土、粉煤灰、含硫尾矿沙、含泥碎石屑、风化沙和其他工业废渣等，使之产生较高的强度、水稳定性及耐久性。该材料的最大优点是对骨料没有限制，既可作土壤固化剂使用，又可和水泥一样以砂、石碎屑为骨料，按一定比例加水振捣成型，其强度与混凝土近似，因此非常适宜就地取材，从而减少了砂石料的费用，降低了综合造价。

(7) 自然土石山体集流面。选择这种形式的集流面一般是对应有较大容积的蓄水工程(如拦沟坝)。这种集流面一般具有面积大、有一定坡度和植被，山体坡面土石固结较好，不易也不必要进行坡面处理，地表汇流效率比土质集流面高，和片（块）石衬砌的集流面相近。这种集流面汇流的最大优势是面积大。豫西汝阳、栾川、嵩县等地区近年建造的集雨节灌工程大多采用这种形式的集流面。

5. 集流场的管理、维护与运行

(1) 混凝土集流场，修好的混凝土集流场，成型后7天内一定要洒水养护，一般应禁止车辆行驶和牲畜践踏。如发现板面膨胀或产生裂缝要及时修补，伸缩缝发现漏水或充填料被损坏要及时灌注、修补。

(2) 聚乙烯薄膜集流场，聚乙烯薄膜是最容易受损害的集流场地表防渗处理材料。使用时要严加小心，并一定要和地面除草剂联合应用。聚乙烯薄膜铺好运行时，要严防杂草或其他锐物顶破，发现破洞要立即修补。严禁人和牲畜、车辆进出和践踏，严禁行人扔烟头和其他锐物。要在雨前雨后进行巡视检查。移动式集流面在使用前要注意表面无杂物，使用后收回时要注意铺设薄膜表面有无杂物，以免卷入而刺破薄膜。

(3) 沥青玻璃丝油毡集流场，发现破洞和搭接处不严应及时修补，严禁车辆、行人破坏表面，严禁人与牲畜进入场地践踏。在铺设应用时，应将表面滑石粉扫除以免影响水质。

(4) HEC土集流场，修好后的HEC集流场7天内人不要进入场地，略加养护即可。此集流场一般不允许车辆行驶和牲畜践踏。注意伸缩缝维护，有漏水现象应及时修补。

三、蓄水系统规划

（一）蓄水设施的形式

蓄水设施一般分为水窖、蓄水池、塘坝、大口井等几种形式。

1. 水窖（窑）

选择窖（窑）位置应按照因地制宜的原则，综合考虑窖址的集流、灌溉和建窖土质三方面条件，即选择降水后能形成地表径流且有一定集水面积；窖（窑）应选在被灌农田附近，引水、取水都比较方便的位置，山区要充分利用地形高差大的特点尽可能地多建自流灌溉窖；同时窖址应注意选择在土质条件较好的地方，避免在容易形成山洪的沟边、陡坡、陷穴等地点打窖，也不宜把窖打在大树和崖坎附近，一般应要求远离其5m以外，窖群之间相邻外壁距离不能小于4m。利用公路作集流面时，水窖远离国道20m以外、省道15m以外、县乡公路10m以外。布设群窖时要注意和一定集雨能力的集流面积相适应，不能太密，以免蓄不上水或蓄不满水而造成浪费。另外对不同土质条件的地区要注意选择与之相适应的窖型结构，如土质密实的黄土、红土地区可选择水泥砂浆薄壁窖，而土质较疏松的轻质土（如砂壤土）地区则布置混凝土窖或浆砌石窖（混凝土盖）。

2. 塘坝

塘坝的主要作用是拦蓄上游小流域内两侧土石山体集流面汇集起来的雨水，选址时应考虑在能够控制设计灌溉范围的前提下，布置在地形上口小肚大、沟道平缓、工程量小、蓄水容积大的地方。坝址注意选在岔口或弯道的下方、跌水的上方，坝体两端坡面没有较大的冲沟，以避免山洪冲击坝身。当地有较充足的土、砂石料时，尽量做到就地取材。坝基必须坐落在坚硬的基岩或不透水的土层上，不能在虚土和乱石堆上筑坝。除此之外，还应考虑并布置好塘坝的溢洪方式和取供水设施，塘坝上游的小流域沟道内要注意配置足够数量的谷坊，以起到拦蓄泥沙、延长塘坝使用寿命的作用。

3. 蓄水池

蓄水池，也叫平塘，它的主要作用是蓄存和调节雨水资源，供旱时生产生活需用。常见结构形式有圆形、矩形等。蓄水池水深一般控制 2～5m，防渗措施也因其要求不同而异，常用的是浆砌石、水泥砂浆抹面、黏土拍实、土工膜布等。对蓄水池的选址应注意以下五点：

（1）建池位置应尽量选在地面较低处，以有利于控制较大的集水面积，但对所灌农田应尽可能做到自流灌溉（一般自流的可高于被灌地面 2～3m，用于滴灌、微喷灌的应高出被灌田面 5～8m 或更高），同时还要重视排水及来水区的水土保持情况，以防池顶漫溢或泥沙入池降低蓄水效能。

（2）有小股泉水出露地表的地方，可在其附近选择合适地点修建蓄水池，以起到长蓄短灌的作用。

（3）蓄水池的基础应坐落在坚实的土层上，边缘四周距崖坎应保特有至少 5m 以上的安全距离，且池壁以外 4m 以内不应有根系发达的树木存在。

（4）注意利用有坡度的低凹地点，以减少开挖工程量。

（5）注意配置沉沙池等附属设施，以减少泥沙杂质进入池塘。

4. 人字闸与截潜流

人字闸坝的结构形式主要由人字架、活动挡水面板、基础、翼墙四部分组成。一般由固定钢筋混凝土或型钢人字支撑架和可活动的钢筋混凝土挡水面板而组成可以自由拆装的活动坝，其运行方式为蓄清泄洪，主要作用是通过拦蓄小泉小水资源，调节季节性沟河干旱时的供水量。

截潜流是将水源工程由传统的河岸洼地迁至河内，取水方式由露天改为封闭，且潜伏在河床砂卵石之内，它是低山丘陵干旱缺水地区值得推广且前景广阔的一种新水源工程。

（二）蓄水设施的规划

上述几种蓄水设施在制订规划方案时可以单独选用，也可以多种联用，常见的联合规划方案有以下 3 种。

（1）塘坝（或蓄水池）—水窖结合型。先由塘坝将上游坡面来水蓄积起来，然后通过渠（或管）道输送给水窖，再由水窖转送至田间进行灌溉。这种形式适用于集流场与灌区相距较远、把水窖建在灌区内的工作方式。

（2）塘坝—水池结合型。与塘坝—水窖结合型类似，山丘区采取自然山坡与路面承接雨水，而后通过2～3m高的低坝（谷坊）拦截进入引水渠和沉沙池，最后流入蓄水池。

(3) 群窖组合型。常见的组合形式有以下几种：

1）梁峁布窖。利用梁脊多有道路的特点，在道路边沟附近的合适地方布设水窖，以拦蓄路面集水。

2）山前台地布窖。在山坡与阶地的结合部布设水窖，以利用后山的扇形汇流，通过沉淀存入窖中。

3）梯田内布排子形水窖。即顺梯田的等高线方向布一排水窖，窖底以暗管串通，在此块梯田的下一块梯田地坎上设暗管直通窖内，使窖水自流浇灌下方农田。

4）路边窖。利用各种等级公路良好的路面集水条件和已有的边沟设施，结合地形情况，把窖布设在路界以外的农田内，靠蓄积路面汇流而来的雨水供农田灌溉。

5）塑料大棚和日光温室兼作型。利用塑料大棚或日光温室的棚面作为集流面，可以一膜两用。在棚面朝阳一侧修建汇流沟，引水入棚内的蓄水设施，然后通过安装提水设备进行提水而浇灌棚内的瓜果蔬菜等经济作物。对于这种形式，由于棚面面积有限，常常还需要在大棚附近另外再建其他类型的集流设施，以满足大棚和温室作物的需水要求。

以上介绍的几种布置形式只是作为制订集雨灌溉实施方案时的参考，具体修建工程时应当根据各地的具体情况进行因地制宜的对比论证，选定适合本地特点的工程形式。

第三节 集雨灌溉水源工程

常用的雨水积蓄工程主要有水窖、蓄水池等几种形式。附属设施主要有沉沙池、过滤池、拦污栅、滤水井、谷坊等。

一、水窖

水窖是一种建在地下的埋藏式蓄水工程，与一般开敞式蓄水池相比较具有以下优点：一是由于水蓄在地下，夏季水温比较低，水窖口又都装有顶盖，因此容易保持良好的水质；二是水窖位于地下并且加盖，可以有效地防止蒸发，减少水量损失；三是在土质地区修建水窖所需建筑材料相对较少，一般比修建蓄水池要省钱；四是北方地区的水窖在冬季窖内存水时不会结冰，从而不影响正常使用，同时也不会对工程造成破坏。

由于水窖的上述优点，生活用水的蓄水工程以及在我国干旱半干旱的黄土地区，水窖的应用最为普遍。

（一）确定窖形及容积

一个集水系统所需水窖的总容积可通过水文水利计算确定，如果集水量较小，可只设1～2个单窖；如果集水量较大，则应规划水窖群以拦蓄来水。单窖的容积主要由地形与土质条件决定，窖（窑）的结构形式则主要取决于地形、土质、用途及经济技术水平等因素。

根据河南豫西农村的建窖经验，一般用于生活用水的水窖多选用瓶式和坛式形状，容积一般为30～60m^3。农民总结的建窖要领是“丈五三头停”，即窖口口径小（60cm左右）、窖脖长，地面距水面“一丈五（等于5m）”、水面到窖底“一丈五”、水面附近的中腰直径“一丈五”。用于农田灌溉的水窖因一般容积较大，所以窖身和窖口通常都要采取加固措施，以防止土体坍塌。如改进型水泥薄壁窖、盖窖、钢筋混凝土窖，水窖容积一般为 $60m^3$ 以上，有的达 $100\ m^3$ 左右。窑窖一般适用于土质条件好的自然崖面或可做人工剖理的崖面，先开挖隧道式窑洞，然后在窑顶作防潮处理，最后在窑内建窖或蓄水池以蓄集雨水。

单窖容积确定后，即可按照总集水量推求窖群的水窖个数。

$$n=V/(\beta V_d) \tag{7-2}$$

式中：n 为水窖个数；V 为规划总集水量，m^3；β 为复蓄指数，一般取 $\beta=1.5\sim2$；V_d 为单窖容水量，m^3。

（二）结构设计

水窖按其基本形状的不同可分为瓶式窖、坛式窖、井式窖、盖碗窖、球形窖和窑窖等；按采用的防渗材料不同又可分为胶泥窖、砖拱窖、水泥砂浆抹面窖、混凝土和钢筋混凝土窖、土工膜布防渗窖等，这里主要介绍常见的水泥砂浆薄壁坛式窖、混凝土盖碗窖、素混凝土肋拱盖碗窖、窑窖和砖拱窖 6 种形式。

1. 水泥砂浆薄壁坛式窖

（1）窖体组成。窖体结构包括水窖、旱窖、窖口和窖盖三部分。结构形状见图 7-1。

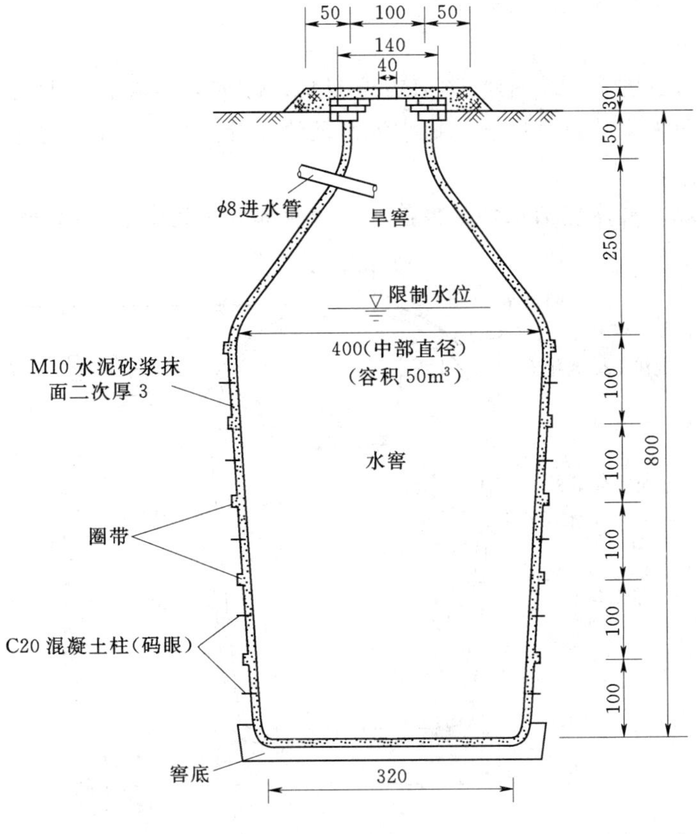

图 7-1 水泥砂浆薄壁窖（单位：cm）

该种型体的水窖部分位于窖体下部，形似水缸；旱窖位于窖体上部，由窖口经窖脖子向下逐渐呈圆弧形扩展，至中部直径（缸口）后与水窖部分接合；窖口和窖盖起稳定上部结构的作用，并防止来水冲刷，同时联结提水灌溉设施。

（2）结构特点。

1）结构形状。其旱窖部分一般不超过 3m，水窖部分 4～5m，中径 4m 左右，窖口直径 0.8～1.0 m，整体形状近似于“坛式酒瓶”。

2）防渗处理。分窖壁防渗和窖底防渗两部分。为了使防渗层与窖体土层紧密结合并防止防渗砂浆整体脱落，沿中径以下的水窖部分每隔 1m 在窖壁上沿等高线挖一条宽 5cm、深 8cm 的圈带，在两圈带中间每隔 30cm 打混凝土柱（码眼），呈品字形布设，以增加防渗砂浆与窖壁的连续和整体性。窖底宜做成中间低（20～30cm）、四周高的圆弧形反坡结构，同时底角应加固成圆弧形。在处理窖底时首先要对基础的原状土轻轻夯实，以增强土壤的密实程度，防止底部发生不均匀沉陷。窖底防渗可根据当地材料情况因地制宜选用。一般可分为两种：胶泥防渗，先将胶泥打碎过筛、浸泡拌捣成面团状，然后分 2 层夯实，厚度 30～40cm，最后用水泥砂浆墁一层，做加固处理；混凝土防渗，在处理好的窖底土面上浇筑 C19 混凝土，厚度 10～15cm。

3）适用范围。窖型适宜于土质比较密实的红、黄土地区，对于土质疏松的砂壤土地区和土壤含水量过大地区则不宜采用。

2. 混凝土盖碗窖

混凝土盖碗窖（图 7-2）形状类似盖碗茶具，故取名盖碗窖。此窖型避免了因传统窖型窖脖子过深而带来的打窖取土、提水灌溉及清淤等困难。适宜于土质比较松散的黄土和砂壤土地区。

（1）窖体组成。窖体包括水窖、窖盖与窖台两部分。其中水窖部分结构与水泥砂浆薄

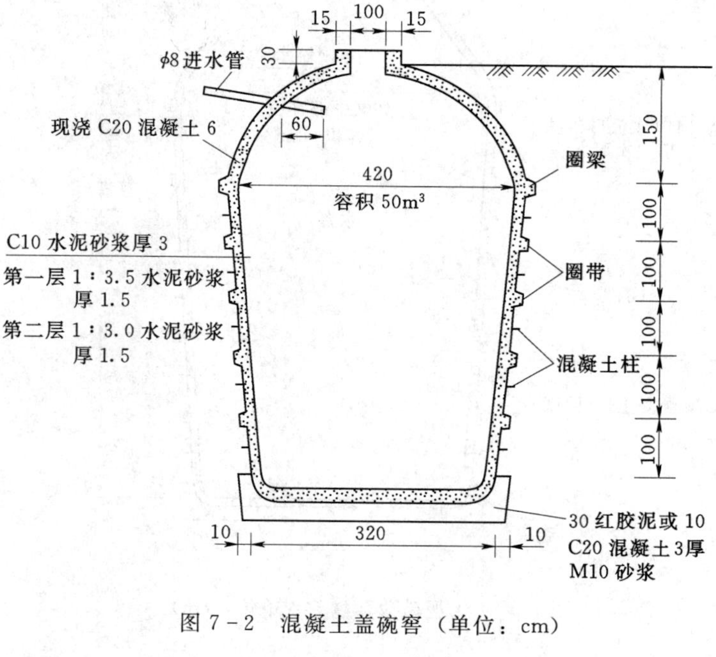

图 7-2 混凝土盖碗窖（单位：cm）

壁窖基本相同，只是增大了中径尺寸和水窖深度，增加了蓄水量；混凝土帽盖为薄壳型钢筋混凝土拱盖，在修整好的土模上现浇成型，施工简便。帽盖上布设圈梁、进水管、窖口和窖台。混凝土帽盖布设少量钢筋铅丝，形同蜘蛛网状，见图 7 - 3。

（2）结构特点：①帽盖为拱式薄壳型，其矢高 1.4～1.5m，球台直径 4.2m，矢高与球台直径的比值（即矢跨比）为 0.31～0.33，壁厚 6cm，为整体浇筑，铅丝网起联结加固作用；②圈梁与帽盖为一整体，紧扣在窖壁四周土体上，稳定性好；③帽盖在土模上现浇，施工简便，质量有保证；④帽盖以下水窖为水缸形，没有旱窖的倒坡土体部分，窖体稳定性好，避免了窖体内土体塌方和施工不安全因素。

（3）适用范围。此窖型适宜于土质比较松软的黄土和砂石壤土地区。打窖取土、提水灌溉和清淤等都比较方便，质量也比较可靠，使用寿命较长，但投资相对较高。

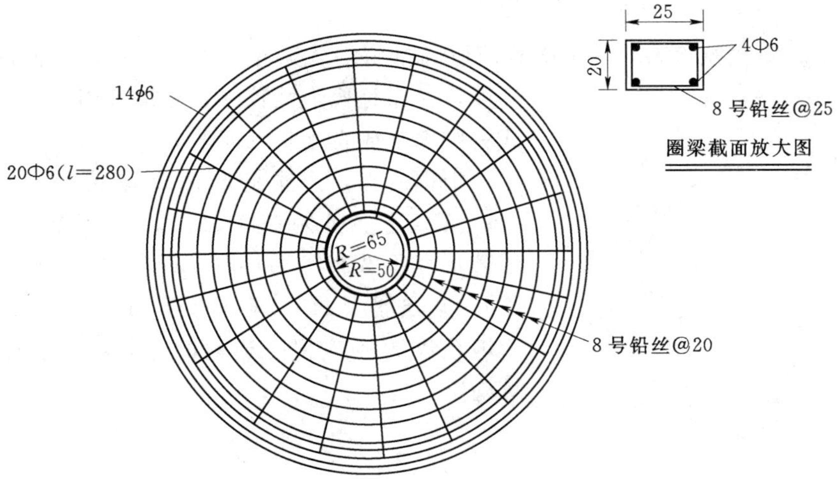

图 7 - 3　混凝土帽盖窖铅丝网平面图（单位：cm）

3. 素混凝土肋拱盖碗窖

（1）窖体组成。窖体组成及结构尺寸与混凝土盖碗窖相同，不同之处是将原来的钢筋混凝土帽盖改进为素混凝土肋拱帽盖，省掉了 30kg 钢筋和 20kg 铅丝。适应性更强，便于普遍推广。

（2）结构特点：①帽盖为拱式薄壳型，混凝土厚度 6cm；②在修整好的半球状土模表面上由窖口向圈梁辐射形地均匀开挖 8 条宽 10 cm、深 6～8cm 的小槽，窖口外沿同样挖一条环形槽，帽盖混凝土浇筑后，拱肋与混凝土壳盖形成一整体，肋槽部分混凝土厚度由拱壳的 6cm 增加到 12～14cm，即成为混凝土肋拱，起到替代钢筋的作用，见图 7 - 4 和图 7 - 5。

4. 窑窖

窑窖是利用土质条件较好（一般选址在土质坚硬、均一、有一定厚度的黄土或其他胶结性原状土中）的自然崖面或可做人工剖理的崖面，先挖窑，而后在窑内建窖。岩石地区则要求岩石比较完整且相对较易开挖。

（1）窑窖组成，窑窖包括平窑、窖池两大主体，附属部分有沉沙池、过滤网、进出水管和溢流管等。

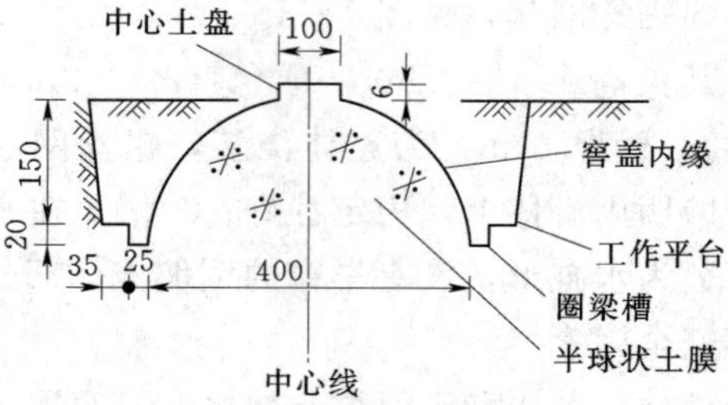

图 7-4　混凝土球状窖盖（单位：cm）

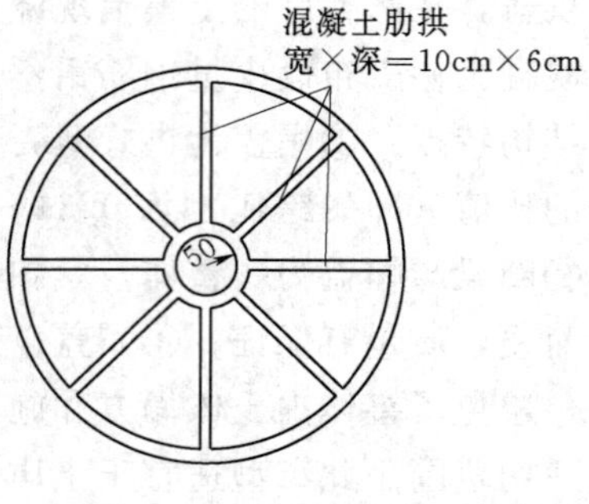

图 7-5　素混凝土肋拱窖盖平面图（单位：cm）

1）平窑。实践经验表明，土窑断面以圆拱斜墙式最佳（图 7-6），这种形式不仅施工简单，而且稳定性较好。石窑可当作土窑的特殊形式将侧墙修成直立状（即取 $m=0$）。

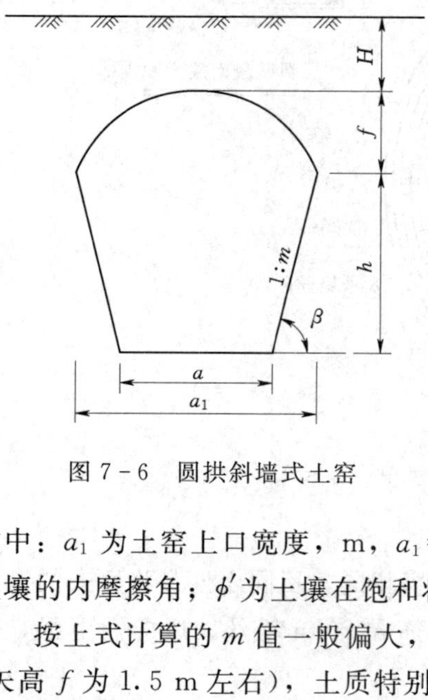

图 7-6　圆拱斜墙式土窑

根据研究，土窑的断面尺寸底宽 a 宜取 2.5～4m，窑高 h 宜控制在 3.5m 以内，窑深（即窑洞长）依蓄水容积选择 6～10m（石窑可达 10～20m 或更长），窑顶埋深 H 一般不低于 3m，拱矢高 f 和侧墙边坡系数 m 则应根据当地的土质物理力学性能经计算确定：

$$f=\frac{a_1}{2d_f} \tag{7-3}$$

$$m=\tan\left(45°-\frac{\phi'}{2}\right) \tag{7-4}$$

式中：a_1 为土窑上口宽度，m，$a_1=a+2m$；d_f 为土壤坚固系数，近似为 $d_f=\tan\phi$；ϕ 为土壤的内摩擦角；ϕ' 为土壤在饱和状态下的内摩擦角，一般比 ϕ 值小 1°～2°。

按上式计算的 m 值一般偏大，根据豫西等地经验，一般窑窖的矢跨比可不超过 1∶3（矢高 f 为 1.5 m 左右），土质特别密实坚硬的可直接取 $m=0$，而当拱顶土质较差时，则应在顶部设置一定数量的拱肋，用 C15 或 C20 混凝土浇筑，以提高拱的强度和稳定性。

2）窖池。窖池建在土窑内，其布置形式有两种：一种是把崖坎上水平挖进的土窑洞当成工作窑使用，主要作用是进人和取水，窖池则再由工作窑下挖而成，这种形式的窖池完全处在地下，比较安全且不易渗漏；再一是在窑洞口设置挡水墙（一般采用浆砌石或砌砖抹面而成），将窑洞直接兼作窖池而蓄水，这种形式的窖池蓄水位高出外部地面，处理不好易容发生漏水。前者一般适用于土质地区，后者多用于岩石地区。无论采用哪种形式蓄水，其两侧及里端依托土窑的斜（直）墙（壁）均需做防渗处理（如混合砂浆抹面），窑底一般需铺 8cm 厚混凝土防渗。

3）附属部分。一是在窑外布设沉沙池和拦污栅，二是根据地形条件在窑顶或侧墙角布设进水管，在窖池封闭墙底部布设出水管（可兼排水管用）和灌溉供水系统相连接。

(2) 结构特点：①充分利用自然崖面土体结构，力学性能稳定可靠；②施工条件好，工作面大，有利于采用小型车辆施工；③蓄水量大，可根据需要修建较大容量的窑窖；④受地形条件限制，只能因地制宜推广。

5. 混凝土拱底顶盖圆柱窖

主要由混凝土现浇弧形顶盖、水泥砂浆抹面窖壁、三七灰土翻夯窖基、混凝土现浇弧形窖底、混凝土预制圆柱形窖颈和进水管等部分组成，其形状见图 7-7、技术数据见表 7-3。

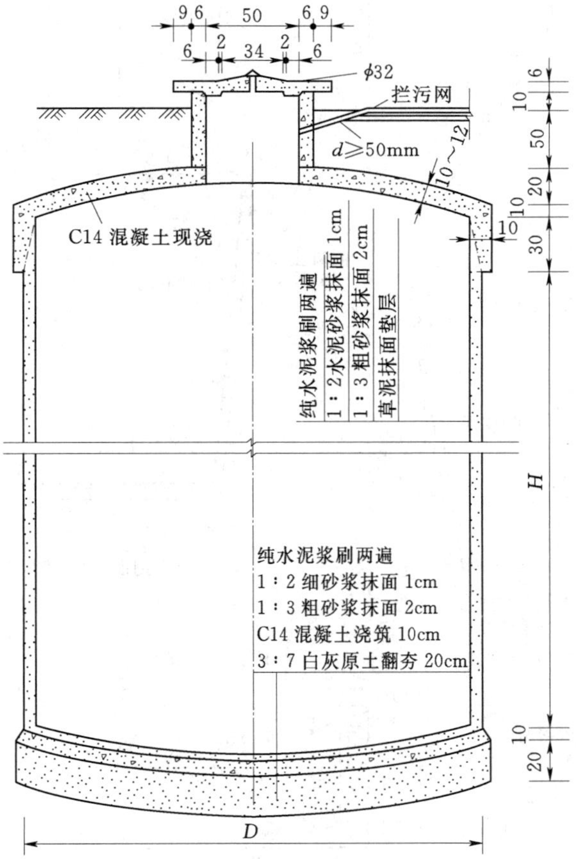

图 7-7 混凝土拱底顶盖水泥砂浆抹面窖剖面图
(单位：cm)

表 7-3　　混凝土拱底顶盖圆柱形水窖技术参数

容积 /m³	直径 /m	壁厚 /cm	窖深 /m	挖方 /m³	填方 /m³	混凝土 /m³	砂浆 /m³	水泥 /t	砂 /m³	石子 /m³	水 /m³
15	2.2	3.0	3.90	20.5	3.60	1.12	0.82	0.63	1.60	0.78	0.9
20	2.4	3.0	4.40	26.8	4.60	1.29	1.01	0.75	1.89	0.90	0.9
25	2.6	3.0	4.70	32.9	5.27	1.47	1.16	0.85	2.16	1.03	1.1
30	3.0	3.0	4.20	37.9	5.2	1.70	1.22	0.93	2.27	1.19	1.4

6. 土窖

传统式土窖因各地土质不同，窖形样式较多，归纳起来主要有两大类，即瓶式窖和坛式窖。其区别在于：瓶式窖脖子细而长，窖深而蓄水量小；坛式窖脖子相对短而肚子大，蓄水量多，其结构形式见图 7-8。

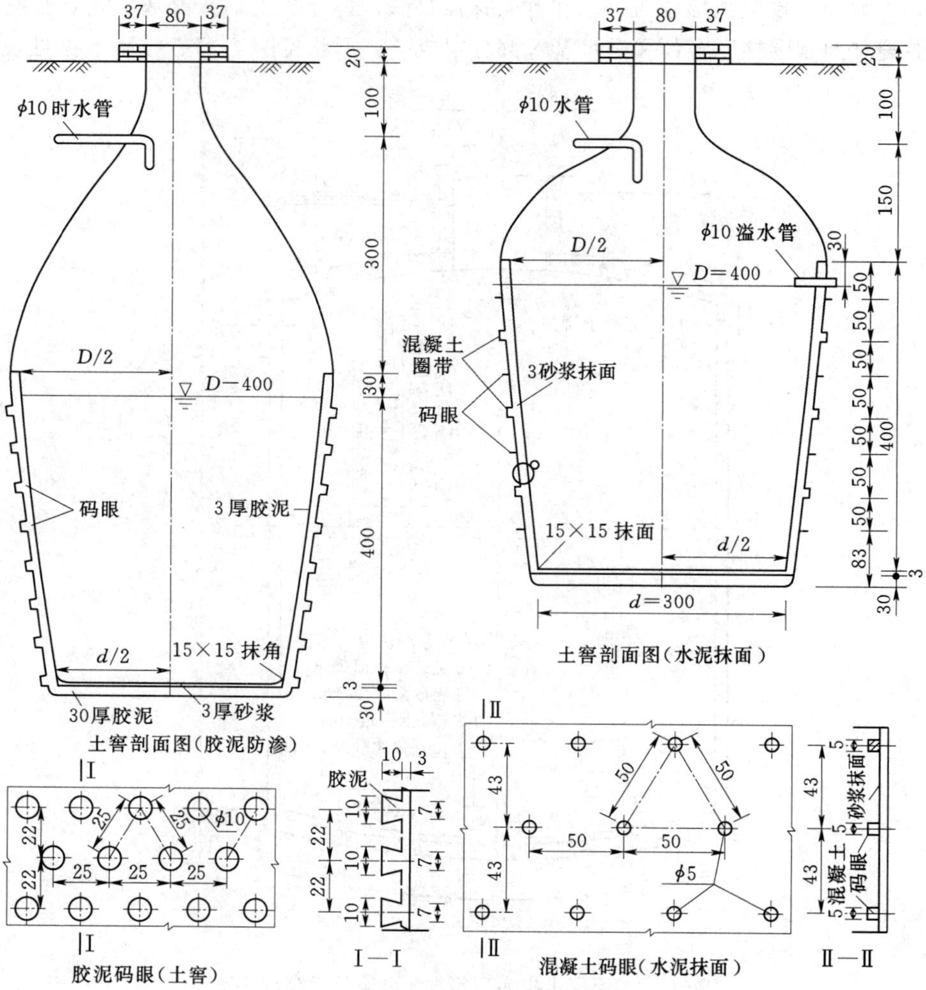

图 7-8　土窖结构图（单位：cm）

（1）窖体组成。窖体由水窖、旱窖、窖口与窖盖三部分组成。

（2）结构特点。

1）结构形状，传统土窖符合“丈二三头停”窖型规格，即旱窖深（含窖脖子）、水窖深、缸口尺寸（中径）都是一丈二（4m）。

2）旱窖部分为原状土体，不作防渗处理，也不能蓄水。

3）水窖部分采用红胶泥防渗或水泥砂浆防渗。

红胶泥防渗，在水窖部分的窖壁上布设码眼，用拌和好的红胶泥锤实，码眼水平间距 25cm、垂直间距 22cm，品字形布设；码眼呈外小内大的台柱形，深 10cm、外口径 7cm、内径 12cm，以利于胶泥与窖壁的稳固结合；窖底用 30cm 红胶泥夯实防渗，窖壁红胶泥防渗层厚度必须保证在 3cm 以上。

水泥砂浆抹面防渗，与水泥砂浆薄壁窖相同，不同之处就是旱窖部分不做防渗处理。

（3）适用范围。土窖适宜于土质密实的红、黄土地区。红胶泥防渗土窖更适合干旱山区生活用水。

二、蓄水池

蓄水池也是集雨系统常见的蓄水形式之一，其蓄水容积一般可比水窖大出许多，单个蓄水池的容积常常可以达到数百甚至数千立方米。这种工程形式多见于我国半干旱半湿润的中部及南方各省（区）。

蓄水池按作用、结构的不同一般分为两大类型，即开敞式和封闭式。开敞式蓄水池属于季节性蓄水池，它不具备防冻、防高温、防蒸发功效，但容量一般可不受结构形式的限制。蓄水池的形式按建筑材料的不同可分别为砌砖、砌石、混凝土或黏土夯实修建。封闭式蓄水池是在池顶增加了封闭设施，使其具有防冻、防高温、防蒸发功效，可常年蓄水，也可季节性蓄水，可用于农田灌溉，也可用于生活用水，但工程造价相对较高，而且单池容量一般比开敞式小得多。封闭式蓄水池常见的结构式样有三种：一是梁板式圆形池，这种形式又可进一步细分为拱板式和梁板式，蓄水量一般为 30～50m^3；二是盖板式矩形池，即顶部用混凝土空心板加保温层，蓄水量一般为 80～200m^3；三是盖板式钢筋混凝土矩形池，现场立模浇筑，容积可达 200m^3 以上。下面以常用的开敞式圆形池、封闭式圆形池和梯形土池介绍蓄水池的设计经验。

1. 开敞式圆形蓄水池

开敞式圆形蓄水池结构形状见图 7－9。

（1）池体组成。主体分池底、池墙两部分，附属设施有沉沙池、拦污栅、进出水管等。

1）池底经原状土夯实后，用 M7.5 水泥砂浆砌石平铺 40cm，再在其上浇筑 10cm 厚 C20 混凝土。

2）池墙有浆砌石、砌砖和混凝土三种形式，可根据当地建筑材料选用。

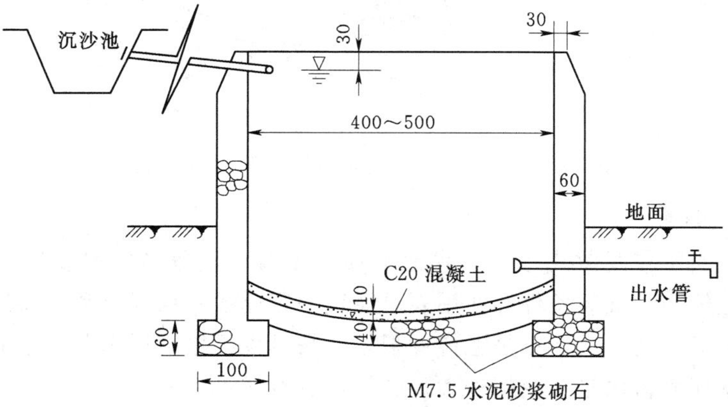

图 7－9 开敞式圆形蓄水池立面图（单位：cm）

a. 浆砌石池墙。当整个蓄水池坐落在地面以上或地下埋深很小时采用。池墙高 4m，墙基扩大基础，用 30～60cm 厚的 M7.5 水泥砂浆砌石，内壁用 3cm 厚的 M10 水泥砂浆墁匀防渗。

b. 砖砌池墙。当蓄水池位于地面以下或大部分池体位于地面以下时采用。用“二四”砖砌墙，墙内壁同样用 M10 水泥砂浆墁匀防渗，技术措施同浆砌石墙。

c. 混凝土池墙和砖墙的适应地貌条件相同，墙厚一般为 10～15cm，内壁可用水泥浆作防渗处理。

3）沉沙池布设在蓄水池前 3m 处，尺寸一般采用长 2～3m、宽 1～2m、深 1m 左右；拦污栅用 8 号铅丝编织成 1cm 见方的网片安装在进水管首端；进水管采用 ϕ8～10cm 塑料硬管，前端置于沉沙池底以上 50cm 处，末端伸入池内墙顶以下 30cm 处；出水管用 ϕ5cm 钢管埋设在池底以上 50cm 处，出墙后接闸阀、水表及软管伸入田间。

（2）结构特点。

1）受力条件好，相对封闭式蓄水池其单位投资较小。

2）因不设顶盖而易于建造成较大容量的池子。

2. 封闭式圆形蓄水池

这种形式相当于在开敞式圆形蓄水池之上加设顶盖，以起保温和防蒸发作用。为减轻荷重和节省投资，顶盖宜采用薄壳型混凝土拱板或肋拱板，池体应尽可能地布设在地面以下，以减少池墙的厚度和工程量，其结构见图 7-10。

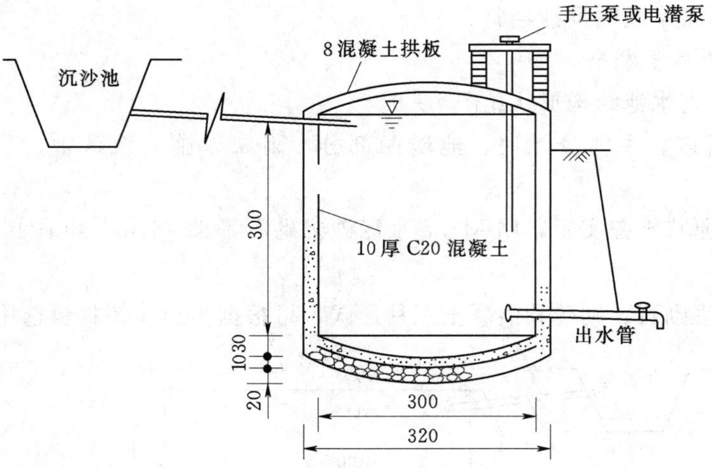

图 7-10 封闭式圆形蓄水池剖面图（单位：cm）

3. 封闭式矩形蓄水池

这种形式相当于在开敞式矩形蓄水池上加一顶盖。顶盖多采用混凝土空心板或肋拱板，空心板之上依当地气候条件和使用要求设置一定厚度的保温层和覆盖层。这种矩形池相对于封闭式圆形池的最大优点是适应性强，一般可以根据地形和蓄水量的要求选取不同的规格尺寸，从而使蓄水量的变幅较大。其结构示意图见 7-11。

对于封闭式蓄水池（无论是圆形还是矩形）而言，池底与侧墙的设计和开敞式蓄水池基本相同，而顶盖的设计除了容积较小（跨度较小）的可直接选用少筋混凝土空心板或肋

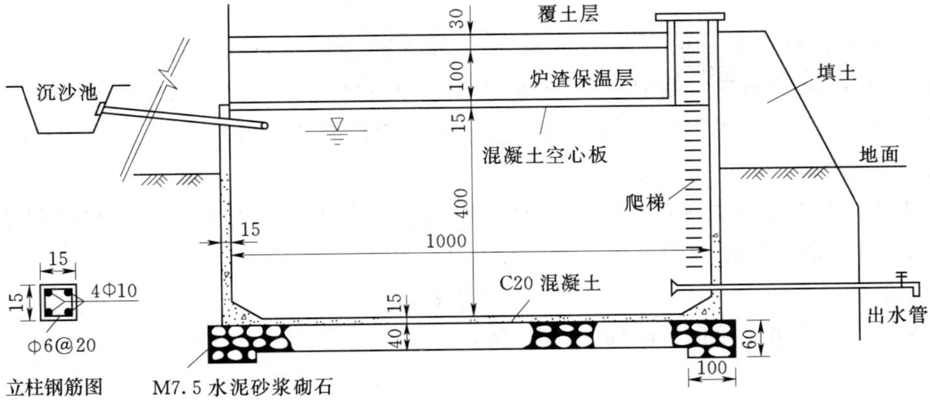

图 7-11　封闭式矩形蓄水池侧面图（单位：cm）

拱板外，一般的都应采用钢筋混凝土板梁结构。当池子直径较大时，还应考虑在池内设置立柱（也可以是板与柱子做成整体结构而不用梁）。

4. 梯形土池（塘）

修建土池（塘）时要注意把握好五个环节：

（1）培好岸埂。即将挖出的土分层培填在池塘四周，使其与原状土紧密结合。岸埂的厚度以不低于 50cm、高度以超出设计水面 30cm 为宜。

（2）做好防渗处理。土质好的夯实池底即可，土质不好的可选用以下三种方法加以处理：一是用含水量较大的红土铺底并夯实 20～30cm，有条件的在土中插入一些碎铁片（铁片间距 10cm 左右）使其和红土锈在一起，效果更好；二是用红胶泥、砂、石子配成三合土（土、砂、石比例控制为 6：2：2），掺水成浆，在池底铺夯 20～30cm；三是用土工膜张铺在经过夯实处理的岸埂和池底上，然后压置保护层。池底保护层可用细土、岸埂可用白灰或砂浆砌砖（混凝土块），并且膜、砖（块）之间要用过筛细土敷一层，以免造成砖块磨烂膜布。

（3）设置溢水口，在岸埂的一端或两端设置溢水口，溢水口最好用砖石砌筑，溢水量很小或溢水几率很低的水口也可采用草皮防护，以防止池水漫溢而冲毁岸埂。

（4）用于自流灌溉的池塘应注意在岸埂下部（一般为与池底的结合部）埋设出水管道，并配上木塞或小阀门控制放水。

（5）注意不使池塘长期干涸运行，以免造成池底及四周防渗层干裂而漏水。

三、沉沙池

沉沙池一般是作为水窖或蓄水池必备的附属设施之一而建在其上游的 2～3m 处，以起沉淀来水中的泥沙颗粒之作用，从而保证进入窖体或蓄水池的水质达到设计标准的净化要求。

沉沙池的设计原理是：来水从进入池口开始到流至出口结束这段时间内，水流中所挟带的设计标准粒径以上的所有泥沙正好全部沉到池底。设沉沙池的长、宽、深分别用 L、B、h 表示，则标准粒径以上的泥沙沉降时间为：

$$t_c = h/V_c \tag{7-5}$$

$$V_c = 0.563D_c^2(\gamma-1) \tag{7-6}$$

式中：V_c 为设计标准粒径的沉速，m/s；t_c 为设计标准粒径的沉降时间，s；D_c 为设计标准粒径，mm，灌溉用水一般取 0.05～0.15mm，建议配置水窖的沉沙池取小值、配置蓄水池的可取偏大值；γ 为泥沙颗粒相对密度，天然淤积泥沙一般取 2.65～2.67；h 为沉沙池水深，m，根据经验一般取 0.6～0.8m。

同时设引水流量（无坝引水时为雨水汇流流量，有坝引水时为输水管渠的供水流量）为 Q（m^3/s），则泥沙颗粒的水平运移速度（V）为：

$$V = Q/Bh \tag{7-7}$$

故在池长 L 范围内的运行时间（t_L）为：

$$t_L = L/V = BhL/Q \tag{7-8}$$

由设计条件得 $t_c = t_L$，则由以上四式联解得：

$$L = Q/(BV_C) \tag{7-9}$$

根据各地经验，一般认为长宽比为 2∶1 比较适宜，故得出沉沙池的设计尺寸为：

$$\left.\begin{aligned} h &= 0.6-0.8 \\ L &= \sqrt{2Q/V_C} \\ B &= L/2 \end{aligned}\right\} \tag{7-10}$$

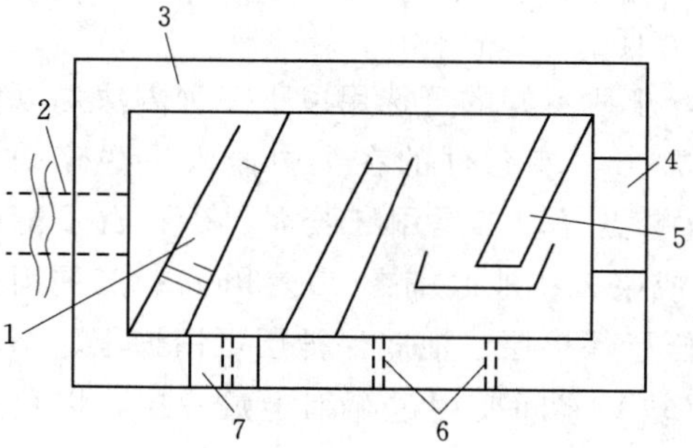

图 7-12 迷宫式斜墙沉沙池示意图
1—出水口；2—水窖进水口；3—池帮；4—进水口；5—斜墙；6—排沙孔；7—溢水口

在布置沉沙池时，应注意因地制宜，选择适宜的结构形式，一般情况下，根据其结构形式不同可将沉沙池分为迷宫式斜墙沉沙池、迷宫式直墙沉沙池、梯形沉沙池、矩形沉沙池；而根据其池底的比降不同又可分为平坡沉沙池、逆坡沉沙池、顺坡沉沙池（顺坡沉沙效果较差，一般不予采用）。常用沉沙池的结构形式见图 7-12 和图 7-13。据史慧珍等研究，迷宫式沉沙池沉沙效果更为理想，其沉沙效率可达 90%以上，但清淤不如矩形沉沙池方便。

另外，在设计沉沙池时，还需要一并考虑预留排沙孔和溢水口。这些部位的相对高程通常掌握为：进水口底高出池底 0.1～0.15m，出水口底高出进水口底 0.15m，溢水口底低于沉沙池顶 0.1～0.15m。

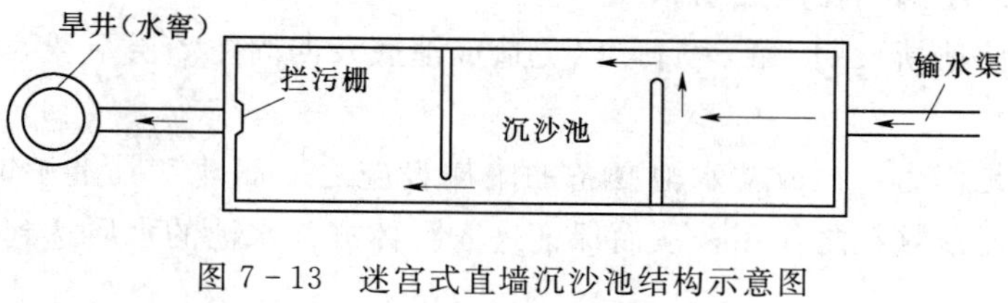

图 7-13 迷宫式直墙沉沙池结构示意图

四、过滤池

对水质要求高时（如滴灌等），可在沉沙池与水窖（或蓄水池）之间加设过滤池。过滤池尺寸及滤料根据来水量及滤料的导水性能确定。图 7-14 是广泛采用的一种过滤池形式。

过滤池一般做成圆形，池底用 C15 混凝土铺筑 10cm，池壁用“24”砖墙并内抹一层 M 7.5 水泥砂浆防渗，滤料自上而下依次由中砂、粗砂、卵石、预制钢筋混凝土多孔托板组成，为方便定期更换滤料，各层之间可采用聚乙烯塑料密网或金属网隔开，底部设置净水仓，净水仓靠近水窖一侧预埋输水管直通窖体内部。另外，为防止平时杂质进入过滤池，在非使用季节，过滤池顶应用预制混凝土板盖住。

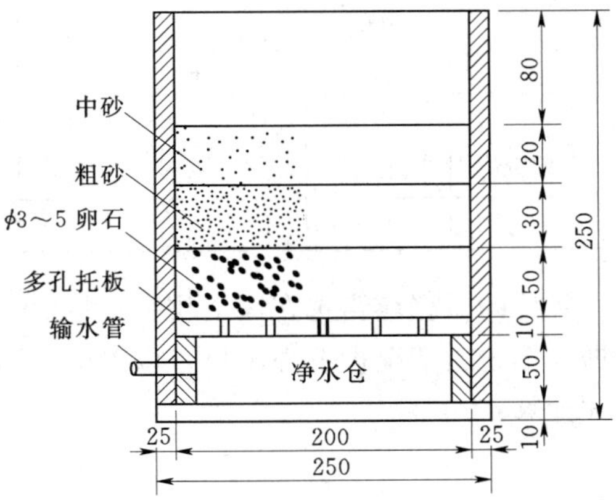

图 7-14　过滤池断面示意图（单位：cm）

五、拦污栅和滤水井

在一般的集水工程中，沉沙池和过滤池的水流入口处均应设置拦污栅，以拦截汇流中的大体积杂物，如枯枝残叶、杂草和其他较大的漂浮物。拦污栅构造简单，可在铁板或薄钢板及其他板材上直接呈梅花状打孔（圆孔、方孔均可），亦可直接采用筛网制成，其孔径一般不大于 10 mm×10 mm。一般拦污栅的布置形式如图 7-15 所示。

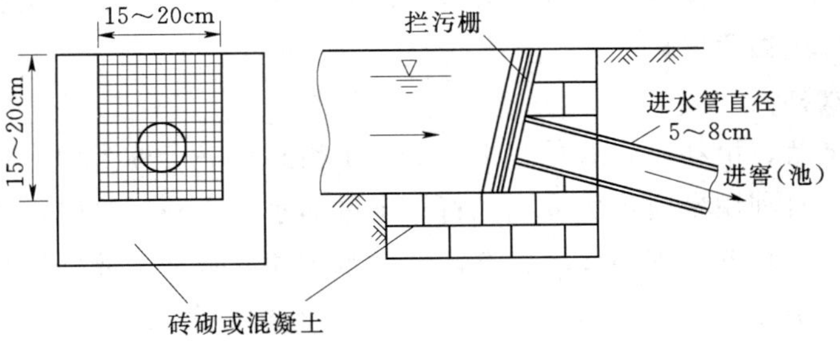

图 7-15　拦污栅布置示意图

六、谷坊

谷坊是在小沟中分段修建的小坝，是塘坝的必备附属设施，建在库区上游的沟道中，高度一般小于 3m，主要起拦淤泥沙作用，以延长塘坝的使用寿命。

谷坊按建筑材料的不同，可分为土谷坊、干砌石谷坊、梢枝谷坊、柳谷坊、竹笼装石谷坊、浆砌石谷坊、混凝土谷坊等，其中以土谷坊和干砌石谷坊最为普遍，两类谷坊的经验断面尺寸见表 7-4。

一条沟道需要修建的谷坊数量可以通过计算其间距来确定。谷坊的间距 L 按下式计算：

$$L=\frac{H_0}{I-I_0} \tag{7-11}$$

式中：H_0 为谷坊的有效高度，m；I 为河底原来的纵坡，可以实测求得；I_0 为谷坊坝后淤泥的稳定纵坡，土质沟道可取 0，石质和砂卵石沟道可取 0.5%。

表 7-4　土谷坊和干砌石谷坊断面尺寸

坝高 /m	土谷坊				干砌石谷坊			
	顶宽 /m	迎水坡比	背水坡比	坝底宽 /m	顶宽 /m	迎水坡比	背水坡比	坝底宽 /m
1	1.0	1∶1	1∶1	3.0	1.0	1∶0.5	1∶1	2.50
2	1.5	1∶1.5	1∶1.5	7.5	1.5	1∶0.5	1∶1	4.25
3	2.0	1∶1.5	1∶1.5	11.0	2.0	1∶0.5	1∶1	6.50

谷坊的位置应当选在沟道狭窄、拦沙库容大、地质条件好、易于就地取材的沟段，并依据地形地质情况设置溢洪口，以保证谷坊能够安全地宣泄山洪。溢洪口过水断面尺寸按下式计算：

$$Q=1.55LH^{3/2} \tag{7-12}$$

式中：Q 为通过溢洪口的设计洪峰流量，m^3/s，可通过当地洪水痕迹调查推求；L 为溢洪口宽度，m；H 为溢流水深，m。

第四节　集雨灌溉田间工程

雨水积蓄工程因受水源、地形和面积等条件的限制，北方大部分地区采用如滴灌、渗灌、抗旱坐水种、注射灌溉和地膜穴灌等节水灌溉方法。其中滴灌已在前面做过介绍。这里仅对其余几种方法做简要叙述。

一、抗旱坐水种

为了保证出全苗、出壮苗，农民在生产实践中摸索出一套称为坐水种（滤水种）的方法。坐水种是播种时利用专门设备或人工将一定量的水注入种子坑中，改善土壤墒情，满足种子发芽和苗期生长的一种局部灌水方法。坐水种和滤水种是分别针对穴播与条播作物而言。其作业程序是挖穴（或开沟）、注水、点种、施肥、覆土和镇压。

坐水种的主要技术参数是坐水量和注水深度。其中坐水量对玉米，常取 $50\sim75m^3/hm^2$；注水深度一方面考虑播种深度，另一方面要考虑到干土层的厚度。一般播种深度为5cm 左右。因此，注水深度应在此深度以下为宜，以利于与底墒相衔接，增强抗旱能力。

二、注射灌溉和地膜穴灌

1. 注射灌溉

注射灌溉技术是用特制的注水器直接向根区土壤注水（或水肥溶液）的一种灌水方法。目前，宁夏是借用全国推广的“LYJ”追肥枪，安装在农用喷雾器上，依靠喷雾器的打气压力，通过喷枪嘴，将水注入作物根区。其特点：①灌水、追肥、根区施药可以一次完成；②节水，因主要用于干旱地区果树、瓜类、葡萄、玉米等稀植作物灌关键水用；③根据作物长势情况进行定量灌溉，苗期可少灌浅灌，需水盛期可多灌深灌。灌水定额每公顷仅 $30\sim45m^3$。一般每处（每株）注水 0.5～1.0kg。

在有条件的地方可采用软管移动式注射灌溉，即将从窑窖抽出的具有一定压力的水，通过输水软管与注水器相连，进行注射灌溉。

2. 地膜穴灌

地膜穴灌是在抗旱坐水种的基础上进行的。播种后覆上地膜，当作物出苗快接触到地膜时，宜在气候温暖时呈十字形划破地膜，待苗长出地膜外，再把播种坑扩大为灌水坑，即地膜集流穴。通过地膜集流穴可以收集天然降水时降到其他部分地膜上的雨水，达到集流穴灌的目的，也可每孔根据植株的大小人工灌水1～3L。

采用地膜集流穴灌减少了土壤水分蒸发，提高了地温，充分利用了天然降水，促进作物早熟高产，且省时省力。

第八章 田间排水与盐碱土改良利用

在复杂的自然因素作用及不当的人为因素影响下，农田水分过多的现象会经常出现，若农田水分过多而又不能及时排除，将会产生涝、渍和盐碱危害，影响作物的生长。田间排水包括过湿地排水和盐碱地排水两大任务。过湿地排水的任务是排除农田中多余的水分，要求在一定时间内排除过多的地表水、降低过高的地下水位，使土壤具有适宜的水气比例，满足作物的正常生长和获取较高的收获量。盐碱地排水的任务有两个方面：一是控制地下水位，及时排除过多的地表水和地下水，防止盐分在土壤表面聚积，使盐碱地得到改良；另一方面是通过工程手段使淋溶冲洗水量得以有效排除，实现耕层土壤脱盐。农田排水的另一重大任务是改善生态环境，包括净化农田周边水环境、消灭或抑制危害人、畜健康的病虫害，从而提高人类赖以生存的水土环境质量。

第一节 田间排水要求及相关参数

一、除涝排水的要求

田间积水会使土壤水分过多，氧气缺乏，影响作物根系呼吸的正常进行；淹水时间过长，长期缺氧，作物在无氧条件下呼吸，所产生的乙醇可使作物中毒而死亡。所以，易涝地区的田间排水工程必须满足在规定的时间内，排除一定标准的暴雨所产生的多余水量，将淹水深度和淹水时间控制在不影响作物正常生长的允许范围之内。

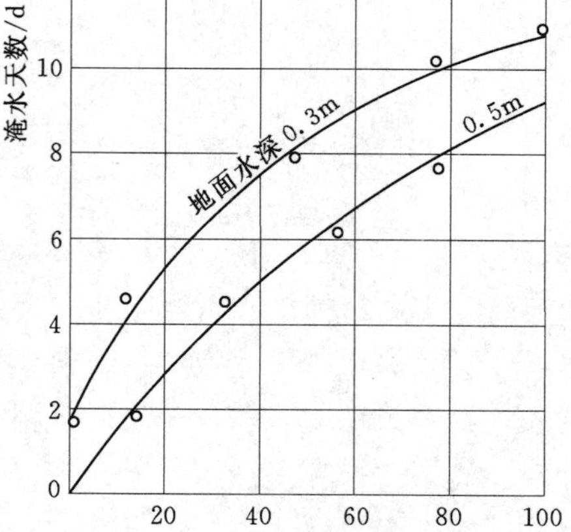

图 8-1 江苏省里下河地区水稻分蘖期淹水天数与产量关系

农作物受淹减产情况与允许的淹水时间、作物的种类、生育阶段有关。棉花、小麦等作物耐淹能力较差，一般在地面积水 10cm 情况下，淹水 1d 就会引起减产，受淹 6～7d 以上就会死亡。允许的淹水时间还与土壤质地、气候条件有关，一般土壤黏重和气温较高的晴天耐淹时间较短，砂性土壤和阴天允许淹水时间较长。水稻虽然能够在一定水层的水田中生长，但若地面积水过深也会引起减产和死亡。根据江苏省里下河地区的试验和调查，在分蘖期内，淹水深度和淹水时间对水稻产量的影响如图 8-1 所示。

农作物的耐淹水深和耐淹历时，应根据当地或邻近类似地区的农作物耐淹试验资料分析确定，无试验资料时可按表 8-1 选取。

表 8-1　　几种主要农作物的耐淹水深和耐淹历时

作物种类	生育阶段	耐淹水深/cm	耐淹历时/d
小麦	分蘖—成熟	5～10	1～2
棉花	开花、结铃	5～10	1～2
玉米	苗期—拔节期	2～5	1～1.5
	抽穗	8～12	1～1.5
	灌浆	8～12	1.5～2
	成熟	10～15	2～3
甘薯	全生育期	7～10	2～3
春谷	苗期—拔节期	3～5	1～2
	孕穗	5～10	1～2
	成熟	10～15	2～3
大豆	苗期	3～5	2～3
	开花	7～10	2～3
高粱	苗期	3～5	2～3
	孕穗	10～15	5～7
	灌浆	15～20	6～10
	成熟	15～20	10～20
水稻	返青	3～5	1～2
	分蘖	6～10	2～3
	拔节	15～25	4～6
	孕穗	20～25	4～6
	乳熟	30～35	4～6

二、防渍排水要求及标准

1. 防渍排水要求

作物根系活动层中土壤含水率的大小与土壤土质及地下水的埋藏深度有着密切的关系。地下水的埋藏深度越浅，根系活动层的含水率越大，当地下水埋藏深度超过某一界限时，根系活动层的平均含水率会超过土壤适宜的含水率，将导致土壤中水气比例失调，削弱土壤和大气之间的气体交换，使根系层严重缺氧，影响作物正常的生理活动，最终导致作物减产。土壤含水多，地下水位高，作物的根系稀少且不易扎深，直接影响着作物的生长和产量。

我国各地的试验和调查表明，地下水位埋深越浅，根系活动层也越浅。根据江苏省昆山和东台试验站实测：当地下水位埋深 0.36m 时，小麦根群集中层深 0.27m；埋深 1.24m 时，根深达 0.53m。对于棉花，当埋深大于 2m 时，根群集中层深达 0.85m；而埋深小于 1m 时，只有 0.6m 深。试验和调查也表明，在土壤、施肥和作物等各种条件大致相同时，地下水埋藏越浅，产量也越低。表 8-2 给出了几种作物产量与地下水埋深的关系。

表 8-2　　地下水埋深与作物产量关系

作　物	不同地下水埋深（cm）时的相对产量/%					100%时的产量/（kg/hm^2）
	40	60	90	120	150	
冬小麦	58	77	89	95	100	4005
大豆	58	80	89	95	100	4095
豌豆	50	90	100	100	100	2745
甜菜	71	84	92	97	100	40500
马铃薯	90	100	95	92	96	25950

由此可见，要使作物免受渍害，就必须具有适宜的地下水埋深，这个埋深应该等于根系集中层深度加上毛管饱和区高度。所谓毛管饱和区高度是指地下水在毛管力作用下强烈上升的高度，在此高度范围内水分占土壤孔隙的80%以上。根系集中层深度一般为0.2～0.6m，毛管饱和区高度一般为0.3～0.5m。所以，适宜的地下水埋深一般应为0.5～1.1m。适宜的地下水埋深随作物种类和生育期不同而不同，一般是播种期和幼苗期地下水埋深可小些；幼苗期，小麦要求地下水埋深为0.5m左右，棉花为0.8～1.0m；随着作物的生长发育，小麦要求地下水埋深逐渐大于1m，棉花则要求为1.5m左右。几种主要作物各生育阶段要求的地下水埋深详见表8-3。

表 8-3　　几种主要作物各生育阶段要求的地下水埋深

作物	生育阶段	耐渍深度/m	作物	生育阶段	耐渍深度/m
小麦	播种—出苗	0.5	玉米	幼苗	0.5～0.6
	分蘖—返青	0.6～0.8		拔节—成熟	1.0～1.5
	拔节—成熟	1.0～1.2	水稻	返青	0.1～0.2
棉花	幼苗	0.6～0.8		分蘖	0.3～0.4
	现蕾	0.2～1.5		晒田	0.4～0.6
	花铃	1.5		拔节—成熟	0.2～0.4

2. 防渍排水标准

农作物排渍标准包括设计排渍深度、耐渍深度、耐渍时间。农作物的设计排渍深度是指控制农作物不受渍害的农田地下水排降深度，通常是将排水区地下水位在降雨后一定时间内排降到农作物耐渍深度以下，以消除由于水分过多或水稻田土壤通气不良所产生的渍害。农作物的耐渍深度是指农作物在不同生育阶段要求保持一定的地下水适宜埋藏深度，即土壤中水分和空气状况适宜于农作物根系生长（有利于农作物增产）的地下水深度。当地下水位经常维持在农作物的耐渍深度时，则农作物不受渍害。农作物的耐渍时间指在作物生长期间，允许地下水有短期升至耐渍深度以上，其持续时间以不危害作物正常生长为限度，该持续时间称耐渍时间。

由于农作物的耐渍深度和耐渍时间因农作物种类、生育阶段、土壤性质、气候条件以及采取的农业技术措施等不同而变化，是一个动态指标。因此，各种农作物的耐渍深度和耐渍时间应根据当地或邻近地区作物种植经验的实地调查或试验资料，并考虑到一些动态因素的影响分析确定。表 8-4 列出的几种主要农作物排渍标准，可供无试验及调查资料时参考选用。

表 8-4　　　　几种主要农作物的排渍标准

农　作　物	生育阶段	设计排渍深度 /m	耐渍深度 /m	耐渍时间 /d
棉花	开花、结铃	1.0～1.2	0.4～0.5	3～4
玉米	抽穗、灌浆	1.0～1.2	0.4～0.5	3～4
甘薯	—	0.9～1.1	0.5～0.6	7～8
小麦	全生长期	0.8～1.0	0.5～0.6	3～4
大豆	开花	0.8～1.0	0.3～0.4	10～12
高粱	开花	0.8～1.0	0.3～0.4	12～15
水稻	晒田	0.4～0.6	—	—

在治渍设计中，通常以主要作物生长期内的最大耐渍深度为设计排渍深度指标，并应满足渍害敏感期或作物生长关键期的最小耐渍深度的控制要求。一般旱作物的渍害敏感期多为苗期，生长关键期则视渍害对产量影响较大而定，稻田宜采用控制无效分蘖的晒田期。治渍排水工程应以满足农作物全生育期要求的最大排渍深度为工程控制标准，一般可视作物根深不同而选用 0.8～1.3m。旱作区在渍害敏感期间可采用 3～4d 内将地下水埋深降至 0.3～0.6m；稻作区在晒田期 3～5 天内降至 0.4～0.6m；淹灌期的适宜渗漏率可选用 2～8mm/d。黏性土取较小值，砂性土取较大值。

3. 以地下水连续动态为指标的排水标准

在作物生长季节发生持续降雨的地区，作物产量不仅决定于一次降雨后地下水位回落过程，也与在一定季节超过某一地下水位的高度和持续时间有关。水位愈高，持续的时间愈久，作物生长受到的抑制程度愈大，减产损失愈大。为此，一些国家根据生长期（或某一生长阶段）各日地下水位超过某一水位数量的总和为指标提出排渍要求。

反映地下水连续动态的排渍指标通常用地下水位累积超标值 SEW_{30} 和抑制天数指标 SDI 表示，该指标在荷兰、美国等国的排水分析与设计中得到应用。国内 20 世纪 90 年代中期以来也曾有研究，但尚未进入生产应用阶段。

荷兰学者谢本（W. H. Sieben）1964 研究了地下水水位变化过程对作物产量的影响，根据不同年份某作物生长阶段（或敏感期）地下水水位过程线，统计地下水埋深小于某一深度 x 的累积值 SEW_x（通常取 $x=30$cm），其计算式为：

$$SEW_{30}=\sum_{i=1}^{n}(30-x_i) \tag{8-1}$$

式中：x_i 为第 i 天地下水埋深，cm，当 $x_i>30$ 时，取 $x_i=30$；n 为作物生长季节或生长阶段总天数，可以是作物生育期，也可以是作物生育期中的敏感期和雨季，d；SEW_{30} 为在计算分析期内，基准水位（地下水埋深等于 30cm）以上的地下水埋深的逐日累积值，cm·d。

由于作物不同生长阶段对渍害敏感程度是不同的，以整个生育期来统计超标准地下水

埋深会产生同一 SEW_x 而有不同的减产损失的情况。因此，应在有代表性的地区，开展人工控制地下水埋深与作物产量关系的试验，并通过回归分析，建立 SEW_x 与作物产量（或相对产量）的关系模型，供排水系统规划设计和管理参考。

三、防治盐碱化排水要求

土壤中的盐分主要是一些可溶性盐类，因此土壤中盐分也主要随水分运动而运动。蒸发耗水时，含盐的土壤水或地下水在土壤中毛管力作用下而上升，水分从地表蒸发后，盐分则留在土壤表层；而当降雨或灌水后，表层土壤的盐分溶解后又随入渗的水流向深层移动，使表层土壤盐分逐渐降低。所以，在某一时段内，土壤表层的盐分是增多还是减少，主要取决于蒸发积累和入渗淋洗的盐分数量。

在一定的耕作条件下，表层土壤的水分蒸发强度一方面取决于气象条件，另一方面又与地下水埋藏深度密切相关，埋藏深度越浅，土壤含水量越大，蒸发越强烈，表土越易积盐，越容易形成土壤盐碱化。而当降雨或进行灌溉时，土壤的入渗量也与地下水条件有关。地下水位越高，土壤含水量越大，入渗速度越小，地下水位以上土壤孔隙中所能蓄存的水量（即雨水或灌水入渗总量）也越小。因此，入渗期间自地表所能带走的盐分越少，因而表土愈不容易脱盐。

由于土壤脱盐和积盐均与地下水的埋藏深度有着密切关系，在生产中常根据地下水埋深判断某一地区是否会发生土壤盐碱化。在一定的自然条件和农业技术措施条件下，为了保证土壤不产生盐碱化和作物不受盐害所要求保持的地下水最小埋藏深度，叫做地下水临界深度。其大小与土壤质地、地下水矿化度、气象条件、灌溉排水条件和农业技术措施（耕作、施肥等）有关。轻质土（砂壤、轻壤土）的毛管输水能力强，当其他条件相同时，在同一地下水埋深的情况下，较黏质土的蒸发量大，因而也容易积盐，为了防止其盐碱化，地下水应保持在较大的深度，亦即地下水临界深度的数值较大。在同一蒸发强度的情况下，地下水矿化度高的地区，积盐速度快，因而也应有较大的地下水临界深度。反之，精耕细作，松土施肥，可以减少土壤蒸发，防止返盐，适时灌水可以起到冲洗压盐的作用，在这些地区地下水临界深度可以适当减小。各地条件不同，地下水临界深度也不同，一般应根据实地调查和观测试验资料确定。北方一些地区采用的临界深度如表 8-5 所示。应当指出，年内不同季节，气象（蒸发和降雨）、耕作、灌水等具体条件不同，防止土壤返盐要求的地下水埋深及其持续时间也应有所不同。因此，对地下水位的要求不应是一个固定值而应是一个随季节而变化的动态值。

表 8-5　　地下水临界深度表　　单位：m

土壤质地	地下水矿化度/(g/L)			
	<2	2～5	5～10	>10
砂壤、轻壤	1.8～2.1	2.1～2.3	2.3～2.6	2.6～2.8
中壤	1.5～1.7	1.7～1.9	1.8～2.0	2.0～2.2
重壤、黏土	1.0～1.2	1.1～1.3	1.2～1.4	1.3～1.5

注　蒸发强烈地区宜取较大值，反之宜取较小值。

四、耕作条件对排水要求

为了适于农业耕作，需要使农田土壤保持在一定的含水率以下，一般根系吸水层内含水率在田间持水率的60%～70%时较为适宜。为了便于农业机械下田，并具有较高的工作效率，土壤含水率应低于一定数值，视土壤质地和机具类型而定。根据相关资料，一般满足履带式拖拉机下田要求的最小地下水埋深为0.4～0.5m，满足轮式拖拉机机耕要求的地下水最小埋深为0.5～0.6m。

第二节 明 沟 排 水

明沟排水就是建立一套完整的地面排水系统，借助排水明沟把地上、地下和土壤中多余的水排走，控制适宜的地下水位和土壤水分。明沟排水的特点是排水速度快（尤其是排地面水）、排水效果好，但明沟排水工程量大、地面建筑物多、占地面积大、沟坡易坍塌，同时不利于交通和机械化耕作等缺点。按照排水任务的不同，明沟排水也可分为除涝（排地面积水）、防渍和防止土壤盐碱化（控制地下水位）等3种明沟排水系统。田间排水沟是明沟排水系统的末级沟道，具有排除地表水、降低田面淹水深度、控制地下水位上升高度、减少作物淹水时间、排除田间农药、化肥的残留，建立生态净水等作用，在农业增产增收和粮食安全保障中发挥着重要作用。合理确定田间排水沟的深度和间距，是田间排水系统规划设计的主要内容。排水沟道的沟深和间距依排水系统所担负的任务、作物的品种与种类、土壤结构与质地等不同有差异，应采用试验法、经验法或理论计算法确定，下面主要介绍后两种方法。

一、经验法确定田间排水沟的沟深和间距

1. 除涝田间排水沟沟深和间距

除涝田间排水沟，目的是及时排除地面水，防止作物受淹。影响田间排水沟间距的因素很多，如降雨径流关系、允许的淹水历时及旱田的蓄水能力等；而且又非常复杂，如降雨径流过程，由于产流汇流过程受降雨量、雨强、土质、地面坡度等因素影响，除土壤蓄水以外，田间灌水沟、畦、排水沟等均对降雨径流有一定的调蓄作用，很难准确确定农田产流汇流，目前还没有完善的理论计算公式。实践中，北方地区农沟一般间距多在150～400m，毛沟间距为30～50m。南方地区末级排水沟间距多为100～200m。如果只排除地表径流，没有控制地下水位的要求时，排除地面水的排水沟沟深视排水流量而定，一般不超过0.8～1.0m。

2. 治渍的田间排水沟沟深和间距

治理渍害的田间排水沟，其主要任务是降低地下水位。根据一些地区的试验资料和经验数据分析，在不同土质、不同沟深时，控制地下水位的排水沟深度和间距如表8-6所示。

另外，根据土壤质地、沟深及作物，控制地下水位的排水沟深度和间距可参照表8-7、表8-8确定。

3. 盐碱化地区的田间排水沟沟深和间距

盐碱化地区田间排水沟的主要水任务是控制地下水位要降在安全深度以下，防止土壤盐碱化。盐碱化地区的田间排水沟沟深和间距，可以参考表8-9确定。

表 8-6　防渍排水沟沟深与间距经验数据　单位：m

沟　深	间　距		
	黏土	中壤土	砂壤土
0.8～1.3	15～30	30～50	50～70
1.3～1.5	30～50	50～70	70～100
1.5～1.8	50～70	70～100	100～150
1.8～2.3	70～100	100～150	—

表 8-7　旱作区控制地下水位的田间排水沟间距　单位：m

沟　深	间　距				
	砂性土壤块状黏土	轻砂壤土	中壤土	重壤土	黏土
1.0～1.2	150	200～150	65	35	30
1.5～1.7	250	200～250	120	70	60
2.0～2.2	400	300～400	180	120	100

表 8-8　水稻区控制地下水位的沟深和沟距　单位：m

土　质	烤田期控制地下水埋深	沟　深	沟　距
黏土	0.45～0.55	0.8～1.2	50～60
壤土	0.45～0.55	0.8～1.2	60～70
砂土	0.45～0.55	0.8～1.2	70～80

表 8-9　盐碱化地区田间排水沟的深度和间距　单位：m

地　区	土　质	沟　深	沟　距
黄淮海平原	黏质土	1.2	160～200
		1.4	220～260
		1.6	280～320
		1.8	340～380
	轻质土	2.1	300～340
		2.3	360～400
		2.5	420～470
		3.0	580～630
江苏苏北滨海地区	轻壤土	1.2	50
		2.0	100
	砂壤土	1.5	150
		2.0	200
陕西洛惠渠灌区	轻黏土	1.5	200
		2.0	250
	中、重壤土	2.2	340
		2.5	400
	轻壤土	2.0	380
		2.2	430

二、理论计算法确定田间排水沟的沟深和间距

地下水位高是产生渍害的主要原因，也是产生土壤盐碱化的重要原因。为了防治渍害和盐害，在地下水位较高的地区，必须修建控制地下水位的田间排水沟，使地下水位经常控制在适宜深度以下。在缺乏实测及调查资料时，田间排水沟（或暗管）的间距也可用公式计算。

（一）农田地下排水设计指标

农作物生长与地下水位的变化有着密切的关系。在盐碱土地区主要以控制地下水位为设计指标时，要求地下水位不小于地下水临界深度；在非盐碱土地区，则以适宜地下水位埋深为防止渍害的标准。以地下水位为设计指标，不仅计算简化，而且观测方便，资料容易取得，因而国内外广为采用。

（二）排水沟深度与间距的确定

排水沟既要能加速排除地面水，又要能降低地下水位，保证农作物的正常生长。对于控制一定地下水位要求的农田排水系统而言，排水沟深度与间距存在着一定的关系，两者互为消长。在同一排水沟深度的情况下，排水沟的间距愈小，地下水位下降速度越快，在一定时间内地下水位的下降值越大；反之，排水沟的间距越大，地下水位下降越慢，在规定时间内地下水位的下降值也越小，地下水位下降速度越慢。在允许的时间内要求达到的地下水埋藏深度 ΔH 一定时，排水沟的间距 L_1 越大，需要的深度也越大；反之排水沟的间距 L_2 越小，要求的深度 D_2 也越小（图 8-2）。

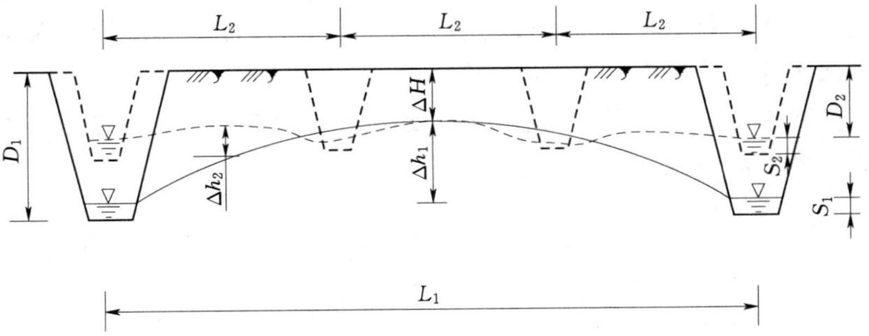

图 8-2 田间排水沟深度和间距关系图

1. 排水沟深度的确定

对于地下水位较高的地区，有防渍治碱要求的田间排水沟，一般应根据作物要求的地下水适宜深度或地下水临界深度、边坡稳定条件、施工难易程度等初步确定沟深，然后再确定沟距。当作物允许的地下水埋深 ΔH 一定时，排水沟的深度 D 可用下式表示：

$$D=\Delta H+\Delta h+S \tag{8-2}$$

式中：D 为排水沟的深度，m；ΔH 为作物要求的地下水埋深，m；Δh 为当两沟的中心点地下水位已降至 ΔH 时，地下水位与沟水位之差，此值视农田土质与沟距而定，一般不小于 0.2～0.4m（可取 0.2～0.3m）；S 为排水农沟中的水深，排地下水时沟内水深很浅，一般取 0.1～0.2m。

2. 排水沟间距的确定

排水沟间距的确定除与沟深有关外，还受土壤性质、地下含水层厚度等因素影响。实

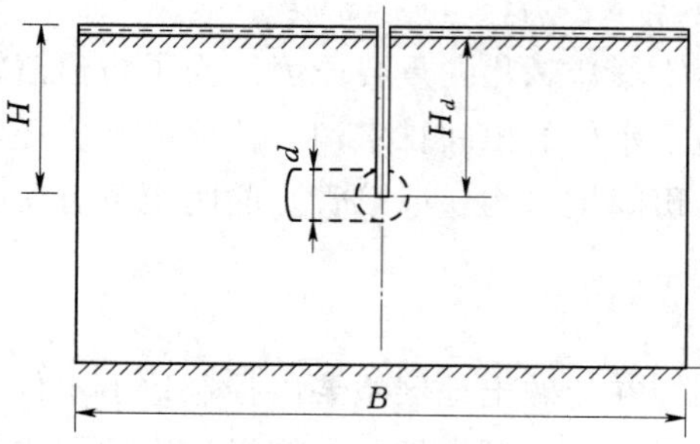

图 8-3　水田区排水沟间距计算示意图

际观测资料表明，在一定的排水沟深条件下，要求的排水沟间距与土层的导压系数 $\alpha=kH/\mu$（k 为土壤渗透系数，H 为含水层平均厚度，μ 为土壤给水度）有着十分密切的关系。α 值越大，排水沟的间距越大，亦即土壤渗透系数越大，含水层厚度越大，土壤给水度越小，满足一定地下水位控制要求的排水沟间距可越大；反之，土壤渗水性越差（土壤越黏重），含水层厚度越小，土壤给水度越大，排水沟间距越小。

利用渗流理论在概化自然条件下得到的确定间距的方法具体如下：

（1）水稻区田面有淹水层、排水沟边坡陡直、不计沟中水深、稳定渗流情况下的排水沟间距公式为（图 8-3）：

$$B=\frac{kH}{q\phi_0} \tag{8-3}$$

$$\phi_0\approx 0.5+0.174\frac{H_d}{T} \tag{8-4}$$

式中：B 为末级固定排水沟间距，m；k 为排水地段含水层平均渗透系数，m/d；H 为田面水位与沟底高程之差，即排水沟的作用水头，m；q 为设计要求的稻田渗透强度，m/d；ϕ_0 为稳定渗流情况下，排水沟排水地段的渗流阻抗系数；H_d 为排水沟内水面至地面的垂直距离，即排水沟的有效深度，m；T 为排水地段含水层的平均厚度，m。

（2）旱作区或水旱轮作区田面无水淹层，地下水位逐渐降落，不考虑蒸发影响，非稳定渗流情况下，排水沟间距见图 8-4。

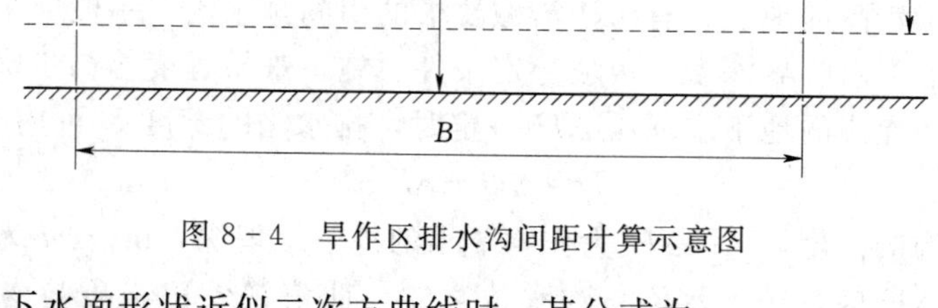

图 8-4　旱作区排水沟间距计算示意图

1）当起始地下水面形状近似二次方曲线时，其公式为：

$$B=\frac{kt}{\mu\Omega\ln\left(\frac{H_0}{H_t}\right)} \tag{8-5}$$

当 $D\leqslant B/2$ 时

$$\varphi=\frac{1}{\pi}\ln\frac{2D}{\pi B_0}+\frac{B}{8D} \tag{8-6}$$

当 $D>B/2$ 时

$$\varphi=\frac{1}{\pi}\ln\frac{2B}{\pi B_0} \tag{8-7}$$

式中：H_0 为地下水位降落起始时刻，排水地段中部地下水位高于沟内水面的作用水头，m；H_t 为地下水位降落到 t 时刻，排水地段中部地下水位高于沟内水面的作用水头，m；T 为设计要求地下水位由 H_0 降到 H_t 的历时，d；μ 为地下水面变动范围内的土层平均给水度；Ω 为地下水面形状校正系数，采用 $\Omega\approx0.7\sim0.8$；φ 为非稳定渗流情况下排水沟排水地段的渗流阻抗系数；D 为沟内水面至水平不透水层表面的垂直距离，m；B_0 为沟内水面宽度，m。

2）起始地下水面的形状近似四次方抛物线时，其公式为

$$B=\pi\sqrt{\frac{kDt}{\mu\left(1+\frac{8D}{\pi B}\ln\frac{D}{x}\right)\ln\left(1.16\frac{H_0}{H_t}\right)}} \tag{8-8}$$

$$x=b+2(1+m^2)^{1/2}h \tag{8-9}$$

式中：x 为排水沟梯形过水断面的湿周，m；b 为沟底宽度，m；h 为沟内水深，m；m 为边坡系数。

上述计算公式中的间距 B 呈隐函数形式，需采用试算法或迭代法逐次逼近求解。公式中的土壤水文地质参数 k 和 μ 宜采用现场实测的多点综合平均值。公式中包含的隔水层埋深 D，需要利用有足够深度的水文地质勘探资料，可通过调研获得，对于较大规模的排水系统规划，则宜进行必要的水文地质勘探。

（3）旱作区或水旱轮作区田面无淹水层，地下水位逐渐降落，起始地下水面形状近似二次方曲线，但考虑蒸发影响，地下水蒸发强度与埋深关系指数 $n\geqslant1$，该情况下排水沟间距公式（虚线箭头表示地下水蒸发沿程分布，图 8-4）：

$$B=\frac{kt}{\mu\Omega\Phi\sum C_{ni}} \tag{8-10}$$

$$\sum C_{ni}=\sum_{i=0}^{\overline{m}}\frac{C(H_0-H_t)}{2\overline{m}\left[\frac{\Omega\varepsilon_0}{K}B\Phi\left(1-\frac{H_d-H_i}{h_\varepsilon}\right)^n+H_i\right]} \tag{8-11}$$

$$H_i=H_0-i\frac{H_0-H_t}{\overline{m}}=H_t+(\overline{m}-i)\frac{H_0-H_t}{\overline{m}} \tag{8-12}$$

式中：$\overline{m}$ 为地下水位下降幅度 H_0-H_t 的等分数，取值愈大，计算结果精度愈高，通常 $\overline{m}=5\sim10$；i 为等分 H_0-H_t 排列序号，即 $i=0$、1、2、3、…、$\overline{m}$；C 为相当于排列序号 i 的正整数值，当 $i=0$ 和 $i=\overline{m}$ 时，$C=1$；当 $i=1$、2、3、…、$\overline{m}-1$ 时，$C=2$，H_i 为排列序号为 i 的排水地段中部地下水位高于沟内水面的作用水头，m；ε_0 为地下水位埋深为零时的蒸发强度，m/d，若不考虑蒸发影响时，$\varepsilon_0=0$；h_ε 为地下水停止蒸发时的水位埋深，m；n 为地下水蒸发强度与水位埋深关系指数，通常 $n\geqslant1$；其余符号意义同前。

公式计算法常为设计者采用，究其原因是：使用方便，花费较少，而且能紧密结合排水设计标准，一定程度上反映了不同的自然条件。但因有关参数不易测准和自然条件概化较多

等原因，与实际情况有一定差异，影响了计算结果的准确性。尤其是每个公式都有其特定的初始条件和边界条件，若不注意结合当地条件选用公式，计算结果将不符合实际情况。

目前，在设计田间排水沟间距时，应该考虑以下几点：

(1) 从计算方法的发展来看，应该采用不稳定流动的研究方法，更符合实际情况。

(2) 设计排水工程之初，先要拟订出一个适合于本地区地下水位的控制指标，该指标的确定应考虑盐碱土地区或低洼渍害地区的差异，考虑耕地或荒地开垦的不同，甚至要考虑农业措施、作物品种以及同一作物的不同生长期而有所区别。

(3) 在计算时，必须考虑到地下水蒸发的影响，实测资料表明，蒸发可加速地下水的下降，某些强烈蒸发地区作用更显著。

(4) 在计算排水沟间距时，必须考虑到农田是两侧排水（条田），还是四侧排水（网格田），计算表明，当农田的长宽比大于 3 以后，则四侧排水的农田，可以简化为仅有两侧排水的农田来计算，否则就会造成工程上的浪费。

(5) 在进行计算前，必须对公式中所应用到的各个水文地质参数进行测定，例如渗透系数、给水度、蒸发强度和入渗强度等。这些参数的测定，有时差距很大，必须重复多次测试，而且应以现场测定为准。

(6) 除了按公式计算间距外，也可通过野外现场试验或室内模拟试验来确定，这也是一种有效手段。随着电子计算机的普及，很多复杂的排水问题，也可以采用数值法求解。

第三节　暗　管　排　水

自 20 世纪 70 年代以来，国外的农田排水技术发展迅速，具体表现在以下四个方面：一是明沟向暗管排水过渡；二是广泛应用塑料管道；三是研究应用新型合成过滤材料与外包管材；四是开发新型排水机械设备——开沟铺管机、无沟铺管机、清淤机等。荷兰是暗管技术发展较早的国家，对暗管排水排盐的机理，暗管的材料选择，铺设工艺，暗管埋深与间距的确定，内部污染、铁锰物质的沉积堵塞、根系的穿入、内压等关键技术性的问题进行了长时间的研究。目前，荷兰、以色列等国农田几乎全部都采用塑料暗管排水，美国、英国、德国等也达到 70％以上，北非、西亚、南亚等一些发展中国家正在大面积推广使用暗管排水技术。

我国暗管排水也有千年以上的历史，河南省济源县在唐代就用三片瓦拼合而成的合瓦管进行排水。随着几代人的努力，近年来，暗管排水排盐技术在我国山东、新疆和宁夏等干旱半干旱、地下水浅埋盐碱区得到广泛应用，地下排水暗管在我国南北方地区均有不同程度的发展，已成为今后一种发展趋势。

一、暗管排水特点

暗管指的是在地下埋设的管壁有多孔或缝隙的管道，主要处理对象是“水”和“盐”。依靠暗管排除的过剩水，包括两部分，即“地表残留水”和“土壤中的重力水”，地表残留水是指贮存在坑凹外的地表水，靠地表自然排水方法无法排除的水，过去认为暗管排水的主要作用是排除壤中水，但经过大量的调查研究，人们逐渐认识到暗管排水作用更重要的是排除地表残留水。

1. 暗管排水优点

(1) 与明沟和暗沟相比，有助于地下水位的控制。由于暗管埋设较深，可将地下水位控制在与作物的根系相适宜的埋深之下，使作物免受渍害。

(2) 与明沟相比，管道受外界条件的影响小，减轻了维修和管理的工作量。明沟的造价较低，受外界影响大，排水沟边坡坍塌现象十分普遍，维修养护任务重。而暗管排水无坍塌和长草等问题，易于管理，节省劳力，土方工程量少，便于机械化施工，尤其对于黏土区，具有更广阔的使用前景。

(3) 与明沟相比，暗管排水可减少耕地占用，提高土地利用率，有利于机械化作业。

(4) 在遇到水平不透水的隔层时，暗管也能有效地排水。

(5) 在有条件的地区，可利用暗管排水系统，根据农田需要控制的地下水位，实行倒灌，达到地下灌溉的目的。

(6) 暗管排水能有效改善土壤通气性，提高土温，促使土壤微生物活动，有助于提高作物产量。

2. 暗管排水缺点

暗管排水的不足之处是：只能排地下水，不能同时排地表水；一次性投入很大，施工要求高；暗管排水的同时降低了土壤的速效养分，氮元素流失严重，已经得到关注；管径小，间距大，外包装老化、破损等原因易造成暗管堵塞，排水慢，易造成农田淹水，还要求有较大的坡降。

二、暗管排水系统组成

暗管排水系统一般由吸水管、集水管（沟）、检查井、集水井等几部分组成。

(1) 吸水管，是埋设于田间，直接由进水孔或接缝吸收和接受土壤中多余水分的管道。

(2) 集水管（沟），是用于汇集吸水管集水并输送至下一级排水沟道的暗管或明沟。在吸水管进入集水沟处应设有出口建筑物，防止水流冲刷集水沟，并在集水沟高水位时防止杂物或泥土进入暗管造成出口堵塞。

(3) 检查井，当暗管系统由多级暗管组成时，设置在集水管和吸水管相交处，用于冲沙、清淤、控制水流和管道检修的竖井。

(4) 集水井，当集水管出口处的外水位较高，积水不能自流排出时，需设置集水井汇集集水管的来水，由水泵排至下一级排水沟中。

在骨干排水系统可能出现高水位，集水不能自流外排时，在集水口出口处还应设置小型泵站，扬水排出。在水田轮作地区为了减少水田渗漏应对吸水管和集水管（沟）中水位进行控制。在旱作物生长季节有可能出现干旱时段，为了防止土壤含水率过低，应进行有控制的排水或间歇性的提高水位以进行浸润灌溉。在这种情况下，田间排水系统中还应有控制建筑物，根据作物生长需要，随水流进行调控。

三、暗管排水系统的田间布置与结构

1. 暗管排水系统的布置原则

根据《规范》(GB 50288—99) 的有关规定，暗管排水系统的布置应遵循以下原则：

(1) 吸水管应有足够的吸聚地下水的能力，其管线平面布置宜相互平行，与地下水流动方向的夹角不宜小于 40°。

(2) 集水管（或明沟）宜顺地面坡向布置，与吸水管管线夹角不应小于 30°。

(3) 各级排水暗管的首端与相应上一级灌溉渠道的距离不宜小于 3m。

(4) 吸水管长度超过 200m 或集水管长度超过 300m 时宜设检查井。集水管穿越道路或渠、沟的两侧应设置检查井。集水管纵坡变化处或集水管与吸水管连接处也应设置检查井。检查井间距不宜小于 50m，井径不宜小于 80cm，井的上一级管底应高于下一级管顶 10cm，井内应预留 30～50cm 的沉砂深度。明式检查井顶部应加盖保护，暗式检查井顶部覆土厚度不宜小于 50cm。

(5) 水稻区和水旱轮作区的吸水管或集水管（或明沟）出口处宜设置排水控制阀门。吸水管出口可逐条设置，也可按田块多条集中设置。

(6) 暗管排水进入明沟处应采取防冲措施。

(7) 暗管排水系统的出口宜采用自排方式。排水出口受容泄区或排水沟水位顶托时，应设置涵闸抢排或设泵站提排。

(8) 暗管可与浅密明沟或鼠道结合布置，构成复合式排水网络。

2. 暗管排水系统田间布置与结构

根据集水管与吸水管之间的关系，暗管排水系统布置的形式有以下几种：

(1) 吸水管与集水管（沟）呈直角正交连接，如图 8-5 (a) 所示。这种形式适用于

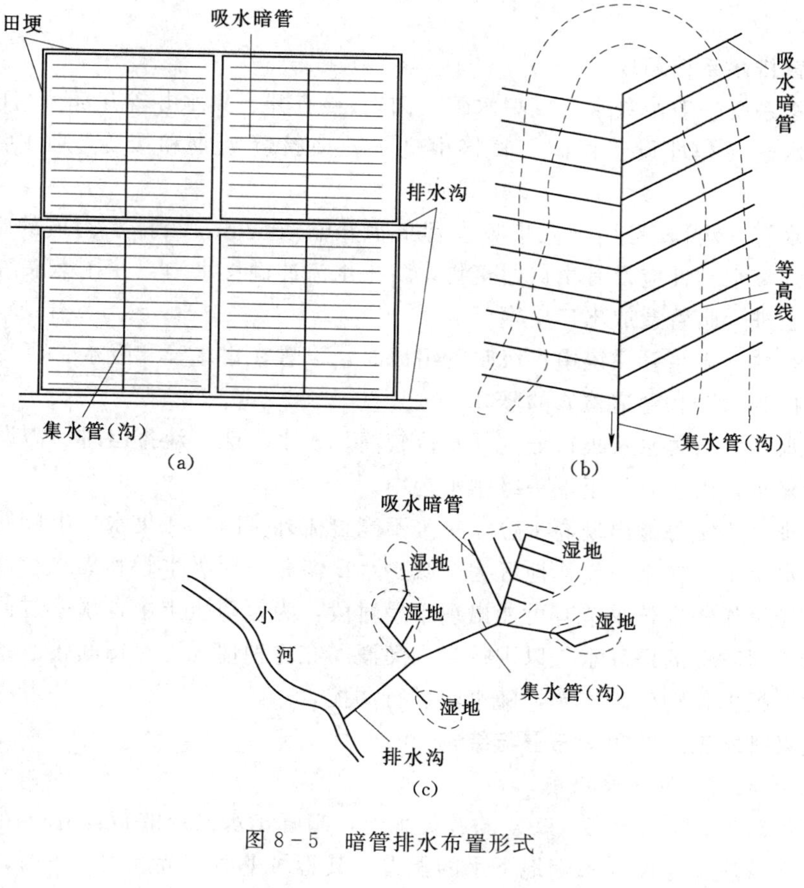

图 8-5　暗管排水布置形式

地势平坦、田块规整的平原湖区和土地平整良好的山岳冲垄地区。若排水地段土质均匀，排水要求大体上一致，则吸水管一般可等距布置。

（2）吸水管与集水管（沟）呈锐角斜交连接，如图 8－5（b）所示。这种布置适用于地形比较开阔，冲谷两侧坡度比较一致的山丘地区。

（3）排水系统不规则布置形式，如图 8－5（c）所示。在渍害田面积较小，且孤立分布，或有分散的泉水溢出点，需局部进行排水时，则需要根据地形、水文地质和土壤条件布置暗管，不要求形成等距和规则的排水系统。

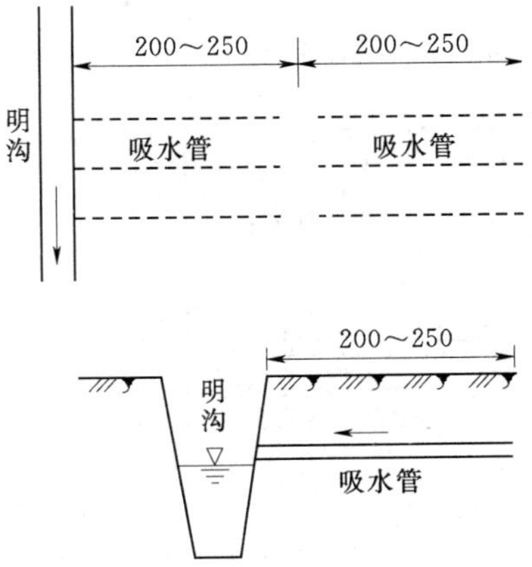

图 8－6　一级暗管排水系统（单位：m）

按照暗管系统组成，暗管排水系统的布置有一级暗管排水系统和二级暗管排水系统两种形式。

（1）一级暗管排水系统。一级暗管排水系统有两种情况，一种是在田间只布置吸水管。吸水管与集水明沟垂直，且等距离、等埋深平行布置。每条暗管都有出水口，分别向两边的集水明沟排水，见图 8－6。另一种是暗管一端与排水明沟相连，另一端封闭且距自流灌溉渠道 5～6m，以防止泥沙入管和防止渠水通过暗管流失，见图 8－7。一级暗管排水系统具有布局简单、投资较少、便于检修等优点，我国大部分地区多采用这种布置形式。

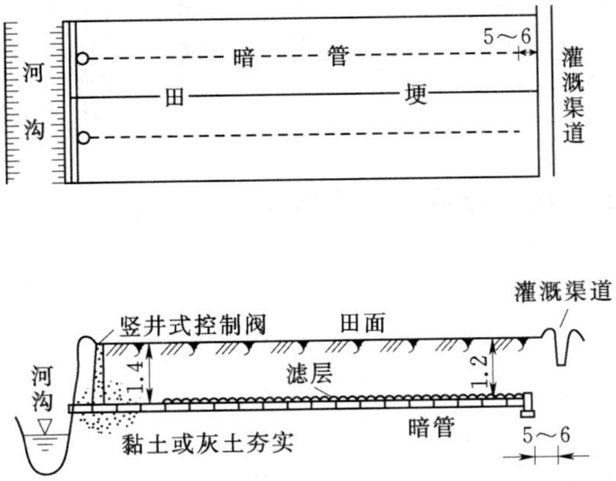

图 8－7　一级暗管排水系统田间布置（单位：m）

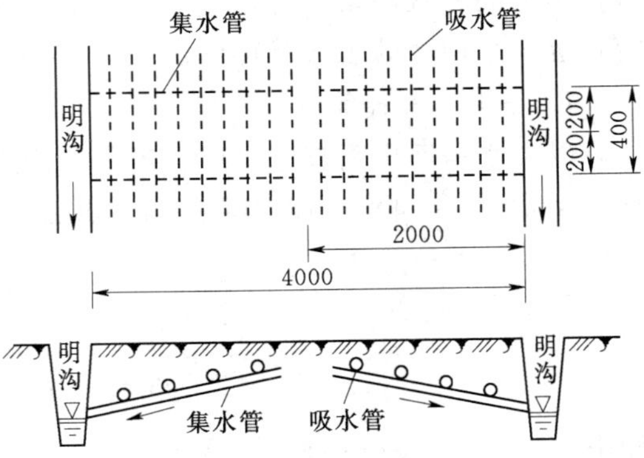

图 8－8　二级暗管排水系统布置（单位：cm）

（2）二级暗管排水系统。暗管由吸水管和集水管两级组成，吸水管垂直于集水管，集水管垂直于明沟。地下水先渗入吸水管，再汇入集水管，最后排入明沟。为减少管内泥沙淤积和便于管理，管道比降可采用 1/500～1/1000，以使管内流速大于不淤流速，地形条件许可时可适当加大管道比降，以提高管内的冲淤能力，且每隔 100m 左右设置一个检查井。这种类型土地利用率较高，有利于机械耕作，但布置较复杂，增加了检查井等建筑物，水头损失较大，用材和投资较多，适用于坡地地区。如图 8－8 和图 8－9 所示，每个田块的吸水管通过控制建筑物与集水暗管相连。

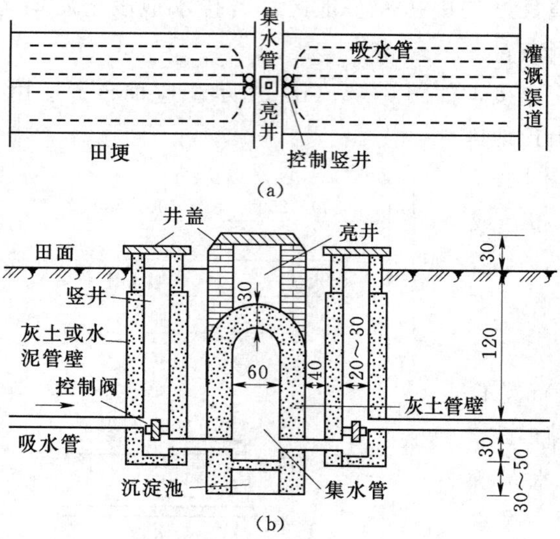

图 8-9 二级暗管排水系统田间布置(单位:cm)
(a) 平面布置图;(b) 剖面图

四、暗管排水系统的设计

暗管排水系统的设计主要包括暗管深度、间距、管径、流量和坡降的确定以及暗管材料选择等。

(一) 田间排水暗管深度和间距的确定

与明沟沟深和间距一样,田间排水暗管间距与暗管埋深密切相关,埋深大时其间距可大些。根据经验,在防治渍害地区一般为 0.8~1.5m,视作物根深而定;在盐碱地区为 1.5~2.5m,视临界深度而定。排水暗管通常布设在同一深度,按等距排列。吸水管埋深应采用允许排水历时内要求达到的地下水位埋深与剩余水头之和,剩余水头值可取 0.2m 左右。季节性冻土地区,还应满足防止管道冻裂的要求。集水管埋深应低于集水管与吸水管连接处的吸水管埋深 10~20cm,间距应根据灌溉排水系统平面布置的要求确定。

暗管间距视暗管埋深、土壤透水性和排水标准而定。农沟间距一般在 60~85m 之间,可采用暗管沿原农沟位置布置的方式。对于透水性较差的黏性土或在上部有浅位阻水层时,暗管间距宜加密。排水暗管的间距可采用田间试验法、经验数据法和理论计算法确定,也可采用经验公式计算确定。

1. 理论公式计算暗管间距

(1) 水稻区田面有淹水层、吸水管内充满水、稳定渗流情况下吸水管间距按式(8-13)和式(8-14)计算(图 8-4,虚线表示吸水管)。

$$B=\frac{kH}{q\Phi_0} \tag{8-13}$$

$$\Phi_0\approx\frac{1}{\pi}\ln\sqrt{\frac{8T}{\pi d}\tan\frac{\pi H_d}{2T}-1} \tag{8-14}$$

式中:H_d 为吸水管埋深,m;H 为吸水管的作用水头,m(管内为有压水时,H 为田面水位与吸水管承压水位之差,管内无水压时,H 为田面水位与吸水管中心高程之差);Φ_0 为稳定渗流情况下,吸水管排水地段的渗流阻抗系数。k、q、T 与式(8-6)和式(8-7)中的含义相同。

(2) 旱作区或水旱轮作区田面无淹水层,地下水位逐渐降落,不考虑蒸发影响,非稳定渗流情况下(虚线表示吸水管,图 8-4)。

起始地下水面形状近似二次曲线时,吸水管间距按式(8-6)~式(8-8)计算,式中 Ω=0.8~0.9,B_0 以 $2\sqrt{\Omega\overline{H}d}$ 代替,$\overline{H}$ 为非稳定渗流情况下吸水管排水地段的作用水头(m),按下式计算

$$\overline{H}=\frac{H_0-H_t}{\ln\left(\frac{H_0}{H_t}\right)} \tag{8-15}$$

起始地下水面形状近似四次曲线时，吸水管间距按式（8-10）计算，但式中 $x=\pi d$。

(3) 旱作区或水旱轮作区田面无淹水层，地下水位逐渐降落，起始地下水面形状近似二次方曲线，但考虑蒸发影响，地下水蒸发强度与埋深关系指数 $n\geqslant1$，该情况下排水沟间距按式（8-10）和式（8-13）计算，但式中 $\Omega=0.8\sim0.9$，B_0 以 $2\sqrt{\Omega\overline{H}d}$ 代替。

2. 经验公式

可按中国水利水电科学研究院与江苏省水利科学研究所归纳整理的经验公式计算：

$$L=NKH \tag{8-16}$$

式中：L 为暗管间距，m；H 为暗管埋深，m；K 为土壤渗透系数，黏土 $K=0.1\sim0.2$m/d，壤土 $K=0.3\sim0.6$m/d，砂土 $K=0.7\sim1.0$m/d；N 为经验系数，根据土质确定，黏土为 40，壤土为 30，砂土为 20。当缺乏 K 值时，可采用黏土 $NK<10$，壤土 $NK=10\sim12$，砂土 $NK>12$。

在缺乏资料时，可根据土壤质地和有关初步参数进行经验的或理论的计算，作为初步的沟深、间距值，然后再进行田间观测试验。无试验资料可参照表 8-10 选值。

表 8-10　吸水管埋深和间距经验值

吸水管埋深/m	吸水管间距/m		
	黏土、重壤土	中壤土	轻壤土、砂壤土
0.8～1.3	10～12	20～30	30～50
1.3～1.5	20～30	30～50	50～70
1.5～1.8	30～50	50～70	70～100
1.8～2.3	50～70	70～100	100～150

根据调查统计，南方一些省区不同土质的排水暗管埋深与间距的经验值如表 8-11 所示，由于明沟的断面大于暗管，水流入沟的束缩作用和阻力损失小于暗管，因此，采用的明沟间距大于暗管。

表 8-11　南方一些省区不同土质的排水暗管埋深与间距经验数值

土壤质地		黏土	壤土	砂土
土壤渗透系数/（m/d）		<0.3	0.36～0.6	0.1～1.0
排水形式	深度	间距/m		
暗管	0.8	6～8	8～10	10～12
	1.0	8～10	10～12	12～15
	1.2	10～12	12～15	15～20
	1.5	12～15	15～20	20～30

（二）排水暗管的设计流量

与田间排水沟的设计流量计算相似，排水暗管的设计流量也可以为排水模数和排水的

控制面积的乘积，即

$$Q_{设}=qF=qBL \tag{8-17}$$

式中：$Q_{设}$为暗管的设计流量，m^3/s；F为控制面积，km^2；q为排水模数，$m^3/(s\cdot km^2)$；B为暗管间距，m；L为暗管长度，m。

排水暗管的设计流量也可按下式计算确定。

$$Q_{设}=CqA \tag{8-18}$$

式中：$Q_{设}$为排水管的设计流量，m^3/s；q为地下水排水强度，m^3/d；A为排水暗管控制面积，m^2；C为排水流量折减系数，可从表8-12中查得。

表8-12　　排水流量折减系数

排水控制面积/hm^2	<16	16～50	50～100	>100～200
排水流量折减系数	1.00	1.00～0.85	0.85～0.75	<0.75～0.65

水稻田田面有淹水层时，稳定渗流情况下的地下水排水强度q为水稻田日渗漏量的设计值（m/d），其值等于水稻田适宜日渗漏量与无排水条件时水稻田日渗漏量之差；而当田面无积水时，q为非稳定渗流情况下地下水平均排水强度（m/d），其值可按式（8-19）计算。

$$q=\frac{\mu\Omega(h_{c0}-h_{ct})}{\overline{H}}-i_0\left(1-\frac{d_0-d_t}{2d_s}\right)^n \tag{8-19}$$

式中：μ为土层平均给水度；Ω为地下水面形状校正系数，取0.8～0.9；h_{c0}为中部地下水初始水位高于沟中水面的作用水头，m；h_{ct}为t时刻中部地下水位高于沟中水面的作用水头，m；$\overline{H}$为排水段含水层平均厚度，m；i_0为地下水位埋深为零时的蒸发强度，m/d，如不考虑蒸发影响时$i_0=0$；d_0为排水段中部地下水位降落起始时刻的水位埋深，m；d_t为排水段中部地下水位降落到t时刻的水位埋深，m；d_s为地下水位停止蒸发时的水位埋深，m；n为地下水蒸发强度与水位埋深关系指数，通常$n\geqslant1$。

（三）暗管管径和坡降的设计

管径和坡降二者存在一定的相关关系。暗管管径大小的确定，应保证在无压流的情况下排除设计的排水流量，结合多种因素确定，田间吸水管在仅承担排除地下水的情况下可以采用较小的管径。根据我国各地经验在采用当地材料管（如瓦管、石屑水泥管、水泥土管等）时，其内径为50～100mm，塑料管内径为50～75mm。并根据管道长度逐渐增加管径，满足排水要求。

排水暗管的纵坡应保证管中有一定的流速，以便使少量进入管中的土壤细粒能随水流排出。排水暗管（吸水管）的设计最小坡降应满足不产生淤积的要求，管内径小于100mm时，一般采用1/600～1/300。大于100mm时可采用1/2500～1/1000。由于在暗管的下游或出口断面负荷最重（流量最大），在田面成凸或凹形坡度的地区，应采用暗管下游三分之一段的地面坡降为设计坡降。管径与纵坡的确定与暗管布置形式和地形条件、管材糙率系数、施工质量等因素有关，它们的大小可以根据经验选定，也可以通过计算确定。

1. 均匀流暗管管径和坡降的设计

采用均匀流进行排水暗管水力设计，假设暗管全长均以同一流量满管输水。

（1）管径的计算。吸水管和集水管的内径可分别按下两式计算确定：

$$d_1=2\left(\frac{nQ}{\alpha\sqrt{3J}}\right)^{3/8} \tag{8-20}$$

$$d_2=2\left(\frac{nQ}{\alpha\sqrt{J}}\right)^{3/8} \tag{8-21}$$

式中：d_1 为吸水管内径，m；d_2 为集水管内径，m；n 为管的内壁糙率，可从表 8-13 查得；α 为与管内水的充盈度 a 有关的系数，可从表 8-14 查得；J 为管的水力比降，可采用管线的比降；Q 为吸水管流量，m^3/s。

表 8-13　　排水管内壁糙率 n

排水管类别	陶土管	混凝土管	光壁塑料管	波纹塑料管
内壁糙率	0.014	0.013	0.011	0.016

注　当管的制作工艺不良或衔接不佳时，其糙率值应相应加大。

表 8-14　　系数 α 和 β

a	0.60	0.65	0.70	0.75	0.80
α	1.330	1.497	1.657	1.805	1.934
β	0.425	0.436	0.444	0.450	0.452

注　管内水的充盈度 a 为管内水深与管的内径之比值。管道设计时，可根据管的内径 d 值选取充盈度 a 值；当 $d<100$mm 时，取 $a=0.60$；当 $d=100\sim200$mm 时，取 $a=0.65\sim0.75$；当 $d>200$mm 时，取 $a=0.8$。

吸水管和集水管选用的内径是计算内径的 1.1～1.2 倍，吸水管实际选用的内径不得小于 50mm，集水管实际选用的内径不得小于 80mm。吸水管宜采用同一内径，集水管可根据汇流情况分段采用不同内径。

（2）暗管水力坡降。根据均匀流特征，暗管水力坡降可表示为

$$J=\frac{Z}{L}=\frac{\lambda}{d}\frac{\upsilon^2}{2g} \tag{8-22}$$

式中：J 为管道水力坡降；Z 为水头损失，m；L 为管长，m；λ 为阻力系数，$\lambda=8gC^2$，其中 C 为谢才系数；d 为管内径，m；υ 为管内平均流速，m/s；g 为重力加速度，m/s^2。

式（8-22）中的关键是 λ 的取值。λ 与水流状态、管壁糙率有关，一般应通过试验确定。根据大量试验资料分析，对不同管材，λ 以经验公式表示：

1）光壁管：包括烧制的瓦管、陶瓷管、光壁塑料管等。采用

$$\lambda=aRe^{-0.25} \tag{8-23}$$

其中

$$Re=\upsilon\frac{d}{\gamma} \tag{8-24}$$

式中：a 为与管内接头缝隙有关的系数，对清洁的光壁管一般取 $a=0.4$；Re 为雷诺数；λ 为水的运动黏滞系数，10℃时 $\gamma=1.3\times10^{-6}(m^2/s)$；其余符号意义同前。

对于圆管满管流，流量 Q 为

$$Q=\frac{\pi}{4}d^2\upsilon,\upsilon=\frac{4Q}{\pi d^2} \tag{8-25}$$

将上述各值代入式（8－28）得

$$J=26.3\times10^{-4}aQ^{1.75}d^{-4.75} \tag{8-26}$$

或

$$Q=30a^{-0.57}d^{2.71}J^{0.57} \tag{8-27}$$

当取 $a=0.4$ 时，$Q=50d^{2.71}J^{0.57}$，此式称为韦塞林公式。

2）波纹管：波纹管可用曼宁公式计算。即

$$\mu=\frac{1}{n}R^{2/3}J^{1/2} \tag{8-28}$$

对于满管流 $R=d/4$。取 $K_m=1/n$，n 为曼宁公式中糙率系数。将上式乘以管断面积，可得流量与水力比降、管径之间的关系为

$$J=10.25K_m^{-2}Q^2d^{-5.33} \tag{8-29}$$

$$Q=0.312K_md^{2.67}J^{0.50} \tag{8-30}$$

（3）管道流速。圆形吸水管或集水管平均流速可按下式计算确定：

$$\upsilon=\frac{\beta}{n}d^{2/3}J^{1/2} \tag{8-31}$$

式中：υ 为圆形吸水管或集水管平均流速，m/s；β 为与管内水的充盈度 α 有关的系数，可从表 8－15 查得。

2. 非均匀流暗管水力计算

非均匀流是指暗管沿程均有地下水流汇入，此时管首端流量为零，末端流量达到最大值 Q_1 满流，取 $0.5Q_1$ 作为暗管的平均流量。如果将前述均匀流的流量 Q 看作是暗管首尾采用的同一流量，对相等的比降 $J_{均匀}=J_{非均匀}$ 而言，非均匀的平均流量 $0.5Q_1$ 约等于 $0.9Q$，即 $Q_1=2\times0.9Q=1.8Q$ 或 $Q=0.56Q_1$。这时，暗管流量 Q_1 用非均匀流方法确定的管内径与按均匀流方法用 Q 的管内径相同，管尾出口段将产生局部压力流。相应的非均匀流的水力比降 J 与 Q_1、管径 d 的关系为：

光壁管：
$$Q_1=qBL=89d^{2.714}J^{0.572} \tag{8-32}$$

波纹管：
$$Q_1=qBL=38d^{2.76}J^{0.5} \tag{8-33}$$

式中：q 为排水模数，mm/d，即排水管控制范围内单位面积每天排出水层厚；B 为水管间距，m；L 为排水管长度，m；d 为管内径，mm；Q_1 为管尾流量，m^3/d。

式（8－26）、式（8－27）、式（8－29）、式（8－30）及式（8－32）、式（8－33）分别表示按均匀流和非均匀流确定的不同管材（光滑或波纹）的管径和坡降之间的关系。在具体设计中，考虑到经济管径与管道水压之间的实质，一般在吸水管设计时，按均匀流式（8－32）、式（8－33）进行设计，但将超压值（超出管顶的高度）限制在 20cm 以内。由于集水管的长度大，为避免因集水管承压而影响吸水管排水，主管的设计宜采用均匀流计算式（8－26）、式（8－27）、式（8－29）和式（8－30）进行设计。

（四）暗管材料

暗管材料包括暗管本身的选材和外包材料。

1. 暗管管材

在进行暗管的规划布置时，应考虑管材的选择，国内外常用的暗管材料分为当地材料管和塑料管两大类。

（1）当地材料管材。

1）灰土管。用石灰和黏土按一定的体积比，做成一定的内径、一定的长度如马蹄形或内圆外方的管子。管顶留有孔眼可以进水，亦可靠接缝处预留缝隙进水。

2）水泥土管。将黏土、砂子、水泥按一定的质量比，加适量的水制成与灰土管类似的暗管。

3）瓦管。瓦管的特点是可以就地取材，施工技术群众容易掌握，造价低，缺点是使用年限短。瓦管是我国很早就广泛采用的一种暗管。它是用普通黏土烧制而成，一般为内圆外方，内径 5～8cm，外断面 12cm×14cm，每节长 30～60cm。

4）陶瓷管。类似于城市下水道用的承插头连接的陶瓷管，管壁上每间隔 20cm 设孔径 1cm 的进水孔，排成梅花状；管壁厚 2cm，内径可达 20cm，每节管长 1m。其特点是使用年限较久，但造价较高。

（2）塑料管管材。塑料管具有重量轻、耐磨蚀、易于搬运和铺设，且联结简便和使用机械化施工等特点，所以发展很快。目前在国外已得到广泛采用，美国、日本等塑料排水面积占暗管排水面积的 50%以上，原联邦德国、比利时占到 65%，荷兰占 79%。我国目前已广泛采用塑料暗管排水这种新技术。塑料管多由聚乙烯（PE）和聚氯乙烯（PVC）材料制成，后者由于抗压强度大，且造价较低，应用更为普遍。塑料管按外形分有光滑管、波纹管和塑料片等三种。目前应用最多的是波纹管，波纹管有平行环状、单螺纹和双螺纹三种。使用时，在波纹管的波谷内打有进水孔（缝），进水孔在管壁周长均匀分布，开孔面积每米管长不少于 800mm^2。

（3）管材的选择。管材的选择应坚持因地制宜、就地取材、技术可行、经济实用的原则。管材的技术性能包括化学性能和物理性能两个方面。在化学性能方面管材应耐酸碱、耐腐蚀；在物理性能方面则应满足一定抗压强度和透水性能的要求。在符合技术性能要求规定的前提下，管材的选用主要决定于价格比较和是否符合就地取材的原则。工程所在地管材价格比较低廉，是目前各地采用的主要管材。在有丰富石料资源的平原地区，大都选用石屑水泥管。石料缺乏的地区，有的采用水泥土管。邻近电厂的地区常使用粉煤灰管，山丘区常用竹管、砌石暗沟等。瓦管则是平原区和山丘区均可采用的管材。塑料管的重量轻，运输方便，铺设质量对排水性能影响小，便于机械施工。虽然造价较高，但随着国民经济的发展将具有广阔的应用前景。

2. 暗管的外包滤料

外包滤料指包裹或充填在排水暗管周围的材料，它的作用是阻止土壤颗粒进入暗管，以避免沉淀和暗管阻塞，稳定暗管周围的土壤，改善暗管通道的渗水能力，以提高暗管的排水功能。它充填在暗管周围，主要用于防止土壤中的细颗粒进入暗管的外包层一般称为滤层；主要用于改善暗管的渗透性能而放置在暗管上部或周围的外包层称为裹层。

外包滤料的材料，一般有有机材料、无机材料和合成材料等三大类。

（1）有机材料。多采用农业生产的副产品，如稻草、稻壳、麦秸、棕皮、椰衣、芦茾、锯末等，我国应用较多的为稻草，日本应用较多的为稻壳。这类材料可就地取材，价格低廉，因此，应用比较普遍。稻草在埋管初期可以有效地阻止细颗粒土壤进入暗管，虽经一定时期（如2～3年）会腐烂，但此时已形成稳定的滤水层，可保证暗管正常的排水功能。

（2）无机材料。包括砂、碎石、贝壳等，这些材料耐久性极好，只要级配得当，适合于各种暗管的透水防砂要求，但它有重量大、用量多、运输和施工不便，且投资较高等缺点。

（3）合成材料。主要是化纤制品，有粒状、片状和碎屑状等多种，但应用较多的有合成纤维丝和编织物、聚氯乙烯、聚苯乙烯等碎屑。

外包材料是保证排水效果的关键部分。暗管埋设区域的特殊性要求外包料要有良好的耐腐蚀性和通透性，外密内疏型为佳，而且外包料应有一定厚度，以防止土壤细颗粒堵塞外包料孔隙。早期使用过泥炭纤维、木屑片、锯木屑、谷物秸秆、炉灰等，但这些原料来源及数量有限，且处理起来也很费工；后来人们尝试过使用玻璃纤维，因为对化学堵塞敏感，没有得到应用。土工织物具有产品系列多、性能稳定、重量轻、运输施工方便、劳动强度低、工效高、施工质量易保证等优点，已普遍使用。

（五）暗管的施工

暗管的施工包括暗管的定线和铺设两个方面。

（1）定线，在暗管的首末端用桩定出中心线位置，暗管的长度较大时中间每隔20m加桩。测定各桩顶高程，并将桩顶至沟槽底的开挖深度标注在相应的木桩上。

（2）暗管铺设，可以铺设在人工或机器开挖的沟槽中，也可以直接用机械埋设在土壤中而不需要先开挖沟槽。采用开沟埋管的方法进行施工时包括以下过程：①开挖沟槽；②铺设暗管和外包滤料；③回填沟槽。

五、鼠道排水

鼠道是指在田面以下用特殊设备形成的一种无衬砌的地下排水通道。由于其形状与鼠洞相似，所以称为鼠道。鼠道排水在地面以下适当深度借鼠道犁（塑孔器）挤压土壤形成不加防护的洞道，用以排除地下水和控制土壤水的工程措施。鼠道排水在英国、新西兰和日本等国运用较早且比较广泛，中国从20世纪60年代初开始采用。鼠道排水在中国南方黏性土地区使用较多，东北三江平原试用后也有明显实效，鼠道排水施工简便，造价低廉，得以广泛应用。

1. 鼠道结构和作用

鼠道是由拖拉机或电动绳索牵引机带动鼠道犁，由钻孔器在田面以下适当深度土层中挤压或振击而成型的孔道和由犁刀切割而成的切槽所构成的地下排水通道。鼠道犁由三部分组成，如图8-10所示：带有犁刀的连接板将鼠道犁与拖拉机（或强索牵引机）相连接，用以切开土层，犁刀的厚度一般为10～20mm；安装在连接板下面塑孔器的前端是尖形钻孔器（或称弹头），长30～60cm，直径5～10cm，用以将土壤钻开小洞，塑孔器的后端为挤压器，是用铁链拖拉在弹头后面的圆柱形扩孔器，其作用是将弹头初步钻成的土洞挤压扩大。在鼠道犁通过时浅层土壤由于剪力的作用被排挤向前、向两侧和向上移动，在弹头顶部和地面之间形成一个与水平线成45°角的破坏线，如图8-11所示，使土壤形成裂缝并使土壤孔隙度和导水率增大。施工后，因黏性土失水收缩，在刀缝两侧及洞体周围形成许多不规则的裂隙，在降雨时地表积水和土壤中过多的水分，通过裂隙进入洞道而排出农田，从而加快地面积水的排除，调节土壤中的水气比例关系，防治农田渍害。鼠道的形状受塑孔器控制，多为圆形、椭圆形、悬胆形和马蹄形等，根据我国各地经验，以悬胆形和椭圆形鼠道耐久性较好。塑孔器尖端呈偏心式，可加强洞顶土壤的挤压作用以延长使用年限。

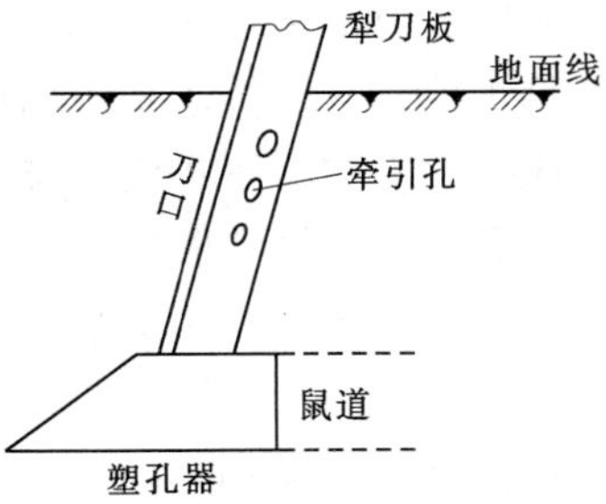

图 8-10　鼠道犁结构示意图

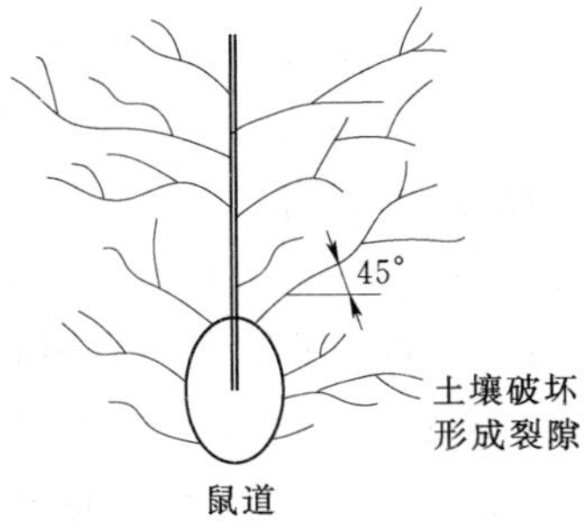

图 8-11　鼠道排水作用示意图

为了提高排水治渍效果，有的在犁刀板上安置两个深浅不同的塑孔器，一次施工成双层鼠道；有的则分别施工成深浅相间的形式；还有将鼠道与暗管结合使用。这些做法都可加速耕作层土壤脱水或加深排水控制深度。鼠道犁和动力机组成的打洞机在我国有绳索牵引式和悬挂直拖式 2 种，均以农用拖拉机为动力，一次施工一条鼠道。国外多采用大功率专用机，一次可施工多条鼠道。运用中应注意观察鼠道的排水情况，发现排水失效要及早更新，并离开原鼠道线路，以利成形和稳固。

2. 鼠道坡降

为了防止鼠道因阻水而破坏，鼠道应有一定坡降，但坡降过大将引起冲刷，安全坡降以在 0.2%～3%范围之内为宜。如地面坡降在以上范围之内，鼠道坡度可采用地面坡度。为了防止旱作过渡排水和发生冲刷或稻作季节保持田面水层，鼠道出口应有控制阀门，也可用简单的控制方法，在出口插入长 2～3m 的暗管，在需要停止排水时用管塞塞住管口。

鼠道断面宜为圆形或椭圆形，孔径 5～10cm，长度应由田块长度或宽度确定，鼠道的长度与反复充水条件下土壤的稳定性、鼠道的坡降、土壤的均匀性和施工条件有关，常根据经验确定。在地面平整的条件下，鼠道的长度与坡降的关系如表 8-15 所示。

3. 鼠道深度及间距

表 8-15　鼠道长度与坡降关系表

鼠道坡度	鼠道长度/m
<1/100	40～60
1/100～1/60	60～100
1/60～1/40	100～300

鼠道深度可根据农作物类别、土质和鼠道犁成孔所能达到的深度等条件确定，宜为 40～70cm，作物根系密集层较深者应选用较大值；地表以下有犁底层时，应将鼠道置于犁底层以下。鼠道在垂直剖面上有单层和双层两类。单层鼠道按其深度可分为三种：浅层鼠道深度一般为 0.3～0.5m，间距一般为 1～3m，由于犁刀缝穿透犁底层，洞孔在犁底层以下，有利于排

除层间滞水，适用于浅根作物；中层鼠道深度为0.5～0.7m，间距为2～4m，有利于排除根层滞水；深鼠道深度一般为0.7～1.0m，间距3～5m，除排除土壤滞水外也可起到降低潜水位的作用。目前我国采用较多的是0.5～0.7m深的鼠道。双层鼠道是指布设在不同深度上，形成两个水平层次的地下排水系统。按剖面布置可分为同一剖面不同深度的双层鼠道和深浅相间的双层鼠道两种。双层鼠道排水效果优于单层鼠道，但施工、管理均较复杂，投资亦较多。

4. 鼠道施工

鼠道的施工，由拖拉机或牵引机带动的鼠道犁完成。由于鼠道犁的深度在作业过程中不能调整，如地面是不规则的，在施工前需首先平整土地。鼠道排水是利用鼠道犁（塑孔器）挤压土壤而形成的洞道，依靠黏性土失水后形成自然裂隙汇集水流来排水，施工时土壤需保持适宜的含水率，土壤过湿形成的鼠道将缺少必需的裂缝和断裂；土壤太干，鼠道附近将产生过多的土壤碎片，易导致鼠道坍塌，一般适于施工的土壤含水率为田间持水量的70%～90%。因此，施工时的适宜土壤含水率应为田间持水率的70%～90%。因鼠道洞距小，常将一个田块内的数条鼠道集中于一个控制出口，或在明沟上分片设闸控制排水。

5. 鼠道维护

鼠道使用年限多为2～5年，其使用年限主要与土壤中黏粒含量有关，也受洞体的形状、大小、深度、水流条件和施工时的土壤含水量等因素的影响。鼠道入明沟的出口部位多用管道保护，提高使用寿命。鼠道运用中可能由于耕作机械的压力作用而产生变形或坍毁而失效，当出流量明显减小时，即应避开原线路再打新鼠道。仅用于一季旱作物的临时鼠道，可在田头开挖浅明沟，集中排入集水沟；水稻区或水旱轮作区多年使用的鼠道，可在田头设横向连通暗管，集中排入集水沟。

第四节　竖　井　排　水

我国北方在地下水埋深较浅，水质又符合灌溉要求的许多地区结合井灌进行排水，不仅提供了大量的灌溉水源，同时对降低地下水位和除涝治碱也起到了重要作用。实践证明，井灌井排是综合治理旱、涝、碱的重要措施，在我国北方易旱易涝易碱地区，具有广阔的前途。关于井灌问题已在第六章讲述，本节将着重对竖井排水的除涝治碱作用和井灌井排条件下水井的规划布局问题进行简要介绍。

一、竖井排水的作用

1. 降低地下水位，防止土壤返盐

由于水井的排水作用，增加了地下水人工排泄，地下水位显著降低，有效地增加了地下水埋深，减少了地下水的蒸发，因而可以起到防止土壤返盐的作用。

2. 腾空地下库容以除涝防渍

在地下水矿化度较小的井灌区，大量抽取地下水灌溉，不仅开发利用了地下水，而且使地下水位显著降低，到汛前地下水位达到年内最低值，这样就可以腾空含水层中的土壤容积，供汛期存蓄入渗雨水之用，增加了地下水提供的灌溉水量。同时，地下水位的下降，增加了大田蓄水能力，可以防止田面积水形成淹涝和地下水位过高造成土壤过湿，达到除涝防渍的目的。

3. 促进土壤脱盐和地下水淡化

竖井排水在水井影响范围内形成较深的地下水位下降漏斗。地下水位的下降，可以增加田面的入渗速度，因而为土壤的脱盐创造了有利条件。在有灌溉水源的情况下，利用淡水压盐可以取得良好的效果。在地下咸水地区，如有地面淡水补给或沟渠侧渗补给，则随着含盐地下水的不断排除，地下水将逐步淡化。试验表明，在抽排的咸水水量较大，能够保证地下水位下降一定深度，并有淡水及时补给的情况下，一般都可以取得较好的淡化效果。

竖井排水除可形成较大降深，有效地控制地下水位外，还具有减少田间排水系统和土地平整土方工程量、占地少和便于机耕等优点。但竖井排水需消耗能源，运行管理费用较高，且需要有适宜的水文地质条件，在地表土层渗透系数过小或下部承压水压力过高时，均难以达到预期的排水效果。

二、竖井的规划布置

1. 合理的井深和井型结构

为了使水井起到灌溉、除涝、防渍、改碱、防止土壤次生盐碱化和淡化地下水的作用，每个水井必须有较大的出水量。为了增加降雨和灌水的入渗量，提高压盐的效率，并在表层形成一定的地下水库，在保证水井能自含水层中抽出较多水量的同时，还应使潜水位有较大的降深。为此，在水井规划设计中必须根据各地不同的水文地质条件，选取合理的井深和井型结构。

（1）在浅层有较好的砂层或虽无良好的砂层，但土壤透水性较好（例如裂隙黏土等）的情况下可以打浅机井或真空井，井管自上而下全部采用滤水管，在这种情况下，一般可以保证有一定的出水量和潜水位降深。

（2）砂层埋深在地表以下一定深度，但砂层无明显的隔水层时，为了使单井保持一定的出水量，水井可打至含水砂层，抽水时虽然出水量的一部分来自下部砂层，但由于上部土层无明显的隔水作用，大面积抽水时潜水位也可随之下降，因此，可以保证形成一定的潜水位降深和浅层地下库容，有利于承受上部来水、促进土壤脱盐和地下水的淡化。

（3）上部土层透水性较差，且在相当深度内又无良好砂层时，为了保证水井有较大的出水量和地下水位有较大的降深，必须选取适当的井型结构，如大口井、大骨料井、辐射井、梅花井（群井点）和卧管井等。

2. 水井的规划布置

担负排水任务的水井，其规划布局应视地区自然特点、水利条件和水井的任务而定。在有地面水灌溉水源并实行井渠结合的地区，井灌井排的任务是保证灌溉用水、控制地下水位、除涝防渍、并防止土壤次生盐碱化。在这种情况下，井的间距一方面决定于单井出水量所能控制的灌溉面积，另一方面也决定于单井控制地下水位的要求。在利用竖井单纯排水地区，井的间距则主要决定于控制地下水位的要求。

排水竖井在平面上的布置和水位降的计算均与灌溉水井相同。但是，排水竖井的主要目的是降低地下水位，防止农田土壤盐渍化，因而其水井间距的计算不同于灌溉水井。排水竖井间距的计算要考虑不同作物以及作物不同生长期耐盐耐渍要求，动态地调控地下水位，以尽可能地减小竖井排水运行费用。其间距计算分为两种情况，一种是局部布井，一种是大面积均匀布井。在局部布井情况下，井距计算方法见式（6-24）。在大面积均匀布井，采用等边三角形布置时，单井有效控制半径 $R=\frac{L}{\sqrt{3}}$；成方形布置时，$R=\frac{L}{\sqrt{2}}$（L 为井的间距）。当井距一定时，可用式（6-25）确定地下水位降深，也可根据允许的期限 t 和要求的水位降深确定井距，见式（6-26）。

【例 8-1】 井灌井排地区水井自均质潜水含水层抽水，并在大面积内呈梅花形均匀布井，已知含水层导水系数 $T=150\text{m}^2/\text{d}$，土层的给水度 $\mu=0.05$，单井出水量 $30\text{m}^3/\text{h}$，水井半径 0.2m，要求在 20d 内水位下降 2.10m，试求井距。

解：由式（6-26）得

$$L=\sqrt{\frac{3\times30\times24\times20}{0.05\pi\left(2.10+\frac{30\times24}{8\pi\times150}\right)}}=347(\text{m})$$

第五节　防治盐碱化的灌溉排水技术

一、作物盐害与土壤水盐运动

（一）作物盐害

作物盐害是指在气候干燥的干旱和半干旱、地下水位较高的地区以及沿海地区，土壤中含有较多的盐类，特别是易溶解的盐类（例如 $NaCl$、Na_2SO_4 等）过多，对作物产生的危害。造成土壤中盐分过多的原因，主要是在某些地区由于降水量小而蒸发量大，致使可溶性盐和交换性钠大量集聚在上层土壤。如果在这些土壤表层盐分总含量超过 1%，或土壤溶液的浓度超过 0.5%时，将严重限制作物根系吸水而影响作物生长发育。根据土壤中含盐的类别和数量将土壤分为盐土和碱土。若含有可溶性盐类 $NaCl$、Na_2SO_4 偏多，含量在 0.6%～1.0%以上，pH 在 7～8.5 的土壤称盐土；若含有交换性盐类 Na_2SO_3 或 $NaHCO_3$ 多，含量在 5%以上，pH 值在 8.5～10 之间的土壤称碱土。二者通称盐碱土。盐分过多对作物的危害是多种多样的，但主要危害有三个方面：

1. 渗透胁迫危害（生理干旱）

一般植物根的水势为－0.6～－0.8MPa 左右，土壤溶液的渗透势约在－0.2～－0.6MPa左右。在盐碱土中，由于大量可溶性盐类存在，渗透势可低于－1.0～－0.8MPa,这种外界环境水势过高，使植物根系吸水困难，或者根本不能吸水，甚至排水(形成反渗透)，作物组织脱水产生伤害，形成生理干旱，使植物干枯。同时可溶性盐分还妨碍作物根系从土壤中吸收所需的营养物质，导致作物缺乏营养而阻碍生长发育。土壤盐分过多使植物根际土壤溶液渗透势降低，根据水从高水势向低水势流动的原理，这就给植物造成一种水逆境，植物吸收水分困难，此时植物要吸收水分，必须形成一个比土壤溶液更低的水势，否则植物将受到与水分胁迫相类似的危害，处于生理干旱状态。如一般植物在土壤盐分超过 0.2%～0.5%时出现吸水困难，盐分高于 0.4%时植物体内水分易外渗，生长速率显著下降，甚至导致植物死亡。

不同作物有不同的耐盐能力，表 8-16 给出了部分耐盐作物。

表 8-16　　部分作物对盐分的相对耐盐力

耐盐程度	耐盐力高	耐盐力中	耐盐力低
果树类作物	枣椰	石榴无花果、橄榄、葡萄	梨、苹果、橙、柚、扁桃、杏、桃
粮食及经济蔬菜类作物	大麦、甜菜、油菜、羽衣甘蓝、棉花	黑麦、燕麦、小麦、水稻、高粱、玉米、马铃薯	蚕豆、芸豆
草类植物	狗牙根、加的罗草、鸟足豆	草木樨、黑麦草、草莓、三叶草、紫花苜蓿、鸭茅草	白三叶草、杂三叶草、红三叶草

2. 特殊离子的毒害

盐分过多土壤环境的一个特点是某些离子浓度过高，而毒害植物，这就是盐类离子对植物的特殊效应。高浓度盐分首先影响原生质膜，改变其透性。由于膜的透性变化致使植物吸收某种盐类过多而排斥了对另一些营养元素的吸收，从而植物细胞内部的离子种类和浓度也就发生变化，这种不平衡吸收，不仅造成营养失调，抑制了生长，同时还产生单盐毒害作用，即当溶液中只有一种金属离子（对盐碱土而言主要为钠离子）时，对植物起较强的毒害作用。如 Na^+ 吸收过多，会抑制对 K^+ 的吸收；Cl^- 和 S 吸收过多，可降低对 Mg^{2+} 吸收和对 HPO_4^{2-} 的吸收，造成作物营养亏缺，抑制生长。在生产中，已观察到当 NaCl 过多时，水稻、小麦、玉米等都表现出缺 K 或 P 的症状。

3. 破坏正常代谢

由于盐胁迫影响了膜的正常透性和改变了一些膜结合酶类活性，引起一系列生理活动紊乱和代谢失调。

(1) 盐分过多的土壤中生长的作物光合速率降低，呼吸（作用）强度增高，所以盐碱地中生长的作物产量低。

(2) 盐分过多对蛋白质代谢影响比较明显，抑制合成促进分解，抑制蛋白质合成的直接原因可能是由于破坏了氨基酸的合成，如蚕豆在盐胁迫下叶内半胱氨酸和蛋氨酸合成减少，从而使蛋白质含量减少。

(3) 盐胁迫使植物体内积累有毒的代谢产物，如蛋白质分解的产物游离的氨基酸、胺、氨等的积累，这些物质对植物有毒害作用，致使植物叶片生长不良，抑制根系生长，组织变黑坏死等。毒素积累是盐害的重要原因。

(二) 土壤水盐运动规律

土壤水盐运动规律是指土壤中水分和盐分随时间和空间的运动和变化规律。土壤水盐运动规律是认识盐渍土发生、演变和盐渍化防控的主要理论基础。区域内的土壤水盐运动变化，取决于该区域内水、盐均衡状况，同时也受到自然和人为条件的影响。正确认识水与盐的相互关系及其在区域和土壤中的运动规律是调控土壤水盐运动的关键所在，是进行土壤盐渍化预测和预报的依据。研究不同改良措施对调控土壤水盐动态的作用，可以对改良措施的效果及其适用性作出评价，为合理地选择改良措施提供依据。水是生态环境中最活跃、最积极的因素，旱、涝、盐、碱的治理主要在于对土壤水盐的水平运动和垂直运动进行合理控制和管理，以利于盐渍土的改良和开发利用。

土壤水盐运动受气候条件、地形与地貌、土壤质地、土体结构、地下水位、地下水的矿化度与化学性质、土壤的有机质含量、植被状况等诸多因素的影响。土壤水盐运动研究既有定性研究，也有定量研究，目前多采用数学模型对土壤水盐动态进行定量研究。土壤水盐运动十分复杂，目前还只能在忽略盐分在土壤中化合分解、离子交换、吸附解吸等作用的情况下，建立水盐运动的数学模型。

盐分在土壤中主要运动形式有对流和水动力弥散。对流是盐分随土壤水分运动而运动的过程。水动力弥散又由分子扩散和机械弥散两部分组成。分子扩散是由盐分浓度引起的分散现象。机械弥散是由于土壤空隙介质在微观分布不规则性造成的流速变化而引起的盐分分散现象。此外盐分在土壤中还有化合、分解、溶解、沉淀、吸附和离子交换等化学反应，与生物系统也有相互作用。

盐分在土壤中的分子扩散符合费克（Fick）第一定律，其通量 J_d 可表示为

$$J_d=-D_s\frac{\partial C}{\partial z} \tag{8-34}$$

式中：C 为盐溶液的浓度；D_s 为盐分在土壤中的分子扩散系数；z 为水流方向坐标。

由机械弥散引起的盐分通量 J_h 也同样具有与扩散相同的形式，即

$$J_h=-D_h\frac{\partial C}{\partial z} \tag{8-35}$$

式中：D_h 为盐分在土壤中的机械弥散系数，其大小与平均孔隙流速 v 成正比，即 $D_h=\lambda|v|$。

盐分在土壤空隙中的水动力弥散过程取决于分子扩散和机械弥散作用，相应盐分通量 J_D 为

$$J_D=-[D_S+D_h(v)]\frac{\partial C}{\partial z}=-D\frac{\partial C}{\partial z} \tag{8-36}$$

式中：J_D 为水动力弥散通量；D 为水动力弥散系数。

土壤水分运动同时携带盐分运动，其通量 J_c 即盐分对流通量，它等于溶液浓度与土壤水流通量 q 的乘积，即

$$J_C=qC \tag{8-37}$$

在水动力弥散和对流共同作用下盐分总通量为：

$$J=-D\frac{\partial C}{\partial z}+qC \tag{8-38}$$

根据质量守恒原理，溶质储存量在时间上的变化率，在数量上等于通量在空间上的变化率，但符号相反，即

$$\frac{\partial(\theta C)}{\partial t}=-\frac{\partial J}{\partial z} \tag{8-39}$$

对式（8-38）两端求导，并代入式（8-39），得：

$$\frac{\partial(\theta C)}{\partial t}=\frac{\partial}{\partial z}\left(D\frac{\partial C}{\partial z}\right)-\frac{\partial(qC)}{\partial z} \tag{8-40}$$

式中：q 为土壤水流通量，即土壤的渗透速度。

上式即为土壤水盐平衡方程。它是一定尺度条件下盐分运移规律的数学描述；也是描述作物根系活动层中的盐分动态规律，并进行相应的预测预报的基础。

在土壤达到饱和（$\theta=\theta_s$），且初始含盐浓度上下基本均匀（浓度 $C=C_0$），冲洗水含盐浓度为 C_1，冲洗下渗水孔隙流速（在土壤孔隙中的流速）为 v 的情况下，若开始冲洗后表层含盐浓度瞬时降低至冲洗水的浓度时，方程式及其定解条件为：

$$\frac{\partial C}{\partial c}=\overline{D}\frac{\partial^2 C}{\partial^2 z}-v\frac{\partial C}{\partial z} \tag{8-41}$$

初始条件 $C(z,0)=C_s$

上边界条件 $C(0,t)=C_1$

下边界条件 $C(\infty,t)=C_0$

式中：$\overline{D}=\dfrac{D}{\theta_s}$ 为饱和弥散系数；$\upsilon=\dfrac{q}{\theta_s}$ 为土壤水孔隙速度。

通过数学变换，可求得方程式（8-41）的解析解为：

$$\frac{C-C_0}{C_1-C_0}=\frac{1}{2}\left[\mathrm{erfc}\left(\frac{z-\upsilon t}{2\times\sqrt{\overline{D}t}}\right)-e^{\frac{\upsilon x}{\overline{D}}}\mathrm{erfc}\left(\frac{z-\upsilon t}{2\times\sqrt{\overline{D}t}}\right)\right] \tag{8-42}$$

利用数学模型研究土壤水盐动态，能够对土壤水盐运动作定量描述，从而可以了解任何时刻，任一空间点的土壤水盐状况，不但有助于了解土壤水盐运动机制，而且可以预知在某种条件下，未来某时间土壤的水盐状况，从而对土壤水盐动态进行预报。但目前由于一些复杂的过程还难以用数学模型来描述，或描述这些过程的数学模型还难以求解，而且由于土壤性质的空间变异性很大，模型中参数的测定和选取均较困难，因而，将数学模型应用于生产实际还需做进一步的努力。

二、盐渍土的改良技术

（一）一般原理

1. 控制盐源

控制盐分进入土壤的耕层，保证作物根系正常活动，才能使作物得以正常生长。现代土壤积盐，有的是以地表水带来的盐分造成的，有的是以地下水带来的盐分造成的，也有两者兼而有之。盐源的控制，就是采取措施控制盐源进入灌区。例如，在干旱地区有第三纪含盐地层出露的地带，就要将高矿化水流导出灌区；在滨海地带，就要修筑海堤和防潮闸，防止海潮的进入；对于不符合灌溉水质要求的河水、井水，要谨慎使用。要采取排水措施，控制灌区的地下水位在临界深度以下，防止盐分由地下沿毛管上升进入上层土壤。

2. 消除过多的盐分

消除土壤中过多的盐分，最有效的办法就是冲洗、排水措施。亦可利用种稻排水，消除过量盐分。此外，还可采用刮盐的方法，即将表土几厘米或十几厘米的盐结皮、盐结壳刮走。如在新疆一些新垦地，在开荒造田和冲洗前用推土机将盐结壳推到农田之外。过去在华北一带亦有刮盐扫盐（将盐霜扫除）的经验。客土换土的方法各地也都有采用，也是行之有效的经验。在国外亦有不少采用客土的，例如，加拿大在碱土上起土，换用含碳酸钙多的黄土客土。

3. 调控盐量

调控盐量是指利用先进的灌溉或农业技术调控盐量、稀释盐分浓度，减少蒸发引起的耕层积盐等。例如，在中东、澳大利亚、美国、前苏联，采用滴灌、喷灌，使土壤保持适宜水分、控制土壤盐分浓度，既节约用水，同时又不会提高地下水位，使作物能在含盐碱的土地上良好生长。我国利用种稻淹灌淋洗土壤盐分，同时亦利用水旱轮作调控土壤盐分，减少土壤蒸发亦是调控盐量，避免过多积累在根层的重要手段。中耕松土、雨后松土，可以破坏耕作层与下层毛管的联系，减少返盐。

4. 转化盐类

盐类转化就是使毒害性大的盐类转为毒害性小的盐类。例如，施用石膏使碳酸钠转化为其他碳酸盐，它的反应式是：

$$Na_2CO_3+CaSO_4 \longrightarrow CaCO_3\downarrow+Na_2SO_4$$

对于土壤吸收性复合体中的代换性钠，同样可以使它代换出来，使土壤的 pH 值和理化性质得到改善。施用硫磺也可使碳酸钠发生转化，硫磺氧化时产生硫酸，它不仅可使 Na_2CO_3 变成危害性较小的硫酸钠，而且有助于降低强碱性。

$$Na_2CO_3+H_2SO_4 \longrightarrow CO_2\uparrow+H_2O+Na_2SO_4$$

从反应式来看，不仅碳酸钠变为中性硫酸钠，而且碳酸根也完全被消除了。

类似的改良剂还有很多，传统的有：氯化钙、硝酸钙、硫酸亚铁、硫酸铝、过磷酸钙、褐煤矿的副产品（含硫酸铁、少量硫磺、石膏及丰富的有机质）、糖厂副产物、尿素甲醛树脂改良剂，具有较高的结构形成性能，促使土壤 0～40cm 的水稳性团粒（大于 2.5mm）增加 20%，还使土壤吸收性复合体的代换性钠减少 40%。此外，还有康地保等新型的改良剂。

5. 适应性种植

在滨海盐土上种植大米草也是一种改良方式。大米草是多年生禾本科盐生植物，是一种产量高、质量好的造纸原料，能生长在土壤含盐量为 10～40g/kg 的海潮浸渍的海滩上。

一些国家把滨海的红树林看作是很重要的经济资源，并且纳入到国家森林行政机构的控制之下。例如，东非、印度、菲律宾等国，红树林的用途很广，如制造丹宁、木炭；东非的红树林木材是向索马里、阿拉伯和波斯湾作为建筑用途的出口物质。红树林木材的广泛应用，使种植红树林成为利用这种滨海盐土的最佳方式。

利用盐生植物、耐盐植物的根系作用，改良土壤理化性质，在国内外都有报道。如在澳大利亚的一些自然盐土区，最初种植耐盐的本地植物地肤属植物和滨藜植物，而后种植水牛草（钝叶草属）植物。印度也有利用滨藜属植物改良盐碱地的报道，这种植物能吸取盐分，其叶子是极好的饲料，既可把它作为一种生物脱盐器，也可获得饲料，是盐碱地上的开路先锋。美国在加利福尼亚州采用狗牙根、黑麦草、罗得草、白香草、木樨以及车轴草（三叶草）等混播改良碱土，取得一定效果。我国河北省柏各庄农场利用芦苇和黄须作先锋植物，养垦改土，取得了良好效果。苏北滨海区采用围堰蓄淡养垦的方法，使自然耐盐植被生长、更替，当转变为茅草丛生时，即可开垦种植，是十分有效的适应性利用。

掌握播种期亦是适应性利用的一种方式。例如，我国华北地区有“春播晚，秋播早，正播巧”的经验，因为在同样气温条件下，春季盐碱地的土温要比好地升得慢，一般晚播5～7d；然而，秋季土温又比好地下降得早，秋季要比好地早播5～7d；而夏季则要抢墒播种。

（二）改良措施

改良盐渍土的措施概括起来可分为四方面：水利措施，包括排水、冲洗、灌溉、种稻等；农业措施，包括平整土地、耕作、施肥、播种、轮作、田间套种、客土等；生物措施，主要有种植耐盐作物和绿肥、植树造林等；化学措施，是施用化学改良物质。

在重盐渍土地区，特别是滨海和西北干旱地区进行开垦种植时，首先必须进行排水洗盐。在盐渍较轻的地区，可加大灌水定额以淋洗土壤中的盐分，在华北和滨海地区，夏季降水集中，可进行伏雨淋盐或蓄淡压盐。

水利措施中排水措施是盐碱土改良的基础，已在前面章节中叙述。现仅对其他水利措施的作用及其适用条件作简要介绍。

1. 灌溉措施

灌溉措施是针对土壤盐渍状况及其季节性变化，合理调节灌水时间和灌水定额，达到既要满足作物对水分的要求，又要淋洗土壤中的盐分，从而降低作物根系层土壤溶液浓度，避免盐分胁迫，或使盐分胁迫对作物影响降低到最低程度。如冬小麦的整个生长期要经过秋、春两个返盐盛期，特别是春季返青至拔节初期，返盐对小麦生长的威胁很大，为了预防秋季土壤返盐和保苗，应进行播前灌水；亦可进行冬灌，储水保墒。春季返盐强烈，返青时应加大定额灌水，一般可大于正常灌水定额的15%～20%，每公顷加大的灌水定额不宜超过1500m^3。其他生长期的灌水，可根据水源情况、土壤墒情和地下水条件等因素而定。

棉花幼苗期正处返盐盛期，关键是播前灌水洗盐，在水源条件较好的地区，应力求秋冬或春季进行储水灌溉，或春播前加大定额灌水，以淋洗土壤盐分，灌水定额为1500～1800m^3/hm^2，现蕾期亦是需水期，土壤又返盐，应适时适量灌水，但水量不宜大，防止花蕾脱落，一般以600～750m^3/hm^2为宜。

2. 冲洗措施

洗盐就是用灌溉水把盐分淋洗至底土层，用排水沟把溶解的盐分排走。我国盐碱地区很早以前就采用冲洗的办法来改良盐碱地。尤其是20世纪50年代以来，大规模发展农垦事业，各个盐渍地区如山东省的打渔张灌区、河南省人民胜利渠灌区、内蒙古和银川平原一些灌区以及新疆南部各个军垦农场等单位。为了探索冲洗脱盐的规律性及其效果，进行了大量的冲洗排水试验研究。

（1）冲洗的基本条件。首先，要有充足的水源。冲洗时用水时间集中，用水量大（6000～9000m^3/hm^2），因此，在冲洗之前应考虑水源的保证情况，既要保证作物正常灌溉用水，又要有足够的冲洗用水水源。其次，要有良好的排水系统和通畅的出路。没有排水沟的冲洗称为压盐。过去小农经济时期，华北地区就有“围堰平种，蓄淡压盐”的经验，蓄雨水压盐，也有一定的暂时性效果。新疆人少地多，也有采用水平排盐的办法，即在耕地上灌水，把盐压到邻近的盐碱荒地。无排水的压盐，只能把盐分压到下层，或压向四周，由于盐分不能排除，盐分很快又会返上来。所以，具有良好的排水系统和通畅的排水出路，是保证冲洗效果的关键。冲洗土壤脱除的盐分，通过排水沟源源不断地排到灌区之外。同时也保证了使冲洗时抬高的地下水位很快地下降，以巩固冲洗脱盐效果。

（2）冲洗脱盐的标准。冲洗虽然可以脱去土壤中大量盐分，但土壤中的盐分是不可能被彻底洗净的。冲洗只能做到降低土壤耕作层的盐分，达到作物正常生长许可的盐分浓度要求。因此，这里所说的冲洗脱盐标准，包含两个指标：一是冲洗脱盐的土层厚度；二是要求厚度内的土壤允许含盐量。

1）脱盐层厚度。主要依所种作物的根系活动层深度来确定。一般植物的根系可分为直根系和须根系。棉花、玉米、苜蓿为直根系（也叫圆锥根系），其根系深度可达 1m 多，但大部分根系集中于 50～60cm 范围土层内。小麦、水稻和糜谷为须根系，其根系大部分分布在 30～40cm 土层内。从作物生长角度讲，应当是脱盐层越厚越好。但从生产角度讲，脱盐土层达到 1m 左右即能满足作物正常生长的需要。

2）土壤允许含盐量。主要以作物正常生长的耐盐能力来确定。不同作物，由于其生理特征不同，其耐盐能力不同，即使是同一作物，在不同的发育阶段，其忍受盐分的浓度也有很大差异。通常作物苗期耐盐能力最弱，故脱盐标准一般以作物苗期为根据。根据各地试验资料，表 8－17 为几种主要作物的耐盐能力。

表 8－17　几种主要作物的耐盐能力

盐分类型	生长期	土壤含盐量/%						
		向日葵	甜菜	棉花	高粱	苜蓿	玉米	小麦
氯化物盐土	苗期	0.4	0.4	0.3	0.3	0.22～0.33	0.25	0.2
	成长期	0.6	0.6	0.5	0.55	0.55～0.6	0.35	0.3
硫酸盐土	苗期	0.5	0.5	0.4	0.4	0.4	0.3	0.3
	成长期	0.8	0.8	0.7	0.7	0.8～1.6	0.4	0.45

（3）冲洗定额。冲洗定额是冲洗后使土壤脱盐达到预期标准所需要的水量。在土壤质地和结构基本相同的情况下，冲洗定额与土壤的原始含盐量成正比；在含盐量相似的情况下，黏质土壤的冲洗定额要比轻质土壤的冲洗定额大。计算冲洗定额的方法很多，其中以苏联 B. M. 列果斯塔耶夫的经验公式较为全面：

$$M=m_1+m_2+E-P \tag{8-43}$$

其中

$$m_1=W_1-W_2$$

$$m_2=1000\gamma h(s_1-s_2)/k$$

式中：M 为冲洗总定额，mm；m_1 为计划冲洗层的土壤含水量与田间持水量的差额，mm；m_2 为按计划的冲洗脱盐标准冲洗盐分所需的水量，mm；E 为冲洗期间的蒸发量，mm；P 为冲洗期内可利用的降雨量，mm；h 为冲洗冲洗层的深度，m；γ 为计划冲洗土层的土壤容重，kg/m^3；W_1 为田间持水量时计划冲洗层内水量，mm；W_2 为计划冲洗层的土壤实际水量，mm；s_1 为计划冲洗层的实际含盐量占干土重的百分数，%；s_2 为计划冲洗层的土壤允许含盐量占干土重的百分数，%；k 为排盐系数，为单位体积冲洗水能排走的盐量，kg/m^3，一般取 15～75kg/m^3。

综合各地资料，不同地区，不同盐渍类型，洗盐定额也不相同。内蒙古河套地区，多属硫酸盐氯化物盐土，土壤含盐量约在1.0%～2.0%之间，洗盐定额一般采用5250～6000m^3/hm^2，洗盐后土壤含盐量可降低到0.3%左右，宁夏银川灌区，土壤属硫酸盐氯化物或氯化物硫酸盐类型，土壤含盐量1.0%～1.5%，采用6000～9000m^3/hm^2；含盐量1.5%～2.0%时，采用9000～12000m^3/hm^2的洗盐定额，可使土壤含盐量降低到0.4%以下。表8-18给出了华北地区不同盐分类型、不同土壤含盐量条件下的冲洗定额。

表8-18　　华北地区盐碱地改良洗盐定额

盐分类型	土壤含盐量/%	洗盐定额/(m^3/hm^2)	备　注
滨海氯化物	0.4～0.6	4500～6000	排水沟深度2.0～2.5m，间距200～500m
	0.8～1.2	4950～6600	
	1.8～2.0	5400～7200	
	1.4～1.0	5700～7500	
内陆硫酸盐	0.45	4500	排水沟间距300m
	0.5～0.6	5400	
	0.7～0 8	6750	
	1.0	7800	

(4) 冲洗定额水量分配的计算。适宜的冲洗定额亦可称之为总冲洗定额，其值往往较大，不能在一定时段内冲洗完毕，为提高冲洗效率，常需要分期冲洗。只有分期冲洗水量分配得当，才能够提高土壤的脱盐效果。分次灌入的冲洗水量称为分次冲洗定额，可用下述公式估算：

$$m=10\gamma(H\theta+\delta h) \tag{8-44}$$

式中：m为分期冲洗定额，mm；H为计划冲洗层深度，m；θ为田间持水量与冲洗前计划冲洗层含水量之差（占干土重%）；δ为饱和含水量与田间持水量之差（占干土重%）；h为地下水位允许上升高度，m，即冲洗前地下水位与冲洗后地下水位之差。冲洗次数为冲洗总定额与分期冲洗定额的比值。

现举例说明：计划冲洗1m厚的土层，田间持水量为0.24（干土重的比例），土壤密度为1.4t/m^3，计划冲洗层持水量为3360m^3/hm^2($10000\times1\times1.4\times24\div100=3360$)，冲洗前土壤含水量为14%（质量分数），计划冲洗层含水量为1960m^3/hm^2($10000\times1\times1.4\times14\div100=1960$)，只需再灌1400$m^3/hm^2$即可达到田间持水量。因此，第一次冲洗用水量应该大于1400m^3/hm^2。如果灌入的冲洗水量比田间最大持水量小，则只能起溶盐的作用，不能起淋洗盐分的作用。相反，如果过大，则有一部分水量下渗过快，没有充分时间溶解盐分，也会造成水量的无效损失。通常情况下，冲洗盐渍土的水量分配，多采用先大后小的原则。因为在冲洗开始时，土壤含盐量高，被水溶解的盐分也多，排盐量也大。以后随着冲洗水的排除，土壤含盐量逐渐减少，因而溶液浓度也逐渐降低。当然，在水量分配问题上，亦可采用相同的分次定额，或者采用由大到小的分次冲洗定额。表8-19和表8-20为几种分期灌水定额的冲洗脱盐效果。

表 8-19　　等量分次冲洗定额对脱盐率的影响

地　区	冲洗定额/(m^3/hm^2)		冲洗次数	脱盐率/%（质量分数）	土壤透水性
	总的	分次的			
河南人民胜利灌区	6675	1335	5	51.5	较好
	7800	1950	4	45.8	
新疆焉耆盆地	6000	1200	5	56.5	较好
	6000	1500	4	45.5	

表 8-20　　不同分次冲洗定额对脱盐效果的影响

总冲洗定额/(m^3/hm^2)	分次冲洗定额/(m^3/hm^2)						脱盐率/%（质量分数）	
	第1次	第2次	第3次	第4次	第5次	第6次	0～30cm	0～100cm
9000	2250	1800	1800	1650	1650		80.8	23.7
	1800	1500	1500	1500	1500	1200	57.9	9.7

3. 种稻改良

种稻改良盐碱地是我国一种边改良边利用的传统经验。早在公元前 600 多年，《管子·地员篇》就有种稻改良盐碱地的记载："五之状，甚咸以苦，其物以下，其种白稻"。只要有水源，无论南方、北方、东部或西部的各种类型的盐碱地，都可进行种稻改良。

水稻生育期，由于田面经常保持一定的水层，淋盐能持续进行，土壤脱盐层逐渐加深。随着种稻年限的延长，脱盐程度也加大，但脱盐效果与土壤盐分组成、渗透性能及排水条件有关。如土壤为轻质氯化物盐土，排水又良好，则脱盐速度快，脱盐效率高。

4. 淤灌

引洪淤灌是我国改良洼涝、盐碱、沼泽地的一项成功经验，但多结合种稻进行，目前已在黄河中、下游两岸的背河洼地及沿山一带有洪流的地区广泛采用。生产实践证明，它有抬高地面、降低地下水位、淋洗土壤盐分、改善土壤物理性状、增加土壤中养分等作用。

淤灌就是把含有淤泥的河水，通过渠系输入事先筑好了畦埂和进、退水口建筑物的地块，用减缓水流速度的办法，使淤泥沉淀下来，淤积在地面上。

(1) 放淤对改良盐碱土的作用。实践证明，放淤对改良盐碱土特别是盐碱砂荒地有显著的作用。

1) 由于引用的河水泥沙含盐量很低（如黄河一般不超过 0.1%），而淤灌水量很大，淤灌后可在盐碱土上形成相当厚的淡土层，而且相应地抬高了地面，降低了地下水位，因此有利于防止返盐。

2) 淤灌的同时，也放了大量的水，相当于一次大定额的冲洗，可将原土壤中的盐分淋洗至下层，使土壤脱盐，见表 8-21。

表 8-21 **淤灌前后土壤脱盐量**

地 点	取样深度/cm	土壤含盐量/%	
		放淤前	放淤后
河南省中牟县杨桥灌区	0～5	1.66	0.21
	5～20	0.48	0.08
山东省卫山灌区鹅鸭坡	0～20	2.33	0.11
山东省打渔张灌区四干三只	0～20	0.74	0.05

3）淤灌可改善土壤的物理性。如黄河汛期水的月平均含泥沙量达 40～60kg/m³，粒径小于 0.1mm 的物理性黏粒一般占 40%～50%，这些淤泥覆盖在砂壤土上，特别是粉砂壤土上，能有效地减少土壤蒸发，抑制返盐。若将淤泥与下面原砂壤通过耕翻混合，更可改善土壤的物理性质。

4）淤泥中含有较多的速效养分和有机质。淤灌后的农作物产量显著上升，一般可增产一倍左右。此外，淤灌还有改土速度快，投资少的优点。但是淤灌时的引水退水流量大，若排水条件差，规划、施工不合理，淤灌管理不善，容易造成下游邻区涝碱灾害，对此必须给予足够重视。

（2）淤灌改碱的技术参数。

1）选择适宜的放淤时间，淤灌应选在河流水量充沛、含泥沙量高的季节，以便在较短的时间内，用较少的水量，得到含黏粒多的比较厚的泥层。我国北方的许多河流，汛期均含有大量泥沙。根据黄河水量和含泥沙的情况，引黄淤灌的时间以 7～9 月（伏汛期）或 4 月上、中旬（桃汛期）较为适宜。

2）采用适当的淤灌方法，淤灌方法有动水漫灌淤灌，围堤静水淤灌和动水、静水相结合淤灌 3 种。动水淤灌是边灌边排连续淤灌，淤地快，但质量差，用水多。围堤静水淤灌多用于地势封闭的地方，即放蓄浑水于堤内，待泥沙全部沉淀后，排出表层清水，再继续放，如此一直放到计划落淤厚度为止。此方法省工、省水，落淤质量也好，但时间较长。动水静水相结合是从动水漫灌放淤至接近完成计划淤层厚度时，再倒灌回淤，静水沉积数次。此法速度较快，质量也好，是采用较多的一种方法。

3）确定合理的淤灌厚度和淤灌定额，淤层的厚度要合理。太薄，改碱效果差；太厚，用水量过大。一般以 0.3～0.5m 为宜。

淤灌定额是指淤灌达到计划淤层厚度所需的总淤灌水量，可用下式近似计算：

$$M=10000Ha/S \tag{8-45}$$

式中：M 为淤灌定额，m^3/hm^2；H 为计划淤灌厚度，m；a 为淤泥的密度，t/m^3；S 为淤灌用水泥沙含量，t/m^3。

第九章　排水沟道系统规划设计

第一节　排水沟道系统的规划布置

一、排水沟道系统的组成

一定数量的水以降水、地下水入流、地表径流及引进的灌溉水等方式从外部进入一个农业区。这些外来水的总量通常会超过该农业区的实际需要，尤其是具有灌溉设施的地区。除了作物蒸发蒸腾消耗和地下水出流外，这些地区往往还需要排出多余的水。所以，必须建立完善的排水系统。

排水系统的作用是：收集田间排出的水并将其输送到容泄区，以及排出农业区的弃水，以达到排除地面水和降低地下水位的目的，即起到除涝、排渍、治碱的目的。

排水系统一般由排水区内的排水沟系和蓄水设施（如湖泊、河沟、坑塘等）、排水区外的容泄区及排水枢纽（如排水闸、抽排站等）三大部分组成，根据我国各地区排水系统的各种组成和形式，可概括为如下模式，如图 9-1 所示。

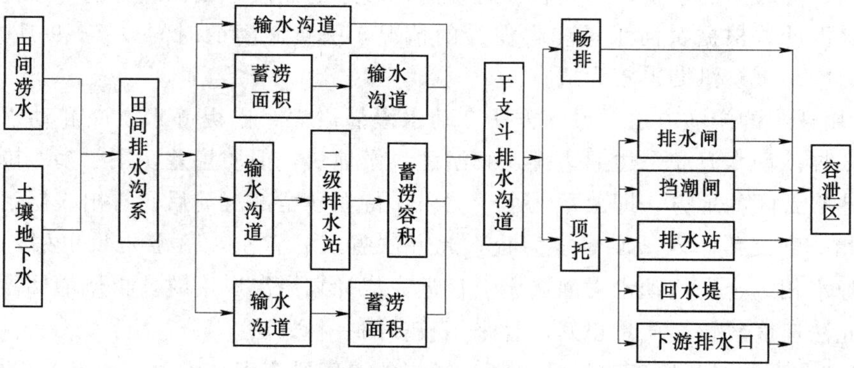

图 9-1　排水系统模式图

一般排水沟系与灌溉渠系配套使用，且和灌溉渠系相类似，分为干、支、斗、农 4 级固定沟道，若排水面积较大或地形较复杂，固定排水沟可多于 4 级，如干沟上有总干、分干，支沟之下有分支；反之，也可少于 4 级。某一地区或灌区的排水沟系究竟适合采用几级，主要取决于灌区面积、灌区地形、流域防洪除涝规划等方面。干、支、斗 3 级排水沟属于输水系统，其作用为收集田间排水系统所排出的水量，并输送到容泄区。农沟及其以下的沟道属于田间排水系统，其作用为聚集排水地段上土壤内或地面上多余的水，并向下一级沟渠输送。容泄区多为湖泊、河网、洼地。

地区或灌区内排水系统的规划，通常是建立在流域防洪除涝规划的基础上。流域防洪、除涝规划的目的是确定流域范围内骨干防洪除涝工程的规模和布局，同时也为流域内局部地区或灌区的排水系统提供必要的规划设计依据。

我国排水地区的具体情况差异较大，在排水系统规划时，需根据实际情况，搜集和分析相关资料，然后依据涝、渍和盐碱化的状况与程度及原因制定具体规划原则，确定规划标准和主要技术与工程措施，合理制定各种方案。通过技术经济论证，最后选定合适方案并拟出分期实施计划。

二、排水方式及工程规划原则

1. 排水方式

排水沟系统的布置，通常由排水方式所决定。我国各地区或灌区的排水类别可以归纳为以下几种。

（1）水平（沟道）排水和垂直（或竖井）排水。对于主要由降雨和灌溉渗水形成的涝地地区，一般采用水平排水方式，如由于地下深层承压水补给潜水所导致的渍涝，可考虑采用竖井排水方式；对于旱涝碱兼治地区，如地下水质和含水层出水条件较好，适宜实行井灌井排，并配合田间排涝明沟，形成垂直与水平相结合的排水系统。

（2）自流排水和抽水排水。当容泄区水位低于排水干沟出口水位时，一般采用自流排水，否则须采取抽水排水或抽排与滞蓄相结合的除涝排水方式。

（3）排涝和排渍。排涝是为了避免耕地受涝水淹没及江河泛滥。排渍则是为了控制地区的地下水位和农田水分。两者排水任务虽然不同，但均是为了保障农、林、牧业的正常生产，所以在规划布置排水沟系时，应均满足这两方面的要求。

（4）地面截流沟（又称撇洪沟）和地下截流沟排水。对于外区流入排水区的地面水或地下水及其他特殊地形条件所形成的涝渍，可分别采用地面或地下截流沟排水的方式。

2. 规划布置原则

排水系统的规划布置，主要包括选择容泄区和排水出口及布置各级排水沟道两部分。由于排水地区的具体情况不同，因此排水系统规划时必须因地制宜，合理制定各种方案，根据排水系统的作用及任务，布置排水系统时应根据下列原则：

（1）充分利用水土资源，尽量增加自流排水面积，减少占地面积，节省投资。

（2）系统分级合理，长短适当，排水与行政区划相结合，以利于机耕和统一管理。

（3）尽量利用现有水利设施，特别注意不打乱自然排水流势，以保障排水流畅。

（4）建筑物尽量集中，尽量减少交叉。

（5）系统线路在满足排水要求的前提下，争取做到“一直、二短、三安全”。线路尽量避免深挖高填、风化岩层、节理发育的破碎带和强透水地带。

（6）灌排配套，有灌有排，保证及时灌溉与排水。

3. 具体规划方法

（1）划分排水区。在制定排水系统规划方案时，首先要确定和划分排水区：一种是将整个需要排水的地区（例如一个圩区）或灌区，作为一个排水整体区，布置为一个独立的排水系统，仅设一个出水口，集中排入容泄区；第二种是将排水区或灌区划分为多个排水单元，如设置高排区和低排区，然后分别布置各单元的排水系统，每个单元各设自己的排水出口，分别排入容泄区（图 9－2）。集中排水的流量大，干沟和出水口的断面也要大；分散排水的流量小，干沟和出水口的断面也小。究竟采用何种形式，排水单元如何划分，一般经分析比较排水区地形、汇水面积大小、天然水系分布以及容泄区的水位等具体条件加以确定。

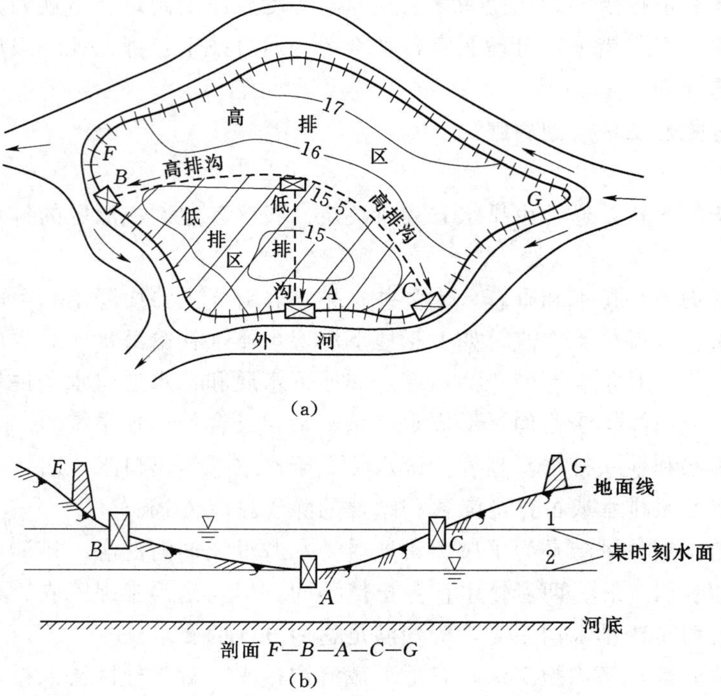

图 9-2　分散排水系统示意图（单位：m）

(a) 平面图；(b) 剖面图

（2）输水系统的规划。输水系统是由干、支、斗沟道组成的骨干排水工程。无论采用集中排水还是分散排水，排水干沟通常选在排水区的低处，或者利用天然沟道，有利于排水。但也要考虑容泄区的水位，适当提高排水沟位置，使大部分地区能够自流排水，少部分低洼地可抽排或作为临时蓄水区。天然沟道断面不整齐，多弯曲，甚至有些地方淤积堵塞，用作排水干沟时，应裁弯取直，进行改造，以扩大其排水能力。

骨干排水沟道的布置规划，除满足排涝、排滞、控制地下水位、改良土壤和淡化地下水的要求外，还要考虑承担蓄存外水进行灌溉的任务。因此，要采用较大的深度和断面，通常干沟深度在 4～5m 以上。根据防渍改碱的要求，沟内水位必须保持在不产生盐碱化和作物不受盐害的地下水临界深度上。为了能够分级蓄水，分级排水，能自如蓄泄雨季涝水，灵活调配旱季灌水，及保证地下咸水有排泄出路，在河网地区，骨干沟一般都联通成网，一处有水，可经多条沟道滞蓄和分泄。当地势低洼、不能自流外排沟道涝水时，则须建抽水站提排。这种系统由于沟深，互相联通，形成沟网，称为深沟河网，其布置应尽量利用天然河道或原有排水沟，予以加深、拓宽。为适应蓄水要求，应在保障排水流畅的前提下适当减小比降。在地形平缓地区，主要蓄水沟道宜垂直等高线布置。为减少工程量和交叉建筑物，骨干沟道应与主干公路结合布置。尽量利用已有公路。同时也要尽量缩短排水路径，加快排水速度，增加利用容泄区低水头时自流抢排的机会。

排水支沟、斗沟的布置应与同级灌溉渠系相配合布置。如灌溉渠道单向分水时，渠道和排水沟应相邻排列；如灌溉渠道双向分水，或地形中间低时，渠道和排水沟应相间排列。排水沟的设计水面高程都比同级渠道水面高程低，以利排除渠道渗漏水和地下水，防止土地盐碱化。上下级排水沟大体互相垂直或斜交。

（3）承泄区的规划。承泄区是指位于排水区域以外，承纳排水系统排出水量的河流、湖泊或海洋等。承泄区一般应满足下列要求：①在排水地区排除日常流量时，承泄区的水位应不使排水系统产生壅水，保证正常排渍；②在汛期，承泄区应具有足够的输水能力或容蓄能力，能及时排泄或容纳由排水区排出的全部水量，此时，不能因承泄区水位高而淹没农田，或者虽然局部产生浸没或淹没，但淹水深度和淹水历时不得超过耐淹标准；③具有稳定的河槽和安全的堤防。承泄区的规划涉及系统排水口位置的选择和承泄区的整治。

排水口的位置主要根据排水区内部地形和承泄区水文条件决定，即排水口应选在排水区的最低处或其附近，以便涝水易于集中；同时还要使排水口靠近承泄区水位低的位置，争取自排。由于平时和汛期排水区的内、外水位差呈现出各种情况，所以排水口的位置可以选择多处，排水口也可以有多个，以便于排泄和符合经济要求。另外，在确定排水口的位置时，还应考虑排水口是否会发生泥沙淤积，阻碍排水；排水口基础是否适于筑闸建站；抽排时排水口附近能否设置调蓄池等。

承泄区整治的目的是降低承泄区的水位，以改善排水区的排水条件，主要措施包括：①疏浚河道，以扩大泄洪断面，降低水位；②退堤扩宽，当疏浚不能降低足够的水位以满足排水系统的排水要求时，可采取退堤措施，扩大河道过水断面；③裁弯取直，以江河水道为承泄区时，可以将过于弯曲的河道截弯取直，使河道流程缩短，底坡变陡，流速加大，由此降低河道水位；④治理湖泊、改善蓄泄条件，降低湖泊水位，提高调蓄能力；⑤修建减流、分流河道，将上游来水直接分泄到江、湖和海洋中，以降低用作排水承泄区的河段水位；⑥清除河道阻障（如临时拦河坝、捕鱼栅、孔径过小的桥涵等），以满足排水要求。

在汛期，承容泄区的防洪与排水经常发生矛盾，根据承泄区和排水区的具体情况，采取相应的措施，比如在出水口建闸控制，建抽水站排水，建回水堤挡水。有条件的地方，可将出水口沿河岸向下移，以争取自流排泄。

第二节 排水沟流量和水位的确定

一、排水流量的确定

排水沟道汛期需要排出因暴雨产生的地表径流量称为排涝流量，平时需要排出因控制地下水位而从土壤内渗出的地下水量称为排渍流量或日常流量。排涝流量数值较大，随各年暴雨量的大小而变化，因此常用某一排涝设计标准下的暴雨产生的地表径流量作为排水沟的设计排涝流量，用于排水沟断面和排水建筑物设计。排渍流量数值较小，比较稳定，常用于确定排水沟的沟底高程和排渍水位，也可用于校核排水沟断面的允许最小流速。排水流量是确定各级排水沟道断面、沟道上建筑物规模及分析现有排水设施排水能力的主要依据。

排涝设计流量是指在发生除涝设计标准规定的设计暴雨时，排水沟中应通过的最大流量，它是由除涝设计标准和排水沟控制面积的大小决定的。确定排涝设计流量时，应首先确定除涝设计标准。

（一）除涝设计标准

除涝设计标准是指排水设施计划达到的除涝能力，它是确定除涝设计流量和排水工程规模的重要依据。如果设计标准定得较低，虽然工程规模小，投资少，但抵御涝灾的能力较低，除涝的作用不大，作物越易受涝。如果除涝设计标准定得过高，则排涝设计流量和排水工程规模将较大，工程投资和占地较多，但因出现排涝设计流量的几率不多，工程利用率不高。因此，除涝设计标准应根据自然条件、涝渍灾害、治理难易和工程效益等综合分析确定。排涝设计标准一般有 3 种表示方法：①暴雨重现期；②排涝保证率；③典型年。

1. 暴雨重现期

暴雨重现期是以治理区发生一定重现期的暴雨，作物不受涝作为除涝设计标准。这种表达方式除明确指出一定重现期的暴雨外，还规定在这种暴雨发生时作物不允许受涝。即当实际发生暴雨不超过设计暴雨时，农田的淹水深度、历时不应超过农作物正常生长所允许的耐淹水深和历时。

2. 排涝保证率

排涝保证率是以治理区作物不受涝的保证率作为除涝设计标准。作物不受涝的保证率，是指治理工程实施后作物能正常生长的年数与全系列总年数之比（经验保证率）。实际应用时，先假定在不同的工程规模下分别进行全系列的排涝演算，求出各种规模下作物能正常生长的经验保证率。然后选择经验保证率与治理设计保证率相一致的工程规模，作为设计采用值。这种方法能综合反映雨量、水位及其他有关因素在时间、地点和数量上的组合情况，比较符合实际。但需要有相当长的降雨、水位等资料，且计算比较复杂，除大型的重要治理区外，通常较少采用。

3. 典型年

以某一定量暴雨或涝灾严重的典型年作为排涝设计标准。这种表达方式可以反映涝灾的实际情况，概念比较明确、具体，不因资料的加长而改变结果。与第二种表达方式一样，具有能反映各种有关因素之间有机联系的优点，但定量暴雨或典型年仅有一定重现期的概念，在选择定量暴雨或典型年时仍需进行频率分析。

除涝设计标准确定是否合理，直接影响工程的经济效益及其可行性。所以必须进行多种方案比较，从中择优选取。

我国目前在除涝规划设计中，使用最普遍的是第一种表达方式，即按治理区发生一定重现暴雨时农田不受涝为准。除涝设计标准一般用某一设计频率（或重现期）的几日暴雨在几日内排除，使作物不受淹来表示，它包括重现期、暴雨历时和排除时间三个方面的内容。

根据《农田排水工程技术规范》（SL/T 4—1999），设计暴雨重现期可采用 5～10 年一遇，相应的频率为 20%～10%；暴雨历时和排除时间，对于旱作物通常采用 1～3 日暴雨 1～3 日排完，对于水稻一般采用 1～3 日暴雨 3～5 日排至耐淹水深。经济条件较好的地区或有特殊要求的粮棉基地以及大城市的郊区，可适当提高标准；经济条件较差的地区，可适当降低标准或采用分期提高的办法。我国部分省市的除涝设计标准见表9-1。

表9-1 目前各地采用的排涝设计标准表

地区	设计暴雨重现期/年	设计暴雨和排涝天数
天津郊县（区）	10	1d暴雨2d排出
河南安阳、信阳地区	3～5	3d暴雨1～2d排出（旱作区）
河北白洋淀地区	5	1d暴雨14mm 3d排出
辽宁中部平原区	5～10	3d暴雨3d排至作物耐淹深度
陕西交口灌区	10	1d暴雨1d排出
黑龙江三江平原	5～10	1d暴雨2d排出
吉林丰满以下第二松花江流域	5～10	1d暴雨118mm 1～2d排出
湖北平原湖区	10	1d暴雨3d排至作物耐淹深度
湖南洞庭湖区	10	3d暴雨3d排至作物耐淹深度
广东珠江三角洲	10	1d暴雨4d排至作物耐淹深度
广西平原区	10	3d排至作物耐淹深度
浙江杭嘉湖区	10	1d或3d暴雨分别2d或4d排至作物耐淹深度
江西鄱阳湖区	5～10	3d暴雨3～5d排至作物耐淹深度
江苏水稻圩区	5～10	1d暴雨1d排至作物耐淹深度
安徽巢湖、芜湖、安庆地区	5～10	3d暴雨3d排至作物耐淹深度
福建闽江、九龙江下游地区	5～10	3d暴雨3d排至作物耐淹深度
上海郊县（区）	10～20	1d暴雨1～2d排出（蔬菜田当日排出）

注 数据摘自《农田排水工程技术规范》（SL/T 4—1999）。

（二）排涝设计流量（最大设计流量）

排涝设计流量是指在发生除涝设计标准规定的设计暴雨时，排水沟中应通过的最大流量。影响排涝设计流量的因素有设计暴雨、排涝面积、流域形状、地面坡度、地面植被、作物组成、土壤性质、水文地质、排水沟比降以及排水沟配套情况等。推求设计排涝流量（又称最大设计流量）的基本途径有两种，一是用流量资料推求，二是用暴雨资料推求。在生产实践中，因水文站较少，流量资料较缺，长系列流量资料更缺，同时流量资料受人类活动的影响较大，同样的暴雨，在某些工程修建的前后所形成的流量可能相差很大，例如排水河道开挖前与开挖后，同样的暴雨所形成的流量相差很大，因此，采用流量资料推求排涝设计流量比较困难。而一般雨量站数量较多，分布较广，雨量资料容易取得，且不受人类活动的影响，所以排涝设计流量一般多采用暴雨资料进行推求。但是在不同地区和不同情况下，这类由暴雨推求排涝流量的方法也是各不相同的。对于通常不受下游河、沟水位影响的排水沟，可由设计暴雨推求最大峰量作为设计排涝流量。对于不直接排入容泄区而汇入低洼滞涝区的排水沟，则须通过推求排涝流量过程线来确定设计排涝流量，这种经过滞涝区调蓄后的设计排涝流量常比最大排涝峰量小得多。对于山丘区或比降较陡的排水河沟或撇洪、截流沟，其暴雨排水过程线通常采用单位线法推求。对于平原低洼地区，河沟排涝流量还常常受下游容泄区水位或潮位的影响，应按非恒定流或非均匀流理论计算。具体方法参见《水力学》和《水文学》有关部分。目前，计算排涝设计流量常用的方法主要有经验公式法、平均排除法和排涝流量过程线法 3 种方法。

1. 地区排涝模数经验公式法

单位排涝面积上的最大排涝流量称为排涝模数（q）。在计算排涝设计流量时，一般是先求得除涝设计标准下的排涝模数，然后再乘以排水沟控制断面以上的排涝面积（F），就可以求得该排水沟控制的排涝设计流量（Q），即 $Q=qF$，故排涝模数是排水系统设计的重要数据，同时也是衡量排涝能力的技术指标。影响排涝模数的因素很多，主要有设计暴雨、流域形状、排涝面积、地形坡度、地面覆盖、作物组成、土壤性质、地下水埋深、排水沟网密度与比降以及湖塘调蓄能力等，应通过当地或邻近类似地区的实测资料分析确定。在生产实践中，多采用分析暴雨径流资料，建立设计净雨深、流域面积和排涝模数之间的经验关系，总结出排涝模数的经验公式。该法适用于大型涝区，需要求出最大排涝流量的情况。

（1）平原地区排涝模数经验公式。

$$q=KR^{m}F^{n} \tag{9-1}$$

式中：q 为设计排涝模数，$m^3/(s \cdot km^2)$；F 为排水沟设计断面所控制的排涝面积，km^2；R 为设计径流深，mm；K 为综合系数（反映河网配套程度、降雨历时、排水沟坡度及流域形状等因素）；m 为峰量指数（反映洪峰与洪量的关系）；n 为递减指数（反映排涝模数与面积的关系）。

上述公式比较全面地考虑了影响排涝模数的各种主要因素，是排涝模数的通用表达式，因经验公式法计算方便快捷准确，故应用广泛。采用经验公式法计算排涝模数的关键是合理确定有关参数。例如，适用于平原区的排涝模数计算公式，由于水文系列的延长、河道治理、地下水位变化和排水系统完善程度等因素的影响，有关参数也在不断发生变化，直接影响排涝模数值。大量开采利用地下水而引起地下水位显著下降的地区，设计暴雨的径流深度可能减小，运用早期的成果时应注意适当修正。目前，各地区或各流域在应用式（9-1）时，都应根据该地区的除涝排水标准，选用接近设计标准的河流或排水系统的实测资料进行统计分析，从各地《水文手册》中查找选用。部分地区排涝模数经验公式中的参数见表 9-2，供规划布置时参考使用。

必须指出：公式中将很多因素都综合在 K 值中，因而 K 值变动幅度较大。一般规律是：暴雨中心偏上、净雨历时长、径流深大、地面坡度小、流域形状系数小（流域面积比流域长）、河网调节程度大，则 K 值小；反之则大。当流域或地区较大时，如果不考虑条件的差别采用统一的 K 值，将会影响计算成果的精度。因此，治淮委员会曾根据淮河和海河平原区资料分析结果，提出了以净雨历时、流域形状和地面坡度为参数的 K 值成果（表 9-3），可供参考。必须指出，表 9-2、表 9-3 的统计结果已相去 20 多年，下垫面条件已发生很大变化，应根据新的观察进行修正。

公式中其他参数主要包括设计暴雨 P 和设计净雨深 R，一般是先求得设计标准下的暴雨 P，再根据设计暴雨推求径流深度 R。

表 9-2　　我国部分地区排涝模数公式参数值表

地　区			适用范围 /km²	$K_{日平均}$	m	n	设计降雨天数 /d
安徽省淮北平原地区			500～5000	0.0260	1.00	−0.250	3
河南省	豫东及沙颍河平原区			0.3000	1.00	−0.250	1
	金堤河		＜1500	0.2150	0.79	−0.430	
			＞1500	0.0960	0.79	−0.430	
河北省	黑龙港地区		＞1500	0.0580	0.92	−0.330	3
			200～1500	0.0320	0.92	−0.250	3
	平原地区		30～1000	0.4000	0.92	−0.330	3
山东省	沂沭泗地区	湖西地区	2000～7000	0.0310	1.00	−0.250	3
		邳苍地区	100～500	0.0310	1.00	−0.250	1
	徒骇河地区			0.0340	1.00	−0.250	
江苏省苏北平原区			10～100	0.0256	1.00	−0.180	3
			100～600	0.0335	1.00	−0.240	3
			600～6000	0.0490	1.00	−0.350	3
山西省太原平原区				0.0310	0.82	−0.250	
湖北省平原湖区			≤500	0.0135	1.00	−0.201	3
			＞500	0.0170	1.00	−0.238	3
辽宁省中部平原区			＞50	0.0127	0.93	−0.176	3

表 9-3　　华北排涝模数公式 $q=KPF^{-0.25}$ 中的 K 值表

情　况	地面坡度	流域形状系数 $f=F/L^2$	净雨历时 /h	瞬时洪峰 $K_{瞬}$	日平均洪峰 $K_{日平均}$
一次峰量关系	1/4000～/10000	0.1～0.4	6	0.04	0.035
	1/2000～/4000	0.1～0.4	6	0.05	0.038
	1/500～/2000	0.1～0.4	6	0.06	0.040
	1/2000～/4000	＞0.6	6	0.06	0.040
一次峰量关系	1/4000～/10000	0.1～0.4	24	0.031	0.029
	1/2000～/4000	0.1～0.4	24	0.039	0.032
	1/500～/2000	0.1～0.4	24	0.047	0.036
	1/2000～/4000	＞0.6	24	0.047	0.036
按设计雨型洪峰复合后3d净雨与洪峰关系	1/4000～/10000	0.1～0.4		0.028	0.026
	1/2000～/4000	0.1～0.4		0.032	0.030
	1/500～/2000	0.1～0.4		0.036	0.033
	1/2000～/4000	＞0.6		0.036	0.033

注　排涝时用 $K_{日平均}$，排洪时用 $K_{瞬}$。

设计暴雨 P，可用工程水文学中介绍的方法进行推求。设计暴雨包括设计降雨历时、降雨强度和雨量分布等，对排水沟起控制作用的暴雨是形成洪峰的短历时暴雨，故应选择短历时暴雨作为设计暴雨。而设计降雨历时、设计暴雨量的大小及其分布均与排涝面积的大小有关。根据华北地区实测资料分析，100～500km^2 的排水面积，洪峰流量主要由 1d 暴雨形成；500～5000km^2 的排水面积，洪峰流量主要由 3d 暴雨形成。所以，在上述两种排水面积上推求排涝设计流量时，应分别选择 1d 或 3d 作为设计暴雨历时。此外，由于水田对降雨具有一定的调蓄作用，设计降雨历时可长些。对于降雨量，当排涝面积较小时，如 $F \leqslant 100km^2$，这时暴雨的成因比较一致，一般可用点雨量代表面雨量进行计算；当排涝面积较大时，由于降雨量分布不匀，排涝面积上的平均面雨量和点雨量的差别较大，故不能用点雨量代替面雨量，而应用点面关系换算系数把点雨量换算成面雨量，然后计算。设计暴雨可用典型年法、频率法和定雨量法进行推求。

典型年法是采用排涝地区实际发生的涝灾较为严重的某个年份作为典型年，以这一年中某次最大暴雨作为设计暴雨。对整个排水地区来说，该次暴雨的实际平均面雨量即为设计面雨量；对排水区内各支流而言，需要将暴雨中心移到该支流的控制面积内。典型年法的优点是除涝标准的概念比较明确，设计暴雨不受资料系列长短的影响，计算比较简便；缺点是具有代表性的典型年不易选定，且频率大小不够明确。

频率法根据资料占有情况一般有两种计算方法：一种是当排水区内有足够多的、分布比较均匀的测站和较长的同步降雨资料时，用各年最大的一次平均面雨量进行频率计算，求出设计标准的暴雨量。此法较为合理，但常受到测站分布和资料系列的限制，一般在流域面积较大的骨干排水沟道设计中采用。另一种方法是利用流域内某一水文站的各年最大一次点雨量或流域内各水文站最大平均点雨量进行频率计算，求出设计标准的点雨量，再用点雨量换算系数求出设计面雨量。表 9-4 为淮北地区不同除涝标准的排涝面积与 3d 设计暴雨关系以供参考。

表 9-4　淮北地区不同除涝标准的排涝面积与 3d 设计暴雨量关系　单位：mm

除涝标准	排涝面积/km^2						
	100	500	1000	2000	3000	4000	5000
3 年一遇	135	130	126	121	118	115	113
5 年一遇	167	157	152	145	140	136	134
10 年一遇	207	195	185	174	166	161	158
20 年一遇	248	232	219	204	195	189	184

定雨量法是根据排涝地区的雨涝灾情统计分析，选定某一点雨量作为设计雨量，通过点面雨量折减系数，推求设计面雨量。暴雨过程是统计分析历年相应于设计暴雨的降雨时程分配过程，从中选出几率大且对工程不利的暴雨过程作为设计暴雨过程。

设计净雨深（径流量）R。求得设计暴雨量后，便可进一步计算设计净雨深。影响设计净雨深的主要因素有暴雨量、土壤含水量和地下水埋深等。推求设计净雨深的方法有降雨径流相关法和暴雨扣损法两种。水田区的设计净雨深常用暴雨扣损法计算，计算公式为：

$$R=P-h_1-f-E \tag{9-2}$$

式中：R 为设计净雨深，mm；P 为设计暴雨量，mm；h_1 为稻田的滞蓄水深，mm，与暴雨发生时间、水稻的类别和品种、生长期及耐淹历时有关，根据当地试验和调查资料确定，一般采用水稻允许淹水深与降雨前田面水深的差值；f 为设计排涝历时 T 内的稻田渗漏量，mm，$f=KT$，K 为渗漏强度，mm/d，见表 9-5；E 为设计排涝历时 T 内的稻田腾发量，mm，$E=\alpha E_d T$，α 为需水系数，根据当地试验资料确定，也可参考相应表选用；E_d 为水面蒸发强度，一般为 4～5mm/d。

表 9-5　　渗漏强度 K 值　　单位：mm/d

土质	砂土、重砂壤土	中粉质壤土	中壤土	砂（粉）质黏土	黏土
K	5～8	3.5～5	2.5～3.5	1.5～2.5	0.8～1.5

旱作区的设计净雨深一般采用以前期影响雨量 P_a 为参数的降雨径流相关图，即 $P+P_a$—R 关系曲线进行计算。前期影响雨量 P_a 是反映排水区发生暴雨之前土壤的干湿情况，对次降雨径流深的值有影响，各地的水文图集中均有关于 P_a 的计算方法。也可采用与设计标准相似的若干场暴雨的平均值作为设计值。对于小汇水面积上的径流深，可用设计暴雨 P 乘以径流系数 α，即 $R=\alpha P$，求得。

α 值通常是指一次暴雨和该次暴雨所产生的径流深的比值（$\alpha=R/P$），亦有把前期影响雨量考虑在内的比值［$\alpha=R/(P+P_a)$］。径流系数受除涝标准、排水系统配套程度影响，应根据具体条件选用。各地经过多年资料的积累和分析，一般都备有降雨径流关系曲线和暴雨径流系数关系等资料，以供设计时查用。如淮北平原地区，除涝标准为 3～5 年一遇，前期影响雨量采用 $P_a=45$mm；10～20 年一遇采用 $P_a=55$mm，次降雨径流关系见表 9-6。江苏省太湖流域的 $P\sim\alpha$ 值见表 9-7。

表 9-6　　淮北平原地区次降雨径流净雨深度 R　　单位：mm

除涝标准	$P+P_a$										
	50	75	100	125	150	175	200	225	250	275	300
沿淮各支流区	12	20	29	41	56	74	95	120	145	170	195
泉河沈邱以上	12	18	26	36	50	68	88	110	135	160	185
浍河临涣黄口以上	8	13	21	31	45	61	80	102	125	150	175
黑茨河省界以上	6	10	16	27	40	56	73	93	116	140	165
王引河省界以上	6	10	16	26	38	52	70	90	112	135	160
沱河永城以上	5	9	15	24	36	50	66	86	108	131	155
惠济河、涡河省界以上	5	8	14	21	32	45	59	76	96	117	140

表 9-7　　江苏省太湖流域 $P\sim\alpha$ 关系图

P/mm	60	70	80	100	120	140	200	250
α	0.37	0.43	0.45	0.50	0.53	0.55	0.59	0.66

排水区的面积可以从地形图中量得，因此，根据有关实测资料求得 R、K、m、n 等

值后，该排水区的排水模数计算公式便已确定。由于有关系数和指数是根据实测资料进行分析确定的，所以求得的公式是经验公式。一般适用于汇水面积较大的除涝排水沟的流量计算。

采用经验公式计算排涝模数在国内外都是相当普遍的。表 9－8 列出欧美各国所采用的排涝模数经验公式的几种基本类型，以供参考。

表 9－8　国外排涝模数经验公式类型举例

欧美各国	前苏联
$q=\frac{X}{F}+Y$ $q=\frac{X}{F+Y}+Z$ $q=\frac{X}{Y\sqrt{F}}$ 式中：q 为排涝模数；F 为流域面积（km^2）；X、Y、Z 为常数。	$q=\frac{A_p}{F^n}q=\frac{A_p}{(F+C)^n}$ $q=\frac{A_p}{(F+C)^n}+B$ 式中：q 为排涝模数（又称径流模数）；A_p 为与频率有关的参数；F 为流域面积（km^2）；C、B 为常数。

根据以上公式形式，不同作者给出了不同地区的公式。例如爱理奥物（G. C. ELLiot）给出了美国密西西比河与阿尔萨斯州的排涝模数公式：

$$q=\frac{20}{\sqrt{F}}+3.63 \tag{9-3}$$

前苏联沃斯克里森斯基（K. n. Bockpeech－ckhh）给出了用于西伯利亚地区的最大径流模数公式为

$$q=\frac{A_p}{(F+10)^{0.25}} \tag{9-4}$$

或写作

$$q=\frac{KR}{(F+10)^{0.25}} \tag{9-5}$$

$$A_p=KR \tag{9-6}$$

式中：R 为设计径流深；K 为系数；A_p 为与频率有关的参数；其余符号同前。该公式和前面介绍的我国当前采用的排涝模数公式（$q=KR^mF^n$）具有十分相似的形式。

（2）山丘区排涝模数经验公式。对于山丘区，可采用设计洪峰流量经验公式计算排水沟流量。各省、区根据具体条件，统计分析了许多形式不同的经验公式可供采用。例如安徽省采用的经验公式是

$$Q=CR_{24}^{1.21}F^{0.75} \tag{9-7}$$

式中：Q 为一定频率的设计洪峰流量，m^3/s；R_{24} 为相应频率的 24h 设计暴雨的净雨深，mm，深山区 $R_{24}=X_{24}-30$，浅山和丘陵区 $R_{24}=X_{24}-40$，X_{24} 为 24h 设计暴雨，mm，并通过点面关系折算而得；C 为地区经验系数，该省分深山、浅山、高丘、低丘四类地区，相应 C 值为 0.0514、0.0285、0.0239、0.0194；其余符号意义同前。

另外，当 $10<F<100$ 时的经验公式为

$$q=K_aP_sF \tag{9-8}$$

式中：q 为设计排涝模数，$m^3/(s \cdot km^2)$；P_s 为设计暴雨强度，mm/h；F 为汇流面积，km^2；K_a 为流量参数，可按表 9－9 选用。

当 $F<10km^2$ 时的经验公式为

$$q=K_b F^{n-1} \tag{9-9}$$

式中：K_b 为径流模数，各地不同设计暴雨频率的径流模数可按表 9－10 选用；n 为汇水面积指数，各地按表 9－10 选用，当 $F<1km^2$ 时，取 $n=1$。

表 9－9　　流量参数 K_a 值

汇水区类别	石山区	丘陵区	黄土丘陵区	平原坡水区
地面坡度/%	>15	>5	>5	>1
K_a	0.60～0.55	0.50～0.40	0.47～0.37	0.40～0.30

表 9－10　　山丘区的 K_b 和 n 值

地区	不同设计暴雨频率的 K_b			n	地区	不同设计暴雨频率的 K_b			n
	20%	10%	4%			20%	10%	4%	
华北	13.0	16.5	19.0	0.75	西南	12.0	14.0	16.0	0.75
东北	11.5	13.5	15.8	0.85	华中	14.0	17.0	19.6	0.75
东南沿海	15.0	18.0	22.0	0.75	黄土高原	6.0	7.5	8.5	0.80

2. 平均排除法

平均排除法是以排水面积上的设计净雨在规定的排水时间内排除的平均排涝流量或平均排涝模数作为设计排涝流量或排涝模数的方法。

（1）旱地排涝模数平均排除法计算公式 。

$$Q=RF/86.4t \tag{9-10}$$

或

$$q_d=R/86.4t \tag{9-11}$$

式中：Q 为设计排涝流量，m^3/s；q_d 为设计排涝模数，$m^3/(s \cdot m^2)$；F 为排水沟控制的排水面积，km^2；R 为设计径流深，mm；t 为规定的排涝时间，d，主要根据作物的允许耐淹历时确定。对于旱地、因耐淹较差，排涝时间应当选得短些，通常取 1～3d。

（2）水田排涝模数平均排除法计算公式。

$$q_w=\frac{P-h_w-E_w-S}{86.4t} \tag{9-12}$$

式中：P 为设计暴雨量，mm；h_w 为水田滞蓄水深，mm，由水稻耐淹水深确定；E_w 为历时为 t 的水田田间蒸发量，mm；S 为排涝时间内的水田渗漏总量，mm；t 为规定的排涝时间，天，主要根据作物的允许耐淹历时确定。对于水田，通常选 3～5 天排除。

（3）旱地和水田的综合排涝模数计算公式。如排水区既有旱地又有水田时，则首先按上式分别计算水田和旱地的排涝模数，然后按旱地和水田的面积比例加权平均，即得综合排涝模数。

$$q=\frac{q_d F_d+q_w F_w}{F_d+F_w} \tag{9-13}$$

式中：F_d 为设计排涝面积中的旱地面积，km^2；F_w 为设计排涝面积中的水田面积，km^2；q_d 为旱田设计排涝模数，$m^3/(s \cdot m^2)$；q_w 为水田设计排涝模数，$m^3/(s \cdot m^2)$。

（4）圩垸区排涝模数计算公式。圩垸是指围有河道并建有堤防保护的区域。圩垸以外的河道（网）称外河（网），圩垸内的河道（网）称内河（网）。一般地说，外河网主要承担防洪、排涝、航运和灌溉等任务；内河网主要承担排涝滞涝和控制地下水位任务，兼顾通航、养殖、灌排两用的河网还起引水灌溉作用。河网布置和纵横断面设计要满足上述要求。一般骨干河道的断面大小，主要由排涝滞涝任务确定，而深度主要由控制地下水位和通航要求确定。另外，圩内常有一定湖泊滞蓄涝水，内河网与外河连接处建排水闸和抽排站，因而内河网计算应考虑河网、湖泊、排水闸和抽排站的联合运行。鉴于圩垸区的这些特点，其排涝模数可按照下式计算：

$$q=\frac{PF-(h_w+E_w+S)F_w-h_fF_f-(h_g+E)F_g-(h_z+E)F_z}{3.6t\tau F} \tag{9-14}$$

式中：F 为总面积，km^2；F_f 为非耕地及旱地的面积，km^2；h_f 为非耕地及旱地的土壤渗蓄水量，mm；h_g 为河网、沟塘的滞蓄水深，mm；F_g 为河网、沟塘的水面面积，km^2；E 为排涝历时为 t 的水面蒸发总量，mm；F_z 为圩（垸）区内湖泊死水位至正常蓄涝水位之间的平均水面面积，km^2，一般要求为排涝面积的 5%～10%，无湖泊调蓄时应取 $F_z=0$；h_z 为圩（垸）区内湖泊死水位至正常蓄涝水位（应低于地面 0.2～0.3m）之间的水深，mm，一般要求为 1～2m；τ 为向外河或湖泊抽水排水时的水泵日平均工作小时数，h/d，若为自流排水时应为向外河或湖泊开闸排水的小时数，则取 $\tau=24$h/d；其他符号意义同前。

这一方法确定的排涝流量或排涝模数，是一个均值，为了与前述按照最大排涝模数确定排水沟设计流量的方法相区别，故把这种方法称为平均排除法。对于水网区和抽水排水地区，由于河网有一定调蓄能力，不论排水面积大小，此方法都是比较适用的。而对于排水沟道调蓄能力较差的地区（如有些坡水区等），按此法算得的排涝流量可能偏小，故通常认为它仅适用于控制面积较小的排水沟，这是因为较小的排水沟，在不超过作物允许耐淹历时的条件下，可以允许地面径流在短时间内漫出沟槽。此法的优点是计算简便，但它没有反映出排水面积越大，其排涝模数越小这一规律，而且当排水面积很大时，涝水汇流时间往往也超过计算中通常规定的排涝时间 3～5 天。所以应用此法时，首先要针对具体条件，分析其适用性。

3. 排涝流量过程线法

当涝区内有较大的蓄涝区时，即蓄涝区水面占整个排涝区面积达 5%以上时，需要考虑蓄涝区调蓄涝水的作用，并合理确定蓄涝区和排水闸、站等除涝工程的规模。对于这种情况，就需要采用概化过程线等方法推求设计排涝流量过程线，供蓄涝、排涝演算使用。

（三）排渍设计流量

地下水排水流量，自降雨开始至雨后同样也有一个流量高峰和一个变化过程。排渍流量是指非降雨期间为控制地下水位而经常排泄的地下水流量，即当地下水位达到一定控制要求时的地下水排水流量，又称日常流量。它不是降雨期间或降雨后某一时期的地下水高峰排水流量，而是一个经常性的比较稳定的较小数值。单位面积上的排渍流量称为设计地下水排水模数或排渍模数 [$m^3/(s \cdot km^2)$]。地下水排水模数的值与当地的气象条件（降雨、蒸发）、土质条件、水文地质条件和排水沟的密度等因素有关。由于各因素之间的关系复杂，其值目前很难用公式进行精确计算，而是根据资料分析确定，表 9-11 是根据某些地区的资料分析确定的由降雨产生的排渍模数。在降雨持续时间长、土壤透水性强、排水沟网较密的地区，排渍模数可选表 9-11 中较大值。

表 9-11　　各种土质设计排渍模数

土　质	轻砂壤土	中壤土	重壤土、黏土
设计排渍模数/[$m^3/(s \cdot km^2)$]	0.03～0.04	0.02～0.03	0.01～0.02

通常在降雨持续时间长、排水沟系密度较大和土壤透水性强的地区，设计排渍模数具有较大的数值。

盐碱土改良地区，由于冲洗而产生的地下水排水模数，其值一般较大，如山东省打渔张灌区在洗盐的情况下，实测的排渍模数见表 9-12。而防止土壤次生盐碱化地区，在强烈返盐季节，其地下水控制在临界深度时的设计排渍模数通常较小。如河南省人民胜利渠引黄灌区测得的排水模数有时在 0.002～0.005$m^3/(s \cdot km^2)$ 以下，远比冲洗改良区的排渍模数小。

将确定的排渍模数乘以排水沟控制面积，即可得排水沟的排渍流量。

表 9-12　　冲洗盐碱情况下实测排渍模数

末级排水沟规格/m		排水沟密度/($m/667m^2$)	排渍模数 [$m^3/(s \cdot km^2)$]
间距	沟深		
110	0.7	29.00	0.103
150	1.0	8.43	0.052
200	1.2	4.23	0.021

二、排水沟道设计水位的推算

（一）排水沟的设计内、外水位

排涝计算中的设计内水位是指排水出口处的沟道通过排涝流量时的水面高程。在排渍情况下，设计内水位通常应定在农田地下水位降到规定深度的高程上。

设计外水位是指容泄区的水位，目前我国部分地区设计外水位的采用情况见表 9-13。从表 9-13 可见，各地区采用的设计外水位虽然不尽相同，但从中可以概括出两个基本规律：

（1）对于选择水位特征期，有以下多种选择，如年或汛期最高日平均水位、年或汛期最高水位、旬平均水位或汛期最高 5 日水位、最高汛期平均水位等。具体选择时，可采用如下原则：①当涝区设计降雨与容泄区水位同频率遭遇的可能性较小时，可根据各地的具体情况确定，通常可采用排涝天数（3～10 天）平均高水位的多年平均值；②当涝区设计降雨与容泄区水位同频率遭遇的可能性较大时，可采用相应于涝区设计降雨同频率的容泄区排涝天数（3～10 天）平均水位作为设计外水位。

表 9-13　　我国部分地区设计外水位

省、市及地区	设计外水位/m	备　注
广东珠江、韩江三角洲地区	采用年最高洪水位的多年平均值	洪水区
	采用 5 年一遇年最高水位	湖区
湖南洞庭湖区	采用外江 6 月最高水位的多年平均值；以 5～8 月最高水位多年平均值中的进行校核	大型排水站
湖北	采用与排水设计标准同频率、与设计暴雨同期出现的旬平均水位或采用暴雨设计典型年排涝期间相应的日平均水位，也有采用江河警戒水位的	
江西鄱阳湖地区	采用 10 年一遇五日最高平均水位	
	采用年最高水位的多年平均值	大型电排站
安徽	采用 5～10 年一遇汛期日平均水位	
江苏	采用历年汛期平均最高外水位设计，按历年汛期最高外水位校核	中小型排水站
	采用 20 年一遇汛期最高外水位	大型电排站
福建	采用 5 年一遇洪水位	闽江下游
	采用 10 年一遇洪水位	九龙江下游
河南安阳地区（黄河）	采用黄河 3 年一遇水位	考虑黄河淤积至 1970 年时的水位
河南信阳地区（淮河）	采用河道堤防保证水位（5～20 年一遇）	
黑龙江	采用 20 年一遇汛期最高日平均水位	
天津	采用汛期最高洪水位	

（2）对于选择水位标准，一种情况是采取相应于涝区暴雨重现期的水位；另一种情况是采用多年平均水位。通常当涝区设计降雨与容泄区水位同频率遭遇的可能性较大时，采用前者；否则采用后者。

涨潮河段的设计外水位，原则上可与上述设计外水位的确定方法相同。取各年排涝期内的高潮位与低潮位，按排涝天数的平均值（即连续高潮与高低潮的半潮位）作频率计算，并取相应于涝区设计降雨同频率的潮位作为设计潮水位。

近几年，由于江河湖泊泥沙淤积逐年加剧以及其他原因的影响，在流量不变的情况下，其水位逐年增高。在确定设计外水位时，要考虑这种因素，以留有余地。

（二）排水沟的设计水位

设计排水沟，一方面要使沟道能通过排涝设计流量，使涝水顺利排入外河；另一方面还要满足控制地下水位等要求。排水沟的设计水位可以分为排渍水位和排涝水位两种，确定设计水位是设计排水沟的重要内容和依据，需要在确定沟道断面尺寸（沟深与底宽）之前，加以分析拟定。

1. 排渍水位（又称日常水位）

这是排水沟经常需要维持的水位，在平原地区主要由控制地下水位的要求（防渍或防止土壤盐碱化）所决定。

为了控制农田地下水位，排水农沟（末级固定排水沟）的排渍水位应当低于农田要求的地下水埋藏深度，离地面通常不小于 1.0～1.5m；有盐碱化威胁的地区，轻质土不小于 2.2～2.6m（图 9-3）。而斗、支、干沟的排渍水位，要求比农沟排渍水位更低，因为需要考虑各级沟道的水面比降和局部水头损失（图 9-4），例如排水干沟。为了满足最远处低洼农田降低地下水位的要求，其沟口排渍水位可由最远处农田平均田面高程（A_0），考虑降低地下水位的深度和斗、支、干各级沟道的比降及其局部水头损失等因素逐级推算而得，即

$$Z_{排渍}=A_0-D_{农}-\sum Li-\sum \Delta z \tag{9-15}$$

式中：$Z_{排渍}$ 为排水干沟沟口的排渍水位，m；A_0 为最远处低洼地面高程，m；$D_{农}$ 为农沟排渍水位离地面距离，m；L 为斗、支、干各级沟道长度，m；i 为斗、支、干各级沟道的水面比降，如为均匀流，则为沟底比降；Δz 为各级沟道沿程局部水头损失，如过闸水头损失取 0.05～0.1m，上下级沟道在排地下水时的水位衔接落差通常取 0.1～0.2m。

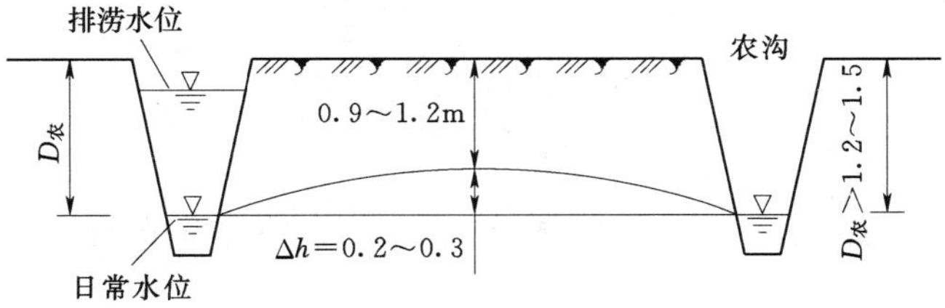

图 9-3　排渍水位与控制地下水位的关系（单位：m）

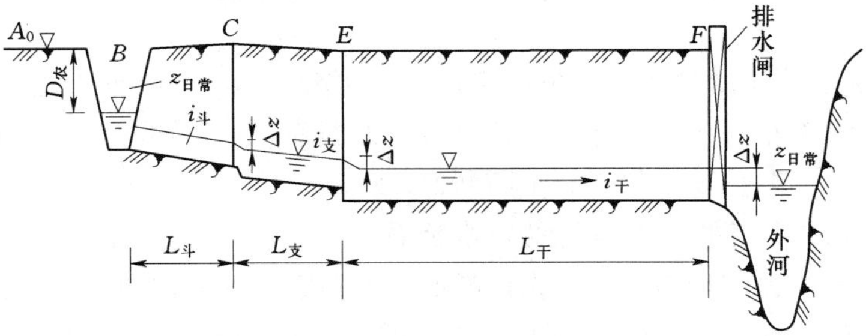

图 9-4　干、支、斗、农排水沟排渍水位的关系图

对于排渍期间容泄区（又称外河）水位较低的平原地区，如干沟有可能自流排除排渍流量时，按上式推得的干沟沟口处的排渍水位 $Z_{排渍}$，应不低于容泄区的排渍水位或与之相平。否则，应适当减小各级沟道的比降，争取自排。而对于经常受外水位顶托的平原水网圩区，则应利用抽水站在地面涝水排完以后，再将沟道或河网中蓄积的涝水排至容泄区，使各级沟道经常维持排渍水位，以便控制农田地下水位和预留沟网容积，准备下次暴雨后滞蓄涝水。

2. 排涝水位（又称最高水位）

排涝水位是排水沟宣泄排涝设计流量（或满足滞涝要求）时的水位。由于各地容泄区水位条件不同，确定排涝水位的方法也不同，但基本上分为下述两种情况。

（1）当容泄区水位通常较低，如汛期干沟出口处排涝设计水位始终高于容泄区水位，此时干沟排涝水位可按排涝设计流量确定，其余支、斗沟的排涝水位亦可由干沟排涝水位按比降逐级推得；但有时干沟出口处排涝水位比容泄区水位稍低，此时如果仍须争取自排，势必产生壅水现象，于是干沟（甚至包括支沟）的最高水位就应按壅水水位线设计，

其两岸常需筑堤束水，形成半填半挖断面，如图 9-5 所示。

(2) 容泄区水位很高、长期顶托无法自流外排的情况。此时沟道最高水位是分两种情况考虑，一种情况是没有内排站的情况，这时最高水位通常不超出地面，以离地面 0.2～0.3m 为宜，最高可与地面齐平，以利排涝和防止漫溢，最高水位以下的沟道断面应能承泄除涝设计流量和满足蓄涝要求；另一种情况是有内排站的情况，则沟道最高水位可以超出地面一定高度（如内排站采用污工泵时，超出地面的高度就不应大于 2～3m），相应沟道两岸亦需筑堤。

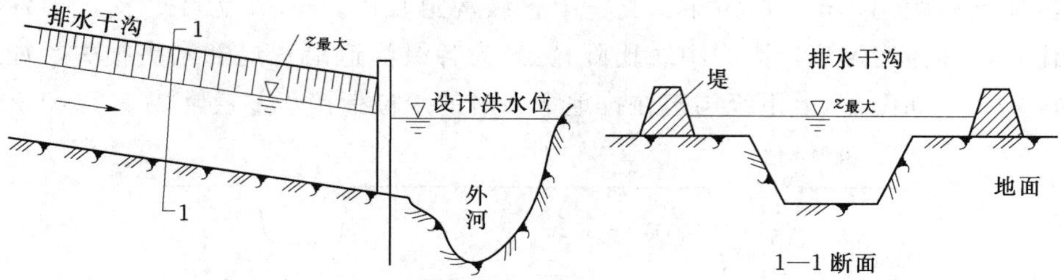

图 9-5　排水出口壅水时干沟的半填半挖断面示意图

第三节　排水沟的纵横断面设计

当排水沟的设计流量和设计水位确定后，便可确定沟道的断面尺寸，包括水深与底宽等。设计时，通常根据排涝设计流量计算沟道的断面尺寸，如有通航、养殖、蓄涝和灌溉等要求，则应采用各种要求都能满足的断面。

一、根据排涝设计流量确定沟道的过水断面

排水沟通常是按恒定均匀流公式设计断面，但在容泄区水位顶托发生壅水现象的情况下，往往需要按恒定非均匀流公式推算沟道水面线，从而确定沟道的断面以及两岸堤顶高程等。对于排水沟道的断面因素如底坡 i、糙率 n 及边坡系数 m 等应结合排水沟特点进行分析拟定。

(1) 排水沟的比降 i。主要决定于排水沟沿线的实际地形和土质情况，沟道比降通常要求与沟道沿线所经的地面坡降相近，以免开挖太深，同时，沟道比降不能选得过大或过小，以满足沟道不冲不淤的要求，即沟道的设计流速应当小于允许不冲流速（表 9-14）和大于允许不淤流速（0.3～0.4m/s）。此外，对于连通内湖与排水闸的沟道，其比降还决定于内湖和外河水位的情况；而对于连通抽水站的沟道比降，则须注意抽水机安装高程的限制，通常说来，对照上述要求，平原地区沟道比降可在下列范围内选择：干沟为 1/6000～1/20000，支沟为 1/4000～1/10000，斗沟为 1/2000～1/5000。

表 9-14　　排水沟允许不冲流速 u

土壤类别	淤土	重黏壤土	中黏壤土	轻黏壤土	粗砂土	中砂土	细砂土
u/ (m/s)	0.20	0.75～1.25	0.65～1.00	0.60～0.90	0.60～0.75	0.40～0.60	0.25

而在排灌两用沟道内有反向输水出现的情况下，沟道比降宜较平缓，其方向则以排水

方向为准。对于有些结合灌溉、蓄涝和通航的沟道，其比降也有采用平底的情况。为了便于施工，同一沟道最好采用均一的底坡，在地面比降变化较大时，也要求尽可能使同一沟道的比降变化较少。

（2）沟道的边坡系数 m。这主要与沟道土质和沟深有关，土质愈松，沟道愈深，采用的边坡系数应愈大。由于地下水汇入的渗透压力、坡面径流冲刷和沟内滞涝蓄水时波浪冲蚀等原因，沟坡容易坍塌，所以排水沟边坡通常比灌溉边坡为缓。设计时可参考表9-15。

表 9-15　　土质排水沟边坡系数表

土　质	边　坡　系　数			
	挖深<1.5m	挖深 1.5～3m	挖深 3～4m	挖深 4～5m
砂土	2.5	3.0～3.5	4.0～5.0	≥5.0
轻壤土，砂壤土	2.0	2.5～3.0	3.0～4.0	≥4.0
中壤土	1.5	2.0～2.5	2.5～3.0	≥3.0
黏土，重壤土	1.0	1.2～1.5	1.5～2.0	≥2.0

（3）排水沟的糙率 n。对于新挖沟道，其糙率与灌溉渠道相同。约为 0.02～0.025，而对于容易长草的沟道，通常采用较大的数值，取 0.025～0.03。

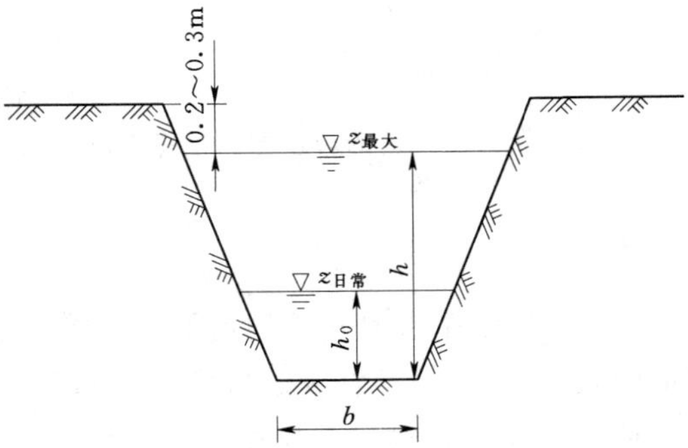

图 9-6　排水沟横断面图

二、根据通航、养殖要求校核排水沟的水深与底宽

按除涝设计流量确定的排水沟水深 h（相应的排渍水深为 h_0）及底宽 b（图 9-6），往往还不一定是最后采用的数值。考虑到干、支沟在有些地区需要同时满足通航、养殖要求，所以还必须根据这些要求对沟道排渍水深 h_0 及底宽 b 进行校核。

沟道通航水深决定于通航船只的吨位。干沟通常要求通航 50～100t 的船只，支（斗）沟通航 50t 以下的船只，相应要求的通航水深见表 9-16。养殖水深通常要求 1.0～1.5m，干、支沟都一样。

表 9-16　　通航、养殖对排水沟的要求　　单位：m

沟　名	通　航　要　求		养殖水深
	水深 h_0	底宽 b	
干沟	1.2～2.0	5～15	1.0～1.5
支沟	0.8～1.0	2～4	1.0～1.5

通过校核，如果按排涝设计流量算出的沟道水深与底宽不能满足在排渍水位下通航、养殖和控制地下水位的要求，则沟道应按要求拓宽加深。在排涝流量和排渍流量相差悬殊且要求的沟深也显著不同的情况下，可以采用复式断面。

三、根据滞涝要求校核排水沟的底宽

平原水网圩区的一个特点，就是汛期（5～10月）外江（河）水位高涨，关闸期间圩内降雨径流无法自流外排，只能依靠抽水机及时提水抢排一部分，大部分涝水需要暂时蓄在田间以及圩内部的湖泊洼地和排水沟内，以便由水泵逐渐提排出去。除田间和湖泊蓄水外需要由排水沟容蓄的水量（因蒸发和渗漏量很小，故不计）为：

$$h_{沟蓄}=P-h_{田蓄}-h_{湖蓄}-h_{抽排} \tag{9-16}$$

式中：$h_{沟蓄}$为沟道蓄水量；P为设计暴雨量（1天暴雨或3天暴雨，以mm计），按除涝标准选定；$h_{田蓄}$为田间蓄水量，水田地区按水稻耐淹深度确定，通常取30～50mm，旱田则视土壤蓄水能力而定；$h_{抽排}$为水泵抢排水量；$h_{湖蓄}$为湖泊洼地蓄水量，根据各地圩垸内部现有的或规划的湖泊蓄水面积及蓄水深度确定。$h_{沟蓄}$、$h_{湖蓄}$、$h_{抽排}$均为折算到全部排水面积上的平均水层，mm。

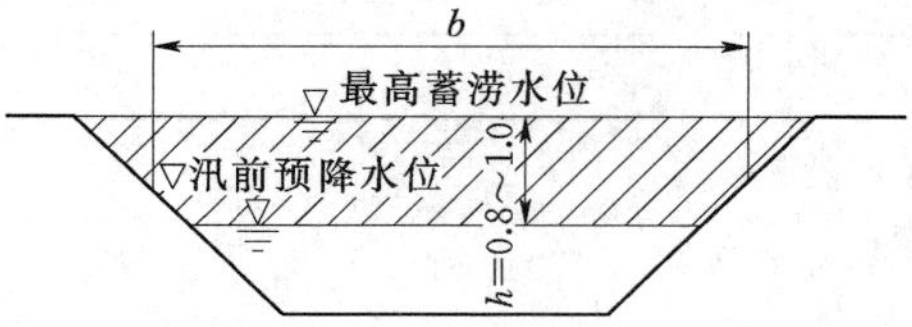

图9-7　河（沟）道的滞水位和预降水位（单位：m）

由式（9-16）可见，只要确定了P、$h_{田蓄}$、$h_{湖蓄}$、$h_{抽排}$等值，便可求得需要排水沟容蓄的涝水量，这部分水量就蓄在各级沟道（干、支、斗）的滞涝容积$V_{滞}$内，即图9-7中最高滞涝水位与排渍水位（或称汛期预降水位）之间的阴影部分。沟道滞涝水深h通常为0.8～1.0m，排水沟的滞涝总容积（$V_{滞}$）可用下式计算，即：

$$V_{滞}=\sum bhl \tag{9-17}$$

式中：b为各级滞涝河网或沟道的平均滞涝水面宽度，m，如图9-7所示；l为各级滞涝沟道的长度，m；$\sum bhl$为各级滞涝沟道的bhl之和，m^3。

校核计算时，可以采用试算法，即先按排涝或航运等要求确定的沟道断面计算其滞涝容积（$V_{滞}$），如果这一容积小于需要沟道容蓄的涝水量，除可增加抽排水量外，还须适当增加有关各级沟道的底宽（或改为复式断面）或沟深（甚至增加沟道密度），直至沟道蓄水容积能够容蓄涝水量为止。

四、根据灌溉引水要求校核排水沟道底宽

当利用排水沟引水灌溉时，水位往往形成倒坡或平坡，这时就需要按非均匀流公式推算排水沟引水灌溉时的水面曲线，借以校核排水沟在输水距离和流速等方面能否符合灌溉引水的要求，如不符合，则应调整排水沟的水力要素。

在通常工程设计中，对斗、农沟常常采用规定的标准断面（根据典型沟道计算而得），不必逐一计算，而只是对较大的主要排水沟道，才需要进行具体设计。设计时，通常选择以下断面进行水力计算：①沟道汇流处的上、下断面（即汇流以前和汇流以后的断面）；②沟道汇入外河处的断面；③河底比降改变处的断面等。对于较短的沟道，若其底坡和土质都基本一致，则在沟道的出口处选择一个断面进行设计即可。

排水沟在多数情况下是全部挖方断面，只有通过洼地或受容泄区水位顶托发生壅水时，为防止漫溢才在两岸筑堤，形成又挖又填的沟道。从排水沟挖出的土方，可用以修堤、筑路、填高农田田面和居民点房基，或结合灭螺填平附近废沟旧塘，不要任意乱堆在

沟道两岸，以免被雨水冲入沟中，影响排水。通常堤、弃土堆距离沟的上口，不应小于1.0m，堤（路）高应超出地面或最高水位以上0.5～0.8m，堤顶宽取0.5～1.0m，如兼作各种道路，则结合需要另行确定。对于较大的排水干沟，有时为了满足排除涝水和地下水的综合要求，特别在排涝设计流量和排渍流量相差悬殊的情况下，排水沟可以设计成复式断面，这样可节省土方和减少水下的施工。

防止排水沟的塌坡现象是设计沟道横断面的重要问题，特别是在砂质土地带，更需重视。沟道塌坡不但使排水不畅，而且增加清淤负担。针对边坡破坏的主要原因，在结构设计中，除应用稳定的边坡系数外，还可以采取下列措施以稳定排水沟的边坡。

（1）防止地面径流的冲蚀，如利用截流沟、截流堤或沟边道路防止地面径流漫坡注入沟道；或采取护坡措施，如种植草皮和干砌块石等。

（2）减轻地下径流的破坏作用，排水沟与灌溉渠道如采取相邻布置的方式，则沟、渠之间可安排道路或使沟道采用不对称断面，即靠近灌渠一侧采用较缓的边坡。

（3）对于沟道较深和土质松散的排水沟，采用复式断面，可以减少沟坡的破坏。复式断面的边坡系数（m），随各种土质而定，可选用一种或几种数值。排水沟开挖深度大于5.0m时，应在沟底以上每隔3～4m设置宽度不小于0.8～1.0m的戗台。

在设计排水沟的纵断面时，通常要求各级沟道之间在排地下水时不发生壅水现象，即上、下级沟道在排除日常流量（排渍流量）时，水位衔接应有一定的水面落差（Δz），通常取0.1～0.2m（图9-8）。在通过排涝设计流量时，沟道之间产生短期的壅水现象，是可以允许的，但通常沟道的最高水位，尽可能低于沟道两侧的地面高程0.2～0.3m（受外河水位顶托和筑堤泄水的沟道除外）。此外，还需注意下级沟道的沟底不高于上级沟道的沟底。

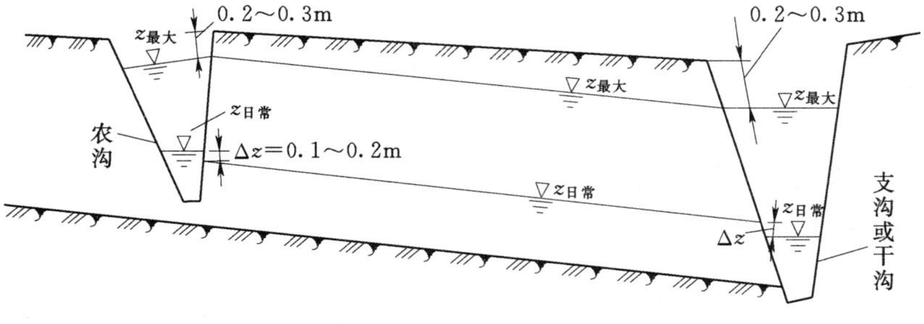

图9-8 上下级排水沟之间沟底水位衔接示意图

现结合图9-8说明排水沟纵断面图的绘制方法与步骤。通常首先根据沟道的平面布置图，按干沟沿线各桩号的地面高程依次绘出地面高程线；其次，根据干沟对控制地下水位的要求以及选定的干沟比降等，逐段绘出日常水位线；然后在日常水位线以下，根据宣泄日常流量或通航、养殖等要求所确定的干沟各段水深，定出沟底高程线；最后再由沟底向上，根据排涝设计流量或蓄涝要求的水深，绘制干沟的最高水位线。排水沟纵断面的设计和横断面设计是相互联系的，需要配合进行。排水沟纵断面图的形式和灌溉渠道相似，但有时可绘成由右向左的倾斜形式，以便于从干沟出口处起算桩距，如图9-9所示。在图上应注明桩号、地面高程、最高水位、日常水位、沟底高程、沟底比降以及挖深等各项数据，以便计算沟道的挖方量。

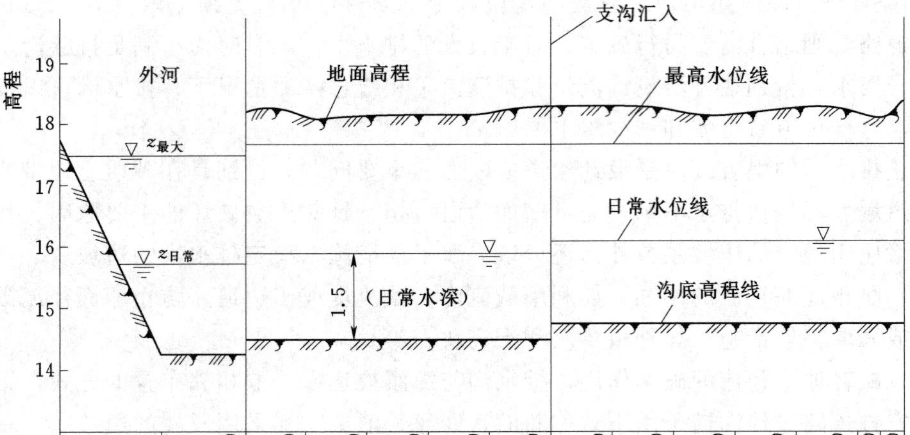

桩号	0+000	0+200	0+400	0+600	0+800	1+000		1+200	1+400	1+600	1+800	2+000	2+080	2+200
地面高程	17.80	17.82	17.91	17.96	18.00	18.00		18.00	18.15	18.25	18.25	18.06	18.28	18.35
最高水位	17.60	17.62	17.64	17.66	17.68	17.70		17.72	17.74	17.76	17.78	17.80	17.81	17.82
日常水位	16.00	16.02	16.04	16.06	16.08	16.10	16.30	16.32	16.34	16.36	16.38	16.40	16.41	16.42
沟底高程	14.50	14.52	14.54	14.56	14.58	14.60	14.80	14.82	14.84	14.86	14.88	14.90	14.91	14.92
挖方深度	3.30	3.30	3.37	3.40	3.42	3.40	3.20	3.33	3.31	3.39	3.37	3.16	3.37	3.43
沟底比降	1/10000													

图 9-9　排水干沟纵断面图（单位：m）

第十章　灌溉排水管理

灌溉管理和排水管理是灌区管理工作的两个重要方面。灌溉排水管理的主要任务是对各种工程设施进行管理运行，合理调配灌、排水量，开展试验研究，实行科学用水和排水，促进农作物高产稳产；并采取经济措施，搞好经营管理，发挥工程最大效益。灌排管理包括工程管理、用水管理、经营管理和组织管理四个方面内容。工程管理主要是对渠系工程，包括水源工程的检查、观测、养护、维修、改建、扩建和防汛、抢险等。只有做好工程管理，使渠系工程配套完善，并不断提高工程质量，才能保证工程安全运行，才能实行科学用水管理。用水管理主要指灌、排水量和流量的调配以及灌、排水时间的安排等，它对充分发挥灌、排工程效益，促进农业生产起着重要作用。经营管理指灌区内结合工程管理、用水管理开展的综合利用和水费征收等工作。它是充分利用水土资源和灌排工程设施创造财富，增加收入，促进工程管理和用水管理的必要环节。组织管理是指建立与健全专业的与群众性的灌区管理组织，更好地完成工程管理、用水管理和经营管理的任务。上述四方面，工程管理是基础，用水管理是中心，组织管理是开展这些工作的保证，经营管理则是促进、巩固与发展以上三种管理的重要手段，它们彼此联系，相互促进。

第一节　灌溉用水计划的编制及执行

灌溉用水管理是整个灌溉管理工作的中心环节。用水管理工作的好坏，直接影响灌溉工程的效益和农业的增产。用水管理的核心任务是实行计划用水。

计划用水就是有计划地进行蓄水、取水（包括水库供水、引水和提水等）和配水。无论是大、小灌区，都要实行计划用水，做好用水管理工作。实行计划用水，需要在用水之前根据作物对水分的要求，并考虑水源情况、工程条件以及农业生产的安排等，编制好用水计划。在用水时，视当时的具体情况，特别是当时的气象条件，修改和执行用水计划，进行具体的蓄水、取水和配水工作。在用水结束后，进行总结，为今后更好地推行计划用水积累经验。计划用水是一项科学的管水工作，要进行认真的调查研究与分析预测，要充分地吸取当地先进经验，做到因地制宜和简便可行。只有这样，计划用水才能得到贯彻和推广。

一、用水计划的编制

用水计划是灌区（干渠）从水源取水并向各用水单位（县、乡、村或农场）或各渠道配水的计划。它包括灌区水源取水计划和渠系配水计划两部分，现将这两部分的编制方法分述如下。

（一）取水计划的编制

取水计划由全灌区的管理机构编制，它是在预测计划年份各时期（月、旬）水源来水量和灌区用水量的基础上，进行可供水量与需要水量的平衡分析计算。通过协调、修改，确定计划年内的灌溉面积、取水时间、各时期内的取水水量、取水天数和取水流量等。对于水库灌区，其取水计划就是水库的年度供水计划。以下仅扼要叙述引水（或提水）灌区取水计划的编制方法。

1. 灌溉水源情况的分析和预测

渠首可能引取的水量取决于河流水源情况及工程条件。因此，应首先分析灌溉水源。在无坝引水和抽水灌区，需分析和预测水源水位和流量；在低坝引水灌区，一般只分析和预测水源流量；对于含沙量较大的水源，还要进行含沙量分析和预测。

（1）水源供水流量的分析与预测，主要是确定计划年内的径流总量及其季、月、旬（或五日）的分配，即水源供水水量或流量的过程。目前采用的方法主要有成因分析法、平均流量法和经验频率法等几种。

成因分析法是利用实测资料，从径流成因上分析一些气象、水文因素与水源径流的关系，建立相关图（例如，建立降水径流相关曲线等），据此再按选定的各阶段气象、水文（如降水）资料来确定河流的径流过程。平均流量法系根据多年实测资料，按日平均流量，将大于渠首引水能力的部分削去，再按旬或五日求其平均值，作为所拟定的水源供水流量，方法较简易，多用于中小型灌区。

经验频率法中以采用分段假设年法或分段实际年法较多，其阶段的划分，一般根据作物生长期、气候变化情况以及水源年内变化规律，将全年划分为2～3个阶段，或只分析全年中某一个阶段。如北方划分为春灌、夏灌等，南方的水稻灌溉期，可划分为泡田期、生育阶段灌溉期等。分段假设年法系将该阶段内多年实测流量，按旬或五日平均后依递减顺序排列，取相应于所选频率的旬或五日流量，作为该阶段内各旬（或每五日）的水源供水流量。分段实际年法系将历年该阶段的平均流量依递减顺序排列，取所选频率的年份，以该年内各旬（或每五日）平均流量作为水源供水流量。

（2）河源含沙量的分析与预测，对于从多沙河流引水的灌区，为了防止渠道淤积，在超过允许限度的高含沙量时，往往要停止引水或进行其他安排（如引洪淤灌等），故要分析和预测不同含沙量的出现次数，日期及延续时间。其分析方法，可以采用分段真实年法，也可采用与水源流量相同年份的含沙量资料。

（3）渠首可能引取流量的确定，低坝引水灌区，当水源供水流量大于渠首引水能力时，即以渠首引水能力为可能引入流量；当河源供水流量小于渠首引水能力时，即以水源供水流量为可能引入流量。无坝引水和抽水灌区，还要根据水源水位与引取流量的关系来考虑各阶段可能引取的流量。若有几个相邻的灌区在同一河流上引水，要根据统一安排的河系分水比例来确定各灌区的引水流量。

2. 计划引取水量的确定

通过分析和预测，确定了渠首可能引取的水量和灌区灌溉需要的水量后，将两者进行平衡分析，最后确定计划引取水量的过程。

在平衡分析中，若某阶段可能的引取流量等于或大于灌溉需要的流量，则以灌溉需要的流量作为计划的引取流量；若可能的引取流量小于灌溉需要的流量，就需要调整用水。最后确定计划的引水流量过程，要使任何阶段的计划引取流量不大于可能的引取流量。

（二）灌区配水计划的编制

灌区配水计划的内容，包括确定每次用水时渠道的配水方式，配水时间和顺序，以及水量的分配等。

1. 配水方式

灌区配水一般有两种方式，续灌和轮灌。

续灌：在水源比较丰富的情况下，供需水量基本平衡时，一般除斗、农渠进行轮灌外，干、支渠道都采用续灌方式。当供水流量减少后，供水量差额在25％～30％以内时干支渠仍可采用续灌，但其配水量应按比例减少。供水量差额超过25％～30％时干支渠就不应该采取续灌方式，而应改为轮灌。

轮灌：当水源供水不足，经采取其他措施（压低灌水定额、调整灌溉面积等）后，供需水量差额仍较大时，干支渠就要考虑轮灌。采取轮灌方式配水，水流比较集中，渗漏损失小，在水源紧张旱情严重时这种轮灌方式有利。

2. 配水顺序

（1）正确处理上下游之间关系，在抗旱季节，上下游之间用水矛盾最为突出，上游多得水，下游少得水，上下游之间出现矛盾。合理解决这一矛盾，有助于提高灌区经济效益。

（2）先高田后低田。先灌高田，这样水量集中便于灌溉，后灌低田，因为低田灌水方便，由此解决高田和低田的矛盾。

（3）先灌成片田，后灌零星分散田。

（4）先灌急用，后灌缓用。

（5）先看后放。专业管理人员和村干部深入现场，了解旱情，落实灌溉面积，进行四定，即“定专人管理，定灌溉面积，定放水流量，定放水时间”，然后开闸放水，这样才能做到配水合理，供水及时，不致出现不急需用水的地方放了水，急用水的地方反而没有水的不合理现象。

3. 水量调配的计算

（1）配水量计算，当水库每次灌水的供水量确定以后，在灌区内部怎样分配，一般有以下两种方法。一种方法是按灌溉面积比例分配，按灌溉面积比例分配计算方法简便，缺点是没有考虑灌区内不同作物种类，土壤差异等条件，水量计算比较粗略；一种是按要求的灌溉用水量比例分配，如果灌区内部种植多种作物，灌水量各不相同，在这种情况下，就不能单凭灌溉面积分配水量，而应考虑不同作物，不同的灌水量，进行配水计算。

（2）配水时间计算，在续灌条件下，水库的放水时间就是给各条渠道配水的时间。但在轮灌条件下，各条渠道的配水时间就不同，轮灌时间是指在一个轮灌期内各条轮灌渠道（集中轮灌时）或各个轮灌组（分组轮灌时）所需要的灌水时间，一般也是按灌溉面积比例或毛灌溉用水比例进行计算。各轮灌渠（或组）轮灌时间的总和等于一个轮灌期。

4. 配水计划表

根据渠系的配水方式，计算出配水量、配水流量和配水时间后，就可以编制成干渠配水计划表。表10-1给出了某灌区第一次和第二次灌水的一级配水计划。根据一级配水计划表，各管理站可编制其所属范围内的支、斗渠配水计划，称为二级配水计划，其编制方法与上述相同。编制灌区配水计划，只是实行计划用水的第一步，要切实做好计划用水工作，更重要的是有健全的用水管理组织做保证。每个灌区都必须发动群众，依靠群众，建立健全群众性的用水管理组织，与专业管理机构相结合，共同讨论并制定供水、配水计划，并加以贯彻执行。

表10-1　某灌区第一次和第二次灌水的灌溉计划表

灌水次数、日期、历时	第一次 5月1日～5月9日 (8d16h)		第一次 6月10日～6月23日 (13d21h)	
配水方式	续灌		轮灌	
渠道引水流量/(m^3/s)	5.6		5.0	
引水量/万 m^3	420		600	
配水渠道名称	东干	西干	东干	西干
配水比例/%	52%	48%	52%	48%
配水量/万 m^3	218.4	201.6	312	288
配水流量/(m^3/s)	2.91	2.69	5.0	5.0
配水时间	8d16h	8d16h	7d5h	6d16h

二、用水计划的执行

1. 用水计划的应变措施

干旱、半干旱地区，河源供水量及灌区气象条件变化较大，旱涝交错、供需不协调的现象时而发生。编制用水计划时，应事先考虑灌区自然特点，分析总结实践经验，制定出应变措施，以适应可能遇到的各种情况。比如，当河源流量减少到一定程度，实行干支渠轮灌，可提高灌溉效率和渠系水的利用系数，保证下游用水，促进均衡受益；引用高含沙水灌溉；制定机动供水的调配渠道，进行流量调节等。更有效的方法是制定动态用水计划。

2. 动态用水计划

动态用水计划是指应用计算机技术，对灌区水源、气象及田间需水信息进行及时地采集、贮存、处理，并采用系统工程优化技术及现代化的预测预报方法，及时作出河源来水预报、未来降雨预报及灌溉预报，进而编制出更加适合灌区各作物实际需水状况的短期(周或旬）的灌溉用水实施计划。而且一旦来水、用水信息发生变化，即可迅速作出相应的修正用水计划。这对科学指导灌区灌溉用水，提高灌溉增产效益及用水管理水平，使灌区用水逐步实行现代化的管理有重要的意义。

(1) 灌区河源来水与灌溉用水的预测预报。以上所述的计划用水，都是在假设河源来水量和灌溉用水量等为已知情况下编制用水计划的，称为确定型的用水计划。但在实际生产中，特别是在半干旱地区，由于河源来水和农业气象多变，且往往是随机变化的。因而在动态用水计划中需建立河源来水的随机预报模型及未来降雨的概率预报模型，或者采用时间系列分析，灰色理论或模糊数学等方法，及时对未来短期内的河源来水和降雨作出较为精确的预测预报，并结合采集的土壤、作物需水等信息，及时进行全灌区作物的需水预报、未来灌溉制度的模拟以及进行灌溉用水的预报。

（2）灌溉水量的优化调配。在河源来水和灌溉用水预报的基础上，根据作物水分生产函数，采用优化技术，对灌溉水量的时、空分配作出最优抉择，以寻求全灌区最大的灌溉增产效益。也可对灌区地面水、地下水及库水等多种水源进行联合调配，以寻求农田灌溉、城镇用水，工业或乡镇企业用水等多目标的最优调控，最大限度地发挥各种水源的经济效益，同时使全灌区的灌溉环境得以改善。对于供需矛盾突出的半干旱灌区做好有限水量的调配，充分发挥单位水量的经济效益，显得更为迫切，更具有实用价值。

第二节　灌溉排水管理的自动化

一、灌溉自动量水技术

量水是灌区节约用水、提高灌水质量和灌溉效率的有效措施，是执行用水计划过程中准确引水、输水、配水和灌水的重要手段，也是核定和计收水费的主要依据。

灌溉水量的量测工作，一般是由灌区渠道管理员承担的，他们沿渠道巡视并观测水位和闸门开度或读取灌溉管道上量表的读数。而在自动控制系统中，中控室内的调度人员距控制点一般较远。因此灌溉自动控制系统中的测量仪表就充当了灌溉渠道管理员的“眼睛和耳朵”，通过它们把信息传达给调度人员。

自动量测过程中测量仪表系统将灌溉状态数据转换成控制和通信系统能够识别的信息，并传送到中控室。水位、流量、闸门开度、警报、电源故障和其他一些现场信息都可通过测量仪表系统转换成电信号。现场设备根据这些电信号进行控制。同时，这些信息也被发送到中控室，调度人员对其进行记录并据此做出决策。

1．渠道量水技术与设施

渠道量水按照量取的数据可分为水位量测和流量量测两大类。其中水位量测应用最为普遍。与堰和闸等相结合，还可以通过水位来计算流量。水位或流量的量测需要通过相应的传感器完成，传感器和仪表是远端装置的重要组成部分。这些仪表将测量的数据数字化并传输到中心计算机或中心控制设备上。

常用于渠道自动观测记录水位的设备有自记水位计、水位数据存储器等。自记水位计是至今最常用的水位观测仪器，它可以连续记录水位变化的完整过程，其类型很多，如按水位传感方式来划分，主要有浮子式、压力式和超声波式。此外，还有触针式、电容式、电阻式等。

自动控制渠道系统中流量测量的方法主要有：声波和超声波流量计、闸门流量法、巴歇尔槽、堰、流速仪、孔口出流及潜水型电磁流量计等。

使用槽和堰测定流量源于水位测量。堰和槽通常被率定出水位流量关系。通过关系曲线或图表，可以将水头转换为流量。测量流量的方法有多种，但大多数都是通过测量水位来计算流量。在很多系统中，都是对水位和流量同时进行测量。

潜水型电磁流量计是新型的用来连续测量明渠、暗沟或未满管道中导电流体的体积流量测量的一种电磁流量计，近年来在工业排水和环境保护方面得到了广泛的应用，可以实现对被测流体流量的测量、控制、调节记录和累积计算。

潜水型电磁流量计是根据法拉第电磁感应原理工作的。当导电流体在交变磁场中沿测量管路作与磁力线成垂直方向的运动时，导电流体切割磁力线产生感应电动势，在与测量轴线和磁场磁力线相互垂直的管壁上安装了一对检测电极，检测出感应电动势。感应电动势 e 与流量 q_v 成正比。流量信号输入电磁流量转换器，经放大转换成与流量信号成正比的直流信号（0～10mA 或 4～20mA）。

潜水型电磁流量变送器是通过与外壳相连的平板法兰安装在带孔的闸板上。闸板完全拦断渠道流体，使流体只能从变送器中流过。整个变送器完全浸没在流体中。其测量原理如图 10－1 所示。

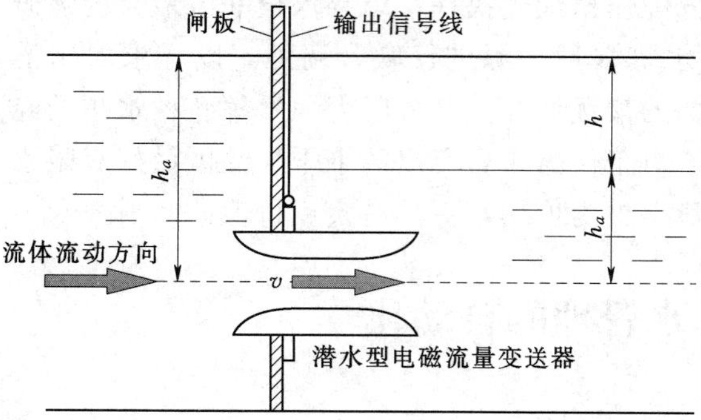

图 10－1　潜水型电磁流量变送器的测量原理

电磁流量计是 20 世纪 50～60 年代随着电子技术的发展而迅速发展起来的新型流量测量仪表。由于其独特的优点，目前已广泛地被应用于各种导电液体的流量测量，如各种酸、碱、盐等腐蚀性介质；各种易燃易爆介质；污水处理以及化工、食品、医药等工业中的各种浆液流量测量，形成了独特的应用领域。电磁流量计的传感器结构简单，测量管内没有可动部件，也没有任何阻碍流体流动的节流部件。所以当流体通过流量计时不会引起任何附加的压力损失，是流量计中运行能耗最低的流量仪表之一。

2. 管道量水技术与设施

常用的管道量水设备有差压式流量计、水表、电磁流量计。其中差压式流量计（文丘里流量计）一般用于管道系统流量测量。差压式流量计没有移动部件，不需要经常维护，而且水头损失也很小，流量测量精确。其工作原理是：在一个闭环系统中，同样的流量在通过较小的过流断面时流速比通过较大的过流断面时大，由于能量守恒，流速增大必然导致压力减小；相反，压力升高也会导致流速降低。从进口到喉道的压力减小量直接与通过的流量相关，因而可以用来确定流量。

水表是一种连续测定水量的积算式流量计，分为两类：一类是容积式水表，如旋转活塞式流量计、圆盘式流量计等；另一类是利用水流推动叶轮旋转并累计流量的叶轮式水表，也称速度式水表。前一类价格较高，主要用于试验；后一类用于实际水量测量。典型的产品有旋翼式水表（图 10－2）和水平螺翼式水表（图 10－3）。

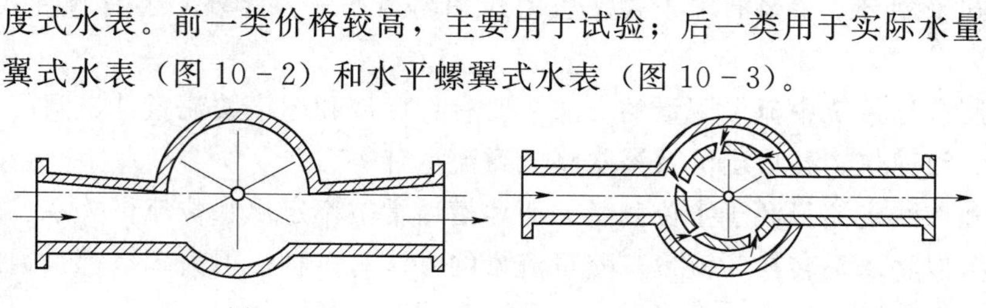

(a)　　(b)

图 10－2　旋翼式水表
(a) 单箱式；(b) 复箱式

在自动控制系统的流量测定中，远传水表与文丘里流量计联合使用，用于测定管道流量。文丘里分流式水表就是其中的一种，它是由文丘里管及装于其旁路中的水表组成（图10-4）。旁路水表中流量由文丘里管的压差决定，此压差又与文丘里管流量的平方成正比，因而文丘里管流量与旁路水表流量成固定比例，测出水表流量即可算得总流量。特点是大流量测量，压力损失小。

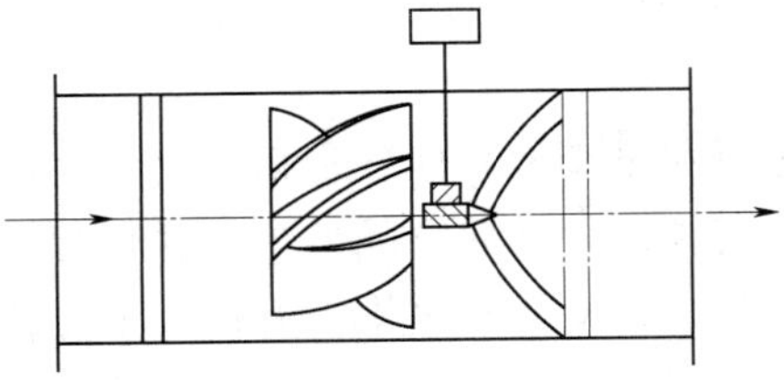

图10-3　水平螺翼式水表

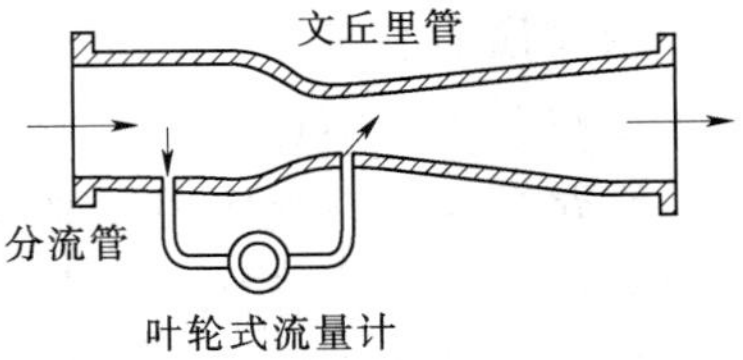

图10-4　文丘里分流式水表

3. 其他自动量水与收费技术

IC卡灌溉管理系统是将计算机、IC卡自动控制技术应用于农业灌溉的系统。其工作原理是：利用IC卡对每个用水户进行建档管理，配合计算机进行控制。具体做法是：每个用户一块IC卡，IC卡写有用户的名字和密码，用户预交水费写入卡中，在管理机上插卡开机提水，系统自动计时计费，从卡中扣除所需费用。若卡中水费用尽或IC卡被取出，则自动停机无法提水灌溉。

二、灌溉自动监测技术

1. 自动观测气象站

自动气象站是由电子设备或计算机控制的自动进行气象观测和资料收集传输的气象站，主要用于气压、气温、相对湿度、风向、风速、雨量、土壤温度等基本气象要素的自动采集、处理和存储，由计算机实时控制和采集处理生成气象业务需要的实时、非实时资料以及各种报表，可以连续自动测量各种气象要素值，完全代替了观测员的工作。自动气象站的使用对减轻气象台站地面观测人员的劳动强度，提高地面测报的准确率和工作效率是非常有意义的。

2. 土壤墒情自动监测技术

土壤墒情是指作物根系层土壤含水量状况，是最常用的土壤信息之一，通常用土壤湿度（土壤含水量）或土壤水张力（负压）来表示，受土壤、气象、作物和灌溉排水等多种因素的影响，随时间不断变化。它是科学地控制调节土壤水分状况进行节水灌溉、实现科学用水和灌溉自动化的基础。

墒情预报主要是田间土壤含水率的预报，是进行灌溉预报的前提。通过土壤水分监测和墒情预报，可以严格按照墒情浇关键水，使灌溉水得到有效利用，以达到节水高产的目的。因此，土壤墒情监测、预报是建立节水灌溉决策系统的重要内容。

灌溉系统的自动化必须要求对土壤墒情的监测或测量达到长期定位的自动化测量过程。电磁学方法是实现自动化测量的较好方法，如电容法、电阻法、时域反射仪法（TDR）。因为纯水的介电常数为81F/m，而土壤固相和空气介电常数在1～5F/m之间。因此当土壤中水分含量改变时，引起土壤综合介电常数变化的主要是水。当土壤固相不变时，土壤的介电常数的变化可以完全看做是水的作用。电容法是通过测试极板间介电常数的变化实现对土壤墒情的监测。

TDR 是一种远程遥感测定技术。早期它主要用于通信方面的线路检测。20 世纪 70 年代末期，科学家们才开始把它应用于土壤电特性的测定，并由所测定的土壤介电常数来推算土壤含水量。由于 TDR 能精确、快速和连续测定土壤水分，因此，很快得到推广应用。目前主要有两种形式，一种是管式 TDR，一种是针式 TDR。

三、遥测数据通信系统

自动量水终端获得的信息要与控制中心进行大量交换，而各种信息的传递需要通过四通八达的通信链路即通信系统实现。通信系统将物理上彼此分隔的单元联系起来，使得信息的传输得以便捷、准确地进行，在灌区信息化、自动化建设中占有极为重要的地位。

目前的数据通信系统主要有有线通信和无线通信两种方式。有线通信技术是通过公共电话网、双绞线、同轴电缆、光纤等有线媒体以及不同的数据传输协议和不同的数据传输方式来实现数据传输、资源共享的。与无线通信技术相比，一般而言，使用有线通信技术可使数据传输速率快、延迟小、安全性高，但通信网络的建设周期长、费用高。

有线通信技术发展比较成熟，方式也有很多种，数据传输的速率差别较大，租用或建设费用也各异，灌区在选择时要根据需要和经济状况进行缜密的比较。

无线通信指的是采用无线传输媒介的计算机网络，结合了最新的计算机网络技术和无线通信技术。首先，无线通信是有线通信的延伸。使用无线技术来发送和接收数据，减少了用户的连线需求。另外，无线通信具有移动功能，使得计算机在移动过程中仍能保持与对方的通信，而不用再重新登录、连接。

四、田间灌水自动化技术

自动化灌溉系统可按照作物的需水规律，结合气象数据和生产实践的经验为作物适时适量灌水，以达到高产高效用水目的。灌溉系统的自动化不但包括田间灌水技术的自动化，也包括了渠（管）道输配水系统的自动化，采用自动控制技术以后，输配水过程既可以按照预定的方案进行配水，又可以根据实际的运行情况及时高速调整用水计划，做到按需配水，减少浪费。采用自动控制灌溉以后，灌水流量、灌水时间可以最大限度地根据作物的需要、土壤条件、生育阶段等指标合理计算准确控制，减少了由于控制方法和计划结果无法有效落实而带来的水量浪费。

田间灌水自动化依自动化程度不同，可分为：手动控制、手动延时控制、程控器控制（开环）、自动控制（闭环）等几种方式。其中手动控制是指按作物灌溉施肥的需要，人工开关灌溉阀门及调节水量和施肥量。常规的管路阀门就可实现控制，是最简单的控制系统，设备投资低，但人工管理的劳动强度较大，控制精度低。

手动延时控制是指人工开启灌溉系统的定量阀门进行灌溉，定量阀门会按设定的灌溉量或灌溉时间自动关闭阀门，实现半自动灌溉。这种方法安装使用简便，设备投资不高，可减轻劳动强度，准确实现控制精度。

程控器控制是指利用时间控制器、可编程控制器、单板机等制成的小型灌溉控制器，它可以进行简单的灌溉程序编制，并按设定程序向控制执行单元发出控制电信号，启闭灌溉设备（水泵、电磁阀等）。该系统可以实现闭环自动控制，大大减轻劳动强度，减少管理人员，实现精量灌溉，由于需要配置电磁阀等装备，控制系统投资相对要高。

自动灌溉施肥控制器可以根据农作物种植土壤需水信息，利用自动控制技术进行农作物灌溉施肥的适时、适量控制，在灌水的同时，还可以施可溶性肥料或农药。可以将多个控制器与一台装有灌溉控制专家系统软件的计算机连接，实现大规模工业化农业生产。

第三节　灌溉排水管理的信息化

灌区管理信息化是实现灌区现代化的关键措施之一。通过信息化建设，可以大幅度提高雨情、水情、工情、墒情、旱情和灾情信息采集及传输的时效性和准确性，为制订和及时修正灌溉排水调度方案提供科学依据，以充分发挥已建灌溉排水工程设施的效能。信息化建设中创建的信息平台可以及时发布灌区的供用水信息，加强灌区与广大公众之间的联系，减少用水纠纷，促进社会各界对灌区工作的有效监督。利用灌区信息化建设的成果，可以及时、全面地掌握水情、雨情、农作物、工程、供用水人员、管理机构等信息，因此对用水安全、生态环境、社会和谐等也具有重要的现实意义。

一、灌溉排水管理信息化系统的组成及功能

灌溉排水管理信息化结构体系包括硬件和软件两部分，硬件是基于计算机、自动控制、信息网络技术的集信息采集、目标控制和信息传输为一体的集成化信息系统；软件则是能使硬件发挥最大效用，采用信息整理、计算、分析等手段，实现辅助决策、科学调度的计算机应用软件系统以及相应的管理制度和管理方式的总称。灌溉排水管理信息化的结构体系包括灌区识别、水情监测、闸门控制、信息通信和水量调度等 5 个方面，如图 10－5 所示。应用软件宜采用表现层、逻辑层、数据层等三层结构体系，由此形成应用软件开发的基本架构。

灌溉排水管理信息化的主要任务是实现用水调度决策的信息化、科学化，达到节水、高效的目的。建成以灌区用水管理信息采集与渠系建筑物监测监控系统为基础、通信和计算机网络平台为支撑、灌区综合数据库和决策支持系统为核心的灌溉排水管理信息化系统工程，提高灌区用水信息采集、传输、处理自动化程度，降低灌区管理成本，实现灌区优化调度和现代化管理，最终促进灌区“节水、增效、改善生态”。

灌溉排水管理信息化建设包括 3 个方面的任务，它们是信息基础设施建设、信息应用系统建设、信息化保障环境建设。信息基础设施指信息采集、传输和存储管理的设备及设施，如雨量、水位等信息的采集系统、通信系统、计算机网络等；信息应用系统的作用是将灌区业务和政务管理过程计算机化，借此提高管理的效率和效能；而保障环境则涉及人才培养、运行维护费用筹措、制度建设等方面。上述三个方面的建设任务缺一不可，只有全面完成这三个方面的建设任务，灌溉排水管理信息化才能长期、有效地发挥作用。

二、灌区识别系统

灌区识别是指对灌区渠系、作物、建筑物等基本信息的空间定位和属性定义，是灌溉排水管理信息化的前提和基础。灌区识别系统主要包括渠系及建筑物识别、用水户行政属性识别和渠系及用户对应关系识别。

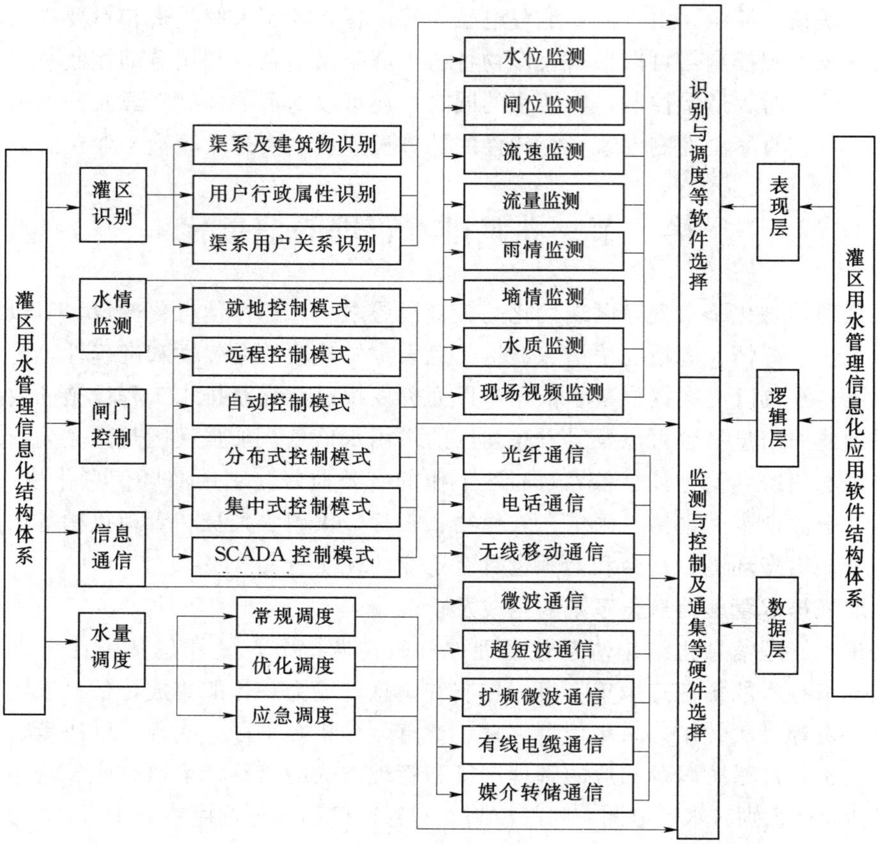

图 10-5 灌溉排水管理信息化系统框架图

1. 渠系及建筑物识别

渠系及建筑物识别是指利用计算机技术对灌区内的各级渠系和建筑物进行分类管理。灌区渠系及建筑物可分为水源、渠系、量水和控制等 4 种设施。灌区渠系及建筑物计算机识别的主要内容如图 10-6 所示。

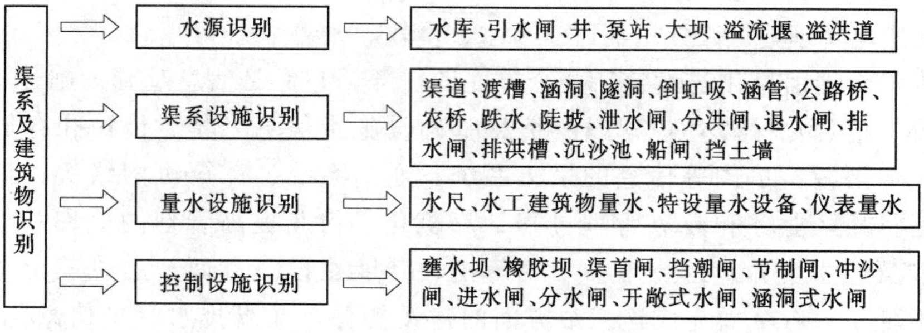

图 10-6 渠系及建筑物计算机设别主要内容框图

2. 管理机构识别

我国的大、中型灌区大多数采用专业管理和群众管理相结合的管理方式，即由同级人民政府成立灌区专管机构，负责支渠及以上的工程和用水管理；支渠以下由受益户推选出来的支斗渠委员会或支斗渠管理员进行管理，支斗渠委员会或支斗渠管理员受灌区专管机构的领导和业务指导。小型灌区基本上采取农民集体管理，即由受益户直接推选管理委员会或专人进行管理。一般灌区都设有三级管理机构，即管理局（处）、管理所（站）、管理段（点），灌区管理机构计算机识别框图如图 10－7 所示。

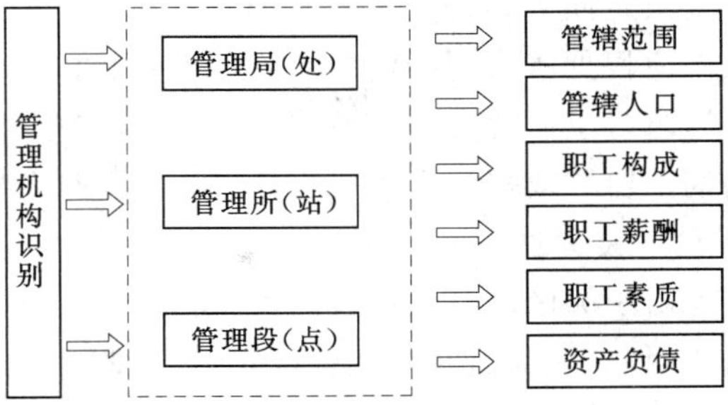

图 10－7　灌区管理机构计算机设别框图

3. 用水户识别

灌区用水户可分为农业用水、工业用水、生活用水、生态用水等单元以及由以上基本用水单元组成的综合用水单元，其中综合用水单元是针对灌区内存在交叉用水户而设置的。灌区用水户用水途径计算机识别框图如图 10－8 所示。

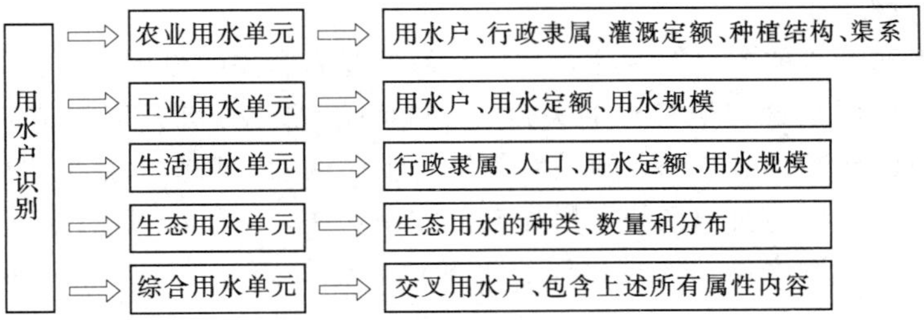

图 10－8　用水户计算机设别框图

渠系和用户是灌区两大基本要素，渠系输配水功能用于满足不同用水户的用水需求。用水户行政属性识别包括灌区管理机构识别和目前行政区划识别，两者对应关系的识别是一个多对多的关系，即一个渠道可以为多个用户供水；反之，一个用户也可以从多个渠道取水。

4. 识别方法及关键技术

灌区的计算机识别技术主要包括编码识别、自定义识别、可视化识别、电子地图识别和地理信息系统识别等，计算机对灌区各类信息识别的本质是将各类信息写入数据库。在灌区水管理中涉及到众多水工建筑物都具有自然地理坐标，而且与灌溉有关的水文水情信息、气象信息和农作物分布信息都具有空间属性。传统的以表格数据为特征的管理系统或者现代的以 GIS 为平台的管理系统对这些信息都给予了不同程度的表达。目标是建立能够反映灌区属性的指标体系，实现灌区各类信息的快速查询、定位、动态更新等基本功能。

三、水情监测系统

水情监测和采集系统主要为灌区的水资源合理配置和监控调度提供准确、及时、可靠的基础资料，是实现灌区灌溉排水管理信息化的重要保障。

1. 监测内容

灌区水情信息监测的主要内容包括水位、闸位、流速、流量、雨情、墒情、水质等。监测系统是灌区信息化管理动态数据的主要来源，是硬件建设的基本内容，其监测的项目和精度都应结合灌区需要确定。

2. 监测方式

水情监测方式有实时影像可视化监测、实时模拟可视化监测、实时采集信息监测、实时记录定期采集、人工观察记录（含巡测、随测随报等多种人工干预方式）等。信息监测软件应根据所采用的监测方式，针对具体的监测对象，统筹灌区经济发展现状和长远的发展需求，以简便实用为原则进行开发。其基本功能应包括对各监测点的基本信息进行快速查询、监测数据的人工或自动录入、统计分析、基本计算等。

3. 关键技术与设备

由于灌区信息化涉及的信息种类多，信息量大，目前应重点实现水情、工情信息的监测，因此重点配置的信息点包括水位监测点、雨情监测点、土壤墒情监测点、闸位等其他信息监测点，监测点的布设及测试精度要符合规范要求，如一般仪表量水误差不超过5%，特设量水设备不超过8%，水工建筑物量水不超过10%，引水渠渠首量水点应布设在引水渠渠首以下50～100m范围内的水流平稳区段处。主要的监测记录设备有各种水位计和流量计等。

四、闸门控制系统

闸门是灌区输配水的主要控制建筑物，泵站的开启和关闭也可以看作为闸门控制。闸门控制是实现灌区用水管理信息化的关键环节。闸门控制分有开度调节和无开度调节两种，主要是针对配水闸、节制闸、泄洪闸等进行动态调度。目前的技术主要是在传统的螺杆、卷扬、液压启闭机的控制系统上增加自动控制功能，不仅可以实现远控、遥控、集中控制，还能根据上下游水位，实现过流量、闸位开度等闭环控制。由于闸门一般位置偏远，对能量供给、防尘防水、防盗要求较高。目前，太阳能光伏供电技术为偏远地区闸门的自动控制提供了条件，如图10-9所示。

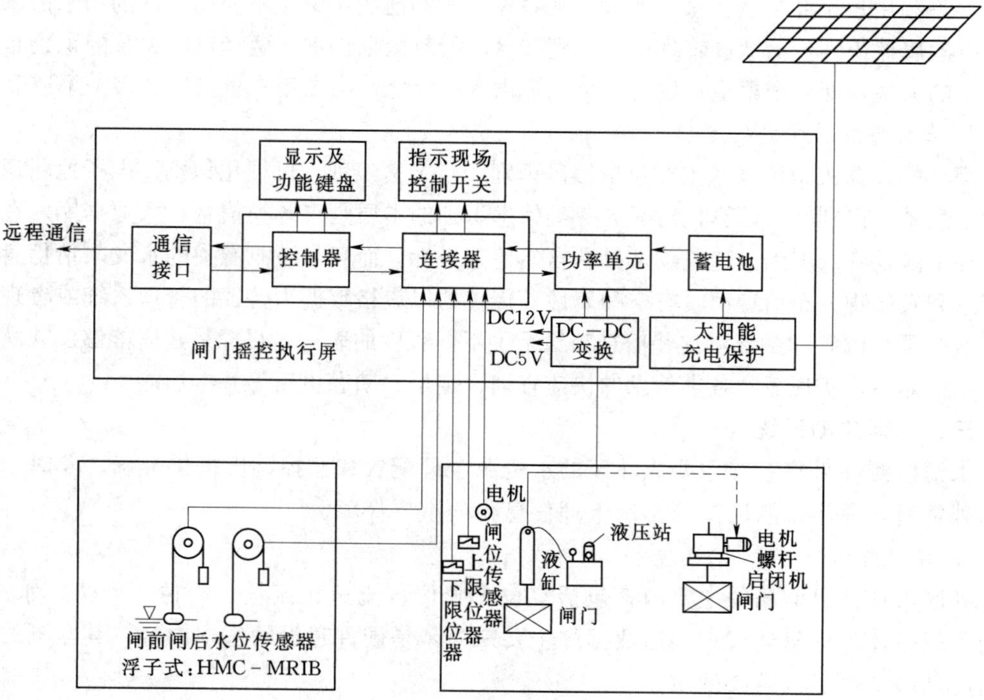

图10-9　太阳能遥控闸门自动控制系统框图

1. 控制方式

控制方式包括：现地人工控制、远程控制、自动控制、分布式控制、集中式控制和SCADA控制等。对各类闸门控制软件的主要功能随着控制对象和控制方式的不同而有所区别，但一般应包括分类显示的各类闸门运行状态、闸门参数设置、闸前和闸后水位、闸门开度和当前过闸流量等。表10－2给出了现地手动、现地自动和遥控三种控制方法的相关设备、适用条件及其优缺点。

表10－2　　三种闸门控制方法的比较

控制方法	相关设备	适用条件	优　点	缺　点
现地手动	必要的闸门启闭设备	单一用水目标的简单渠系	能及时发现人为破坏及潜在的隐患问题；能对现场出现的异常情况及时判断处理	渠道运行效率依赖管理人员的技能和经验，主观影响较大；控制不及时，不准确
现地自动	机柜、电源、启闭机、变压器、限位装置、闸位计、水位计、控制软件（PLC或RTU）等	控制建筑物需要频繁调整	可以减少渠道巡视管理人员；对下游的变化反应快速	设备费用较高；对输水型渠道调节较好，对配水性渠道调节较差；不太适应较长渠段
遥控	机柜、电源、启闭机、变压器、限位装置、闸位计、水位计、通信设备、交换机、控制软件（PLC或RTU）等	不同渠段应用不同控制方法的所有渠系	可以同时得到渠系信息，可以及时发现对系统有不良影响的情况，并进行调整；可以提高系统运行的灵活性和可靠性	控制设备和通信费用较高；技术要求高；对通信设备依赖性高

2. 关键技术与设备

闸门的控制方式不同，采用的闸门设备就不同，如太阳能遥控闸门（图10－9），其控制系统主要包括机柜、太阳能板、蓄电池、启闭机、电机、变压器、限位装置、闸位计、水位计、通信设备、交换机、控制软件（PLC或RTU）等设备。应根据灌区的实际需求，确定具体设备的型号和性能指标，选择合适的产品。

五、信息通信系统

信息通信的主要功能是将灌区的各类监测信息及时传输到各级灌区管理机构。信息传输的及时性和准确性是信息传输效率的衡量标准。信息传输效率除了与信息传输硬件设备和组网方式等关系密切外，信息传输软件的开发质量也很关键。

1. 通信网络系统

通信网络是灌区用水管理信息化的载体，是数据、视频、语音传输的途径，是灌区用水管理信息化得以实现的通道。目前主要使用自建网或公网，方式包括有线和无线。由于灌区地域广阔，地形复杂，位置偏僻，往往采用一种方式难以解决全部通信问题，因此大多数灌区采用混合组网的方式。

2. 计算机网络系统

用于灌溉排水管理信息化的计算机网络系统，按照灌区大小和管理层次，一般可分为二级或三级，每一级构成一个局域网，如果级与级之间距离较远，超五类双绞线无法实现互联，可以采用光纤或扩频通信组成一个统一的计算机局域网络。

通过建立灌区信息中心—监控站—采集点网络结构，可以及时传输气象、墒情、水情、工情、闸位、水质等信息和主要建筑物动态监控信息以及工程调度运行数据、语言、视频等信息，并建立计算机网络系统为各类信息采集、数据库应用、用水优化调度、运行监控管理等提供服务平台。可靠的通信网络系统及计算机网络系统是保证灌区水管理信息化高效运行的重要条件。

3. 通信方式

信息通信主要是指监测点与现场控制设备之间的通信、现场控制设备与管理机构之间的通信以及管理机构内各部门之间的通信，其方式有光纤通信、电话、无线移动通信、微波、超短波、扩频微波、有线电缆、媒介转储通信等。应根据灌区实际需求确定合理的通信方式。

4. 关键技术与设备

灌区通信网络有光纤通信网和自建光缆中的组网技术等。如采用光纤通信网有两种方式，一种是租用电信运营商路线，另一种是自建网。这两种方式的建设差异较大，应根据灌区的实际需求合理选择。自建光缆中的组网技术也有两种，SDH 组网技术和 IP 组网技术，如果数据量小的各点不需要传输实时数据，只传输少量的业务数据，对网络的可靠性要求不高，可以考虑租用电信的 ADSL 网络。

六、水量调度系统

水量调度是灌区用水管理信息化能否发挥作用的关键所在，是灌区用水管理信息化的灵魂。为实现灌区水资源的高效利用和优化配置，需要建立基于来水预报模型、需水预报模型、水量优化调配模型等用水管理模型的专业软件系统。各模块包含的内容以及模块间的逻辑关系如图 10－10 所示。

水量调度软件的主要功能是基于灌区的各类基础信息和监测信息，依据专业理论和数学理论建立各类模型，制定灌区用水计划，实现灌区水资源的优化配置。调度决策软件应具有基础数据录入与更新、模型参数设置、模型选择、计算过程查询和结果显示等基本功能。为了使调度决策的结果便于使用，决策结果应尽可能形象、生动。

灌区水量调度一般可分为常规调度、优化调度和应急调度。常规调度是通过总结群众灌水管理经验和用水户的用水申请，估算各用水户应分配的实际地表水量、地下水量和总水量，通过闸门控制系统实现灌区的水量调度。常规调度因其所需的资料少、简单实用而在灌区得到了广泛的应用。优化调度需要足够的灌区基础资料，其次是水量优化调度模型，一般包括灌区来水预报模块、可供水量预报模块、需水预报模块和水量调度模块等。因此，灌区水量优化调度是一项复杂的系统工程。应急调度是指当灌区发生重大水事故、水旱灾害或地震等不可抗拒灾害时，为迅速、有效地满足各用水户的用水需求而进行的水量调度，具有较为完善、严格的规则和程序。

水量调度还应该包括农户管理模块、水费计收模块和办公自动化模块。农户管理模块的主要功能是为农户分别建立用水档案，包括作物种植面积、用水累积量、用水累计时间、用水次数、水费收缴等内容，为实现“规范服务公开化”提供硬件支撑。水费计收模

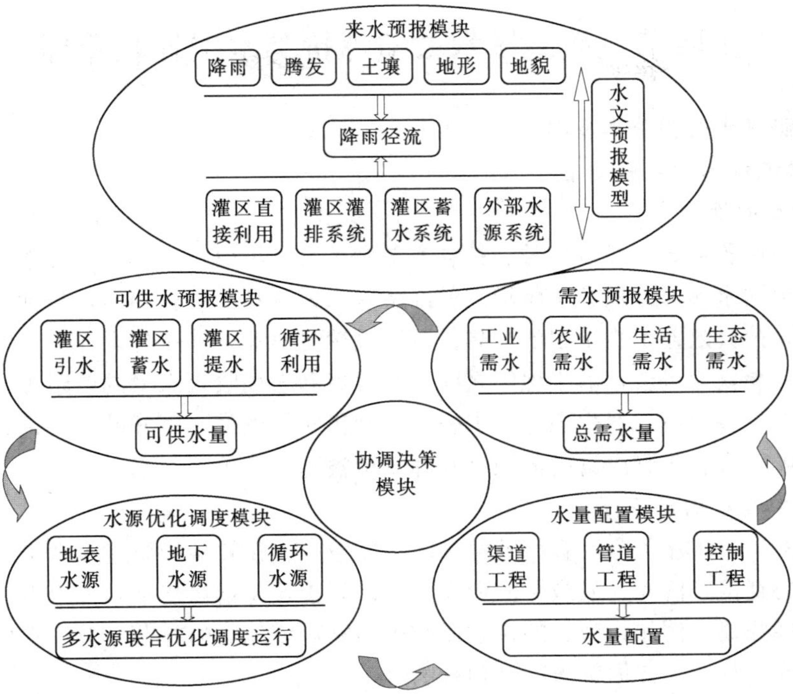

图 10－10　用水管理调度决策系统

块应包括用户姓名、农户代码、用水凭证号、引水时间、停水时间、用水时间、平均流量、水价、管理费价格、灌溉面积、实交水费等内容。

办公自动化模块分为服务器和客户端两部分，主要功能是促进部门间的工作交流，实现资源共享，提高办公效率。

七、信息化管理系统的运行与维护

为了确保系统维护的质量，应在项目招投标时对培训、售后服务做出明确、具体的规定。信息化系统建成后，还必须制定行之有效的运行、管理和维护的各项规章制度，包括岗位责任制度、运行管理制度、设备管理与检修制度、非运行期值班制度等。

系统建成运行后，运行管理人员应根据软件使用说明书充分了解软件功能及各模块、界面内容，在使用过程中最大限度发挥信息化系统的作用；应检查保护好系统软件、应用软件的光盘、硬盘备份文件；掌握好系统的重新安装配置方法，在系统瘫痪后能自主按照说明书将系统重新恢复。

要对系统设备设施进行定期管养维护，包括养护、岁修、抢修和大修等。其中养护是对经常检查发现的缺陷和问题，随时进行保养和局部修补，以保持工程及设备完整清洁，操作灵活。一般结合汛前/供水前、汛后/供水后进行检查；岁修是根据汛后全面检查发现的工程损坏和问题，对工程设施进行必要的整修和局部改善；抢修是当工程及设备遭受损坏，危及工程安全或影响正常运用时，应立即采取抢护措施；大修是当工程发生较大损坏或设备老化，修复工程量大，技术较复杂，应有计划地进行工程整修或设备更新。

第四节　灌溉排水效益评价与水费计收管理

一、灌溉排水效益分类及特性

（一）灌溉排水效益分类

1. 按效益的性质分

按效益的性质可分为经济效益、社会效益和生态环境效益。其中经济效益是指修建水利工程后，给国家或财务核算单位增加的经济收入或减免的灾害损失，包括直接的和间接的经济效益；社会效益是指工程的兴建，可以改善工农业生产条件，促进工农业各部门的发展，增加社会就业机会，缩小地区之间经济发展和人民收入水平的差距等；生态环境效益是指水利工程兴建后，对生态环境带来的有利影响。例如，可开辟扩大风景游览区，调节改善小气候，有利于野生禽类的栖息和林草植被的发展等。

2. 按效益发生的时序分

按效益发生的时序可分为直接效益和间接效益。直接效益指修建水利工程后，给国家或当地增加的直接经济收入或减免的灾害损失；间接效益指修建水利工程后，给国家或当地带来的间接好处。例如，增加的税收或减少国家对该地区的补贴、救济支出，以及对社会、生态环境、政治等方面带来的有利影响等。

3. 按效益的形态分

按效益的形态可分为有形效益和无形效益。其中有形效益是指能定量的，可用实物指标或货币指标表示的效益，无形效益指不易定量的，不能用实物或货币数量表示，只能用文字加以描述的效益。

4. 按经济评价要求分

按经济评价要求可分为国民经济效益（宏观效益）和财务效益（微观效益）。国民经济效益指修建水利工程后，对全社会各个国民经济部门增加的或减少的、经济的和非经济的收益，它包括直接的和间接的经济效益，以及对社会、生态环境等方面带来的有利影响。财务效益指财务核算单位或管理单位，从水利工程供水、营运等获得的水费收入和其他各项直接收入。

（二）灌溉排水效益的特性

由于水利工程效益受许多因素影响，故其效益有以下基本特性。

（1）随机性，由于水利工程的效益直接与降雨量和河川径流量相关，降雨量和径流量具有随机分布的特征，年际间不同频率的降雨和产生的径流变差很大，故水利工程的效益变幅也很大，具有随机性。例如，对防洪、治涝工程来说，如遇到不超过其设计标准的大水年份，其防洪、治涝效益就较大；但是，对于一般或小水年份，由于洪水较小，其工程效益也较小。对于灌溉工程来说，遇多雨年份，天然降水多，农作物需补充的水量少，故其灌溉效益就较小，反之则大。因此，水利工程效益是随降雨量和水文现象的随机性而不同的。未来的水文变化情况，目前我们还无法确切预知，只能根据过去实测长系列水文资料或其中的代表年份，推求其期望值。

（2）时间性，水利工程的效益，在其不同的运行时期，效益也不是恒定的，往往随时间推移而变化。有的工程效益是随时间推移而增长的，例如，防洪、治涝工程运行初期，由于防护区经济发展和人民生活水平较低，受到洪、涝灾害损失较小。随着时间的推移，社会经济发展水平的提高，受到同频率的洪、涝灾害损失就较大，故防洪、治涝工程效益也就较大。又如灌溉工程效益，是随配套工程的进展及灌水技术和管理水平的提高而增加的。与上述相反，有些水利工程由于各种原因其效能将逐年降低，其效益则随时间推移而逐年减少。如水库工程产流区水土流失严重，由于泥沙淤积，有效库容将逐年减少，故其效益也逐年减少。灌排渠沟，如不及时清淤，其效益将逐年减少。水利工程效益在一年内的不同季节也是不同的。例如，供水工程在枯水期和工农业迫切需水季节，单位水量的效益就较大，相反在汛期和非大量需水季节，单位水量的效益就较低。

(3) 复杂性，许多水利工程，特别是大中型水利工程，往往具有防洪、治涝、灌溉、发电、城镇供水、航运、水产养殖、旅游、环保等其中的某几项综合效能。各部门对综合利用水利工程的要求和获得的效益是错综复杂的，有时利益是一致的，有时利益是有矛盾的。如水库工程，防洪库容留大些，增加了防洪效益，但由于有效调节库容减少，调节径流的能力降低，供水和发电等兴利效益必然减少。灌溉季节，利用发电尾水进行灌溉，利益是一致的。但在非灌溉季节，发电尾水不能利用，就相应减少了灌溉库容，利益是有矛盾的。一项水利工程的兴建，除了对国民经济各部门的利益必须综合考虑外，还需对其给上、下游，左、右岸带来的效益和损失进行综合研究。如在河流的上游兴建水库工程，库区要受到淹没、浸没损失，但由于水库的调控，削减了洪峰流量，增加了下游枯水期流量，下游水利工程引用水量将受到影响。因此，水利工程的效益是复杂的，各部门或各地区间的效益有时要相互转移，称为效益再分配。

为了较全面、准确地反映一项水利工程的效益，分析计算时，既要估算不同年型的效益，还要计算其多年平均效益；既要计算某一水平年的效益，还要考虑效益随时间的不同而有一个增长或减少的过程，既要估算该工程的直接效益，又要估算工程带来的间接效益和影响。

二、灌溉排水效益的分析与计算

根据水利工程的效能、所掌握的资料和经济评价计算的要求，灌溉效益计算常采用对比分析法和分摊系数法两种方法。

1. 对比分析法

用对比分析法计算灌溉增产效益，有灌区内外对比、灌溉前后对比和灌溉试验对比等三种。

(1) 灌区内外对比。当自然条件和农业技术条件基本相同时，灌溉与未灌溉的地区，其单位面积的多年平均产量有明显差别。因此，在灌区内外选择原生产条件和生产水平大体相同的两个地区（区、乡、村等），采用共同计算期（以工程运行后的一段时间为计算期），求出它们在计算期内的粮食亩产差值即为灌溉工程的效益。

(2) 灌溉前后对比。在农业技术条件基本未变的情况下，对同一灌区内灌溉前后的产量进行调查分析，求出的灌溉前后增产值即为工程的灌溉效益。此法简便，具有较好的对比性，适用于已成灌区的增产效益分析。但分析结果仅反映某一灌区情况，不能用以概括不同灌区。当农业技术条件随着灌溉的发展而有改善时，此法的使用更有其局限性。

（3）试验对比。在灌区内选择具有代表性的试验田块，一部分只靠天然降雨，另一部分采用人工灌溉，其他条件保持相同，由此可获得两种情况下的平均亩产差值，即为工程的灌溉效益。

2. 灌溉效益分摊系数法

农业增产通常是多种因素综合作用的结果，灌溉只是其中的一种措施。如果掌握的增产资料是包括灌溉和其他农业措施的综合效益时，则应取毛效益进行合理分摊，以确定灌溉效益。其计算式可以表达如下：

$$B=\varepsilon B' \tag{10-1}$$

式中：B 为灌区多年平均灌溉效益，元；B' 为灌区多年平均总增产效益，元；ε 为灌溉效益综合分摊系数（含各种作物主、副产品的分摊），$\varepsilon \leqslant 1.0$。当 $\varepsilon=1.0$ 时，全部为灌溉效益，即灌溉前后农业技术措施基本相同；当 $\varepsilon<1.0$ 时，部分为灌溉效益，表示灌溉以后农业技术措施有所改善。

三、排水效益计算

排水工程的效益，一般是以修建工程前后减少的涝灾（渍害、盐碱化）损失差值来表示的。其表达式为：

$$B_d=W_{L0}-W_{L1} \tag{10-2}$$

式中：B_d 为多年平均排水效益；W_{L0} 为修建工程前多年平均涝灾损失；W_{L1} 修建工程后多年平均涝灾损失。

涝灾损失主要是农作物的减产损失，它与暴雨发生的季节、暴雨量、暴雨强度、积涝水深、积涝历时、涝区的作物及其耐淹能力以及承泄区水位等因素有关，准确的确定比较困难。计算治涝效溢时，应先计算出多年平均涝灾面积，再调查出单位面积涝灾损失，从而求出多年平均涝灾损失，最后求出治涝效益。

四、水费计收及管理

水费收入是灌溉排水工程管理的主要经费来源，是维持水利供水设施简单再生产的重要保障。水利工程管理单位应加强对水费的核定、计收与管理，建立健全财务制度，收好、管好、用好水费。水费标准应在核算供水成本的基础上，根据国家经济政策和当地水资源状况，对各类用水分别核定。因此，在核定水费标准时，应首先进行供水成本核算。

（一）供水成本的核算

成本是反映生产经营过程的实际耗费，确定产品补偿价值的重要指标，也是制定产品价格的重要依据。

为维持供水工程正常运行所必须补偿的劳动耗费部分价值的货币表现称为供水成本。供水成本对于供水生产都是支出，没有盈利，因此供水价格不得低于供水成本，否则，供水生产单位就要出现亏损。构成供水成本的各项费用如下：

（1）折旧费。对于农业供水，供水成本中不包括农民投劳折资的固定资产折旧。

（2）大修理费。

（3）运行管理费，包括：①工资；②水源费；③燃料及动力费；④工程维护费；⑤其他直接费；⑥管理费，如职工福利费、工会经费、劳动保护费、办公费、差旅费、邮电费及房屋修缮费等。

（4）其他按规定应计入成本的费用。

因而，供水工程的年供水总成本可按下式进行计算：

$$C_{总}=C_{固折}+C_{固修}+C_{运行}+C_{其他} \tag{10-3}$$

式中：$C_{总}$为年供水总成本；$C_{固折}$为固定资产年折旧费；$C_{固修}$为固定资产年大修理费；$C_{运行}$为工程年运行管理费；$C_{其他}$为其他按规定应计入成本的费用。

单位水量供水成本（单方成本）可用下式计算：

$$C_{单位}=\frac{C_{总}}{W} \tag{10-4}$$

式中：$C_{单位}$为单位水量供水成本（单方成本）；W为年供水量，采用工程运行期多年平均实际供水量。

（二）供水价格（水费标准）核定

水是一种关系国计民生的重要商品，既是生产资料，又是生活资料，具有很强的基础性和垄断性，而且生产过程受自然条件制约，供需双方不能任其选择，流通性也相对较差。因此，在相当长的时间内，水价还必须纳入国家统一管理价格范围。

1. 供水价格核定应考虑的原则

（1）体现国家的产业政策，不追求高利润，在保证工程正常运行维护需要的前提下，结合当地水资源性质、特点和状况及用水户的承受能力，对不同用水户采取分类定价的办法，特别是对农业供水要给予照顾。

（2）有利于促进节约用水，合理开发利用和保护水资源。

（3）水利工程供水价格按单个工程逐一核定。经济状况、地理环境和水资源条件相近的区域，其水利工程供水价格也可按区域统一核定。

（4）体现以供水保证率为主要内容的优质优价原则。同时，为缓解供需矛盾，并充分利用水资源，可实行季节性浮动水价。

2. 供水价格结构

水利工程供水应当逐步推行基本水价与计量水价相结合的两部制水价。这主要是由水利工程供水生产特点决定的，即水利工程供水受降雨等自然条件的制约，同时又具有生产的连续性（蓄水）和商品价值实现的间断性的特征。若实行单一的计量水价制度，当供水量大时，用水户难以承受，而供水量小时，工程管理单位基本维护和管理经费都保证不了。所以，对一些用水大户以及大型跨流域引水工程和供水对象单一的供水工程，应尽量推行两部制水价，这对于供用双方都是有利的。

3. 供水价格核定

不同用户应依据不同的标准核定水价。

（1）农业水价。粮食作物按供水成本核定水价，经济作物可略高于供水成本。

（2）工业水价。消耗水，按供水部分全部投资计算的供水成本加供水投资4%～6%的盈余核定水价。

（3）城镇生活用水。由水利工程提供给城镇自来水厂水源并用于居民生活的水，一般按供水成本略加盈余核定水价。

（4）由水利设施专门供水进行养殖、种植，其水价可参照农业经济作物的水价确定。

水源工程与渠系工程分设独立核算管理机构的，应按上述规定分别确定水源工程和渠系工程的水价。

目前，在实际执行过程中，各地对水价的核定，大多数采用目标水价，也即决策水价，它是以成本计算为基础，结合考虑其他政治、经济等因素而确定的水价。比如，为了鼓励某项事业的发展，给以优惠水价等。随着社会主义市场经济的逐步建立，水价的确定应该向规范化、科学化方向发展，改变一些不合理的计价方法和定价方法。为了更好地适应经济建设和社会发展的需要，建立和完善水利价格体系。

（三）水费的收缴和管理

（1）收费，根据《水费办法》的规定，要严格执行计量按价收费；农业灌溉供水实行基本水费加计量水费计收。由水管单位按月或季计收取水费。为了促进用水户按期交费，应实行逾期加收滞纳金的办法。如有的省规定：每逾期一天，加收1%的滞纳金。这一规定的实行，对扭转过去无偿供水的陈旧观念，起到了积极作用。

（2）供水价格的变动，由于物价调整等因素，供水价格需要定期调整。工程管理单位应加强成本核算，及时反映供水成本变化情况，为供水价格的变动提供依据。供水价格的变动一般要经过水行政主管部门或行业管理部门的审核，再经物价管理部门审定批准。

（3）水费的使用，水利供水工程所需的运行管理费、大修理费和更新改造费由所收水费解决。其中，运行管理费是供水生产过程中的正常经费支出，它包括：①材料费、燃料动力费、工程维修养护费；②供水生产人员工资；③管理费，包括公务费（办公费、差旅费、邮电费、水电费、会议费、采暖费等）和工会经费、职工福利费、房屋修缮费、低值易耗品购置费、劳保费、检查观测试验费及管理人员工资等。

水利工程管理单位当年的水费收入，应按规定支出运行管理费；按比例依次提留大修理费及折旧费，作为大修理基金及更新改造基金，并设立专门储备。

由于综合利用水利工程的水费收入，仅是该工程兴利分摊的资产的经营收入，而防洪部分是无水费收入的，所以，防洪工程和综合利用工程中防洪所需的岁修、管理费用，仍按规定列入水利事业费预算；或对受益范围明确的防洪排涝工程，通过向受益的工商企业、农场、农户和其他单位收取工程维护管理费来解决工程运行管理和大修理所需费用。

（4）水费的管理，水费收入是水利工程管理单位的主要经费来源。由水利部门商请财政部门核定抵作供水成本和事业费拨款的，视为预算收入，免交能源交通重点建设基金和预算调节基金。结余资金可以连年结转，继续使用，但不得用于水利管理以外的开支。其他任何部门不得截取或挪用水费。

水利主管部门对所属水利工程管理单位的水费收入，应适当调剂余缺。自然条件和工程状况好或水费标准高于供水成本，有较多盈余的单位，要实行“盈利定额上交，超额留用”的办法；自然条件和工程状况差或水费收入低于供水成本的单位，实行“定额补贴，超亏不补，限期扭亏”的办法；一般的单位可实行“以收抵支，盈余不交，亏损不补”的办法。

水利工程管理单位的水费盈余，大部分用于建立事业发展基金，小部分用于集体福利、职工奖励基金。水利工程管理单位要加强财务管理，建立健全财务制度，努力节约开支，收好、管好、用好水费。

第五节 灌溉排水试验

灌溉排水试验是全面加强灌排工程管理的一项重要基础工作，是寻求增产、省水和省工的合理灌排方法和制度，探索农田耗水规律以及先进的分水和配水方式等的途径。它对保证安全，充分发挥工程效益，为工程设计、施工、运行和科学研究提供实际技术依据等具有重要意义。

一、田间灌排试验的分类与要求

（一）田间对比试验的种类及其选择

田间对比试验，是把田块划分成许多个对比的试区（小区或大区），把需要进行比较的因素，划分成若干个水平。以不同因素的不同水平，组成若干试验处理，把各个处理安排到试区中去，对各处理试区进行试验指标的观测。以所观测的指标成果，判别各处理的优劣，选择出优良处理。

田间对比试验除按试验的内容划分外，一般还按试验因素的多少划分为若干种类。

（1）单因素试验（或单因子试验）：即在各试验处理中，只改变一种因素的水平，比较其优劣，而其余因素取相同水平。

例如，某地棉花灌溉试验，在各对比的试区中，棉花的品种、种植密度、耕作技术、施肥水平均相同，灌水方法灌水次数均相同（如均采用四次），只是灌水定额不同，一个区为 30mm，另一个为 45mm，再一个为 60mm。这就是灌水定额的单因素三个水平的试验。

单因素试验在设计上较简单，目的明确，所得结果易于分析，但不能了解几个因素之间的相互关系。通常基层的灌溉试验站或开展试验的初期，宜采用单因素试验。

（2）多因素试验：在同一试验中同时研究两个或两个以上因素。可把这些因素都分为不同水平，并以各因素不同水平组合成为试验的处理。

例如，某地开展棉花沟灌方法与灌水次数的组合试验，沟灌中采用“逐一沟灌”和“隔沟灌”两种水平，灌水次数采用 3 次、4 次和 5 次三种水平，这就形成沟灌灌水方法与灌水次数的双因素试验。从这个试验中可选择最优的沟灌方法与灌水次数组合方式。

多因素试验中，按各因素的水平所安排的情况，可分为等水平试验和不等水平试验（或称混合水平试验）。前者，试验中各种因素安排的水平数目相等，后者，对不同的因素所安排的水平数目不同。上面所举的沟灌方法与灌水次数双因素试验，是不等水平试验。

根据安排处理方式的不同，多因素试验可分为以下两类：

1）多因素全面试验：即把每个因素的各个水平与其余因素各个水平之间的所有可能的组合都安排成处理，便形成“全面试验”。全面试验的成果是全面和比较可靠的，但要求安排的处理很多，规模很大，故它只适用于因素少和水平数目也少得多因素试验。

2）多因素的部分试验，是从所有可能组合方案中抽取一部分有代表性的方案，作为处理进行对比试验，以大幅度地减少处理数目。根据抽取代表性方案的不同方法，又可分为综合试验和正交试验两种。其中综合试验是根据试验者的经验与知识，首先把不同因素的一些明显不好的水平组合淘汰掉，再将若干因素的某一水平结合在一起作为处理。正交试验不是凭借经验抽取，而是利用一套规格化的表格——正交表来抽取。采用正交试验，可以安排很少的处理进行试验，最后仍然能找到多因素中不同水平的最优组合方案。正交试验法是建立在数理统计理论基础上安排试验处理和分析试验成果的一种科学方法。

（二）田间对比试验的基本要求

1. 对试验场地的要求

试验场内的气象、地形、地貌、土壤、水文地质和农业生产等方面的条件，应具有较好的代表性。试验场不宜靠近水库、大沟、大渠、河道、湖泊、铁路、公路、高大建筑物以及对试验有影响的工厂和污染源。试验田的周围如有房屋、围墙、树林等物障，则试验田与其距离应大于物障高度的5倍。

试验场区域内的地面宜平坦，试验田的土壤结构及其肥力应均匀一致。试验场建设如需平整土地，应不扰乱原有土壤结构。试验站的道路布置应满足生产、生活、田间管理和观测记载的需要。

2. 对试验区规划的要求

应根据试验场地总面积、土壤肥力分布状况，并结合试验的设计任务，统一规划试验小区。试验小区规划包括各项试验的试区布置，每个试区的小区排列，保护区、隔离区的布置，渠道、沟道及附属建筑物的布置，并应绘出田间规划布置平面图。

在同一重复试区内，各处理试验小区的形状、方向、面积应一致。每个试区的面积应根据试验项目、作物种类、试验地总面积和土壤肥力差异程度以及处理数和重复数等因素来确定。对于作物蒸发蒸腾量、灌溉制度、作物水分生产函数、劣质水安全利用、灌溉方法、灌水技术和灌溉效益试验，低矮或种植密度大的作物每个试验小区面积应大于60m^2，植株高大或种植密度小的作物每个试验小区面积应大于130m^2时，中间示范性试验每个试区的面积宜大于300m^2。灌溉方法试验中若有喷灌，其试区面积应根据喷头类型和组合方式确定：采用摇臂式喷头，试区面积应大于300m^2；采用折射式喷头，试区面积应大于60m^2。设施农业条件下的灌溉试验，应结合温室或大棚内的小气候条件和栽培管理要求等安排试区，小区面积可适当减小。

对于矩形试验小区，其长边应顺着土壤差异（肥力差异、潜水、坡度等）大的方向。布设小区时应使同一重复试区内各处理小区之间的自然条件差异最小。小区排列应有利于消减土壤差异带来的误差，宜采用随机排列、随机区组排列或拉丁方排列，不应采用顺序排列和集中排列。

整个试验区中与小区长边平行的两端应设保护区，每一保护区的宽度不宜小于小区宽度的一半。与小区短边方向平行的两端应设保护带，宽度宜为1～2m。保护区中应安排与相邻小区同样的处理，保护带的处理应与所在的小区相同。保护区、保护带不计入试区面积。对于旱作，当田埂防渗条件差时，应在每两个小区之间设置1～2m宽的隔离带。喷灌试验各小区之间以及喷灌与其他灌溉方法的试区之间，应设置隔离区，其宽度的确定应使相邻小区的喷洒水滴不发生相互交叉。隔离带及隔离区中种植与试验区内相同的作物，但不计入试验区面积。

试验区的灌溉渠道（管道）与排水沟道（管道）应分开布设。

二、灌溉试验设计方法

1. 设计程序及设计书

开展灌溉田间试验前，必须按照规范要求提交设计任务书，经上级审批后，再编写试验设计书。灌溉试验设计书应包括以下内容。

试验课题名称；试验的时间和地点；试验目的、意义及依据；试验方案设计，主要是确定试验处理和重复方法；田间试区（小区或大区）规划设计，并附试区布置图；主要农业技术措施；试验的技术路线，观测和调查的项目与方法；试验资料的统计分析方法与要求；经费预算与必需的仪器设备、工具、材料计划；项目负责人、试验人员（包括工人）的分工和职责。

2. 试验处理和重复的确定

处理应有针对性。应根据试验要求解决的问题，选择若干主要对比因素，将其划分为几个水平，组合成对比处理；水平划分时应注意使不同水平之间的差异和处理数目便于进行试验和成果分析；各因素的最高与最低水平以及各水平之间的差别应恰当选定，对于因素较少（2～3 个）、水平数也较少（2～3 个）的试验条件允许时，可采用多因素全面试验法安排处理；相反，若因素和水平较多，宜采用正交试验法，有经验的条件下，可采用综合试验法。

应结合以往进行的试验和以后可能的发展，保持试验成果的连续性和系统性；对研究规律或探求各因素之间定量关系的试验，可安排恶劣状态或受害水平的处理；试验处理设计应有利于对试验结果进行统计学检验；应设置对照处理，作为比较的标准，对照处理应采用当地应用最广泛的技术措施。

重复数是就一个处理同时进行试验的次数，每个处理同时布置在几个小区内就是几次重复，处理的成果是以该处理各个重复成果的平均值表示。安排重复就是为了减少条件差异造成的试验误差，提高成果的可靠性。同时只有根据各重复区试验指标观测值的分析，才能估计试验误差，鉴别不同处理试验成果的可靠性、有效性。

除了多点的大田示范性试验以外，灌溉试验都应设置重复试区。小区试验应不少于 3 次重复，中间示范性试验应不少于 2 次重复。有植物或土壤采样要求、并可能引起试验代表性发生变化的试验，重复数应适当增加。

三、作物蒸发蒸腾量试验

作物蒸发蒸腾量的测定，应测出棵间蒸发量与蒸腾量的总和。对于水稻田，还应同时测出渗漏量。只是在特殊需要的条件下，才需分别测出棵间蒸发量与蒸腾量。在生产中作物蒸发蒸腾量用水深或单位面积上的水量表示。但在灌溉试验中，宜只用水深表示，单位为 mm。作物蒸发蒸腾量测定小区或测定器皿（如测坑，图 10－11）中的土壤和其他条件应有代表性。测定器皿应填装原状土。供试验的作物品种应是有代表性的优良品种。采用的农业栽培措施、灌溉制度、灌溉方法和灌水技术，均应是有代表性的和达到先进水平的。

作物蒸发蒸腾量试验，包括旱作物蒸发蒸腾量和地下水补给量试验，以及水田作物蒸发蒸腾量和渗漏量试验。其中旱作物蒸发蒸腾量试验应在不同供水水平和不同覆盖条件下进行，林草蒸发蒸腾量试验方法及要求与旱作物试验相同。若地下水埋深小于 2.5m（砂土、砂壤土）或 3.5m（壤土、黏壤土、黏土），观测旱作物蒸发蒸腾量时，应同时进行地下水补给量的观测。地下水补给量可通过同时使用有底蒸渗器（图 10-12）与无底蒸渗器（或观测小区）测定。两者中的作物、土壤以及各时期内土壤含水率等条件应相同。有底蒸渗器测出作物蒸发蒸腾量，无底蒸渗器（或观测小区）测出作物蒸发蒸腾量与地下水补给量之和，两者相减得地下水补给量。

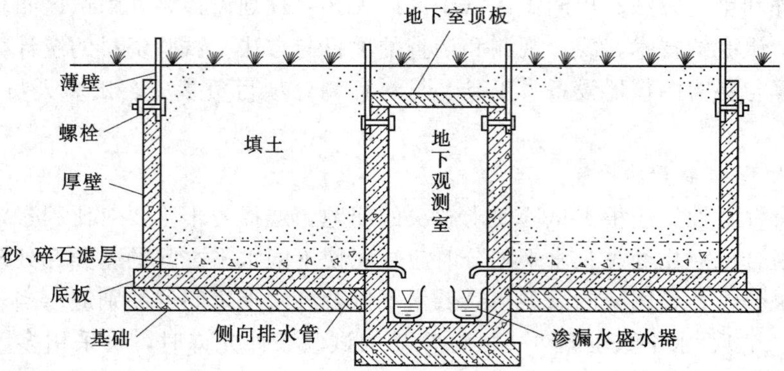

图 10-11　直接测量土壤含水量变化的非称重式蒸渗器

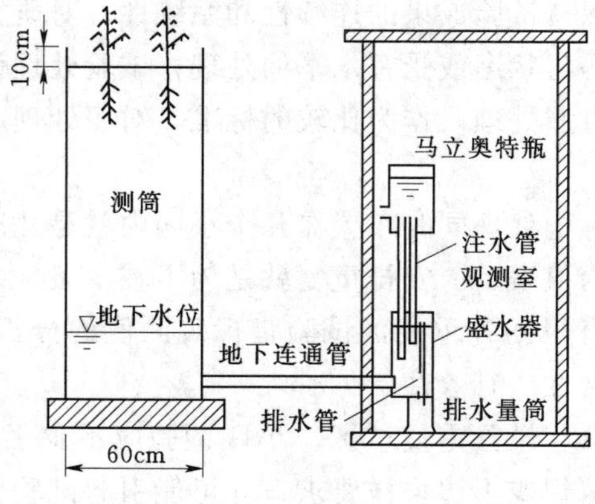

图 10-12　利用马立奥特注水瓶观测地下水利用量

水田作物蒸发蒸腾量试验应在不同供水水平下进行，可采用蒸渗器（图 10-13）与小区相结合的方法测定蒸发蒸腾量与渗漏量。小区测定蒸发蒸腾量与田间渗漏量之和，蒸渗器测定蒸发蒸腾量，二者之差算出渗漏量。安置蒸渗器的试验小区和测定蒸发蒸腾量与渗漏量之和的田测法试验小区应分别布设。

设置蒸渗器应符合以下技术标准：

（1）不漏水、导热性低、耐冻、结构牢固。

（2）形状规整。测筒应为圆形、正方形或矩形，测坑应为矩形或正方形。

（3）器内土壤表面积数值：对于圆形测筒不宜小于 0.30m^2；其他形状测筒不宜小于 0.36 m^2；测坑不宜小于 4 m^2。

（4）测坑的坑壁在地面以上部分应薄壁，壁顶总面积不应超过坑内土壤表面积的 5%。

（5）测坑或测筒内装土深度宜在 0.8～2.0m 范围内，应超出作物根层深度 0.1～0.2m。

（6）测坑或测筒内的土层下面应设滤层（由上至下为细砂、粗砂、碎石），厚 20cm 以上，滤层底部应设测向排水管，管上应设可以调节、控制、测定底部排水（渗漏）量的装置。

（7）向测坑或测筒中灌水的设施，应能使其中土壤湿润均匀，能调节、控制、测定水量。

（8）附近不应有影响气流正常运动的障碍物，周围应种植与测坑或测筒内同类的作物，其宽度应不小于 20m。

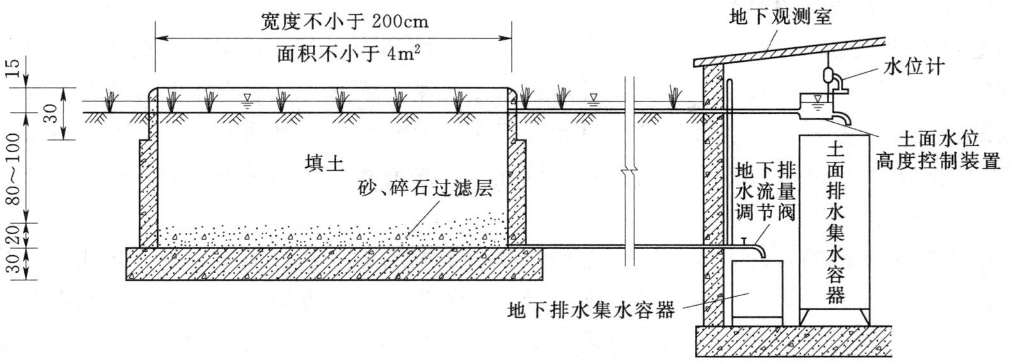

图 10-13 直接测田面水位变化的非称重式蒸渗器——水稻需水量试验测坑构造示意图（单位：cm）

四、灌溉制度试验

一般采用田间对比试验的方法，即先把试验田划分为若干个小区，然后把要比较的几种灌溉制度作为不同的处理，配置在各小区之内，测定各区的产量，植物生理、生态以及灌排等情况，进行比较。对于旱田，主要根据不同的土壤含水率上、下限，或不同的灌水次数与灌水定额设置不同的处理。对于水稻田，则主要根据不同的水层控制标准，灌水、排水与施肥除草等农技措施的配合方式，晒田方式（晒田次数、时间和天数）等，以及最后落干天数等条件，采用不同的处理。针对各种处理，除测记灌水时间、次数、定额和田间水层变化（水稻田）或土壤湿度变化（旱作）情况外，还要进行基本的气象与田间小气候（土温、水温、株间温度、湿度等）观测，植株生育性状（形态和生理的）调查和测定，土壤分析以及考种测产等。根据各个处理的作物生育情况、产量及灌排效果等进行比较，确定各种作物不同年份适宜的灌溉制度。

灌溉制度试验应考虑当地的农业生产水平，并将当地已普遍采用的灌溉制度安排在处理之中，作为对照处理，用以衡量试验效果。

五、作物水分生产函数及灌溉效益试验

作物缺水反应和作物水分生产函数及灌溉效益三种试验，其试验方法基本相同，只是资料的分析方法不同。亦即，进行一种试验，可以针对不同要求进行成果分析，取得上述三种试验结果。这三项试验，均属于对比试验的范畴，故试验前要正确地设计试验处理。作物在不同的阶段受旱，对其生长发育、产量及需水量有不同影响。因此，要将作物全生育期划分成若干阶段，然后按各阶段的不同缺水程度组合成试验处理。

一般将全生育期等分为 4～6 个阶段，使每个阶段的天数处于 15～40 天范围内（作物越冬可单独作为一个阶段，其时间不受此限）。

阶段划定后，需根据不同阶段的不同缺水程度安排处理。可以分别依据以下两方面试验因素来造成不同的缺水程度，并据此设计处理：①依据不同的土壤含水率下限（对于旱作物，上限均为田间持水率）；②依据不同的灌水次数或灌水定额。无论采取何种试验因素，其实质是针对不同的阶段，造成各种缺水水平，将各个阶段的各种缺水水平组合成相互对比的试验处理。同时，试验中还必须安排任何阶段均不缺水处理，作为对照。

六、灌水方法试验

灌水方法试验，系针对一定的气象、地形、土壤和作物条件，在不同的灌水方法之间进行的对比试验。灌水技术试验，是针对已采用的某种灌水方法，探求其合理的规格、尺寸以及各种灌水技术要素合理组合的试验。但是，对于任何一种灌水方法，只有在其灌水技术合理的条件下才能发挥良好的作用，因此，开展灌水方法试验的同时，往往也须结合进行灌水技术试验。

灌水方法试验的目的，是针对一定的作物，根据当地条件，通过试验，选出适宜推广的灌水方法，或者，针对一种或在当地可能推广的先进灌水方法，通过试验，判明其具体的优点、存在问题以及适用条件。试验方法是采用小区或大区对比试验法，把每种要试验的灌水方法作为一个处理，每处理安排几次重复，针对每个处理的每个重复试区，观测、记载用以评价灌水方法质量的指标，最后根据这些指标的分析，选定适宜当地推广的灌水方法，或是探明某些先进灌水方法在本地推广的可能性及其存在问题。

一般是在当地计划引进、推广较先进的灌水方法条件下才开展灌水方法试验。因此，针对一定的作物把计划引进的灌水方法安排成处理。同时，把当地大面积采用的原有灌水方法作为对照处理。

灌水技术试验是针对某种灌水方法，探求其合理的规格、尺寸以及各种灌水技术要素合理的组合。如，畦灌灌水技术试验的目的是选择合理的畦长、畦宽、入畦的单宽流量、放水时间和停水距离等，并探索这些要素之间的关系与最佳的组合。喷灌灌水技术试验主要包括喷头及其布置合理性试验、适宜喷灌强度试验，两者可结合在一起。

七、田间排水试验

各地农业实践表明，雨后及时排除田面积水和降低地下水位，并在作物各生育阶段将地下水位控制在适宜限度以下，是夺取高产的一项极重要措施。因此，在许多地方，需要开展田间排水试验，以便进一步研究田间排水的标准和措施，为规划、设计田间排水系统和建设高产稳产基本农田提供依据。

田间排水试验主要包括两类：一类为排水标准试验，其中主要为作物耐淹试验和适宜地下水埋深（耐渍）试验；另一类为排水效果试验，其中主要是田间排水沟深度、间距试验。

（一）排水标准试验

1．确定排涝标准的作物受淹试验

试验目的是测定作物在不同生育阶段受淹（不同淹水深度和淹水历时）对作物生长发育造成的影响，求得作物淹水深度、淹水历时与产量的关系，为确定除涝排水设计标准提供依据。

试验处理通常按生育阶段、淹水深度及淹水历时的不同组合进行设计，包括：根据试验地区气象、水文条件及测试作物的受淹敏感特性，选定2～3个生育阶段进行受淹试验。对拟测试的各生育阶段，最少应选定4个不同的受淹深度进行试验。受淹历时应选定4个以上不同的受淹延续时间。

试验方法常采用测筒原位受淹法与测筒移位受淹法。条件具备时，部分受淹试验可安排在小区或测坑进行。测筒、测坑应符合一定的技术要求。受淹期间，每天的8时与20时应观测及调控淹水深度，控制精度±1mm。采用原位受淹法时，应关闭测筒底部排水管。淹水结束，及时排除土面淹水。

观测项目及要求主要包括淹水深度和淹水水温，以及作物生长发育状况和产量。

2. 确定排渍标准的作物受渍试验

试验目的是测定作物在不同生育阶段、不同受渍程度对作物生长发育的影响，求得不同受渍因子与产量的关系，为确定排渍设计标准及排水水管理提供依据。

试验处理常以地下水埋深作控制指标，按作物不同生育阶段，设定3～5个不同的地下水位控制埋深；或者以一次降雨后地下水动态作控制指标的试验处理，针对作物的渍害敏感期或容易产生渍害的时段，设定3～5个不同的雨后地下水回落至控制埋深的时间；或者以一定时期的地下水位连续动态作控制指标，选择3～5个具有不同排水能力的田块，或在已建田间地下排水工程的田块，选择3～5个距排水沟（暗管）不同距离的测点，进行地下水动态观测。

依情况的不同，应采用不同的试验方法，以地下水埋深或一次降雨后地下水动态作为控制指标的受渍试验，应以测坑或测筒试验为主，田间试验作补充。以地下水连续动态作控制指标的受渍试验，应以田间试验为主，测坑试验作补充。

对于水稻受渍试验处理，常包括三种类型，水稻适宜渗漏强度试验在水稻淹灌期（分蘖至孕穗）设定3～5个渗漏强度进行试验；水稻控制晒田试验根据当地丰产灌溉试验成果，在晒田期设定3～5个地下水位下降速度进行试验；黄熟期控制地下水位降速试验应根据收割机械对土地承载力及下田时间的要求，设定3～5个地下水位降速进行试验。

依不同类型试验，采用不同的试验方法：水稻淹灌期适宜渗漏强度试验可采用测坑试验法，在具有完整的田间地下排水工程系统的地方，也可在大田进行；水稻控制晒田与黄熟期排水试验以测坑试验为主，田间试验作补充。

（二）田间排水效果试验

试验目的是针对确定的排水标准和当地条件，进行不同田间排水沟（或吸水管，简称管，下同）深度与间距组合的试验和分析，为田间排水工程设计提供依据。

试验区设计的一般规定：试验田块长度应大于沟（管）间距的3倍；排水暗管间距小于50m时，试验小区内至少应有4条暗管，埋深和坡降应一致，中间暗管为主要观测对象；每一种布局的明沟排水试验小区，设3条排水沟即可；排水沟（管）不同间距或深度的试验小区应按递增或递减顺序排列。

试验处理设计为排水沟（管）不同间距和深度的组合。

八、渠道防渗试验

渠道防渗试验可检验防渗处理效果，包括设计方案、施工处理、材料质量等。通过对处理前后和各种方案的比较，以取得技术资料，进行分析，为应用和推广新的防渗处理措施提供科学依据。

为检查防渗效果，首先要对同一试验渠道的不同类型渠段在防渗处理前的渗漏情况进行测定，然后对防渗处理完成并经一定时段运行后的渗漏情况进行测定。测试的主要内容有渠道渗漏损失，渠道水利用系数等，观测的主要内容有地下水动态、流速变化（相同流量情况下），并对防渗材料、施工质量和运行状态（抗冻、防冲、防淤等）进行检查，以全面反映防渗处理效果。

渠道渗漏损失的测定方法有动水测定法、静水测定法和同心环测定法。

1. 动水测定法

在渠段上设置上下两个断面（间距不宜太短），在流量稳定的情况下分别进行流量测定，其流量差即为该渠段的渗漏损失（水面蒸发损失忽略不计），再推算单位长度的渠道渗漏量。区间如有分水口，应把分水口流量计算在内。渠道上下断面也可利用进水闸、涵洞、渡槽、跌水等建筑物量水。

2. 静水测定法

选择渠段平直、纵坡较缓、上下游断面水深差不超过5%或5cm的渠段，长度为30～50m，临时在两端筑坝隔水，然后向渠段中充水至正常水位，每隔一定时段，加入水量，维持其正常水位（水位由事先在渠中设置的水尺或测针控制）。如此反复进行，直到稳渗阶段为止，即连续时段加水量不再变化时，将稳渗期某一时段内所加水量除以该时段的时间，再除以渠长得到单位长度渠段的渗漏量。

要注意筑坝的质量，否则有渗漏影响。为消除这个因素，最好在两坝端以外大致相当于坝长的位置，各再加筑一道隔埂，并分别在埂坝之间定时充水，以维持与试验渠段内相同的水位。

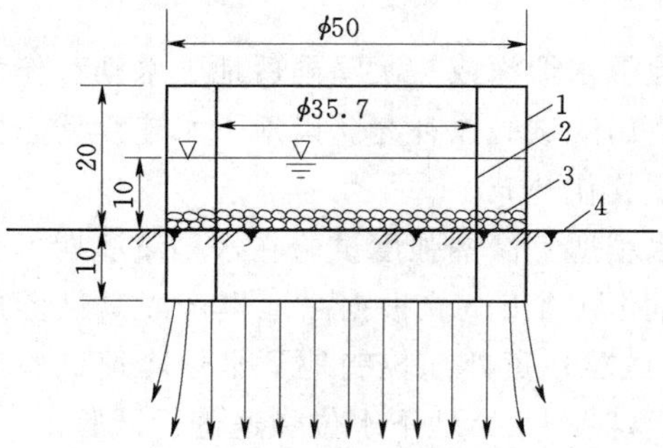

图10－14　同心环测渗示意图（单位：cm）
1—外环；2—内环；3—砂砾石滤料；4—渠床

3. 同心环测渗法

同心环测渗情况见图10－14。用两个不同直径的同心钢环，测定渠床土壤的渗透系数，然后分别按自由渗漏情况下的渠道渗漏损失有关公式计算渠段渗漏损失。测验时将同心钢环压入土内10cm，环内放一层厚3～5cm的细砾石，以免注水时冲刷土壤。在内外环中注入清水，使水深保持在10cm（变化幅度限制在1cm），用水位测针测定在一定时间间隔Δt内的水位下降值Δh。渗漏系数计算式如下：

$$K=\frac{W}{IF} \tag{10-5}$$

式中：K为渗透系数，m/s；F为内环面积，m^2；I为渗透比降，当试验水深不大于10cm时，可认为$I\approx1$；W为单位时间的渗漏水量，m^3/s，$W=F\Delta h/\Delta t$。

九、渠道及建筑物防冻胀试验

为探求冻胀机理，检验和研究新的防冻胀处理技术措施，需要加强防冻胀的试验研究。

1. 试验内容

根据工程实际，要分析和查明造成冻害的主要原因，并结合改进管理方式，提出具体的处理措施，包括改善排水条件，限制冬灌停运时间，提高修补技术水平，翻修和新建时加强对基础的处理，改变结构形式等。根据处理措施，制定试验计划，明确试验目的和任务，包括技术处理方案、材料、施工质量、测试项目，资料整编和分析方法等。必要时也可通过破坏性试验，研究冻胀的原因以及冻胀破坏与外界条件的关系等。

一般应注意对采取防冻处理前后的对比测定和观测，以及不同处理方式的同期测试与观测，以比较处理措施的效果，提出最优处理方案。

2. 主要测试和观测项目及方法

主要测试和观测项目包括气象因素，如气温、地温和降水量；冻深，即土壤冻结深度；地下水位，地下水位的高低，对土的冻胀影响极大，它直接决定着水分迁移的条件和数量。冻深必须和地下水位同时进行观测；冻胀量，我国在现场普遍采用分层冻胀仪或冻胀桩来测定冻胀量。正常观测，冬初和冬末每日（或隔日）观测一次，中期观测时间间隔可适当延长，并同时测记气温、冻深、地下水位和地温；冻胀力观测，常用实物加荷法和测力计法观测冻胀力。具体测试和观测应定期进行，以便与气温、水温变化形成对应关系，探求发展趋势。实物加荷法是在土体逐渐冻结过程中，分期分段加荷，使其尽量保证不发生冻胀或下沉为准，此时所加荷载就是冻胀力。测力计法是在具有一定刚度的横梁和试件之间用测力计或压力传感器直接测出冻胀力；建筑物变形观测，用经纬仪观测建筑物上布置的观测标点的位移方向和大小。

第六节　灌溉排水工程常见病害及其处理

一、土坝常见病害的处理

土坝裂缝是常见的现象，种类很多，按其成因，有滑坡裂缝、沉陷裂缝、干缩裂缝、冰冻裂缝和振动裂缝。

（一）非滑动性裂缝的处理

滑坡裂缝的特征，一般形成短促，缝口有明显错动，下部土体移动，有离开坝体迹象。滑坡裂缝的处理，可参考有关书籍。对于非滑动性裂缝介绍以下几种处理方法。

1. 翻松压实，灌土封口

对于细小的龟裂，如属纵向裂缝“可以只进行表面处理，即将缝口土料翻松，重新夯压密实，以防止雨水侵入，对于缝宽不大于1～2cm，深度不超过1m的裂缝，经观察不再继续发展，可用干而细的砂壤土从缝口灌入，用竹片或板条等填塞捣实，然后在缝口用黏性土封堵压实”。

2. 开挖回填

开挖回填是处理裂缝比较彻底的方法，即将发生裂缝部分的土料全部挖出，重新回填。适用于不太深的表层裂缝和防渗部位的裂缝。为了探清裂缝的范围和深度，在开挖前向缝内灌入少量石灰水，然后沿缝挖槽。

（1）处理方法：①梯形楔入法，适用于裂缝不太深，非防渗部位，见图10-15（a）；②梯形加盖法，适用于裂缝不深的防渗斜墙和均质土坝迎水坡裂缝，见图10-15（b）；③梯形十字法，适用于处理坝体和坝端的裂缝，见图10-15（c）。

（2）裂缝开挖：开挖坑槽长度应超过裂缝两端1m以外，深度应超过裂缝尽头0.5m。

坑槽底部宽度至少 0.5m，边坡应满足稳定及新旧填土结合的要求，一般根据土质、碾压工具及开挖深度等具体条件而定。较深坑槽也可以挖成阶梯形，以便出土和安全施工。挖出的土料不要大量堆积在坑边，不同土质应分区存放。开挖后，应保护坑口，避免日晒雨淋或冰冻，以防干裂，进水或冻裂。

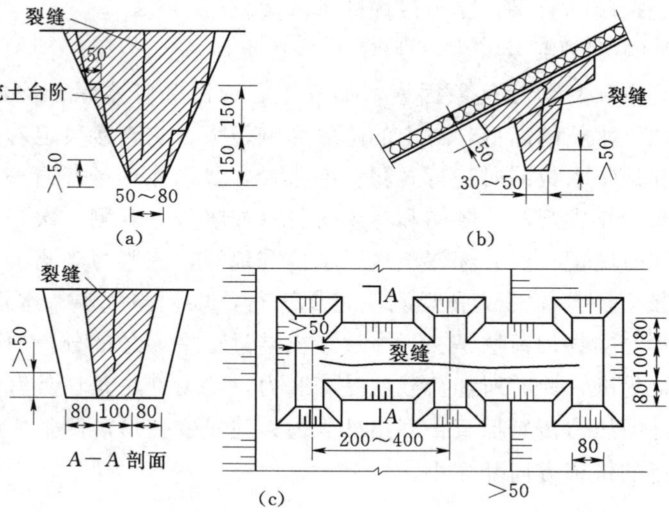

图 10－15 开挖回填处理裂缝示意图（单位：cm）

(a) 梯形楔入法；(b) 梯形加盖法；(c) 梯形十字法

(3) 土料的回填：应根据坝体土料和裂缝性质选用回填土料。对沉陷裂缝应选用塑性大的土料，控制含水量大于最优含水量的 1%～2%。对于干缩和冰冻裂缝，应控制含水量等于或低于最优含水量的 1%～2%。坝体挖出的土料，要鉴定合格后才能使用。对于浅小裂缝可用原坝土料回填。回填时应检查坑槽周围土体的含水量，如偏干则应将表面湿润，如土体过湿或冰冻，则应清除后再进行回填。回填土应分层夯实，土层厚度以 10～15cm 为宜，一般要求压实厚度为填土厚度的 2/3。回填时，应将开挖坑槽的阶梯逐层削成斜坡，进行铲毛，要特别注意坑槽边角处的夯实质量。

3. 灌浆处理

对于裂缝较深或较普遍，开挖回填工程量大，或者开挖会危及坝坡安全等情况，都可以采用灌浆处理。特别是对坝体内部裂缝，进行灌浆处理有良好效果。

(二) 渗漏处理

水库蓄水后，总会发生少量的渗漏，这是不可避免的。但是，如果渗漏水量过大，或者渗漏逸出点太高，坝坡出现渗水散浸，这就属不正常现象，严重的甚至发生集中渗流，出现管涌、流土，直接危及坝身安全。因此，对土坝的渗漏必须引起重视，应及时采取措施进行处理。

1. 渗漏处理原则

无论土坝渗漏发生在什么部位，渗漏处理原则是“上截、下排”。“上截”就是在上游（坝轴线以上）封堵渗漏入口，截断渗漏途径，防止渗入。“下排”就是在下游采取导渗排水措施，使渗水在不带走土颗粒的前提下，迅速安全排出，以增加坝坡（或坝基、岸坡）

的稳定。

2. 渗漏处理方法

（1）上游防渗减渗措施（上截）。上游防渗减渗措施有抛土、抽浑水放淤、水平黏土铺盖、黏土斜墙、黏土截水墙、砂浆板桩、连锁混凝土井栓、混凝土防渗墙、套井回填和灌浆等。这些措施，多属于除险加固范围，此处不再介绍。

（2）下游导渗排水措施（下排）。下游导渗排水措施有导渗沟、贴坡培厚导渗，适用于坝身渗漏处理。坝后压渗、排渗沟、减压井等适用于坝基渗漏处理。

当坝基渗漏严重，在坝后发生翻水冒沙、管涌或流土现象，则不宜开沟导渗，必须采用压渗措施。即在渗水出露地段适宜范围内，先铺设滤料垫层，然后填石料或土料盖压。它既能使覆盖层土体中的渗水排出，又能使覆盖层土体不被冲走。常用的压渗形式有石料压渗台和土料压渗台两种。

（3）高压喷射灌浆防渗。借助于高压射流冲击破坏被灌地层结构，使浆液与被灌地层土颗粒掺混，形成设计形状的凝结体，起到防渗和加固地基的作用。此法适用于松散天然地层和填筑土层，如坝基为砂砾卵石层，对颗粒较细的砂层、砂砾层最为适宜。

（4）土工薄膜防渗。土工薄膜是一种用高分子聚合物和沥青做成的新型坝工防渗材料。可用于土石坝的直立防渗层或倾斜防渗层、上游防渗铺盖，还可用于混凝土坝面防渗等。

土工薄膜的厚度。薄膜的厚度与水压的大小及坝体土料粒径大小有关。如果支承薄膜的土料粒径大，则需较厚的薄膜；反之薄膜可较薄。一般高 10m 以下的低坝，可采用非加筋聚合物，厚 0.6～0.75mm，或非加筋沥青～聚合物，厚 2～3mm。高 10～40m 的坝，宜采用加筋聚合物（一布二胶），厚 0.75mm，或加筋沥青一聚合物（一布二胶），厚 2～3mm。

土工薄膜铺设。铺设前应将基面修整平顺，碾压密实。如果是砂壤土或砂土，即可在其上铺设土工薄膜，如果是含卵石较多的砂卵石地面应铺填砂土或中粗砂过渡层，碾压密实，然后在其上铺设土工薄膜，以免被卵石刺破。为使土工薄膜更好地适应土石坝的变形，薄膜铺设成褶皱状，以便坝体变形时薄膜有伸展余地。同时可以增强薄膜上保护层的稳定性。薄膜铺好后，在其上面再铺设厚 30mm 以上的保护层，保护层先铺砂土或中粗砂，然后铺砂卵石，见图 10－16。

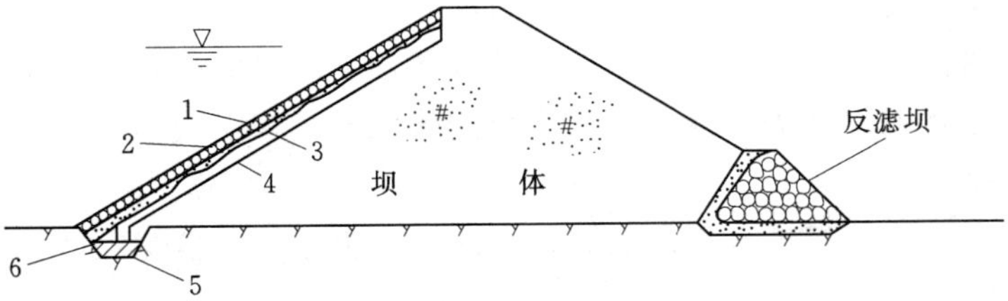

图 10－16　土工薄膜防渗示意图

1—块石护坡；2—砂过渡层；3—土工薄膜；4—砂保护层；
5—混凝土座垫；6—水泥砂浆

（三）护坡损坏的治理

护坡的维修加固按治理的性质不同，可分为以下两种情况：

（1）临时性紧急抢护。护坡局部松动脱落，可用砂袋压盖护坡破坏部位。压盖范围应超过破坏边缘0.5～1.0m，厚度不少于两层，并纵横互叠。当风浪较大，局部护坡已有冲毁坍塌时，可采用抛块石压盖，抛石越集中、越迅速越好。如垫层及堤身已被淘刷，可在压砂袋或抛石前，先抛填0.3～0.5m厚卵石或碎石。当风浪特大，护坡破坏严重，非上述抢护方法所能抗御时，可放置块石竹笼（或块石铁丝笼）压盖。

（2）永久性加固修理。永久性加固修理措施，应根据护坡破坏的主要原因，经综合分析比较后，合理选定。对经过紧急抢护修理过的护坡，应首先清除紧急抢护时所有压盖物料，并按设计要求把滤层填补完整，然后再按原护坡类型，进行翻修护砌。

二、渠道常见病害防治与处理措施

（一）渠道滑坡的防治与处理

渠道滑坡是渠道上存在的主要病害之一，做好滑坡的防治工作，对保证渠道安全输水有着重要意义。渠道滑坡的主要原因是由于渠线经过地段的地质、土壤条件差，开挖渠道后破坏了岸坡地层的自然平衡，加之在水的作用下引起了渠床或堤岸的滑动。对渠道滑坡的防治与处理，常采用以下方法：

（1）削坡减压。减小引起滑坡的滑动力，是防止滑坡最基本、最有效的办法，具体作法有：①削缓边坡，对于挖深太大的渠道，这是处理滑坡最有效的措施之一，一般将边坡放缓到1∶2～1∶3，甚至更缓；②留平台，对于深挖方渠道，应在垂直方向每3～5m留一级平台，以减轻上部土重；③减轻荷载。对已发生滑坡的渠段，如果条件适宜，可削去滑坡体上部的土体，以减轻荷载。

（2）排水导渗。水往往是引起渠道滑坡的重要因素，必须设置好排水系统。在劈山挖渠地段，山坡与接近挖方边界线的地方，应挖天沟，将雨水导向指定的地方排泄走或由陡槽流入渠道，防止雨水漫流至挖方边坡；对于挖方渠道，沿每级平台内侧，均作截水沟，以拦截导泄坡面径流。对于渠道坡面的渗水或滑体内的渗水应及时排走，可在坡面砌筑导渗沟（形式如Y形、D形等），既可导排渗水，又可以沟代撑，对滑动深度不大的滑坡，是很有效的措施。

（3）砌挡土墙。对于滑动面在渠底以上的滑坡，可在坡脚及边坡砌筑各种形式的挡土墙，增加边坡的抗滑能力，达到稳定边坡的目的。

（4）明挖改暗涵或装配式沉箱。当地质条件差，山坡又陡峻，岸坡难于稳定而出现严重滑坡时，可考虑将明渠改为暗涵，或采用装配式沉箱结构，或贴坡式挡土墙加渠底撑梁形式。

以上介绍的各种防治滑坡的措施和处理方法，应根据具体情况和产生滑坡的原因，选择其中的一种或几种综合使用。

（二）渠道的防冲和防淤

1. 渠道冲刷的原因及防治措施

土质差，夯实不良，又未加护坡措施，可能引起冲刷。对此，可采取压实渠床，黏土护面或其他护坡措施；纵坡过陡，引起输水流速大于防冲安全流速而产生冲刷，可采取放缓渠底纵坡来解决。当因渠系建筑物布置的限制，不便放缓底坡时，可设置跌水、陡坡或其他护砌形式；由于水流轴线与渠轴不相吻合，以致在某一段内冲刷渠岸，而在另一段内淤积渠底。对此，在急弯段应尽可能将转弯半径改到合乎标准。如有困难，可采用浆砌石护坡防冲；水面宽、水深大的渠道，在地势开阔处容易受到大风浪冲刷，其防治办法是在渠岸植树以减小风速，也可在渠道内护坡或水面以上植草防护；建筑物上游水流状态改变，建筑物下游无消能设施或水能未全部消除，都能引起渠道冲刷。因此，应完善消能设施，并加固上、下游护坡。上、下级渠道连接处的渠口部分产生冲刷，可在各级渠道连接处修建跌水或陡坡，并对岸坡加以护砌；管理不善，如向渠道突然大量放水或停水，或设置临时壅水设施等，使流速过大或分布不均，都将冲刷渠道。应健全管理工作，掌握放水方法，避免放水流量猛增猛减。

2. 渠道淤积原因及防治措施

沿渠没有做好排洪沟和必要的防沙建筑物，将两岸泥沙带入渠中。防治的办法是在渠道通过有泥沙流入的地段和山坡处，设置拦洪沟或沉沙池，在山坡上加强植树种草等水土保持措施；渠岸、渠坡的坍塌、滑坡，造成渠道淤积。可采用护砌措施，稳定渠道边坡；管理制度不严，如人为地投入泥土或在渠中打挡水坝，放水时又将挡水坝散拆于渠中，或渠床杂草未清除造成流速减缓而使泥沙淤积。对此，只能采用水力或人工、机械清淤，以恢复渠道的输水能力。

（三）渠道的防洪

因地制宜地修建泄洪建筑物。泄洪建筑物的规模及布置，必须在对渠系地形、地质、水文、气象作周密地调查研究的基础上，弄清山洪去向及洪量大小而定。防洪建筑物的布置应尽量采用渠下泄洪建筑物，避免做平交道，不让洪水入渠，以免造成溃决事故。

（四）渠道的防冻

渠道冻害类型有温度裂缝型、冻胀裂缝型、冻融滑塌型、冰冻破坏型等。冻害的防治措施有以下几个方面：

(1) 渠系布置，应尽量避开黏、粉质土和高地下水位地段，在有坡面旁渗水和地面回归水入渗的渠段，应设专门的排水设施。

(2) 渠床处理，换填法：采用不冻胀的砂砾料对冻胀性基土进行更换；压实法：使土的干容重增加，孔隙率降低，透水性减弱，以减少冻胀变形。

(3) 防渗排水，对渠道进行防渗处理，如采用衬砌、隔水材料，阻止渠内水渗入土基；采取暗管、盲沟、竖井与排水设施，排出土基中水分或降低地下水位。

(4) 运行管理，提前冬灌，冰冻前停水，使土基中的水分有足够的时间下渗排走，以减轻冻胀。

三、渠系建筑物常见病害及处理措施

渠系建筑物常见的病害现象有沉陷、倾斜、裂缝、渗漏；冲刷、磨损、基础淘刷以及腐蚀等。

1. 沉陷

建筑物在运行过程中，如发生基础沉陷，轻则影响正常运用，重则导致破坏甚至倒塌。沉陷的原因及处理措施包括，地基承载能力差，一般可采用加固地基和扩大基础底面积的方法；对于水流淘刷地基，应首先采用防冲、截渗、导滤、排水、填塞淘刷空洞等措施，制止继续淘刷，加固地基。然后采取措施，调整因沉陷而减少的高度；地基有隐患、应查清隐患，然后采取适当的工程措施加以处理。

2. 倾斜

倾斜主要是由于地基产生不均匀沉陷、侧压力过大或受力不平衡而引起的。无论是局部倾斜，还是整体倾斜，均会严重妨碍建筑物的正常工作和安全运行，因此必须加强观测，掌握发展动态，采取有效措施及时处理。常采用的措施有地基灌浆、增打桩基、架设支撑、加固及整修断面，以及挖开周围土体，校正位置，然后重新回填等。

3. 裂缝

裂缝处理措施有以下几种。

(1) 温度裂缝。主要产生在尺寸较大较长的建筑物上，如渡槽、多孔水闸的闸墩、大直径的管道等。根据具体情况，按温差大小，用覆盖物调温、增设伸缩缝等办法处理。

(2) 不均匀沉陷产生的裂缝。发现不均匀沉陷裂缝后，必须加强观测，掌握变化情况，如果地基沉陷已达稳定，同时又不影响建筑物安全，可仅对裂缝作封闭处理，如用环氧树脂处理等；若地基沉陷尚未稳定，则应先处理地基，并采取止水措施止水，然后作封闭处理。

(3) 超负荷的外力造成裂缝。常见于桥梁，挡土墙等建筑物上，首先应分析建筑物的整体安全性，然后采取加固措施，并严禁超载运行。

(4) 冻胀破坏形成的裂缝。一般以水平裂缝为主。可将建筑物周围冻胀系数大的壤土挖去，换填冻胀系数小的砂砾石料，并可用支撑加固。

4. 渗漏

渗漏的原因一般有：建筑物产生裂缝、止水设施发生故障或损坏、施工质量差及基础渗漏等。针对不同原因产生的渗漏，可采取不同处理方法。

(1) 裂缝渗水。对于由于温度变化引起的裂缝，可用沥青或聚氯乙烯胶泥等把凿开的裂缝填实；对于因地基下沉而造成的渗水裂缝，可用水泥砂浆封闭裂缝，喷浆抹面防渗。

(2) 建筑物止水设施失效而漏水。如伸缩缝止水材料老化开裂、闸门的止水胶带损坏等，应及时修补或更换。

(3) 建筑物施工质量差而产生漏水。如砖石砌体因灰浆填塞不实，勾缝不好；现浇或预制混凝土管捣固不实；接头封闭不严而发生渗水甚至漏水等。一般用水泥砂浆抹面或喷浆，涂抹沥青和聚氯乙烯防渗材料，用沥青油麻、石棉水泥填塞。

(4) 建筑物基础渗漏。主要原因是上下游水头差过大，防渗措施遭到破坏或者没有防渗措施，基础土壤松散、透水性较大等。可采取降低上游水位，增设或修复防渗设施等办法，如在上游用黏土铺盖，或用塑料薄膜铺衬，修建截水墙，打防渗板桩，进行帷幕灌浆等，以截堵和减少渗漏水量。另外在建筑物基础下游还要加设反滤设施，降低渗透压力，防止土粒流失。

5. 冲刷与磨损

建筑物投运后，常在其上、下游发生不同程度的冲刷，特别是闸、坝、跌水和陡坡的下游以及护岸，导流工程中丁坝的坝头和顺坝的坡脚等，在高速水流部分多发生磨损。对于建筑物进、出口的冲刷，可采取边坡、渠底加糙，加深齿墙，延长砌护段，扩大或增设消能设施等办法加以处理。对于跌水、陡坡下游的冲刷，可采取两种办法：一是对下游冲刷段进行护砌，二是加深、加宽消力池及对消力设施进行改建、改善。对于高速水流产生的建筑物磨损和脱落的灰缝，要及时用高强度水泥砂浆塞实、抹平或喷浆，抗磨要求较高的部位，可用环氧树脂等耐磨材料涂抹或嵌砌铸铁板。

四、排水沟道常见病害的处理

排水沟道一般都是挖方，并且多数情况下是深挖方。常见的病害主要是边坡滑塌、冲刷、淤积。对于排碱水的沟道，由于地下碱水含有较多的化学腐蚀性离子，常造成沟道建筑物的严重腐蚀，使结构遭到破坏，失去使用功能。

1. 边坡滑塌的处理

（1）采用干砌卵石或干砌块石压坡。将大小不同的卵石或块石互相搭配，干砌在两面边坡和沟底。

（2）打桩定坡，即将预制好的混凝土桩，或经防腐处理的木桩，从沟底坡脚开始到坡顶打入3～4排。打桩时前排桩和后排桩应错开打，桩的大小长度可根据沟道大小、深浅及滑塌的轻重决定，一般以10～15cm见方、1.0～1.5m长为宜。若是混凝土桩，应适量加筋以提高抵抗力。

（3）因地面径流或洪水任意流入而引起的滑塌，可采取加设堤防，集中汇流，并在汇流处修建汇流建筑物的措施，使水流有序地汇入沟道。

2. 沟道的防冲和防淤

排水沟道一般是不砌护的，如果比降不合理，就会发生冲刷或淤积。因此应经常观测沟底比降，调整比降，使水流速度保持不冲不淤。对冲刷比较严重的沟段，可用于砌石砌护，或加设跌水，还可在沟道边坡及渠底种植草皮，以固结土粒。

3. 沟道建筑物腐蚀的处理

对腐蚀的处理，可采用抗腐蚀水泥拌制混凝土，对受腐蚀的部位进行包裹保护，包裹前应将腐蚀层凿除，清刷干净。另外还可采取涂刷沥青的办法进行保护。

五、喷微灌及灌溉管道系统维护

（一）喷头及喷灌机的维护

1. 喷头

（1）喷头安装前必须进行检查。应当零件齐全，连接牢固，喷嘴规格无误，流道通畅，转动灵活，换向可靠，弹簧松紧适度等。喷头应按轮灌作业要求定位。当喷头运转时，要进行巡回监视。如发现下列情况应及时处理：进口连接部和密封部位严重漏水；喷头不转或转速过快、过慢，换向失灵；喷嘴堵塞或脱落；支架歪斜或倾倒；全射流式喷头的负压切换失效等。喷头运转一定时间，应对各运转部位加注适量的润滑油。

（2）每次喷灌作业完毕，应将喷头清洗干净，更换损坏部件。整个灌溉季节结束，应进行保养，对转动部位和弹簧件加注适量的润滑油。长期存放的喷头，每半年应进行一次拆检保养，重新油封。喷头应存放在通风、干燥，远离热源处，不得同时放酸碱等物。并将喷头弹簧件放松，按不同规格、型号顺序排列，不得堆压。塑料喷头和有塑料件的金属喷头，应置于不受阳光直接照射处。

2. 轻、小型喷灌机

(1) 喷灌机运行前，除应对其他组成各部分进行检查外，还要对整机进行检查，例如各部件是否齐全，联结是否牢固，启动是否自如，移动是否方便。

水泵与动力直连的机组，其轴线必须在一条直线上，联轴器之间应有一定间隙，其值不应小于泵轴与动力轴窜动量之和，小型水泵可选2～4mm。传动皮带松劲应适度，皮带规格和新旧程度应一致，不得减少根数，并且不得在无安全罩的情况下运行。

(2) 喷灌机运行中，必须严密监视其喷灌质量，不允许漏喷和形成地表径流。喷灌机重要部件发生故障，必须停机检修，严禁在运行中检修。

(3) 每次喷灌作业完毕，应对喷灌机各部件进行保养，并检查连接紧固情况。每年喷灌季节结束，应对喷灌机排列整齐，安置平稳，互相间留有通道，轮胎或机架应离地，传动皮带应卸下。

(二) 滴灌系统的堵塞及其处理方法

1. 滴灌系统堵塞的原因

(1) 悬浮固体堵塞。如由河（湖）水中含有泥沙及有机物引起。

(2) 化学沉淀堵塞。水流由于温度、流速、pH值的变化，常引起一些不易溶于水的化合物，沉积在管道和滴头中，按其化学成分来分，主要是铁化合物沉淀（由铁管锈蚀引起），碳酸钙沉淀和磷酸盐沉淀等。

(3) 有机物堵塞。胶体形态的有机质，微生物的孢子和单细胞，一般不容易被过滤器排除，在适当的温度，含气量以及流速减小时，常在滴灌系统内团聚和繁殖，引起堵塞。

2. 滴灌系统堵塞的处理方法

(1) 酸液冲洗法。对于碳酸钙沉淀，可用36%的盐酸加入水中，占水容积的0.5%～2%，用1m水头的压力输入滴灌系统，滞留5～15min。当被钙质黏土堵塞时，可用硝酸稀释液冲洗；除去铁的沉淀需用硫酸。

(2) 压力疏通法。用5～10个大气压的压缩空气或压力水冲洗滴灌系统，对疏通有机物堵塞效果很好。清除前，先将管道系统充满水，然后与空气压缩机连通，当所有水被排出后半分钟，关闭空气压缩机。但此法有时会使滴头流量超过设计值，或将较薄弱的滴头压裂。此法对碳酸盐堵塞无效。

在滴灌系统运行过程中，更重要的是加强管理，切实采取以下预防措施：①维护好过滤设备；②设沉淀池预先处理灌溉水；③定期测定滴头的流量和灌溉水的铁、钙、镁、钠、氯的离子浓度以及pH值和碳酸盐含量等，及早采取措施；④防止藻类滋生，毛管应采用加炭黑的聚乙烯软管，使其不透阳光，或用氯气、高锰酸钾及硫酸铜处理灌溉水；⑤采用活动式滴头，以便拆卸冲洗。

(三) 灌溉输水管道系统的维护

管道系统投入使用后，及时的养护、科学的管理是管道灌溉系统正常运行的有力保证，否则将导致系统运行效率的降低。

1. 水击破坏管道的预防

在地埋固定管道放水或停水时，常会产生涌浪和水击。很易发生管道爆裂。特别是在渠灌区，由于输水流量大，管网比井灌区复杂得多，设计时必须进行水锤压力计算和分析。在井灌区低压管道系统中，只要在设计和管理中采取有效防护措施，可不进行水锤计算。但必须采取以下措施：

（1）开机时应首先打开出水口，逐渐向管道内充水。

（2）管道若为单条或单个出水口出流，当第一条管道或第一个出水口输水灌溉时，须先缓慢打开第二条管道或第二个出水口，然后再缓慢关闭第一条管道或第一个出水口，以防因突开、突关闸阀、给水栓而引起水击。

（3）日常运行时，严禁突然关闭闸阀、给水栓、出水口，以防爆管或击坏水泵。

（4）灌水结束时，应先停机或先缓慢关闭进水闸阀，然后再缓慢关闭给水栓、出水口。有多个出水口停止运行时，应自下而上逐渐关闭给水栓。有多条管道停止运行时，也应自下而上逐渐关闭闸阀，并同时借助进排气阀、安全阀或逆止阀向管内补气，以防止出现水击或负压破坏暗管。

2. 管道漏水的检查

地埋固定管道如有漏水，不仅浪费水量，而且会影响管道和建筑物基础的稳固。检漏方法有直接观察、听漏和分区检漏等方法：①实地观察，即从地面上观察漏水迹象；②听漏法，一般需在夜间进行，以免受到车辆行驶和其他杂声的干扰，可使用人听或半导体检漏仪检听的方法；③分区检漏，是按管道分级、分段或分小区，利用水表、量水堰或量水装置测量管道的输水损失量，若超过正常输水损失量过多，就表明该条、该段或该小区内的管道有损坏。

上述方法可根据具体情况灵活运用。

3. 定时测定管网水压和流量

在输水、灌水时，应经常测定各级管道的水压，了解管网的工作情况和水压变化动态；防止发生水压超过管道的承受能力，或因水压过低导致产生负压现象等。

4. 管线变形、沉陷及管道脱节、断裂的预防与处理

现在所使用的塑料管接口一般采用柔性接口，对于土质较差、地下水位偏高的灌区，会因砂基础不断受到破坏而导致管材受力不均匀，再加上塑料管在地下长期受到静力荷载和动力荷载的作用，因此会使管线及管材本身产生变形、沉陷，甚至脱节、断裂。对此状况，可分别采取不同的处理方法：

（1）管线变形、沉陷。由于管线变形、沉陷会破坏管道的坡度，因此一经发现必须积极采取措施。对变形管线的地基可采用全面注水灌砂加强管基法或对局部严重变形的部位进行开挖，然后用混凝土加固的方法处理。

（2）管道脱节、断裂。管道脱节、断裂轻则导致水资源大量渗漏，造成了浪费，严重时则会隔断输水的路径，因此对管道脱节现象的处理必须要及时。应关闭上游阀门，再进行开挖，并检查其破坏的严重程度，进行修补或重接。

参 考 文 献

[1] 郭元裕．农田水利学（第三版）[M]．北京：中国水利水电出版社，1997.
[2] 雷志栋，杨诗秀，谢森传．土壤水动力学 [M]．北京：清华大学出版社，1988.
[3] 杜成义．灌排工程工 [M]．郑州：黄河水利出版社，1996.
[4] 冯广志．灌区节水改造规划 [M]．北京：中国水利水电出版社，2004.
[5] 李久生，张建君，薛克宗，等．滴灌施肥原理与应用 [M]．北京：中国农业科学技术出版社，2003.
[6] 冯广志．渠系改造 [M]．北京：中国水利水电出版社，2004.
[7] Glenn J. Hoffman，Robert G Evans，Marvin E Jenssen，Derrel L. Martin，Ronald L. Elliott. Design and Operation of Farm Irrigation Systems [M]．USA，2nd edition，2007.
[8] 王燕，徐存东，等．扬水灌区建设与管理 [M]．北京：中国水利水电出版社，2008.
[9] 全达人．地下水利用 [M]．北京：中国水利水电出版社，1996.
[10] 周志远．农田水利学 [M]．北京：中国水利水电出版社，1993.
[11] 史海滨，田军仓，刘庆华．灌溉排水工程学 [M]．北京：中国水利水电出版社，2006.
[12] 李宗尧，缴锡云．节水灌溉技术 [M]．北京：中国水利水电出版社，2004.
[13] 隋家明，李晓，宫永波，等．农业综合节水技术 [M]．郑州：黄河水利出版社，2006.
[14] 周长吉．温室灌溉 [M]．北京：化学工业出版社，2005.
[15] 汪志农．灌溉排水工程学 [M]．北京：中国水利水电出版社，2010.
[16] 侯喜丰．实用农业节水灌溉技术 [M]．沈阳：辽宁科学技术出版社，2009.
[17] 张晓平．实用农业抗灾自救手册 [M]．哈尔滨：哈尔滨工程大学出版社，2008.
[18] 吕军．土壤改良学 [M]．杭州：浙江大学出版社，2011.
[19] 乔玉成，张友义．南方地区改造渍害田排水技术指南 [M]．武汉：湖北科学技术出版社，1994.
[20] 隋焕杰，韩国秀，陈明文．"小白龙"灌溉使用方法 [J]．水利科技与经济，2005，11（4）：237-241.
[21] 郑伟．低压管道灌溉系统安装与维护 [J]．水利天地，2011（3）：41-42.
[22] 渠俊峰．管道输水灌溉的实践与探讨 [J]．江苏水利，2001（2）：35-36.
[23] 迟道才，程世国，等．国内外暗管排水的发展现状与动态 [J]．沈阳农业大学学报，2003，34（3）：312-316.
[24] 张瑜芳，张蔚榛．考虑作物产量和化肥流失时排水设计标准的确定方法 [J]．水利学报，2001（2）：44-49.
[25] 沈荣开，王修贵，张瑜芳．涝渍兼治农田排水标准的研究 [J]．水利学报，2001（12）：36-39.
[26] 黄国成，马文敏．农田排水沟（暗管）计算程序设计与应用 [J]．农业科学研究，2007，28（3）：86-88.
[27] 王少丽，王修贵，丁昆仑，等．中国的农田排水技术进展与研究展望 [J]．灌溉排水学报，2008，27（1）：108-111.
[28] 于淑会，刘金铜，等．暗管排水排盐改良盐碱地机理与农田生态系统响应研究进展 [J]．中国农业生态学报，2012，20（12）：1664-1672.

[29] 水利部科技教育司，水利部科技推广中心，武汉水利电力大学．灌排工程新技术 [M]. 武汉：中国地质大学出版社，1993.

[30] 景卫华，罗纨，温季，等．农田控制排水与补充灌溉对作物产量和排水量影响的模拟分析 [J]．水利学报，2009，40 (9)：1140-1146.

[31] 黄东迈，朱培立，等．江苏省低洼地区变性土的水分物理特征 [J]．江苏农业学报，1997，13 (1)：44-50.

[32] 田世英，罗纨，等．控制排水对宁夏银南灌区水稻盐分动态变化的影响 [J]．水利学报，2006 (11)：1309-1314.

[33] Gilliam J W，Skaggs R W，Weed S b. Drainage control to diminish nitrate loss from agricultural fields [J]．Journal of Environmental Quality. 1979 (8)：137-142.

[34] Skaggs R W，Youssef MA，Chescheir GM，etc. Effect of drainage intensity on nitrogen losses from drained lands [J]．American Society of Agricultural Engineers，2003，46 (2)：234-244.

[35] 王少丽．基于水环境保护的农田排水研究新进展 [J]．水利学报，2010，41 (6)：697-702.

[36] 张展羽，张月珍，张洁，等．基于 DRAINMOD－S 模型的滨海盐碱地农田暗管排水模拟 [J]．水科学进展，2012，23 (6)：782-788.

[37] GB/T 20203—2006 农田低压管道输水灌溉工程技术规范 [S].

[38] SL/T4—1999 农田排水工程技术规范 [S].

[39] 王福军．水泵与水泵站 [M]. 北京：中国农业出版社，2011.

[40] 段爱旺，孙景生，刘钰，等．北方地区主要农作物灌溉用水定额 [M]. 北京：中国农业科学技术出版社，2004.

[41] Glenn J. Hoffman，Robert G. Evans，Marvin E. Jensen，Derrel L. Martin，Ronald L. Elliott，Design and Operation of Farm Irrigation Systems [M]. USA：The American Society of Agricultural and Biological Engineers，2007.

[42] 冯广志．中国灌溉与排水 [M]. 北京：中国水利水电出版社，2005.

[43] 张祖新．龚时宏，王晓玲，等，雨水集蓄工程技术 [M]. 北京：中国水利水电出版社，1999.

[44] 徐国宾．河工学 [M]. 北京：中国科学技术出版社，2011.

[45] 龚振平，邵孝侯，张富仓．土壤学与农作学 [M]. 北京：中国水利水电出版社，2009.

[46] 王留运，杨路华．低压管道输水灌溉工程技术 [M]. 郑州：黄河水利出版社，2011.

[47] 尚松浩．水资源系统分析方法及应用 [M]. 北京：清华大学出版社，2008.

[48] 樊惠芳．灌溉排水工程技术 [M]. 郑州：黄河水利出版社，2010.

[49] 姚彬．微灌工程技术 [M]. 北京：中国水利水电出版社，2012.

[50] 何武全．渠道衬砌与防渗工程技术 [M]. 郑州：黄河水利出版社，2011.

[51] 冯国栋．土力学 [M]. 北京：水利电力出版社，1984.

[52] 钱家欢．土力学 [M]. 南京：河海大学出版社，1995.

[53] 迟道才，费良军，蔡守华，等．节水灌溉理论与技术 [M]. 北京：中国水利水电出版社，2009.

[54] 罗金耀．节水灌溉理论与技术 [M]. 武汉：武汉大学出版社，2003.

[55] 何俊仕，粟晓玲．水资源规划及管理 [M]. 北京：中国农业出版社，2006.

[56] 左强，李品芳．农业水资源利用与管理 [M]. 北京：高等教育出版社，2003.

[57] GB 50288—99 灌溉与排水工程设计规范 [S]. 北京：中国计划出版社，1999.

[58] 沈阳农业大学．农田水利学 [M]. 北京：农业出版社，1998.

[59] FAO. Crop evapotranspitation-Guidelines for computing crop water requirements - FAO Irrigation and drainage paper 56. Rome. 1998.

[60] 施坰林．节水灌溉新技术 [M]. 北京：中国农业出版社，2007.

[61] 魏清顺．农村供水工程 [M]. 北京：中国水利水电出版社，2011.

[62] 吴普特，黄占斌，高建恩．人工汇集雨水利用技术研究［M］．郑州：黄河水利出版让，2002.
[63] 仵峰．微灌技术探索与应用［M］．郑州：黄河水利出版社，2008.
[64] SL 13—2004 灌溉试验规范［S］.
[65] GB/T 50596—2004 雨水集蓄利用工程技术规范［S］.
[66] 康绍忠．农业水土工程［M］．北京：中国农业出版社，2007.
[67] 王仰仁，孙小平．山西农业节水理论与作物高效用水模式［M］．北京：中国科学技术出版社，2003.
[68] 谢崇宝，黄斌，高虹，等．灌区用水管里信息化结构体系［M］．北京：中国水利水电出版社，2010.
[69] 中国灌溉排水发展中心．大型灌区信息化建设技术指南［M］．北京：中国水利水电出版社，2012.
[70] 张蔚榛．地下水非稳定流计算及地下水资源评价［M］．北京：科学出版社，1983.
[71] 陈晓飞，王铁良，谢立群，等．盐碱地改良—土壤次生盐渍化防治与盐渍土改良及利用［M］．沈阳：东北大学出版社，2006.
[72] 黄修桥．喷灌技术研究与实践［M］．郑州：黄河水利出版社，2008.
[73] 李英能．节水农业新技术［M］．南昌：江西科学技术出版社，1998.